黄河下游水资源管理实践

崔庆瑞 杨德生 韩娜 沈培 李辉 等◎编著

HUANGHE XIAYOU SHUIZIYUAN GUANLI SHIJIAN

河海大学出版社
HOHAI UNIVERSITY PRESS
·南京·

图书在版编目(CIP)数据

黄河下游水资源管理实践 / 崔庆瑞等编著. -- 南京：河海大学出版社，2023.9

ISBN 978-7-5630-8379-4

Ⅰ. ①黄… Ⅱ. ①崔… Ⅲ. ①黄河—水资源管理—研究 Ⅳ. ①TV213.4

中国国家版本馆 CIP 数据核字(2023)第 186738 号

书　　名　黄河下游水资源管理实践

书　　号　ISBN 978-7-5630-8379-4

责任编辑　谢业保

文字编辑　林　婷　徐小双　张金权

特约校对　程　畅　李纳纳

封面设计　徐娟娟

出版发行　河海大学出版社

地　　址　南京市西康路 1 号(邮编:210098)

网　　址　http://www.hhup.cm

电　　话　(025)83737852(总编室)

　　　　　(025)83722833(营销部)

经　　销　江苏省新华发行集团有限公司

排　　版　南京布克文化发展有限公司

印　　刷　江苏凤凰数码印务有限公司

开　　本　787 毫米×1092 毫米　1/16

印　　张　20.5

字　　数　499 千字

版　　次　2023 年 9 月第 1 版

印　　次　2023 年 9 月第 1 次印刷

定　　价　68.00 元

前言 preface

黄河是我国仅次于长江的第二大河，是沿黄省(区)重要客水资源。随着流域经济快速发展，黄河流域对水资源的需求量不断增加，水资源供需矛盾愈发突出，水资源短缺成为制约经济社会可持续发展的瓶颈，搞好黄河水资源管理至关重要。

20世纪70至90年代，黄河频繁断流，且断流时间、断流河段逐渐延长，"八七"分水方案因缺少具体实施措施，无节制引黄现象依然存在；1999年水利部黄河水利委员会(以下简称"黄委")实施水资源统一调度管理，实现了当年"黄河不断流"的目标。人民治黄以来，我国始终坚持黄河水资源统一规划、统一调度、统一发放取水许可证，运用行政、经济、法律、科技手段，加大水资源统一管理、保护力度，保障黄河水资源合理开发、优化配置、高效利用、有效保护，提升水资源节约集约安全利用能力，使有限水资源发挥最大经济、社会、生态效益，促进流域及相关地区高质量发展。

水资源是基础性自然资源和战略性经济资源，是生态环境控制性要素。水利部门应加强用水计划申报、审批，强化引水流量、引水时段、引水总量和取水用途监管，严格取水许可管理，实行定额管理和总量控制，合理调配、科学调度黄河水，在"以供定需"前提下，优先满足城乡居民生活用水，合理安排农业、工业、生态环境用水，优化水资源配置，建设节水防污型社会，调整治水思路，强化水资源规划、配置、节约和保护，以水资源可持续利用支撑经济社会可持续发展。

随着法制化建设进程加快，《中华人民共和国水法》《取水许可和水资源费征收管理条例》《关于实行最严格水资源管理制度的意见》等法律、法规、制度逐步完善，扩大水资源税改革试点实施，对水资源管理更具挑战性，依法依规办事成为常态。

为让各级、各部门领导了解掌握水资源管理知识，便于调度、管理水资源，在充分总结黄河下游水资源管理实践经验基础上，组织人员编写本书。本书以水资源管理实践为核心，详细介绍黄河水资源情况、水资源管理、流域水资源、当地水资源利用、跨流域调水、水资源考核等相关知识，对相关名词进行解析，通俗易懂，是水行政主管部门领导了解黄河水资源管理的极佳读物，是黄河职工学习水资源管理知识的好读本，本书也可供水资源管理人员和大专院校学生日常工作、学习参考。

本书第一章第1～3节、第六章第7节由杨德生编写，第一章第4～5节、第二章第1节由韩娜编写，第一章第6节、第二章第2～3节、第五章第4节由冯泽玉编写，第二章第4～5节、第四章第8节由沈培编写，第二章第6节、第三章第1节、第七章第1节由张国兴编写，第三章第2～4节、第四章第1节由崔文芳编写，第四章第2～4节、第六章第6节由赵素云编写，第四章第5～7节、第五章第1～2节由李辉编写，第六章第1～5节由崔兆东编写，第五章第3节、第七章第2节由崔庆瑞编写，全书由崔庆瑞统稿并审定。编写过程中，参阅大量文献资料，咨询部分专家、前辈，接受许多宝贵意见、建议，相关科室给予大力帮助，在此一并表示感谢。

由于参编人员水平有限，资料收集、调查不够细致、深入，可能存在偏颇、遗漏、不当甚至错误之处，恳请专家、同行及广大读者批评指正。

编者

2022年9月

目录 contents

第一章　黄河水资源概况

第一节　水资源内涵

水是人类赖以生存的重要物质基础，是工农业生产、经济发展和环境改善不可替代的极为宝贵的自然资源。地球上的水资源，广义指水圈内水量总体，是指自然界任何形态的水，包括气态水、液态水和固态水的全部量；狭义指陆地上每年可恢复、更新的淡水量，即在一定经济技术条件下，人类可以直接利用，与人类生活、生产及社会进步息息相关的淡水。《中华人民共和国水法》(以下简称《水法》)所称水资源，包括地表水和地下水。本书所称的水资源侧重于狭义水资源，它包括人类直接或间接使用的各种水体和水中物质，即对人类生存繁衍和社会经济活动具有使用价值的水，如经人类控制可供灌溉、发电、给水、航运、养殖等用途的地表水和地下水，以及江河、湖泊、井、泉、潮汐、港湾和养殖水域等；取用的水资源包括利用水资源的水量、水质、水位、水能、水温、水体和水域等因素。目前，世界多地对水的需求已超过水资源所能负荷的程度，且面临水资源利用的诸多不平衡；人类珍惜水资源，保护水环境，合理开发、利用水资源义不容辞。

水资源是一种自然资源，具有鲜明自身特点，具有一般自然资源属性、社会属性和经济属性，具有动态特征，以流域为单元，各种水资源相互联系、相互转化、相互补给、循环更新。流域是具有层次结构和整体功能的复合系统，地表水、地下水相互转换，上下游、干支流、左右岸、水量水质相互关联、相互影响，流域水循环构成经济社会发展资源基础，是生态环境控制因素，也是诸多水问题、生态问题共同症结所在。以流域为单元，加强水资源统一调度、一体化管理，强化流域管理机构建设，做好水资源监督、管理、控制、协调，保证水资源合理开发、优化配置、高效利用、有效保护，促进流域水资源整体功能发挥，是流域水资源管理重要内容。

一、水资源分类

水资源主要包括自然降水、地表水和地下水。水资源具有兴利、灾害两重属性，其特征包括水量、水质和河川径流量，通常在水资源供需分析中只把可加以利用的地表水源如河川径流和地表水、地下水中参与水循环活动的水作为定量统计对象。

1. 地表水

地表水是陆地表面动态水、静态水总称，主要包括冰川、冰盖、湖泊、水库、河道、沼泽等；地表水资源量是指河流、湖泊、冰川、沼泽等水体的动态水量，一般用河川径流量综合反映，而河川径流主要补给源为降水，河川径流由降雨直接形成的地表径流、枯水季节地下水渗出、冰川和积雪融化三部分形成，分别约占全部径流的 71%、27%、2%；地表水由经年累月的自然降雨、降雪等累积而成，自然流至海洋或经由蒸发消逝或渗流至地下。

流域或区域地表水主要来自该集水区降水，但湖泊、湿地、水库蓄水、土壤渗流、地表径流、人类活动等特性也影响总水量多寡。人类为增加存水量兴建水库，为减少存水量放光湿地水分；人类开垦、兴建沟渠则增加径流水量与强度。

2. 地下水

地下水广义是指埋藏在地表以下，存在岩石、土壤中可流动的水体，包括岩石孔隙、裂隙和溶洞之水；狭义指地下水面以下饱和含水层中的水。按照《水文地质术语》(GB/T 14157—93)中的定义，地下水是指埋藏在地表以下各种形式的重力水。地下水有三种：①与地表水有显著区别的所有埋藏在地下的水，特指含水层中饱水带的那部分水；②向下流动或渗透，使土壤和岩石饱和，并补给泉和井的水；③在地下岩石空洞里、组成地壳物质空隙中储存的水。

地下水是水资源重要组成部分。降水大部分水量形成径流，少部分渗入地下形成地下水，地下水受降水、地质构造、底层、岩性等条件影响；地下水水量稳定、水质好，是农业灌溉、工矿和城市重要水源之一；但在一定条件下，地下水变化会引起沼泽化、盐渍化、滑坡、地面沉降等不利自然现象。

3. 海水淡化

海水淡化是将海水转化为淡水的过程，最常见方式是蒸馏法、逆渗透法。目前海水淡化成本较高，提供的淡水量仅能满足极少数人需求，此法一般仅对干漠地区高经济用途用水有其经济价值。

附件：不同水量级地带划分

按照年河川径流深，全国大致可分为 5 个不同水量级地带。①缺水带：年降水量少于 200 mm，河川年径流深 10 mm 以下。带内不少地区基本不产生地表径流，河网很不发育，多间歇性河流，基本为不毛之地，主要包括内蒙古西部地区和准噶尔、塔里木、柴达木三大盆地及甘肃北部沙漠区。②少水带：年降水量 200～400 mm，河川年径流深 10～50 mm。带内水资源十分短缺，部分土地沙漠化日趋严重，有些河流水质矿化度很高，人畜用水困难，主要包括东北西部、内蒙古、甘肃、宁夏、新疆西部和北部、西藏西部。③过渡带：年降水量 400～800 mm，年河川径流深 50～200 mm。带内平原地区是我国北方主要农作区，山区农牧兼作，平原区人口密度大，水资源供需矛盾突出，包括黄淮海平原、山西和陕西大部、四川西北部和西藏东部。④多水带：年降水量800～1 600 mm，年河川径流深200～900 mm。多水带是我国主要农作区，农业发达，人口十分密集，主要包括广西、云南、贵州、四川及秦岭—淮河以南长江中下游地区。⑤丰水带：年降水量大于1 600 mm，年河川径流深大于900 mm。与多水带相同，丰水带是我国主要农作区，特别是水稻作区，农业发达，人口十分密集，主要包括广东、福建、台湾等大部分地区，江苏和湖南的山地、广西南部、云南西南部和西藏东南部。

径流地带分布主要受降雨、地形、植被、土壤、地质等多种因素影响，其中降雨是主要影响因素。

二、水资源现状

我国是一个干旱缺水问题严重的国家，多年平均年河川径流量27 115亿 m^3，多年平均年地下水资源量8 288亿 m^3，两者之间重复计算水量7 279亿 m^3，扣除重复水量后，全国多年平均年水资源总量28 124亿 m^3，约占世界径流资源总量的6%，少于巴西、俄罗斯、加拿大、美国和印度尼西亚，居世界第六位；人均水资源占有量为2 350 m^3，仅为世界平均水平的1/3、美国的1/5，世界排名第121位，是全球13个人均水资源最贫乏的国家之一；单位耕地面积水量27 867 m^3/hm^2，比世界平均值低得多。概言之，我国以世界上7%的水、全球陆地6.4%的国土面积、全世界7.2%的耕地养活占全球21%的人口。

我国属于季风气候，水资源呈现地区分布不均、水土资源组合不平衡、年内分配集中、年际变化大、连丰连枯年现象比较突出、河流泥沙淤积严重等特点。我国水资源时空分布不均匀，南北自然环境差异大，北方9省(区)人均水资源量不足500 m^3，属水少地区；特别是近年来城市人口剧增、生态环境恶化、工农业用水技术相对落后、浪费严重、水源污染等情况，使原本贫乏的水"雪上加霜"，成为制约国家经济建设瓶颈。从空间分布看，长江流域及其以南地区，水资源约占全国水资源总量的80%，但耕地面积只有全国的36%；黄、淮、海流域，水资源只有全国的8%，而耕地则占全国的40%。从时间分配来看，我国大部分地区冬春少雨，夏秋雨量充沛，降水多集中在5—9月，占全年雨量的70%以上，且以暴雨居多，是难以控制利用的洪水，往往造成汛期洪水成灾，非汛期又干旱缺水，年际连续干旱或洪涝现象比较普遍。黄河和松花江等河流，近70年来出现连续11～13年枯水年和7～9年丰水年。全国地下水补给量7 718亿 m^3/a，其中长江流域最多，为2 130亿 m^3/a。

随着经济发展、人口增长、城市增多和扩张，用水量不断增加。据估计，1900年全球用水量为4 000亿 m^3/a，1980年为30 000亿 m^3/a，1985年为39 000亿 m^3/a；2000年用水量增加到60 000亿 m^3/a，以亚洲用水量最多，达32 000亿 m^3/a，我国需水量达6 814亿 m^3/a。

据预测，2030年我国人口将达16亿，届时人均水资源量仅1 750 m^3。在充分考虑节水情况下，预计用水总量7 000亿～8 000亿 m^3，要求供水能力比当前增长1 300亿～2 300亿 m^3，全国实际可利用水资源量接近合理利用水量上限，水资源开发难度极大。

三、水资源利用

水资源广泛应用于农业、工业、生活、发电、水运、水产、旅游和环境改善等，但水量过多容易造成洪水泛滥、内涝渍水，水量过少容易形成干旱、盐渍化等自然灾害。因此，水资源具有造福人类、危害人类生存双重属性。在水资源开发利用过程中，尤其要强调合理利用、有序开发，以达到兴利除害的目的。1996 年《取水许可监督管理办法》(水利部令第 6 号)第三条："开发利用水资源应遵循开发利用、保护与节约并举的方针，实行计划用水，厉行节约用水，积极推广节水技术，强化监督管理。"

陆地上淡水资源只占地球上水体总量的 2.53%左右，其中近 70%是固体冰川，分布在两极地区和中、低纬度地区的高山冰川，很难被人类利用。人类比较容易利用的淡水资源主要是河流水、淡水湖泊水及浅层地下水，其储量约占全球淡水总储量的 0.3%，只占全球总储水量的十万分之七。据研究，从水循环观点看，全球可有效利用淡水资源约为 9 000 km^3/a，可被利用水源不到 0.1%。

四、水资源供需矛盾

我国水资源相当贫乏，水问题异常突出，加之水资源时空分布不均，水资源组合不匹配，增加了水资源利用难度。据统计，为满足正常需要，在不超采地下水情况下，正常年份全国缺水量近 400 亿 m^3，农田受旱面积平均 3 亿亩[①]；随着工业和城市迅速发展，全国用水量持续增长，除农业用水保持基本稳定外，工业和生活用水不断增加，出现供水紧张局面。水资源供需矛盾，既受水资源数量、质量、分布规律及开发条件等自然因素影响，也受各部门对水资源需求、社会经济因素制约。我国水资源总量不少，但人均占有水资源量极其贫乏；水资源南多北少，地区分布差异很大。在我国北方地区，黄河流域年径流量只占全国年径流总量的 2%，为长江水量的 6%左右。黄河、淮河、海滦河、辽河四流域人均水量分别为我国人均值的 26%、15%、11.5%、21%。

随着人口增长，工农业生产不断发展，水资源供需矛盾日益加剧，直接导致工农业争水、城乡争水、地区间争水，对工农业生产、群众生活和工作、超采地下水影响很大。21 世纪初，全国 15 亿亩耕地中，有 8.3 亿亩是没有灌溉设施的干旱地，有 14 亿亩是缺水草场，每年有 3 亿亩农田受旱；西北农牧区尚有 4 000 万人口和 3 000 万头牲畜饮水困难。有些城市楼房供水不足、经常断水，不得不采取定时、限量供水，而超量开采地下水引起地下水位持续下降，水资源逐渐枯竭，多地出现地下水降落漏斗。

我国已进入水资源紧缺时代，经济发展要充分考虑水资源条件，加强取用水管理，强化制度建设，提高水资源管理水平，充分协调生活、生产和生态用水，以建设节水防污型社会、实现水资源可持续利用为目标，不断调整治水思路，强化水资源统一管理，强化水资源规划、配置、节约和保护，以水资源可持续利用支撑经济社会可持续发展。

---

① 1 亩≈0.000 67 km^2

五、流域

1. 流域概念

流域是以河流为中心，由地表水、地下水分水线包围的集水区域，是从河源到河口完整、独立、自成系统的水文单元，业界习惯将地表水集水面积叫流域。流域界限自然生成，非人为划分，在地域上有明显边界范围。分水线又叫分水岭线，是相邻流域界线、分水岭最高点连线，也是集水区边界线，降落在分水线两侧雨水分别流向相邻河系、注入两个流域，分水线有地面、地下之分，地面分水线是汇集地表水界线，地下分水线是汇集地下水界线。流域分水线是流域汇集地表水界线，属于地面分水线，它在河口地区自行闭合。在山区，分水线是流域周围山脉脊线；在平原，分水线是两个流域间共同高地。流域分水线包围的面积叫流域面积。受岩性和地质构造影响，地面分水线和地下分水线可能不完全一致，这样的流域叫非闭合流域，多出现在喀斯特地区；反之叫闭合流域。流域内水流最终注入海洋的叫外流流域，不直接与海洋连通、流入内陆湖泊或自然消失的叫内流流域。我国是内外流域兼有国家，其中：外流流域面积 612 万 km^2，约占全国陆地面积的 63.76%；内流流域面积 348 万 km^2，约占 36.24%。

每条河流都有自己的流域，一个大流域可按水系等级分成数个小流域，小流域又可分成更小流域；河流流域是河川径流补源地，与输水路径分布、走向有关，水流态势与流域几何特征、自然地理特征密不可分，都不同程度影响流域内水流特性。流域几何特征包括流域面积、长度、平均宽度、平均高程、平均坡度、分水线延长系数、完整系数、不对称系数等，一般流域面积越大，河流水量越大，对径流调节作用也大，洪水过程较为平缓，枯水流量相对较大；流域自然地理特征包括流域模数、侵蚀模数、植被度、湖泊率、沼泽率等，其中植被度大小可影响流域产流、汇流、水土流失，湖泊率、沼泽率影响流域径流调蓄能力；流域水文气象特征包括流域平均年降水量、平均年蒸发量、干旱指数、地下水资源、地表水资源、水资源总量等。

2. 经济社会特征

流域是一种特殊类型区域，各组成部分联系密切、构成一个整体，流域具有地理位置、水文气象等自然地理特征和整体性、关联性、区段性、差异性、网络性、层次性、开放性、耗散性等社会经济特征。流域是一个复杂大系统，也是从属国民经济巨型系统的子系统。流域开发战略是国家经济社会发展总体战略组成部分，是政府促进流域内区域社会经济发展按计划采取的、以水资源综合利用为中心的一系列政策和措施，它在流域开发、规划、治理上，符合国土整治规划总体要求和宏观布局，是协调流域内部、流域与流域、流域与区域、流域与国家整体关系的关键。流域开发具有以下显著经济社会特征。

（1）整体性、关联性

流域是人与自然环境相互作用、复杂的生态系统，属典型自然区域，是一个以水流为基础、以流域为主线、被分水岭包围的区域，是水流在自然或人工条件下可达到完整统一的生态系统，体现水资源分布、开发利用地域特征。流域整体性极强、关联性很高，流域内自然要素密切联系，上下游、干支流、地区间相互制约、相互影响，水资源开发利用要考虑流域整体特征、整体利益，考虑给流域带来的影响、后果。流域以水为载体，由若干子系统相互制约、相互作用形成有机整体，其中一个子系统变化、局部调整均会影响整个流域。这种整体性、关联性要求实行流域水资源综合管理，统筹调配上下游、左右岸、地下水与地表水，全面规划、合理布局。

（2）区段性、差异性

流域具有区段性、差异性。黄河流域地域跨度大，跨越东、中、西三大地带，跨9省（区），构成巨大横向纬度带和纵向纬度带；从上游到下游、干流到支流，自然条件、自然资源、地理位置、经济基础、经济发展、文化背景、历史背景均有不同，水资源占有量、取用水优先程度、需水程度也存在较大差异，表现出流域区段性、差异性和复杂性。

（3）层次性、网络性

流域是一个由多级干、支流组成的多层次网络系统，流域可分为许多小流域、更小子流域，直至最小支流、小溪为止，形成小流域、各支流、上中下游和全流域生态经济系统。流域生态经济系统分工业、农业、交通运输、城市等子系统，而如农业生态经济系统又可分种植业、养殖业等子系统，如此多层次子系统构成一个庞大网络系统。

（4）开放性、耗散性

流域是一种开放型耗散结构系统，系统内外进行大量人、财、物、信息交换，内部子系统间协同配合，通过专业分工、密切协作，不断引进科技、人才、先进管理经验，具有巨大协同力、促协力，形成一个耗散型经济系统，可通过发展外向型经济，促进耗散性结构经济系统不断完善，推动流域快速发展。

3．流域水资源管理

流域是一个从源头到河口的天然集水单元，是具有层次结构和整体功能的复合系统，流域水循环构成经济社会发展资源基础，是生态环境控制因素。流域管理广义上是指把流域作为一个生态系统，把社会发展对水资源需求、开发对生态环境的影响和由此产生后效联系在一起，对流域进行整体、系统管理和利用；狭义是指对流域内的水进行整体管理。流域水资源管理是以流域为单元对水资源和水域开发、治理、保护全面规划、科学管理的一套规制系统，包括流域管理制度和相应机构体系，其中，制度有法律制度、行政管理制度、流域开发政策等，机构体系包括流域管理机构和流域内各级水行政主管部门。流域水资源管理将流域上下游、左右岸、干支流、水量与水质、地表水与地下水、防洪与兴利和治理、开发与保护作为一个完整系统，统筹兼顾各地区、各部门用水需求，保证流域生态系统优化平衡，全面考虑流域经济、社会和环境效益，兴利、除害相结合，运用行政、法律、经济、技术和教育手段，按流域进行水资源统一协调管理。水资源作为一个完整、独立系统，需要把流域内与水相互作用的因素纳入统一管理范围，注重水、土地、环境相互作用，综合考虑流域内水土保持、鱼类保护、生态环境等多种因素，把流域水资源与区域经济、社会、环境作为具有内在联系的统一整体，促进自然、社会、经济和谐统一发展，逐步建立适应水资源自然流域特性、多功能统一性的管理制度，使有限水资源实现优化配置，发挥最大综合效益，保障和促进经济社会可持续发展。

(1) 水资源自然流域特性

河流自然特性是河流作为一种自然存在物所表现出来的特性。水作为一种自然资源和环境要素，具有自然统一性、系统性和多样性，以流域为单元构成一个统一体。实行以流域为单元的水资源统一管理，能够顺应水资源自然运移规律和经济社会发展规律，充分发挥流域水资源整体功能。

① 流动性与流域性

水循环是一个庞大天然水资源系统，水资源是流动的自然资源，水资源流动性决定其具有流域性，水系以流域为单元，在流域范围内，水资源不断进行地表水、地下水、土壤水、大气水循环转化，流域内水资源不可分割，水资源自然流域特性要求按流域统一管理水资源。天然降雨一部分形成地表径流，一部分下渗与地下水汇集，地表径流沿一定区域、流线逐步汇集形成河流，这种以河流为主线、汇入河流一定水流的集水区域称为流域，流域分界线叫分水岭。流域是一个以降水为渊源、以水流为基础、以河流为主线、以分水岭为边界的特殊区域；是一个从源头到河口完整、独立、自成系统的水文单元；是人类经济、文化等一切活动的重要社会场所；流域经济政策、发展状况很大程度上影响着流域生态环境。

流域是一个完整、自然的系统，一个较大流域往往跨越多个行政区域，但行政区划不会改变流域自然属性，水的自然流动性形成重要自然、经济、社会复合生态系统，水资源流动性、流域性决定水资源按流域统一管理的必然性。水资源是不可多得的有限资源，水资源流动性强、分布不均衡，具有多种功能，只有实行流域水资源统一规划、统一管理，协调解决水资源管理矛盾和问题，促进水资源综合开发、合理利用，方能实现全流域水资源效益最大化，为流域经济社会可持续发展做出贡献。

② 自然统一性

流域水体具有整体流动特性，流域水资源自然统一性表现为河水与河槽、左右岸、上下游、干支流、水量与水质、地表水与地下水等存在内在统一性，河流防洪、发电、供水、航运、灌溉、旅游等多功能统一，是流域不可分割的组成部分，共同构成流域有机整体。黄河不同河段特点有所差异，治理重点、开发利用程度不尽相同，但作为一个有机统一整体，需要全流域统一管理和开发利用水资源，而局部河段、区域治理开发将对流域管理、流域开发和水资源利用产生不利影响。因而，要求统一管理、统一调度流域水资源，统筹协调除害与兴利、防洪与调水、局部利益与整体利益关系，维护流域自然统一性，促进流域水资源在上中下游、流域各地发挥应有作用，以获得最大经济、社会、环境、生态效益。

(2) 水资源多功能属性

水是人类、动物、植物、土壤生态等绝大部分自然资源生存和发展的基础性资源，随着经济社会发展，水资源转变为稀缺性经济资源，具有产权不确定性、公开获取性、供给关联性、非排他性，水资源数量、质量直接关系粮食安全、生态安全、国防安全等，直接影响国民生活质量提高、经济社会系统良性运行，是衡量综合国力、竞争能力重要指标。水具有防洪、发电、供水、航运、灌溉、养殖、旅游等多种功能、价值，其不足或过多还会造成旱涝灾害。水资源多种功能对水质和水量有不同要求，供水、灌溉、养殖对水质要求更高；农业灌溉用水占比较大，尤其需要保证一定水量满足农作物生长期关键时段用水；为减轻河道淤积，维持黄河健康生命，要留有足够水量和洪峰排沙入海；为保证防凌安全，冬季河道封河时流量相对大些，开河时相对小些；为维持生态环境平衡，防止水污染，污染严重河段和河口地区必须保持一定流量。这些用水有的可以兼顾，但大部分彼此之间是存在矛盾的，实行水资源统一管理，可协调解决用水矛盾，避免造成灾害。水资源的流动性、统一性、系统性、多功能性要求实行流域管理，以流域为单元，统一考虑水资源的多种功能。

六、水资源收费

水资源费主要是对取水单位征收的费用，征收目的是运用经济手段，促进节约用水，特别是控制城市地下水开采量。

第二节　黄河水资源

黄河是一条流域自然条件复杂、河情极其特殊的河流，通过多年开发利用、实践和研究，人们逐渐加深了对黄河的认知。黄河水资源既具有一般河流共性，也有特殊性，如水少沙多、水沙异源，年内分配集中、年际丰枯不均，地区分布不均、上下游不均，人类活动频繁、开发利用程度较高，对水资源影响逐渐增大，河川径流与地下水重复比重大等，这些因素的存在同时影响水资源开发利用。大兴水利是改革开放惠及民生重要举措，伴随国家综合实力增强、发展方式调整，水资源管理利用经历从过度索取到开展生态文明建设。2019 年 9 月 18 日，习近平总书记在黄河流域生态保护和高质量发展座谈会上要求，坚持生态优先、绿色发展，以水而定、量水而行，着力加强生态保护治理，让黄河成为造福人民的幸福河。新形势下，需要我们扎实推进水资源节约集约利用，坚持以水定地、以水定产，把水资源作为最大的刚性约束，坚决抑制不合理用水需求，大力发展节水产业和技术，大力推进农业节水，推动用水方式由粗放向节约集约转变，不断研究探索水资源可持续利用途径，适应经济社会发展大逻辑，统筹兴水与护河，助推流域走上绿色发展之路。

一、黄河洪水

洪水是指特大径流，江河水量迅猛增加、水位急剧上涨，往往因河槽不能容纳而泛滥成灾。河流洪水按其成因分为暴雨洪水（暴雨经过坡面漫流、河道汇流形成的洪水，一般发生在 6 月下旬至 10 月中旬，以 7、8 月份概率最大）、融雪洪水（冰川、积雪融化形成的洪水）、冰凌洪水（河流中因冰凌阻塞、水位壅高、槽蓄水量迅速下泄引起显著的涨水现象）、溃坝溃堤洪水（拦河坝失事、堤防决口造成的洪水），其中暴雨洪水出现最多、危害最大。

1. 汛期洪水

黄河洪水主要由暴雨形成，发生时间与暴雨时间相一致。流域洪水发生时间主要为 6—

10 月份，其中：大洪水发生的时间，上游一般于 7—9 月份，三门峡于 8 月份，三花间于 7 月中旬至 8 月中旬。黄河花园口以下洪水主要来自干流，支流金堤河和大汶河来水较少。

黄河下游暴雨洪水有 5 个来源区，即上游兰州以上地区、中游河口镇至龙门区间（简称河龙间）、龙门至三门峡区间（简称龙三间）、三门峡至花园口区间（简称三花间）及下游汶河流域，其中中游 3 个地区是主要洪水来源区，但一般不同时遭遇洪水。花园口站大洪水主要来自中游河口镇至花园口区间，中常洪水主要来源于河口镇以上和河花间；河花间洪水主要来自河口镇至龙门、龙门至三门峡和三门峡至花园口三个区域。

黄河下游洪水主要来源于中游的暴雨洪水，中游伏汛（7、8 月份）洪水特点是洪峰高、历时短、含沙量大。一次洪水历时，支流一般 1～4 d，干流自上而下递增，一般 2～5 d，最长 3～10 d；连续洪水历时，支流一般 10～15 d，干流三门峡、小浪底、花园口等站可达30～40 d，最长 45 d。秋汛（9、10 月份）洪水较为低胖，含沙量比伏汛洪水小。小浪底水库建成后，威胁黄河下游防洪安全的主要是小花间洪水，据实测资料统计，小花间年最大洪峰流量从 5 月至 10 月均有出现，而较大洪峰主要集中在 7、8 月份。由于小花区间暴雨强度大、历时长，主要产洪地区河网密集，有利于汇流，故形成的洪水峰高量大。一次洪水历时 5 d 左右，连续洪水历时可达 12 d 之久。

黄河流域较大洪水主要发生在河口镇至花园口之间的中游地区和上游兰州以上地区。上游地区洪水主要来自兰州以上，多是强度小、面积大、历时长的连阴雨导致的，洪水过程为矮胖型，含沙量小，只能形成下游较大洪水的基流，对长历时洪水的洪量有一定影响；花园口以下为地上悬河，仅有金堤河和汶河汇入，增加水量甚少。

黄河中游地区洪水主要有河口镇至龙门区间（含无定河、窟野河、延河等支流）、龙门至三门峡区间（含汾河、北洛河、泾河、渭河等支流）、三门峡至花园口区间（含伊河、洛河、沁河等支流）3 个来源区，黄河花园口以上大洪水或特大洪水是以黄河中游来水为主形成的，按其组成情况，主要分为以三门峡以上来水为主的“上大洪水”和以三门峡到花园口区间来水为主的“下大洪水”两种类型。

2. 冰凌洪水

严寒地区，河流从低纬度流向高纬度，气温下降时，河流下游封冻早于上游，下游冰盖厚、上游薄，开河则下游迟于上游，易形成凌汛洪水。凌汛洪水可分为冰塞、融冰、冰坝三类。下游开始封冻后，增加湿周，冰块堵塞冰盖下过水断面，阻拦部分上游来水，壅高上游水位，槽蓄水量（冰期壅水量）增加，形成“冰塞洪水”；上游河段气温回升，冰凌自上游向下游逐渐消融，冰期壅水量逐渐转化为流量下泄，加上冰盖沿程破裂融化水量，使冰水沿程递增，形成“融冰洪水”；沿河冰层厚薄不一，当全河冰盖基本解体时，局部冰层特厚堤段冰盖尚未开通，冰桥卡冰形成冰坝，开冻时，流冰洪峰遇弯道、狭窄河段、浅滩受阻，也能壅塞而成冰坝，冰坝形成后，能壅高上游水位，形成“冰坝洪水”。

3. 小浪底水库运用后各级洪水流量

在小浪底水利枢纽初步设计和西霞院水利枢纽可行性研究中，1980 年、1985 年、1994 年三次对花园口、三门峡站及三花间设计洪水进行分析计算，设计洪水成果比 1976 年审定成果小5%～10%，根据水电水力规划设计总院（以下简称“水规总院”）审查意见，仍采用1976年审定成果。《黄河下游长远防洪形势和对策研究报告》中，将三门峡、花园口站洪水系列延长至1997年，对其设计洪水成果进行复核。复核后三门峡、花园口两站设计洪水成果较原审定成果略有减小，但变化不大，从安全考虑，该报告也采用1976年审定成果。从与不同规划成果衔接协调、黄河下游防洪工程建设实际出发，2014年初，经黄委审查通过的《黄河下游“十三五”防洪工程建设可行性研究报告》依然采用1976年审定成果。

黄河下游防洪一直是治黄首要任务。经过多年坚持不懈治理，通过一系列防洪工程修建，已初步形成以中游干支流水库、下游堤防、河道整治、分滞洪工程为主的“上拦下排，两岸分滞”防洪工程体系，进入黄河下游的洪水须经过上拦工程体系中干支流水库联合调度。上拦工程现有三门峡、小浪底、西霞院、陆浑、故县、河口村6座水库；下排工程为两岸大堤，设防标准为防御花园口站22 000 m^3/s洪水；两岸分滞工程为东平湖蓄滞洪区和北金堤蓄滞洪区。按照上述水库及滞洪区联合调洪运用原则，对各级各典型洪水进行防洪调度计算，计算成果见表1-1。

表1-1 工程运用后黄河下游各级洪水流量表

单位：m^3/s

	30年一遇	100年一遇	300年一遇	千年一遇	设防流量
花园口	13 100	15 700	19 600	22 600	22 000
高村	11 000	14 400	17 550	20 300	20 000
孙口	10 000	13 000	15 730	18 100	17 500
艾山	10 000	10 000	10 000	10 000	11 000

二、水资源特点

1. 水少沙多

黄河是我国第二大河，流域面积仅次于长江，多年平均天然径流量580亿m^3，相当于降水总量的16.3%，占全国河川径流总量的2.1%，居全国七大江河的第四位（小于长江、珠江、松花江），流域径流量极为贫乏，与流域面积相比极不相称。黄河水量不到长江的1/20，而沙量却是长江的3倍。花园口以上多年平均径流深77 mm，相当于全国平均径流深276 mm的28%。一年之中约60%的水量集中于汛期，年际变化较大。人均水量、耕地平均水量远远低于全国平均水平，但下游地区城乡生活、工业、农业及生态对黄河供水要求较高，流域外包括河北、天津、青岛、烟台等供水需求非常强烈，黄河本身还有输沙入海、减缓河道淤积等要求，黄河水资源远不能满足用水需要。

黄河与世界其他多泥沙河流相比，沙量之多，含沙量之高，也是世界大江大河中绝无仅有的。三门峡站多年平均输沙量约16亿t，平均含沙量37.6 kg/m^3；最大年输沙量39.1亿t（1933年），最高含沙量911 kg/m^3（1977年），在大江大河中名列第一。黄河水少沙多、水沙关系不协调，使黄河水挟带的泥沙不能完全入海，大量泥沙淤积在河道内，河床逐年抬高，悬河形势日趋严峻。

2. 水沙异源

黄河流域幅员辽阔，自然地理条件差别较大，水沙来源的不平衡性非常突出。上游河口镇(头道拐)以上流域面积 38.6 万 km^2，占全流域面积的 51.3%，来水量占总水量的 53.9%，是全河主要产水区，其来沙量约占总沙量的 9%，多年平均含沙量 5.7 kg/m^3；中游河口镇至龙门区间流域面积约 11.2 万 km^2，约占全流域面积的 14.9%，区间径流 73 亿 m^3，来水量占总水量的 12.5%，区间输沙量 9 亿 t，来沙量占总沙量的 56%，多年平均含沙量 128 kg/m^3，是全河主要产沙区；龙门至潼关区间流域面积 18.5 万 km^2，占全流域面积的 24.6%，来水量占总水量的 19.6%，来沙量占总沙量的 34%，多年平均含沙量 53.8 kg/m^3；三门峡以下伊河、洛河、沁河来水量占总水量的 10.2%，来沙量占总沙量的 2%，多年平均含沙量 6.4 kg/m^3。可见，上游是黄河水量的主要来源区，黄河水量的 60% 来自上游地区；中游是黄河泥沙的主要来源区，90% 的沙量来自中游河口镇至三门峡区间，泥沙来源区较为集中。

水资源开发利用要结合黄河水少沙多、水沙异源特点，实行全河水量统一调度，考虑必要的输沙用水、河口生态用水，提高水体自净能力，兼顾除害兴利、上下游、左右岸、河道内外各方利益，统筹解决开发利用与保护矛盾，合理开发利用水资源，维持黄河健康生命；优先满足生活、生态用水，以节水型社会建设为契机，加大节水改造力度，合理压减工业、农业灌溉用水，为维持黄河流域相关地区持续、稳定、高质量发展提供水源保障。

3. 时空分布不均

年内分配集中，年际间连续枯水期长。黄河流域是典型的季风气候区，降水季节性强，径流年内分配集中，汛期 7—10 月径流量主要由暴雨形成，非汛期径流量主要为地下水补给。汛期干流径流量占全年的 60%，每年 3—6 月径流量占全年的 10%～20%。据中华人民共和国成立后 35 年的资料统计，大于历年平均年水量的有 19 年，小于历年平均年水量的有 16 年。黄河下游高村站 7—10 月历年平均水量 265.9 亿 m^3，约占年水量的 60%；11 月—翌年 6 月 265.9 亿 m^3，占 40%，个别年份更为突出。高村站 1958、1960、1981 年 7—10 月来水分别为 446、116.2、320.2 亿 m^3，占年水量的 75%左右；冬季(11—12 月)多年平均水量 58.7 亿 m^3，占年水量的 13.3%；灌溉季节(3—6 月)平均来水 96.4 亿 m^3，占年水量的 21.8%，来水量最多的(1964 年，205.9 亿 m^3)占该年水量的 23.6%，来水量最少的(1960 年，17.3 亿 m^3)占该年水量的 11.3%。高村站 1956—2000 年实测径流量平均值 365.19 亿 m^3，2006—2015 年平均实测径流量 238.27 亿 m^3，较长系列实测径流量平均值偏小 34.8%。高村水文站 2006—2015 年实测径流量见表 1-2。

表 1-2　高村水文站 2006—2015 年实测径流量

单位：亿 m^3

年份	2006	2007	2008	2009	2010	2011	2012	2013	2014	2015
径流量	265.9	259.8	220.8	208.9	258.3	262.3	362.8	313.5	206.1	224.3

黄河连续枯水年持续时间长，自有实测资料以来，曾出现过1922—1932年连续11年枯水段、1969—1974年连续6年枯水段和1990—2004年连续15年枯水段，1922—1932年11年平均径流量仅相当于长系列多年平均径流量的70%～75%，1969—1974年、1990—2004年平均天然径流量为多年平均的87%、77%。

地区分布不均，水量主要来自上游干流地区。黄河河川径流地区之间分布极不平衡，上、中、下游径流量分别占全河的54%、43%、3%，即全河径流量一半以上产自兰州以上干流地区，这些特点直接关系着水资源开发利用；上游干流水多，有利于水资源全河统筹利用和调度，非汛期来水与年际间连续枯水期长，使水资源调节成为开发利用的重要条件，并对水源工程建设提出较高要求。

三、水资源影响因素

黄河水资源通常指河川径流和地下水两部分，其数量、质量和时空分布是开发利用基础，对黄河水资源影响较大的主要有人类活动、系列选择、地下水资源分析等因素。

1. 人类活动影响

黄河流域开发历史悠久。人民治黄以来，除害兴利，兴建龙羊峡、刘家峡、小浪底、西霞院等大型调蓄水库，下游虹吸、水闸等引水设施不断更新，引黄灌溉迅速发展，水资源开发利用量占河川径流量半数以上，改变了河流天然径流，水文站点实测径流也是人类活动干扰后的径流状态。人类活动复杂、多变，存在诸多不确定因素，影响河川径流，为满足黄河治理、水资源研究和开发需要，需将人类活动影响予以还原，恢复河川径流本来面貌，称为天然径流；天然径流量包括实测净流量和人类活动对河川径流影响的径流量两部分，人类活动影响部分径流量需要还原计算，才能真实反映河川径流实际情况。

2. 不同系列年均径流量差异及变幅

黄河径流具有年际间连丰连枯特点，年均径流量因水文系列不同存在一定变幅。如1922—1932年连续11年、1969—1974年连续6年枯水段取舍、选取系列长短，均对多年平均径流产生影响。

黄河径流使用较多的是1919年7月—1975年6月56年系列，花园口站多年平均天然径流量559.2亿m^3；80年代选用1956—1979年24年水文系列，花园口断面多年平均天然径流量604亿m^3；黄委水文局1952—1990年39年水文系列，花园口断面多年平均天然径流量600.1亿m^3。从有黄河径流实测资料的1919年算起，花园口断面多年平均径流量560亿～580亿m^3；1950—1990年代，花园口断面多年平均径流量600亿m^3。

3. 河川径流与地下水重复比重大

根据黄委水文局、地矿部水文地质研究所研究成果，黄河流域及闭流区地下水总补给量300亿～400亿m^3，扣除与河川径流重复量后的可开采量80亿～155亿m^3。黄河流域多山，地下水贫乏，地下水与河川径流重复比重大；在总资源量中，假定先期将河川径流量扣除，余下部分作为地下水，则黄河流域地下水资源数量不多；河川径流比重大，多数地区水资源既可以以河渠方式进行开发，也可以以打井、截潜流方式进行开采，给水资源利用带来便利。

四、黄河水量

1951—1985 年，黄河干流进入山东境内（高村站）年平均径流量 442 亿 m^3，黄河入海（利津站）年平均径流量 427 亿 m^3。1985 年后，随着黄河上中游水库和引黄工程建成运用，黄河干流进入山东境内径流量呈减少趋势。

根据《黄河流域水资源综合规划报告》（2009 年）相关成果，1956—2000 年系列，黄河流域多年平均河川天然径流量 534.8 亿 m^3，相应径流深 71.1 mm，花园口站天然径流量 532.78 亿 m^3，利津站 534.79 亿 m^3。

黄河下游径流特点：①径流主要来自花园口以上，花园口以下河段径流量较小。②年内、年际变化较大。河川径流主要集中在 6—10 月，占 65％以上。据花园口站 1956—2000 年资料统计，最大年径流量 945.7 亿 m^3（1964 年），最小年径流量 322.4 亿 m^3（1997 年），最大年径流量约为最小年径流量的 2.9 倍。径流年际变化呈丰枯交替出现，出现连续丰水年和连续枯水年情况，如 1969—1974 年、1994—2000 年两个连续枯水段，平均年径流量 449.0 亿 m^3、415.9 亿 m^3，较花园口站 1956—2000 年多年平均天然年径流量偏枯 15.7％～21.9％。

1986—2005 年，高村站年平均径流量 225 亿 m^3，比 1985 年前减少 49％；水量年际变化大，最多为 1989 年的 373 亿 m^3，最少为 1997 年的 103 亿 m^3。

山东境内有若干支流注入黄河，其中：最大支流为汶河，1986—2005 年通过东平湖老湖进入黄河的汶河年平均径流量 6.58 亿 m^3；金堤河和长平滩区几条支流等，年径流量较小。

五、水资源开发利用现状

随着国民经济发展，黄河取水量不断增加。2015 年黄河流域总取水量 534.63 亿 m^3，其中，地表水取水量 411.36 亿 m^3（包括跨流域调出水量），地下水取水量 123.27 亿 m^3。地表水取水量中，农田灌溉取水 302.25 亿 m^3，约占 73.48％；林牧渔畜 22.67 亿 m^3，约占 5.51％；工业 42.91 亿 m^3，约占 10.43％；城镇公共 7.69 亿 m^3，约占 1.87％；居民生活 19.67亿 m^3，约占 4.78％；生态环境 17.62 亿 m^3，约占 3.93％。地下水取水量中，农田灌溉 57.92 亿 m^3，约占 46.99％；林牧渔畜 11.48 亿 m^3，约占 10.15％；工业 24.66 亿 m^3，约占20.00％；城镇公共 5.76 亿 m^3，约占 4.67％；居民生活 19.75 亿 m^3，约占 16.02％；生态环境 2.67 亿 m^3，约占 2.17％。

黄河花园口断面多年平均水资源总量 629.55 亿 m^3，其中：地表水资源量 532.78 亿 m^3，地表水与地下水之间不重复量 96.75 亿 m^3。据 2015 年资料统计，花园口以下河段总取水量 148.33 亿 m^3，其中：地表水取水量 131.87 亿 m^3，占总供水量的 88.90％，地下水取水量 16.46 亿 m^3，占总供水量的 11.10％。2007—2015 年花园口以下河段分行业地表水利用情况见表 1-3。

表 1-3　2007—2015 年花园口以下河段分行业地表水取水情况

单位:亿 m^3

年份	项目	合计	农田灌溉	林牧渔畜	工业	城镇公共	居民生活	生态环境
2007	取水量	89.83	69.56	4.76	6.77	1.31	3.92	3.51
	耗水量	88.65	68.97	4.59	6.51	1.30	3.79	3.49
2008	取水量	97.47	71.48	3.38	9.04	1.20	4.20	8.17
	耗水量	96.28	70.93	3.20	8.75	1.18	4.07	8.15
2009	取水量	112.65	83.46	3.56	9.94	1.29	4.49	9.91
	耗水量	111.35	82.89	3.36	9.63	1.26	4.34	9.87
2010	取水量	113.22	84.12	3.73	12.57	2.04	6.30	4.46
	耗水量	111.53	83.33	3.45	12.19	2.00	6.15	4.41
2011	取水量	127.33	92.83	4.66	14.42	2.58	6.51	6.33
	耗水量	125.45	91.95	4.33	14.02	2.52	6.36	6.27
2012	取水量	125.45	92.83	3.53	11.69	2.31	6.03	9.06
	耗水量	123.58	91.96	3.29	11.27	2.24	5.84	8.98
2013	取水量	120.08	89.67	3.10	10.93	2.15	6.06	8.17
	耗水量	118.28	88.77	2.90	10.53	2.11	5.86	8.11
2014	取水量	128.36	99.60	2.13	10.93	2.53	6.41	6.76
	耗水量	126.75	98.79	2.07	10.56	2.48	6.16	6.69
2015	取水量	131.87	103.28	2.15	11.17	2.57	6.39	6.31
	耗水量	130.29	102.58	2.09	10.70	2.52	6.16	6.24

黄河花园口以下主要为农田灌溉用水，占总用水量七成以上。2007—2015 年，黄河下游取水量逐渐增多，由 2007 年的 89.83 亿 m^3 增加到 2015 年的 131.87 亿 m^3，其中农田灌溉增加量最大，2015 年比 2007 年增加 33.72 亿 m^3。

黄河下游引黄灌区横跨黄淮海平原，西起沁河入黄口，东至黄河入海口，包括南北两侧直接引用黄河水灌溉的有关地区，涉及豫、鲁两省 16 个地(市)88 个县级区划单位，土地面积 8.16 万 km^2，其中：山东省引黄灌区涉及济南、菏泽、淄博、济宁、滨州、聊城、德州、泰安、东营 9 市 53 个县(市、区)，土地面积 5.39 万 km^2。2007—2015 年山东省引黄水利用情况见表 1-4。

表 1-4　2007—2015 年山东省引黄水利用情况

单位:亿 m^3

年份	项目	合计	农田灌溉	林牧渔畜	工业	城镇公共	居民生活	生态环境
2007	取水量	72.63	57.66	3.86	5.57	0.91	3.02	1.61
	耗水量	71.59	57.17	3.73	5.31	0.90	2.89	1.59

续表

年份	项目	合计	农田灌溉	林牧渔畜	工业	城镇公共	居民生活	生态环境
2008	取水量	70.71	56.90	2.48	6.68	0.90	3.00	0.75
	耗水量	69.66	56.45	2.34	6.39	0.88	2.87	0.73
2009	取水量	77.51	62.58	2.66	6.04	0.99	2.89	2.35
	耗水量	76.36	62.12	2.50	5.73	0.96	2.74	2.31
2010	取水量	76.04	59.84	2.63	7.47	1.24	3.70	1.16
	耗水量	74.49	59.15	2.39	7.09	1.20	3.55	1.11
2011	取水量	80.59	61.80	3.56	7.82	1.47	3.71	2.23
	耗水量	78.87	61.02	3.27	7.42	1.43	3.56	2.17
2012	取水量	83.84	67.06	2.83	6.36	1.50	3.63	2.46
	耗水量	81.62	65.81	2.61	5.94	1.44	3.44	2.38
2013	取水量	83.03	64.55	2.40	7.73	1.62	4.16	2.57
	耗水量	81.33	63.73	2.22	7.33	1.58	3.96	2.51
2014	取水量	93.97	75.14	1.43	8.03	2.00	4.61	2.76
	耗水量	92.46	74.41	1.39	7.66	1.95	4.36	2.69
2015	取水量	100.12	81.03	1.55	8.27	2.07	4.59	2.61
	耗水量	98.64	80.41	1.51	7.80	2.02	4.36	2.54

2007—2015 年，山东省引黄年均取水量 82.05 亿 m^3，其中：农田灌溉占总取水量的 80%以上。山东省引黄取水量从 2007 年至 2015 年逐年增大。

引黄水量年内分配不均，沿黄灌溉用水季节性特别明显，3—6 月份是冬小麦、棉花等作物春灌高峰期，降水量少，引水量较大，占全年的一半以上。3 月份平均引水 14.7 亿 m^3，占全年的 16.1%；4 月份引水量最大，平均 15.5 亿 m^3，占全年的 17.1%；冬季 11 月—翌年 2 月份引水量较小，占全年的 15.5%。

六、水资源需求加大

1. 用水需求增强

黄河流经干旱、半干旱的西北、华北地区，黄河水是两区主要水源。上、中游（包括闭流区）大片干旱荒漠地区，因降雨稀少，极度干旱，没有黄河水资源，就难以发展灌溉农业，也难以发展第二、第三产业；中游半干旱地区降雨量较少，水源缺乏，对黄河水依赖程度较高，急需引黄灌溉；近年来，黄河下游地区降雨量偏少，在地下水限采、漏斗区范围内的引黄灌区，黄河取水许可指标吃紧，急需黄河水应急补给，以便改善农业灌溉、工业、生态状况。与黄河相距较远的淮河、海河、内陆水系地区，因当地缺水严重，水资源论证时往往涉及引黄指标，也向黄河提出供水要求，如海河流域京津冀地区、淮河流域山东半岛和南四湖地区，已从黄河干流引水多年。随着经济社会发展，各地用水需求逐步加大，用水范围逐步拓展，黄河水资源开发利用程度、承受能力越来越大。

2. 合理输沙水量

黄河下游河道是一个堆积性河床，水少沙多，因泥沙淤积，河床逐年抬高，成为著名的二级悬河，河道过流能力减小；“八七”分水方案考虑200亿m^3输沙水量，就是为减缓河道淤积速度、维持河流健康生命、减轻洪水对两岸威胁，合理输沙水量可将部分泥沙输入大海。

黄河治理开发规划对2000—2010年前后输沙用水进行分析预测，预估来水来沙量有所减少，水量比沙量减少程度大。通过三门峡、小浪底、西霞院水库调节，保证利津断面多年平均下泄水量不少于200亿m^3，其中汛期150亿m^3以上可控制下游河道淤积速率。近年来，黄河可供水量分配时均考虑河道冲沙水量、下游各断面控制流量，以确保维持黄河健康生命的最低水量。

3. 生态环境用水增多

水资源是维护黄河流域生态环境最重要的自然因素，2019年9月18日习近平总书记在黄河流域生态保护和高质量发展座谈会上讲话时明确提出：“黄河是中华民族的母亲河，我一直很关心黄河流域的生态保护和高质量发展。”近年来，水土流失综合防治、三江源等重大生态保护和修复工程加快实施、中游黄土高原蓄水保土、下游河口湿地蓄水等措施，促使生态环境持续明显向好，社会、经济、生态效益显著。

黄河自身也需要保持维持黄河健康生命的河道水量，以实现黄河不断流目标。河道内水量减小，河流自净能力降低，水环境质量会受到严重影响，河流就会变得相对脆弱，因此，要限制排污总量、治理污染源，维持河道必要水量，同时，要稀释废污水，保持渔业、湿地用水，以促进社会、经济良性发展。

4. 水资源供需矛盾突出

黄河流域及邻近地区随着人口增长、经济发展和生活水平不断提高，需水量日益增长；出于改善生态环境需要，地下水限采、地下漏斗区补源急需大量外来水源，这些地区对黄河可供水量提出更高要求，引黄更为迫切，但黄河可供水量呈现减少趋势，致使水资源供需矛盾愈发突出。主要表现在：黄河可供水量难以满足日益增长的城乡生活、生态、工业、农业灌溉用水需求，部分地区地下漏斗水位较深，缺水严重；用水量急增，导致黄河可供水量与河道输沙、发电、航运、渔业用水之间矛盾日益突出，上游发电与中下游输沙也存在用水矛盾；地区间供水矛盾加剧，干流上中下游、干流相邻省区、本省区不同引水口之间也普遍存在用水矛盾，支流地区水资源供需矛盾更加突出，对跨省(区)支流水资源利用意见分歧较大；黄河实施水量统一调度前，黄河下游断流由春季向冬季、夏季扩展，断流河长上延到河南境内，干、支流部分河段水体污染日趋恶化，实施水量统一调度后，黄河水供需仍然失衡，重要用水时段流量小、引黄水量不足，汛期流量大、用水少，集中反映了水资源供需矛盾突出的问题。

七、水资源开发利用问题

1. 水资源量趋少

黄河是我国西北、华北地区最重要的供水水源和生态屏障，是一条资源型缺水河流。黄河流域多年平均(1956—2000 年)河川天然径流量 534.8 亿 m^3，仅占全国的 2%，人均径流量、耕地亩均径流量占全国平均值的 23%、15%。近年来，因气候条件、人类活动对下垫面影响，黄河水资源量有减少趋势。2015 年花园口站、利津站实测径流量分别为 247.60 亿 m^3、133.60 亿 m^3，比 1956—2000 年均值减少 36.6%、57.6%。根据气候变化趋势预测，未来黄河流域降水量变化不大，但气温升高导致蒸发量增加，径流量进一步减少。

2. 下游河床降低

小浪底水库蓄水拦沙，尤其是调水调沙运用，致使黄河下游各河段冲刷显著，白鹤—利津累计冲刷量 24.172 亿 t，其中：高村—孙口 3.403 亿 t，占下游总冲刷量的 14.08%。小浪底水库运用、调水调沙期间，下游洪水洪峰流量基本控制在 4 000 m^3/s，河道全线冲刷，河床高程下降，主槽过流能力提升 5 000 m^3/s 左右，5 000 m^3/s 基本不漫滩，相同流量水位明显下降。河床降低、主溜归槽、水位下降，导致引黄水闸实际引水能力降低，总体引水能力为附近水文站实测流量的 10%，尤其是春灌用水高峰期，引水能力远低于设计值，对引黄灌区生活、生态、工农业生产影响较大。下游各河段冲淤量见表 1-5。

表 1-5　黄河下游 1999—2013 年各河段冲淤量统计

单位：亿 t

时间	河段				
	花园口以上	花园口—高村	高村—艾山	艾山—利津	利津以下
非汛期	−3.498	−5.318	−0.082	1.245	−7.634
汛期	−3.830	−4.665	−3.321	−4.703	−16.528
全年	−7.328	−9.983	−3.403	−3.458	−24.162

3. 供需矛盾突出

黄河属资源性缺水河流，泥沙含量大，贯穿西北、华北人口稠密地区，除本流域经济社会用水和河道外生态用水，还承担部分跨流域调水任务。黄河流域用水量从 1980 年的 343.0 亿 m^3 增加到 2015 年的 534.63 亿 m^3，随着黄河流域经济社会发展和生态环境改善，黄河水资源需求量也随之增长，供需矛盾越来越尖锐，水资源短缺制约了流域经济社会发展。

4. 用水效率较低

流域大中型灌区节水改造投资短缺，渠系工程老化，田间工程配套不完善，节水灌溉面积仅占有效灌溉面积的47%，每立方米水量生产粮食不到1 kg，万元工业增加值用水量104 m^3，用水重复利用率61%，远低于世界先进水平。黄河下游引黄灌区水资源利用效率偏低，主要体现在：①引黄灌区节水技术落后，大部分灌区采用土渠输水，田间大水漫灌，灌溉水利用系数0.4左右，浪费现象严重。如山东省邢家渡、胡家岸、簸箕李、韩墩、小开河、曹店、王庄等灌区，毛灌溉定额500～700 m^3/hm^2，远高于节水灌溉情况下的340～440 m^3/hm^2；部分灌区用水管理落后，昼灌夜不灌，渠道引水量大，退水多，加剧下游河段水资源供需矛盾。②当地水资源没有得到合理利用，大部分引黄灌区地下水资源较为丰富，但因引黄便利且水费低廉，形成高度依赖黄河水发展灌溉观念，灌区内地下水开采利用率较低，现状地下水开采量仅占地下水可开采量的56%，尤其是临近黄河地区，地面大水漫灌，很少利用地下水，地下水位高，潜水蒸发损失量大，有发生次生盐碱化的危险，离黄河较远地区，地下水超采严重。

5. 引黄泥沙处理难度大

黄河下游来水含沙量高、颗粒细，在河道居高临下、河槽逐年淤积条件下，入黄泥沙含量和粒径粗细几乎与河道来水、泥沙相当。除影响渠道淤积、不能适时引水灌溉且需投劳清淤、增加生产负担外，大量入渠泥沙处理不当，对引黄地区内、外生态环境和社会经济等也造成严重影响。可供沉沙洼地越来越少，大量引黄泥沙淤积在各级渠道、退水河道中，每年耗费大量人力、物力进行清淤，如山东省1983—1989年干渠以上渠道年均清淤2 485万 m^3，占引沙总量的45%，年均清淤费用1亿元以上。清出的泥沙多堆放在渠道两岸，形成众多大沙垄，占压大量耕地，造成土地沙化，灌区生态环境严重恶化，制约黄河下游引黄事业发展，如山东省位山灌区，渠道弃土形成沙化面积1 000 hm^2，并以每年20～26.7 hm^2速度发展，堆沙量达2 500万 m^3，平均堆高5～6 m，输沙渠两侧平均占地宽130～140 m，土地沙化严重。

随着下游引黄灌溉面积扩大，引黄水量越来越多，引沙量也在逐年增加，妥善处理引黄泥沙已成为下游引黄事业发展亟待解决的重要任务。

八、黄河流域综合规划

2013年3月2日国务院批复的《黄河流域综合规划(2012—2030年)》(国函〔2013〕34号)确认现状水平年为2007年，近期规划水平年为2020年，远期规划水平年为2030年。

1. 规划目标

黄河治理开发与保护长远目标是维持黄河健康生命，谋求黄河长治久安，支撑流域及相关地区经济社会可持续发展。规划期目标如下。

到2020年，初步建成黄河下游防洪减淤工程体系，基本控制洪水，塑造并维持下游4 000 m^3/s左右中水河槽，“二级悬河”得到遏制，搞好滩区安全建设，有计划地安排入海流路。宁蒙河段及干流其他重点防洪河段和主要支流重点防洪河段及重要城市防洪基本达到设防标准。进一步完善水沙调控体系，优化工程调度运用方式，增强水沙调控能力，基本完成粗泥沙集中来源区拦沙工程建设，遏制潼关高程抬高并有所降低。基本建成水资源合理配置和高效利用体系，节水型社会建设初见成效，全面保障城乡居民饮水安全，基本保障城镇、重要工业供水安全，灌溉水利用系数由现状 0.49 提高到 0.56，流域节水工程灌溉面积占有效灌溉面积的 75%以上，万元工业增加值取水量比现状年降低 50%左右。基本建成水资源和水生态保护体系，饮用水水源地水质全部达标，黄河干流等重要水功能区水质达到或优于Ⅲ类，重要支流水质达到或优于Ⅳ类。地下水超采基本遏制，各功能区地下水水质基本达到目标要求，干流重要控制断面生态环境水量得到基本保证，流域水生态系统恶化趋势基本遏制。开展水土流失综合治理面积 16.25 万 km^2，多沙粗沙区、十大孔兑等重点区域水土流失得到有效治理，水利水保措施年均减少入黄泥沙达到 5.0 亿～5.5 亿 t。健全流域管理与区域管理相结合的体制及运行机制，进一步完善政策法规体系，基本建成科技支撑体系。

到 2030 年，基本建成黄河下游防洪减淤体系和水沙调控体系，有效控制和科学管理洪水，保障滩区群众生命财产安全。节水型社会建设大见成效，水资源利用效率接近全国先进水平，灌溉水利用系数提高到 0.61，流域工程节水灌溉面积占有效灌溉面积的比例达到 90%。完善流域抗旱减灾体系，适时推进南水北调西线工程建设，初步缓解水资源供需矛盾。流域水功能区全部达到水质目标要求，黄河重要水生态保护目标的生态环境用水基本保证。适宜治理的水土流失区得到初步治理，水利水保措施年均减少入黄泥沙达到 6.0 亿～6.5 亿 t。进一步完善流域管理与区域管理相结合的体制及运行机制，基本实现流域综合管理现代化。

2. 项目区主要规划成果

(1) 防洪规划

在“上拦下排、两岸分滞”防洪工程体系形成前提下，确定黄河下游河道治理方略为“稳定主槽、调水调沙、宽河固堤、政策补偿”。对大洪水、特大洪水，通过干支流水库联合调度和滞洪区运用，将洪水控制在两岸堤防之间，确保洪水安全入海；对中常洪水，一是利用造床，二是分期管理；水库联合调度塑造人工洪水以减少泥沙淤积，防止主槽萎缩和携沙入海。

北金堤滞洪区，近期规划改造部分分洪闸，加固堤防和张庄闸上下游围堤，解决大功、垦利展宽区、齐河展宽区遗留问题。

(2) 水资源开发利用规划

以 2020 年为配置水平年，南水北调东、中线工程实施后，蓄水量增加且黄河河川径流量减少，黄河流域缺水量达到 109.7 亿 m^3，其中：山东省为主要缺水省份。为缓解水资源供需矛盾，近期采取强化节水、加强调度管理、兴建干流调蓄工程等措施，远期实现跨流域调水。

(3) 灌溉规划

规划到 2020 年，农田灌溉水利用系数提高到 0.56，节灌率达到 75.1%，其中：黄河下游河南和山东灌区是灌溉重点区域，采取包括渠系工程配套防渗、低压管道输水等工程措施和土地平整、膜上灌等非工程措施。进一步加快推进现有引黄灌区改建、续建、配套和节水改造工程，提高管理水平，提高水资源利用效率，进一步提高粮食增产潜力。

(4) 金堤河规划

金堤河流域治理以防洪排涝为主，兼顾水污染防治。干流排水采用张庄闸自流、提排入黄方案；中下游三角地带排水采用各支流设排涝闸或提排站入金堤河干流方案。近期，规划开展干流上游耿庄至五爷庙河段河道开挖疏浚，南、北小堤及北金堤下游段加固，仲子庙、赵升白、八里庙、小赵升白等引水涵闸改建，三角地带及支沟口防洪排涝闸站建设，跨河险桥危桥改建重建，对黄庄河、柳青河、贾公河、回木沟和孟楼河等重点支流进行河道清淤。针对金堤河季节性河流和干流水体污染较为严重情况，加强流域污染源治理和水功能区监督管理。

九、黄河下游治理开发目标和任务

1. 治理开发目标

根据《黄河流域综合规划(2012—2030年)》，黄河下游河段在防洪减淤、水资源利用、水资源和水生态保护等方面规划目标如下。

(1) 近期目标

初步建成黄河下游防洪减淤体系，基本控制洪水，确保防御花园口洪峰流量22 000 m^3/s堤防不决口；基本完成下游标准化堤防建设，初步控制游荡性河段河势，完成东平湖滞洪区工程加固和安全建设；塑造下游4 000 m^3/s左右中水河槽，逐步恢复主槽行洪排沙能力；加强黄河下游“二级悬河”治理，搞好滩区安全建设，建立滩区洪水淹没补偿政策；搞好黄河口综合治理，有计划地安排入海流路；基本建成水资源合理配置和高效利用体系；全面保障城乡居民饮水安全，基本保障城镇、重要工业供水安全；节水型社会建设初见成效；基本完成下游引黄灌区续建配套和节水改造，下游引黄灌区灌溉面积占有效灌溉面积的75%以上；万元工业增加值取水量比2007年降低50%左右；通过灌区节水改造和配套以及新建灌区，适当增加农田有效灌溉面积，提高国家粮食安全和主要农产品供给保障能力；基本建成水资源和水生态保护体系；饮用水水源地水质全面达标，干流等重要水功能区水质达到或优于Ⅲ类，重要支流水质达到或优于Ⅳ类，其他水功能区水质有所好转，省界及水源地等重点水功能区得到有效监管；基本遏制地下水超采，各功能区地下水水质基本达到目标要求；干流重要控制断面生态环境水量得到基本保证，河口重点保护区域生态适度修复，基本遏制水生态系统恶化趋势。

(2) 远期目标

基本建成黄河下游防洪减淤体系，有效控制和科学管理洪水；维持下游中水河槽，基本控制游荡性河段河势，保障滩区群众生命财产安全，基本实现人水和谐；节水型社会建设大见成效，水资源利用效率接近全国先进水平，万元工业增加值取水量比近期降低40%以上；完成下游引黄灌区节水改造，下游引黄灌区工程节水灌溉面积占有效灌溉面积的比例达到90%；水功能区全部达到水质目标要求，建立完善的水功能区监管体系；地下水开发利用区全部达到功能区保护目标；黄河下游重要水生态保护目标的生态环境用水得到基本保证，水生态环境得到改善。

2. 治理开发任务

综合考虑黄河各河段资源环境特点、经济社会发展要求和治理开发与保护总体部署，黄河流域不同河段有不同定位。桃花峪以下河段治理开发任务：黄河下游河道高悬于黄淮海平原地面之上，防洪安全保障要求较高，是两岸地区主要供水水源；黄河下游滩区居住着189.5万人，经常遭受洪水威胁，经济发展落后；该河段应以防洪、处理泥沙、供水为主；进一步完善河防工程体系，加强滩区综合治理和蓄滞洪区安全建设，保障两岸防洪保护区的防洪防凌安全，向两岸地区供水、灌溉；加强河口综合治理，为黄河三角洲高效生态经济区发展创造条件。

3. 治理开发总体布局

(1) 防洪减淤

确保黄河防洪安全是治黄第一要务，黄河水害是洪水造成的，因其大量泥沙造成河道不断淤积抬高和主流游荡多变而异常复杂。黄河防洪必须与减轻泥沙淤积统筹考虑，构建完善的防洪减淤体系。

黄河下游是防洪重中之重。总结多年治黄实践，解决黄河大洪水和泥沙问题要坚持"上拦下排、两岸分滞"调控洪水和"拦、调、排、放、挖"综合处理泥沙方针。"上拦"是根据黄河洪水陡涨陡落特点，在中游干支流修建大型水库有效削减洪峰；"下排"即通过河防工程建设和河口治理，充分利用河道排洪能力，确保进入河道的洪水排泄入海；"两岸分滞"即在必要时利用两岸设置的滞洪区分洪，滞蓄超过堤防设防标准的洪水。"拦"主要依靠水土保持和干支流控制性骨干工程拦减泥沙，特别是要有效拦减对河道淤积危害大的粗泥沙；"调"就是利用水沙调控体系调节水沙过程，使水沙关系适应河道的输沙特性，以利排沙入海；"排"就是充分利用下游河道的排洪输沙能力，通过河道、河口治理，将进入河道的泥沙尽可能多地输送入海；"放"主要是利用黄河两岸有条件的地方放淤沉沙，特别是处理对河道淤积危害大的粗泥沙，结合引水引沙处理和利用一部分泥沙；"挖"主要是在"二级悬河"严重或过流能力偏小河段挖河疏浚，扩大河道行洪能力，淤背加固堤防，淤滩治理"二级悬河"和堤河串沟。

解决黄河洪水和泥沙问题要进一步完善以河防工程为基础，水沙调控体系为核心，多沙粗沙区拦沙工程、放淤工程、分滞洪工程等相结合的防洪减淤工程总体布局，辅以防汛抗旱指挥系统、防洪调度和洪水风险管理等非工程措施，构建较为完善的黄河防洪减淤体系。

黄河水沙调控体系联合运用，管理洪水、拦减泥沙、调控水沙，对黄河下游和上中游河道防洪(凌)、减淤具有重要作用。

河防工程包括两岸标准化堤防、河道整治工程、河口治理工程等，是提高河道排洪输沙能力、控制河势、保障防洪安全的重要屏障。河防工程建设以黄河下游和宁蒙河段等干流河段，以及沁河下游、渭河下游等主要支流的主要防洪河段为重点。

水土保持措施特别是多沙粗沙区拦沙工程，是防洪减淤体系的重要组成部分。

利用黄河中游小北干流、温孟滩、下游两岸滩地等有条件的地方放淤，是处理和利用泥沙重要措施之一，特别是小北干流具有广阔放淤空间，通过滩区放淤，可以有效减轻下游河道和小浪底水库淤积。

蓄滞洪区是处理黄河下游超标准洪水、以牺牲局部利益保全大局的关键举措。东平湖滞洪区作为黄河下游重点滞洪区，是保证艾山以下窄河段防洪安全的关键工程，承担分滞黄河洪水和调蓄大汶河洪水双重任务，控制艾山下泄流量不超过 10 000 m^3/s。北金堤滞洪区作为保留滞洪区，是处理黄河下游超标准特大洪水的临时分洪措施。

下游滩区既是群众赖以生存的家园，又是滞洪沉沙的重要场所，加强滩区综合治理，完善洪水淹没补偿政策，是实现滩区人水和谐、保障黄河防洪安全的重要措施。

（2）水资源利用

按照资源节约、环境友好的节水型社会建设要求，黄河花园口以下河段水资源开发利用基本思路是：节流开源并举，节流优先，适度开源，强化管理。

建立水资源高效利用及综合调度体系，是实现黄河水资源可持续利用，保障供水安全，支撑流域及相关地区经济社会可持续发展的关键。①全面推行节水措施，建设节水型社会。建设下游引黄灌区节水型农业，建设节水型工业和城市。②多渠道开源，增加供水能力。通过水资源合理配置和优化调度，提高供水保证率，协调好生活、生产和生态用水；加大非常规水源利用，有效缓解水资源供需矛盾。③实施最严格水资源管理制度，提高用水效率。加强水权管理，根据不同水平年耗用黄河水控制指标，严格用水总量控制；加强用水定额管理，转变用水模式，促进经济结构调整和经济增长方式转变。

（3）水资源和水生态保护

基本建成水资源和水生态保护体系，完成如下任务。饮用水水源地水质全面达标，花园口以下河段重要水功能区水质达到或优于Ⅲ类，重要支流水质达到或优于Ⅳ类，其他水功能区水质有所好转，省界及水源地等重点水功能区得到有效监管；基本遏制地下水超采，各功能区地下水水质基本达到目标要求；干流重要控制断面生态环境水量得到基本保证，河口等重点保护区域生态适度修复，基本遏制流域水生态系统恶化趋势。

十、水资源利用保护

黄河水是流域地表水源，也是浅层地下水主要补给源，下游引黄灌区大部分地处海、淮河水系支流最上游，当地河川径流供水意义不大，生活、生态、工农业用水很大程度依赖黄河水补给，黄河还担负着向区域外提供部分城市生活、工业、地下水超采治理用水任务。

黄河治理和水资源合理配置，关乎黄河流域经济发展。随着人口增长、工农业生产发展，水资源日益紧缺，供需矛盾突出，导致人口、资源、环境、生态系统失调，严重制约区域社会经济可持续发展。缺水影响居民生活、生态、工业、农业生产，成为实现产值翻番、生活富裕的阻力；1972—1999 年黄河有 22 年断流，累计断流 89 次计 1 091 d，平均每年断流约 50 d(断流年份平均)，黄河几乎成为一条季节性河流；地下水超采引发地面下沉，河道水域丧失必要功能，泥沙淤积库区和河道，地表植被退化。其中的原因一方面是水资源缺乏，另一方面是水资源时空分布不均、配置不当、管理不善等，现状水资源利用普遍存在浪费水、用水效率不高甚至负效应等现象；部分干支流河段水质遭受污染，个别河段甚至更加严重。

黄河治理需合理配置、优化调度、有效保护有限黄河水资源，最大限度满足用水需求，保障资源与环境生态系统良性循环，促进经济、社会、生态、环境协调发展，满足区域可持续发展、支持经济快速发展。龙羊峡、刘家峡、三门峡、小浪底、西霞院等骨干枢纽联合调度，为水资源合理配置、保护研究、除害兴利奠定科学基础。

第三节　河川径流及特性

随着经济社会发展，用水范围、用水量不断增加，用水结构也在逐步调整，但黄河流域水资源所能提供河川径流量有限，导致水资源供需矛盾愈发突出，因此掌握河川径流量及特性，用好黄河可供水量，保证河道生态基流，控制河道断面流量，发挥水资源综合效益，促进取水许可水量，河道外生态用水尽量满足生活、生态及工农业发展需要，维持黄河健康生命至关重要。

一、降水

黄河流域多年平均降水量 476 mm（1956—1979 年系列），年平均降水总量3 580亿 m^3，包括内流区，年平均降水量 466 mm，降水总量 3 700 亿 m^3。降水量地区分布极不均匀，从流域东南向西北递减，秦岭北坡年均降水量 800～900 mm，乌海、磴口地区年均降水量 150 mm。年降水量时间分配变化很大，6—9 月份降水量占全年的 60%～80%，7、8 月份为降水全盛时期，且年降水量越少，年内分配越集中；气温越高，降雨越集中，且多暴雨；其他时间降水量占全年的 20%～40%，其中 4、5 月份降水量占全年的 10%左右。流域内丰水年降水量一般为枯水年的 3～4 倍。黄河流域南部降水较丰富地区，年降水量及枯水季节降水量年际变化相对较小，流域北部降水较少地区则相反。

二、蒸发

黄河流域多年平均水面蒸发量（E601 型蒸发器观测值，1956—1979 年系列）与多年平均降水量（1956—1979 年系列）地区分布相反，趋势是：流域南部年均蒸发量最小，一般为 800～1 000 mm，向北递增，鄂尔多斯高原、内蒙古乌海地区为 1 800～2 000 mm，黄河龙门到潼关干流区间、汾渭河下游地理位置偏南，却出现水面蒸发量 1 200 mm 以上相对高值，反映出该地区气温高、湿度小、干旱突出等特点。

水面蒸发年内变化不大，冬季气温低、水面结冰，水面蒸发量小，每月蒸发量 30～50 mm；5、6 月份相对湿度低、风速大、气温高，水面蒸发量大，与 7、8 月份相近；9 月份以后，气温下降，水面蒸发量逐渐变小。

流域干旱指数（蒸发量与降水量之比）地区变化较大，秦岭北坡和黄河上游黑河、白河地区，干旱指数小于 1，向北逐渐增大，大部分地区干旱指数为 2～3，内蒙古、宁夏西北部干旱指数 10 以上。

三、径流

1. 天然径流量

（1）人类活动影响

黄河流域河川径流开发利用历史久远，中华人民共和国成立后，随着经济社会发展，用水需要不断增加，河川径流开发利用力度更大。农业历来是各个时期用水大户，受农业灌溉耗水（农业灌溉引向河道外不再回归河道部分水量），大型水库调蓄，跨流域调水，水土保持，中小型水库及修建水库增加的蒸发、渗漏等影响，各控制站实测径流无法反映河道天然径流特征。如兰州站实测年径流量为河口镇实测值的127%，与龙门站实测值相近。工业、城市生活耗水在1949年前后变化不大，一般为地下水。据统计，花园口以上1979年工业、城镇生活用水5亿 m^3，比重较小。还原实测径流，对研究探索河川径流特性具有重要意义。

（2）还原方法

① 断面控制法：以干、支流各主要断面实测年、月径流为基础，将该断面以上历年、逐月还原水量与实测年、月径流相加，即为各断面历年、逐月天然径流量；经过还原，求得黄河上中游干、支流主要站1919年7月—1975年6月共56年（水文年）系列天然年、月径流量，该系列平均天然径流量三门峡站498.4亿 m^3，花园口站559.2亿 m^3。

② 分区还原累加法：将黄河流域分成若干分区，对各分区实测径流进行影响水量还原，再逐区自上而下对应年累加，即得各断面天然年径流量；该法求得1956—1979年系列天然径流量三门峡站564.6亿 m^3，花园口站629.9亿 m^3。

以上两种还原方法所得天然年径流量有较大差别，分区还原累加法所测天然年径流量偏大。原因是：分区还原累加法所求水量为流域产水量，断面汇总时没有考虑沿途蒸发、渗漏、槽蓄等影响；断面控制法所求水量为流域产流、汇流后断面实际天然径流量，是流域规划、工程设计基础。

（3）合理性分析

断面控制法还原1919—1979系列天然年、月径流量符合黄河流域水文特性，从多年实测径流资料看，黄河年径流量损失最多地区为兰州至河口镇河段（宁夏、内蒙古引黄灌区位于该河段），该河段还原水量占花园口以上多年平均还原水量的56%～60%，应重点检查兰州至河口镇天然径流还原合理性。

兰州至河口镇多年平均径流深小于10 mm，是黄河干流不产流区，点绘兰州、河口镇两站还原后天然年径流相关关系，点群基本分布在45°线附近，说明天然年径流量计算基本合理。

河口镇到三门峡1954—1978年降水资料完整，根据流域平均降水量与区间年径流量点绘关系，实测年径流量与区间平均降水量关系散乱，相关系数0.71，天然年径流量与区间平均降水量关系较好，相关系数0.9，说明天然年径流量还原基本合理。

实测兰州到河口镇区间逐月流量，除冬季外其他月份均为负值，兰州与河口镇各月实测流量关系散乱，且河口镇偏小甚多，说明实测月径流量区间损失很大。点绘兰州与河口镇各月天然径流量关系，散乱现象改变，点群基本依附于45°线附近，说明月径流量还原基本合理。

2. 实测年径流量

(1) 干支流主要站实测资料系列

黄河流域于1919年开始实行径流观测，设站最早的是黄河干流陕县、泺口两站，其次是泾河张家山站、干流兰州站，始测于1932年、1934年。中华人民共和国成立前测站少、资料残缺不全，中华人民共和国成立后于1956年开始形成较为完整的水文站网，积累了较丰富的径流观测资料，如实测径流系列最长的陕县站(1953年在其下游约21 km处增设三门峡站，1959年陕县站撤销)，到20世纪90年代已累积了70多年的观测资料；干、支流其他主要站系列年数绝大部分在50年左右，一些中小河流1949年后建站系列多在35～40年。

(2) 各站实测资料插补延长

1952—1956年黄委组织整编1953年前的黄河流域干支流径流观测资料，1954年后逐年整编，1960年11月至1961年4月黄委会同有关单位修正水文年鉴，以陕县、兰州站长系列将全河干、支流44个主要站年径流量系列延长到1919年，1962年11月刊印《黄河干支流各主要断面1919—1960年水量、沙量计算成果》，定量看基本合理，可以使用。经插补延长后，黄河干、支流主要站实测系列(包括延长)均自1919年开始，其中1919年7月—1975年6月56年系列(水文年)实测平均年径流量：花园口站469.8亿m^3、三门峡站418.5亿m^3、龙门站319.1亿m^3、河口镇站247.2亿m^3、兰州站315.3亿m^3，各站汛期径流量约为全年径流量的60%。

3. 黄河年径流量各种系列对比

黄委设计院1977年研究黄河年径流量时，将干、支流主要站天然年径流系列延长到1975年6月，形成56年的径流系列，用于流域规划、工程设计；随着观测资料延续，1982年将系列延长至1980年6月(形成61年系列)。研究表明，天然年径流量多年平均值已趋于稳定，61年系列均值仅比56年系列均值偏大1%左右。

1980年代初，水利部水文局评价全国水资源时选用1956—1979年的24年年径流系列，为与水资源评价选用系列建立相应关系，在61年系列中选取24年系列(1956年7月—1980年6月)与56年系列进行对比分析，对比结果发现24年系列比56年系列天然年径流量均值偏大6%～9%，不宜作为黄河水资源利用年径流系列。黄河流域规划、工程设计宜选取56年系列天然年、月径流量成果。

四、径流特性

黄河属于降水补给型河流，黄河流域处于典型季风气候区，降水年际、年内变化决定河川径流量分配不均。

1. 空间分布不均

黄河流域河川径流主要由降水补给，受大气环流和季风影响，降水量少、蒸发能力强，年径流量约占全国河川年径流量的 2%。花园口以上多年平均年径流深 77 mm，相当于全国平均径流深 276 mm 的 28%。据 1980 年资料统计，花园口以上人均水量 794 m^3，耕地平均水量 4 740 m^3/hm^2，与土地、人口分布极不协调，如：龙羊峡以上人均水量 57 943 m^3，耕地平均水量 390 000 m^3/hm^2；龙门到三门峡区间人均水量 310 m^3，耕地平均水量 19 800 m^3/hm^2。花园口以上人均水量为全国人均水量的 30%，耕地平均水量为全国耕地平均水量的 18%。

2. 地域分布不均

受地形、气候、产流条件影响，水资源地区分布极不均匀，大部分来自兰州以上、龙门到三门峡区间。兰州以上控制流域面积占花园口以上控制面积的 30.5%，多年平均径流量却占花园口的 57.7%；龙门至三门峡区间流域面积占花园口以上控制面积的 26.1%，年径流量占花园口的 20.3%；兰州到河口镇区间流域面积 16.3 万 km^2，占花园口以上 22.4%，因区间径流损失，河口镇多年平均径流量反比兰州小。

年径流量地区分布不均匀还表现为径流深由流域南部向北部递减。西起吉迈，过积石山，到大夏河、洮河，沿渭河干流至汾河与沁河分水峡一线南侧，年降水量丰沛，植被较好，年平均降水量大于 600 mm，年径流深 100～200 mm，是黄河流域产流最丰沛地区；流域北部经皋兰，过海源、同心、定边到包头一线西北部，气候干燥，年平均降水量小于 300 mm，年径流深 10 mm 以下，是黄河流域径流最贫乏地区；流域中部黄土高原区，年降水量一般 400～500 mm，年径流深 25～50 mm，区间生态环境长期受到破坏，水土流失严重，为黄河流域泥沙主要来源区。

3. 径流量年际、年内变化大

黄河流域是典型季风气候区，河川径流量年际变化大，年内分配不均。

黄河上游龙羊峡以上地区，大部分为高寒草原，湖泊沼泽较多，水的自然涵蓄能力较好，以上游来水为主的干流各站，径流量年际变化相对比北方河流小，龙门以上各站年径流 C_v 值 0.22～0.23；龙门以下，汇入一些流域内涵蓄能力很小的大支流，年径流 C_v 值略有增大，如三门峡、花园口两站 C_v 值 0.24、0.25，黄河流域较大支流年际变化大，年径流量 C_v 值 0.4～0.5。干流各站最大年径流量与最小年径流量之比为 3～4，支流达 5～12。中游黄土丘陵地区中、小支流年际变化更大。

径流量季节分配主要取决于河流补给条件。黄河河川径流主要以降水补给为主，季节性变化剧烈，年降水量主要集中在每年 6—9 月份的四个月，而 7—8 月份的两个月又占这四个月份的 70%左右，最多达 76%，河川径流主要集中于 7—10 月份。干流及较大支流汛期径流量占全年的 60%左右，每年 3—5 月份径流量只占全年的 10%～20%；陇东、宁南、陕北、晋西北等黄土丘陵干旱、半干旱地区的一些支流，汛期径流量占全年的 80%～90%，每年 3—6 月份的径流量所占比重很小，有些河流基本上呈断流状态。

4. 水沙异源，含沙量大

黄河多年平均年输沙量约16亿t，多年年平均含沙量高达37.6 kg/m³。黄河泥沙来源区比较集中，且水沙异源。上游河口镇以上流域面积38.6万km²，占全流域面积的51.3%，来沙量仅占全河沙量的9%，而来水量却占全河的53.9%，是黄河水量的主要来源区。泥沙主要来自河口镇至潼关的黄河中游地区，占全河沙量的90%以上，其中：河口镇至龙门区间，流域面积11.2万km²，占全河流域面积的14.9%，水量占12.5%，但沙量却占全河的56%。流域水土流失最严重地区约10万km²，主要分布在该区间，区域地形支离破碎，每年平均地面冲刷深度0.2～2 cm，年侵蚀模数在2 000 t/km²以上，平均沙量9亿多t。龙门至潼关区间，流域面积18.5万km²，占全河的24.6%，来水量占19.6%，来沙量占全河的34%。三门峡以下洛河、沁河来沙量仅占全河来沙量的2%左右，来水量约占10.2%。

五、水资源开发利用

1. 开发利用原则

根据水的流动性、多功能性，水资源开发利用遵循全面规划、统筹兼顾、标本兼治、综合利用、讲求效益，兴利与除害相结合、服从防洪总体安排，开源与节流相结合、节流优先，开发与保护相结合、污水处理再利用，地表水与地下水统一调度开发，生活、生产、生态用水相协调、生活用水优先，兼顾上下游、左右岸、地区间利益原则，避免水资源配置、水工程建设引发水事纠纷。

2. 水土资源不相适应

黄河流域西北黄土高原地区，雨量稀少，气候干燥，是我国有名的缺水区，加之水土资源分布不均匀，农业发展受到限制，人畜饮水十分困难，大片土地干旱严重。随着国民经济发展，黄河水资源供求关系更为紧张，而解决缺水的根本办法是从长江上游引水入黄河。黄河流域水土资源空间不匹配的情况，对充分开发利用水资源十分不利。

3. 供需矛盾突出

黄河水资源在时间上分布不均，与农作物需水时间不相适应。汛期降水集中，径流量占全年比重很大，弃水较多，利用率较低。

4. 水资源利用难度大

黄河水少沙多，引水就要引沙，上游引水增加下游泥沙处理难度，拉平流量过程线，增加下游淤积。

在黄河干、支流修建调节水库的一个严重问题是水库淤积，如支流无定河上的新桥水库，总库容2亿m³，1959年建库到1994年汛前，总库容淤积17 310万m³；为减少三门峡水库淤积，采用蓄清排浑运用方式，汛期不能存蓄洪水，水库调蓄作用减少。汛期洪水无法调蓄到非汛期使用，这是黄河中游多泥沙地区水库运用的一个特殊问题。汛期沙量集中，高含沙量往往影响渠系工程正常运行。如关中泾、北洛、渭河的一些灌区，引水含沙量控制不超15%，7、8月份作物需水期往往不能引水，水量损失约占该时段总水量的1/3。

随着黄河调水调沙持续进行，河床下降，河水归槽，河势流向发生改变，水位表现偏低，黄河下游河段引水困难，与水闸设计引水水位相差较远，无法满足当地工、农业及跨流域调水需求，影响国民经济持续发展。

5. 妥善处理泥沙

泥沙淤积会减少水库有效库容，但如果不让泥沙出库，不充分利用水资源，将会制约国民经济和社会发展。黄河是一条多泥沙河流，在开发利用水资源过程中，积累了许多成功经验。在多沙河流上修建水库，采用蓄清排浑运用方式，汛期不能大量蓄水，但可长期保持一定的有效库容，调节非汛期水量，为工农业供水；汛期水库滞洪排沙，结合有力地形，进行引洪放淤，改良土壤，增加肥力，同时减少入黄泥沙，提高黄河水资源利用率，实现粮食产量十八连增，为当地经济发展提供了强有力支撑。

六、入海水量变化

黄河入海水量锐减的主要原因来自河道外耗水增长，多年天然径流量20世纪80年代、90年代较20世纪50年代、60年代偏枯，受上游干流大型水库蓄水影响，河道外耗水增长约占70%，天然径流量减少，水库调蓄影响约占30%。

1. 不同年代水量变化及特征

根据1950—1994年利津站45年实测径流资料统计，多年平均年径流量371.2亿m^3，其中3—6月、7—10月、11月—翌年2月径流量69.2亿m^3、226.1亿m^3、75.9亿m^3，各约占年平均径流量的18.7%、60.9%、20.4%。20世纪50年代、60年代属丰水系列，年均径流量分别480.5亿m^3、501.2亿m^3，与多年平均值相比分别偏多29.5%、35.0%。70年代以来，入海水量呈减少趋势，利津站70年代年均径流量311.2亿m^3，较多年平均值偏少16.2%；80年代年均径流量285.9亿m^3，较多年平均值偏少23.0%。1987年以来，黄河流域降水偏少，入海水量锐减，据统计，1987—1994年利津站年均径流量183亿m^3，较多年平均偏少50.7%。

径流量变化过程显示：①入海水量呈现减少趋势；②水量递减速率越来越大，20世纪70年代利津站平均径流量较多年平均值减少16.2%，20世纪80年代减少23.0%，20世纪90年代减少50.7%；③径流量减少速率最大时段为春季（3—6月份）农灌用水期，多年平均来水69.3亿m^3，1987—1994年来水量30.6亿m^3，减少55.8%。随着上游大中型水库调蓄运用，汛期（7—10月份）来水量相对减少速率也在加快，20世纪70年代、80年代汛期来水量较多年平均减少16.1%～17.2%，1987—1994年汛期来水量较多年平均减少52.9%。

2. 入海水量变化原因

据黄委设计院调查,以及还原1950—1989年的40年系列黄河天然年径流量初步成果分析,天然径流量年际变化是影响入海水量重要因素之一。利津站1950—1969年年均天然径流量645亿m^3,1970—1989年年均天然径流量560亿m^3,后20年比前20年年均水量减少85亿m^3,占后20年年均天然径流量的15.2%,其中20世纪80年代年均天然径流量较50年代减少28亿m^3,占年入海水量减少量的14%。据统计,20世纪50年代、60年代平均年入海水量分别为480亿m^3、496亿m^3,占同期天然径流量的81%、75%;20世纪70年代、80年代平均年入海水量311亿m^3、286亿m^3,分别占同期天然径流量的57%、46%;20世纪90年代平均年入海水量141亿m^3,占同期天然径流量的31%。

上游干流水库调蓄影响入海水量,龙羊峡水库影响最大,1986年10月—1989年底蓄水运用,扣除水库蒸发、渗漏水量损失,净增蓄水量160.3亿m^3,20世纪80年代平均每年净增水量16亿m^3,占入海水量减少值的约8%。

河道外用水也影响入海水量。随着黄河流域及供水地区人口增长、经济发展和生活水平提高,对水资源需求和开发利用程度越来越高。据黄委设计院调查分析初步成果,黄河主要断面1950—1989年的40年间,全河年耗水由20世纪50年代平均135亿m^3增长到20世纪80年代274亿m^3,用水增长速度随时间推移明显加快。以20世纪50年代全河耗水量为基数,20世纪60年代增加到126%,20世纪70年代为173%,20世纪80年代为204%,20世纪90年代为272%。河道外耗水量增加直接导致入海水量锐减,且减幅最大、最直接。

第四节　水量统一调度

一、黄河断流

1997年秋季我国发生了严重的干旱灾害,粮食减产,上百座城市不同程度缺水。与防洪、水土流失相比,黄河水资源紧缺显得尤为突出且最令人担忧,而断流就是其中一个突出表现。

黄河首次断流始于1972年。1972年以来,随着黄河流域工农业生产发展,引黄水量不断增加,入海水量逐渐减少,导致黄河下游多次连年断流。1972—1999年的28年中(1972年4月23日,黄河下游利津河段首次出现自然断流,持续5 d,断流河长310 km),黄河下游利津水文站有22年发生断流,与历史上1 590多次决口相比鲜为人知。20世纪70年代以来,黄河断流陡然突出,成为与洪水一样引人注目的问题。20世纪70年代、80年代,黄河年均日平均流量为零的断流天数不足10 d。进入20世纪90年代,黄河几乎年年断流,1991—1995年平均每年断流71 d,1972—1995年的24年间,断流时间、断流上延最长的是1995年,利津站断流时间122 d、断流河道长683 km;黄河主要支流也相继出现断流,天然流量大于10亿m^3/年的7条支流有5条(汾河、渭河、伊洛河、沁河、大汶河)出现过断流;1991—1998年期间,黄河年年断流,断流时间、断流河段逐渐加长,特别是1997年,利津站2月7日开始断流,断流时间长达226 d,断流河段延伸至开封柳园口,断流河道长704 km,占下游河道786 km的90%;艾山站断流4次、62 d。进入21世纪,黄河依然面临着断流的严浚形势,潼关站流量自2001年7月19日开始降至10 m^3/s以下,7月22日8时出现0.95 m^3/s最小流量,黄河中游潼关站面临断流的严峻形势。

1972—1999年间黄河断流呈现以下特点:①断流年份不断增加,1970年代有6年中出现断流,1980年代有7年中出现断流,1990年代有9年中出现断流。②断流次数不断增多,20世纪70年代断流14次,20世纪80年代断流15次,20世纪90年代断流60次。③断流时间不断延长,20世纪70年代断流86 d、年均14 d,20世纪80年代断流107 d、年均15 d,20世纪90年代断流900 d、年均100 d;20世纪90年代以前,利津站断流天数一般在5~26 d,最长是1981年的36 d,1991年后断流时间逐年增长,持续时间加长。④首次断流时间提前,从1972—1995年断流情况看,20世纪70年代和20世纪80年代黄河下游一般是5、6月份断流,个别年份4月份断流;进入20世纪90年代,断流时间提前至2、3月份,1998年利津水文站1月1日开始断流,并出现跨年度断流。⑤断流河段不断上延,20世纪70年代平均断流河段长242 km,20世纪80年代256 km,20世纪90年代增加到422 km;20世纪70年代和20世纪80年代,断流河段一般在山东滨州道旭以下河口地区,1992—1994年断流河段延伸至泺口水文站附近,1995年断流上延至河南封丘夹河滩水文站以上,断流影响范围越来越大。黄河下游利津站断流情况详见表1-6。

表1-6 黄河下游利津站断流情况统计表

年份	断流时间(月.日)		断流次数	断流天数(d)	断流长度(km)
	最早	最迟			
1972	04.23	—	3	19	310
1974	05.14	—	2	20	316
1975	05.31	—	2	13	278
1976	05.18	—	1	8	166
1978	06.03	—	4	5	104
1979	05.27	—	2	21	278
1980	05.14	08.24	3	8	104
1981	05.17	06.29	5	36	662
1982	06.08	06.17	1	10	278
1983	06.26	06.30	1	5	104
1987	10.01	10.17	1	17	216
1988	06.27	06.30	1	5	150
1989	04.04	07.15	3	26	277
1991	05.15	06.02	2	16	131
1992	03.16	08.01	5	83	303

续表

年份	断流时间(月.日)		断流次数	断流天数(d)	断流长度(km)
	最早	最迟			
1993	02.13	10.12	5	60	278
1994	04.03	10.16	4	74	380
1995	03.03	07.23	3	122	683
1996	02.14	12.18	9	136	579
1997	02.07	12.31	13	226	704
1998	01.01	12.08	16	142	449
1999	02.06	08.11	3	41	294

二、断流原因

黄河下游断流是自然因素、人为因素共同影响的结果。黄河断流主要原因有黄河流域水资源贫乏，不能满足日益增长的用水需要；近期径流、降雨量减少，中游黄河干流缺乏调蓄能力；缺少统一的黄河水资源调度、管理体制等。

1. 水资源贫乏

黄河流域绝大部分处于水资源极其贫乏的西北、华北地区，时空分布与灌溉用水需求不相适应，是造成断流的根本原因。黄河多年(1919—1975 年系列)平均天然径流量 580 亿 m^3，为全国河川径流总量的 2%，人均水量 593 m^3，为全国平均值的 25%，相当于世界人均水量的约 6%，却承担着本流域和下游引黄灌区占全国 15%的耕地面积和 12%人口的灌溉供水任务，耕地每 hm^2 平均水量 4 860 m^3，为全国平均值的 17%。自 1986 年以来，黄河流域普遍干旱，地表、地下径流补给量少，连年偏枯，上中游天然来水量比多年平均值偏少 10%以上，属资源性缺水。据统计，1986—1994 年上游地区年平均来水量 183 亿 m^3，较多年平均值偏少 22.5%；中游地区年平均来水量 109 亿 m^3，较多年平均值偏少 28.3%；三花间(伊河、洛河、沁河等)年平均来水量 21.2 亿 m^3，较多年平均值偏少 46.3%。时间分布上，黄河汛期径流量占全年径流量的比重较大，约 60%，但可利用率低；灌溉季节径流量较小，不能满足农业灌溉用水需求(黄河流域农灌用水占总用量的 90%以上)，水资源空间分布不均，上游来水多，下游引黄灌溉面积大，灌溉季节常常发生断流。1972—1983 年春灌期间(3—6 月)，常出现河道断流现象，据统计，高村站有 1 年断流 10 d，洛口站 6 年断流 6 次、39 d，利津站 9 年断流 10 次、114 d，最长 1 次断流发生在 1981 年 5 月，高村站 10 d，洛口站 15 d，利津站 37 d。1960 年，黄河下游干旱严重，针对用水紧张、上下游争水问题，中华人民共和国水利电力部(以下简称“水电部”)在郑州召开河南、山东、河北三省灌区用水会议，协商确定：①黄河枯水季节三省水量分配，一律按 2∶2∶1 比例分配给河南、山东、河北三省；②黄河河口渔业用水，在 2∶2∶1 比例之外包括输水损失定为 60 m^3/s。

2. 引黄水量增加

沿黄各省(区)引黄水量不断增加,用水激增是造成断流的决定因素。1949年全河工农业生产耗水量74.2亿 m^3,1980年达到271亿 m^3,1988—1992年平均引黄耗水量308亿 m^3,水资源利用率53%,水资源利用程度属国内外大江大河的较高水平。黄河是西北、华北等地区的经济命脉,有水才有生产发展、生活改善。新中国成立以来,黄河流域工农业发展,两岸年用水量由20世纪50年代的122亿 m^3 猛增到20世纪90年代的300亿 m^3。上中游干旱地区,有水才有良田,下游农业对补水灌溉依赖很强,两岸引黄灌溉面积1.1亿亩,用水量占用水总量的92%;黄河供水地区引黄能力6 000 m^3/s,仅下游地区引黄能力4 000 m^3/s,引黄能力远超黄河可供水能力。黄河梯级开发形成水电装机容量900多万kW,发电均匀用水与农业集中用水之间协调难度很大。以黄河为生产、生活水源的有西宁、兰州、包头、郑州、济南等50多座城市和中原油田、胜利油田、齐鲁石化等大中型企业。黄河每年还要向外流域输送100多亿 m^3 水量,但黄河流域治理中存在水资源配置不够合理、管理不善等问题,用水浪费、水污染现象十分严重,工业用水重复利用率低,农业灌溉定额偏高,水资源供需矛盾突出。

3. 水资源调度乏力

黄河流域缺少统一管理调控手段,用水无序无度,缺乏合理调度,是断流的直接原因。数千公里黄河干流上500多处引(提)黄渠首工程,各自为政、随时取水,尤其是春季农灌用水期,沿黄没有统一的水资源分配和调度措施,造成上游大引、下游长期断流局面。上下游、左右岸争抢黄河水现象愈演愈烈。1997年黄河只有一场洪水,即8月4日花园口站4 020 m^3/s 洪水,洪量8.7亿 m^3,利津断面恢复过流仅56 h后就再次发生断流;这年汛期,利津断面多次断流,过流仅16 d,断流月份、天数、次数均创历史记录。

4. 开发过度

随着引黄水量增加,黄河河川径流开发利用程度不断提高,从20世纪50年代的21.4%增加到21世纪初的84.2%,远超国际公认河流警戒线的40%。黄河水资源的过度开发,破坏了人与自然和谐关系。20世纪90年代,水资源紧缺、黄河断流造成下游两岸经济损失每年高达30多亿元,给下游沿黄城乡居民带来了不安定感。

5. 调蓄能力不足

黄河干流尤其是中下游调蓄能力不足,弃水、缺水现象同时存在,也是造成断流的因素之一。1996年前,黄河干流已建8座大型水库,仅龙羊峡、刘家峡、三门峡3座水库有调节能力,且主要集中在上游河段,中下游仅有三门峡水库调节,调节库容小,受蓄水位限制、库区泥沙淤积影响,每年仅能结合防凌运用为下游调节春灌用水15亿 m^3,还要在6月底前泄空迎汛,难以满足下游春灌及生活用水需求,枯水年份、用水高峰季节上游水库兼顾调节中下游用水难度较大,造成下游断流、弃水并存。

6. 入海水量锐减

入海水量锐减的极限是黄河下游断流，黄河断流给下游工农业生产带来巨大影响。从断流时间看，除个别年份发生在2、3、8、10月份外，绝大多数年份发生在4—7月份，正是农作物需水关键期，黄河断流造成引黄灌区停灌，农业生产遭受严重损失，长时间断流严重影响沿黄地区工农业生产、生活、生态、河口治理，黄河下游也能真正体会到水的危机感。

黄河下游断流日趋严峻，引起各级政府、社会各界广泛关注。1997年3月，黄河断流生态环境影响及其对策研讨会在北京召开。1997年4月8日至12日，中华人民共和国水利部（以下简称"水利部"）、中华人民共和国计划委员会（以下简称"国家计委"）、中华人民共和国科学技术委员会（以下简称"国家科委"）在东营市召开黄河断流及其对策专家座谈会，认为黄河断流主要原因包括：20世纪80年代以后，黄河上中游径流量减少，流域经济增长，引用黄河水量快速增加，导致下游来水大量减少，而用水需求持续增长，黄河水资源供需矛盾日益加剧；黄河水资源尚未建立健全统一调度管理体制和运行机制，沿黄各地现有引黄工程无序引水，引水能力大大超过黄河可供水量。会议提出黄河水资源应统一管理、统一调度。1997年9月29日，时任国务院副总理姜春云在北京主持召开"黄河断流带来的危害及相应对策"专家座谈会，来自水利、环保、林业和电力界专家学者深入分析黄河断流原因，提出解决断流对策和建议。座谈会上，姜春云要求国家有关部门和沿黄省（区）坚决贯彻"加强管理、科学调度、开源节流、量水而行"方针，采取切实有效措施缓解黄河断流造成的供水困难，国家计委、水利部等有关部门要根据黄河实际来水量，重新修订和完善黄河水资源分配方案和年度分配调度方案，报国务院审批后下达执行。会上提出的黄河水资源分配方案就是著名的"八七"分水方案，也是每个受水省（区）正常来水年份可用最大水量。水资源、社会经济需水时空分布不匹配是"八七"分水方案产生的根本原因，而1970年以来黄河严重断流是"八七"分水方案出台的直接原因。

20世纪80年代初，黄委开展水资源调查评价，进行黄河水资源开发利用现状调查、供需平衡分析、发展趋势预测，1987年提出黄河可供水量分配方案。1987年国务院批准的黄河可供水量分配方案可宏观控制各省（区）用水，但仍存在以下不足：未制定适用于平水年、枯水年及不同季节的具体方案和监督管理措施；没有建立覆盖省、市、县三级行政区域水量分配体系，制定的分水方案难以实施；水量分配没有发挥市场机制作用，黄河上游未使用水资源无偿流至下游地区，水资源利用效率低下；水量分配中纠纷解决机制难以发挥作用；缺乏权威性流域统一管理及相应法律法规，黄委作为流域管理机构，没有足够权力进行监管，无法对实际引水量实行有效监督、控制，黄河水资源难以按照分水方案实施；一旦遇到枯水季节，各地争相引水、蓄水、抢水，加剧黄河断流局面形成。此外，用水技术、灌溉方式落后，渠系工程不配套，水费标准偏低，水利用系数不足0.5，农业灌溉水量占总供水量80%以上，水资源浪费现象严重，黄河中游调蓄能力不足等也是"八七"分水方案需要进一步调整的重要原因。

三、断流危害

多泥沙特性使黄河断流比任何一条清水河断流所造成的危害都大，黄河断流对沿黄地区农业、工业、居民生活、生态环境等造成很大影响，危害最大的是对生态环境。黄河断流导致主河槽淤积、萎缩，行洪能力降低，中小洪水易形成横河、斜河、滚河，威胁堤防安全，防汛压力加剧。黄河三角洲和河道生物多样化受到影响，鱼类无法洄游；海水倒灌带来土地盐碱化，树木不能生长；断流加重泥沙淤积，使下游防洪安全受到威胁，给沿岸经济社会发展、生态环境带来严重影响。到1999年2月底，断流仍很严重，解决黄河断流成为中国人民的共同心愿。黄河断流危害主要表现在以下几个方面。

1. 农业

据黄委统计，1972—1996年，黄河下游地区受旱农田得不到灌溉，累计粮食减产98.6亿kg，农业直接经济损失135亿元，年均损失5.4亿元，其中：1991—1996年累计粮食减产78.6亿kg，直接经济损失96.6亿元，年均损失16亿元。1997年，遭遇百年一遇夏秋连旱，加之黄河断流，农田得不到灌溉，山东沿黄地区受旱面积2 300万亩，其中：重旱1 600万亩，绝产750万亩，减产粮食27.5亿kg，棉花减产250万kg，农业直接经济损失高达70亿元。

2. 工业

1972—1997年，黄河下游有20个年份出现断流，造成山东沿黄城镇工业生产直接经济损失164亿元，年均8.2亿元，其中：1992、1995、1997年断流时间较长，断流至河南省陈桥、柳园口附近，断流造成工业经济损失分别为20.9亿元、42.7亿元和40亿元。

1992年因黄河断流，绝大部分耗水工业停产。胜利油田原油生产每天需要70万m^3注水量，不少油井因无水可注或注水不足造成原油减产。1995年因断流时间长，胜利油田少往地下注水260万m^3，原油减产30万t，损失3亿元。1997年黄河断流，胜利油田200口油井被迫关闭，导致山东省工业生产直接经济损失40亿元。

3. 居民生活

黄河断流，沿黄地区人畜饮水困难。1997年利津站断流226 d，沿黄地区2 500个村庄、130万人饮水困难；沿黄多数城市定时、定量供水，甚至用汽车拉水供居民饮用。1997年11月，水利部、黄委、省政府为解决胜利油田、东营市、滨州地区严重缺水问题，从黄河上游紧急调水4次，缓解河口地区饮水危机。

4. 生态环境

黄河断流引起生态恶化主要表现在：近海水域鱼类资源衰减。河口及附近海域盛产的东方对虾约占整个渤海产量的79%，1979年产量为3.94万t，1984年为0.5万t，2002年已近绝迹；黄河口一带曾是鳗鲡刀鲚（黄河刀鱼）、银鱼等适宜繁殖地，1990年该地区鱼类几乎绝迹；干流鱼类资源由125种减少至47种，加剧流域水生态失衡。黄河三角洲自然保护区是一个以湿地生态系统保护为主的国家级自然保护区，面积15.3万 hm^2，有水生生物800多种，鸟类187种，因缺少黄河淡水补给，湿地面积逐渐缩小，造成生态系统、生物种群和遗传基因多样性遗失。入海水量由1970年的353.6亿 m^3 锐减至2000年的48.6亿 m^3，下游河流湿地、洪漫湿地分别减少46%、34%。长时间断流，海岸大面积蚀退，加重海水入侵，黄河流域活力不断减弱。

断流加剧水污染，激化水资源供需矛盾，当河流出现50 m^3/s 以下小流量时，河流无法满足河道基本生态环境需水量，难以实现水体功能。断流导致冲沙入海水量锐减，大量泥沙淤积下游河床，形成小洪水、高水位、大漫滩，河道形态恶化，河流功能下降，主槽过流能力由过去6 000 m^3/s 降至2001年的1 800 m^3/s，横河、斜河、二级悬河等不利河势几率增加。

5. 下游河道

河道枯水、断流过程中，下游河道冲沙用水被挤占，河道主槽淤积加剧，入海水量大幅度减少，导致下游主槽淤积加重；河流造床能力严重削弱，过水断面严重萎缩，加剧二级悬河不利态势。1986—2000年，陶城铺以下窄河段主槽淤积量占全断面淤积量的80%～90%，主槽过流能力由20世纪80年代的5 000～6 000 m^3/s 减少至90年代的2 000～3 000 m^3/s；3 000 m^3/s 相应水位，2000年比1986年抬高1.4～1.6 m。

四、水量统一调度

1. 统一调度由来

黄河断流应引起高度重视，为保证一定入海水量，减缓断流危害，在南水北调建成前、小浪底水库建成运用情况下，最重要的就是加强全河水资源统一管理和调度，全面节约用水，建设节水型社会。

1998年1月，163位两院院士联名呼吁：行动起来、拯救黄河；1998年7月，两院院士、专家实地考察黄河流域山东、河南、陕西、宁夏4省（区）20市、地、县，向国务院呈送“关于缓解黄河断流的对策与建议”报告，建议依法实施统一管理和调度。为解决日益严峻的黄河断流问题，1999年3月全国政协会议上，黄河断流问题被列为一号提案。1999年6月，江泽民总书记视察黄河时指出，把黄河水害治理好，把黄河水资源利用好，把黄河生态建设好，对实现现代化建设跨世纪发展宏伟蓝图具有十分重要意义。针对黄河断流问题，在听取治黄专家、有关部门及地方意见后，会议明确指出，要加强流域水资源统一管理和保护，实行全河水量统一调度。

人民治黄以来，不仅能搏击洪水、战胜洪涝灾害，也能通过加强管理、优化配置、加强保护、合理开发，使有限的水资源更好地造福中华民族。人们对于统一管理黄河水资源的呼声早已有之，并于20世纪50年代末进行了初步探索，并达成了共识。但若不通过水量实时调度控制各地用水量、制止无序用水，统一管理就是一句空话，节约用水就只是口号。

统一管理必须调整现有用水格局，由于矛盾尖锐、难度极大，在坚持科学治水同时，依法管理必不可少。

20世纪80年代初期，黄委在多年调查研究的基础上，提出11个省、自治区、直辖市年水量分配建议方案。1982年11月，根据国家计委计土〔1982〕1021号文要求，流域各省（区）编制利用黄河水资源规划，以1980年为现状水平年，预测2000年需黄河水696.2亿 m^3，比黄河多年（1919—1975年）平均天然径流量的580亿 m^3 多116.2亿 m^3；1983年初，黄委按照国家计委和水电部保证生活用水、国家重点建设工业用水、下游河道最少200亿 m^3 排沙水量和灌区挖潜配套、节约用水、提高经济效益要求，在适当扩大高产地区、缺粮地区灌溉面积基础上，编制完成《黄河流域2000年水平河川水资源量的预测》《1990年黄河水资源开发利用预测》《黄河水资源利用的初步意见》，提出流域可供水量374亿 m^3。1983年6月18日水电部主持召开黄河水资源评价与综合利用审议会，召集国家计委、经委、科委的代表人等80人，涉及范围很广，主要审议《黄河水资源利用的初步意见》，研究黄河流域水资源分配方案，黄委水量分配方案与省（区）水量需求差距较大，对水量分配存在较大争议；1984年黄委协调沿黄各省（区），依据"保障基本用水、以供定需"原则，充分考虑沿黄省（区）未来用水需求、黄河最大可供水量，提出《黄河水资源开发利用预测》报告，以1980年为现状水平年、2000年为规划水平年，预测黄河流域省（区）不同水平年工农业用水增长及供需关系，在此基础上，1984年8月黄委提出《黄河河川径流量的预测和分配的初步意见》，经水电部报送国家计委；1984—1987年国家计委与有关省（区）多次座谈讨论、调查研究、协商协调，不断修正、综合平衡，经过博弈、完善、民主协商、集中决策，提出南水北调生效前的《黄河可供水量分配方案》，上报国务院。1987年9月11日，国务院批准《黄河可供水量分配方案》，"八七"分水方案出台，对控制新上引水工程项目起到一定作用。1998年12月14日，经国务院批准，国家计委、水利部颁布实施《黄河可供水量年度分配及干流水量调度方案》《黄河水量调度管理办法》，正式授权黄委对黄河水量进行统一调度，这是黄河水量统一调度的真正开始；依据"八七"分水方案，制定调度年水量分配方案、月旬水量调度方案，进行实时调度、监督管理。《中华人民共和国水法》规定江河水量分配方案制定依据和基础，规定水量分配方案批准权限；其中第四十五条"调蓄径流和分配水量，应当依据流域规划和水中长期供求规划，以流域为单元制定水量分配方案。"对水量分配方案制定作出明确规定。黄河是七大江河中第一个制定流域性水量分配方案的河流，分水方案平衡，分配河道内生态环境用水、河道外经济社会用水、河道外行政区域用水，首开我国大江大河水量统一调度先河，作为水资源开发、利用、管理、节约、保护基本依据，对江河治理与开发、管理与保护具有里程碑意义，随后塔里木河、黑河、漳河也相继制定水量分配方案。

附件："八七"分水方案水量分配原则

"八七"分水方案水量分配原则可归纳为一前提、一限制、两优先、三统筹。一前提，保证黄河下游冲沙入海用水，是黄河水资源平衡优先考虑问题；一限制，原则上不再增加地下水开采量；两优先，优先保障人民生活用水、国家重点建设项目工业用水；三统筹，统筹灌溉用水、黄河航运与渔业用水、黄河水资源开发利用。

"八七"分水方案体现流域整体利益原则，水资源作为基本自然资源、国有资源的合理配置，有力促进流域整体利益最大化；体现“以供定需、总量控制”原则，以正常年份可供水量约束用水总量，保证生活、生产、生态用水需求；体现发展原则，尊重实际用水，预测未来灌溉、工业、城市增长、大中型水利工程兴建用水，统筹兼顾并合理安排上下游、左右岸、各地区、各部门用水；体现生态环境保护原则，生态水量与断面流量指标是保障分水方案可持续性的关键内容，预留 210 亿 m^3 作为河道内冲沙生态环境水量，具有很强的前瞻性、科学性，对维持黄河健康生命、生态文明建设至关重要。

按照国务院“八七”分水方案，南水北调工程生效前，黄河可供耗水量 370 亿 m^3，其中：山东 70 亿 m^3。2010 年 10 月国务院批复《全国水资源综合规划(2010—2030 年)》(国函〔2010〕118 号)，作为规划重要组成部分的《黄河流域水资源综合规划》指出，黄河水资源配置方案：在南水北调东、中线工程生效后至南水北调西线一期工程生效前，以 2020 年为配置水平年，以“八七”分水方案为基础配置河道内外水量，配置河道外各省(区)可利用水量 332.79 亿 m^3，其中河南省、山东省配置黄河水量分别为 51.69 亿 m^3、65.32 亿 m^3。

“八七”分水方案是黄河历史上第一次真正意义的全流域范围实施配水，标志着黄河水资源统一管理进入依照规划进行宏观分配新阶段；“八七”分水方案较好考虑经济社会发展用水，兼顾河流自身用水需求，为流域水资源开发、利用、管理提供基本依据，对黄河治理与开发、管理与保护意义重大。

黄河水少沙多，水情、雨情、工情、枢纽蓄水情况以及电力计划和各省(区)多年各月用水规律等较为复杂，必须有一个有效的分水方案，才能通过人为的理性调整，使水资源得到优化配置。1999 年 2 月 5 日，黄委筹建黄河水量调度管理局，开始分水调度方案制定；2 月 28 日 13 时，黄河历史上第一份水量调度月方案由黄委发往沿黄省(区)水利厅(局)和电力部门，开启黄河水量统一调度之路；3 月 1 日第一份水量调度指令从黄委下发至刘家峡、三门峡水库，黄河水量统一调度序幕正式拉开，3 月 2 日召开第一次水量调度工作会，3 月 11 日 10 时利津断面在预定时间内恢复过流，14.4 m^3/s、109 m^3/s、663 m^3/s……几天时间，入海流量不断加大。黄河水量控制目标由此分解到各个水库的下泄指标、省际断面的流量指标、数百个引水口的引水指标，实现了对两岸农田灌溉、群众生活生产用水按计划进行统一管理、序化管理。

黄河水量调度是我国大江大河的首例，在国内外没有成熟经验可以借鉴。黄委提出“精心预测、精心调度、精心监督、精心协调”的工作要求，水调干部像对待黄河防汛一样，昼夜监控黄河流量，在保证按计划供水同时，像防决口一样防黄河断流；边摸索、边总结，随时研究水情、雨情、旱情，逐步完善调度手段。调水过程中要对沿黄地区、各部门用水利益及时调整。15 次水量调度会上，用水各方每次带着意见来，经过艰苦“讨价还价”，带着尚可接受的方案而去，调水工作水平在不断“争吵”中得以提高。

从 1999 年 3 月实行黄河水量统一调度到当年底，黄河断流天数锐减至 8 d；而来水情况相近的 1995 年同期断流 113 d。甘肃、宁夏、内蒙古、河南、山东五省(区)统一调度第一年，比往年多浇灌耕地 400 多万亩，同时保证了国家重点企业生产、生活合理用水和解放军大型防汛演习用水。2000 年许多沿黄市县 3、4 月份降雨量为新中国成立以来同期最小值，黄河不仅实现近 10 年同期第一次不断流，使两岸生活用水得到保障、生产关键环节用上水，还另外挤出 10 亿 m^3 水输送给天津，这很大程度上得益于 1999 年正式开始的黄河干流水量按月逐旬乃至逐日统一调度。

并非实施统一调度，黄河就一定不断流。2000 年黄河没有出现断流，不表明黄河断流问题就得到了解决，黄河水资源紧缺是一个根本性问题，如遇特大旱年，统一调度并不能保证黄河不断流。根治黄河断流，除统一调度和节约用水，还得在适当时机跨流域调水，以济黄河水之不足。水资源可持续利用内容很广，领域很多，包括合理开发、节约用水、依法管水、保护水质等，每个方面都不能偏废。对西部大开发来说，黄河水资源开发利用更要注意这一点。

调水难点之一是如何在关键季节、关键地点把调水指令逐级分解落实到各个闸门。2000 年 5 月，黄河干流潼关断面日平均流量 178 m^3/s，下游山东 63 座引黄渠首设计引水能力 2 426 m^3/s，仅位山闸设计流量就有 240 m^3/s，稍一松懈，黄河就可能断流。

自 1999 年实施黄河水量统一调度以来，经过黄委不断探索、精心调度，逐步形成国家统一分配水量，省（区）负责配水用水，用水总量、断面流量双控制，重要取水口、骨干水库统一调度的综合管理模式，保证了维持黄河健康生命基本水量，利津站流量不小于 50 m^3/s，实现了黄河不断流目标。

2. 统一调度必要性

河流生命核心是水，命脉在于流动，不间断径流过程是沿河、尾闾生态系统良性维持的基础。为缓解河道断流、省（区）间用水矛盾，改变河流面貌，20 世纪 80 年代末至 20 世纪 90 年代初，黄河水资源统一调度提上议事日程。

黄河是降雨补给型河流，黄河流域属于典型的季风气候区，降水年际年内变化决定河川径流量时空分布不均。干流各站年最大径流量一般为年最小的 3.1～3.5 倍，支流一般为 5～12 倍；干流、主要支流汛期 7—10 月径流量占全年的 60%，且汛期多以洪水形式出现；黄河河川径流量一半以上来自兰州以上地区，上、中、下游径流量分别占全河的 54%、43%、3%。宁夏、内蒙河段产流少，河道蒸发渗漏严重，沿程水量减少；下游河段为地上悬河，汇入支流少，两岸广阔平原依靠黄河水灌溉。

黄河水资源统一管理、调度是由黄河水资源特点和水资源供需矛盾日趋紧张的现实决定的。黄河流域水资源相当贫乏，流域内人均和每 hm^2 耕地水资源占有量分别为 593 m^3、4 860 m^3，为全国平均值的 25%、17%。黄河水资源具有水少沙多、水沙异源、时空分布不均、连续枯水时间长的特点，加上中下游水库调节能力不足，黄河水资源利用难度增加。随着工农业生产发展、城乡居民生活水平提高，耗水量不断增加，1949 年全河工农业耗用河川径流量 74.2 亿 m^3，1980 年达到 271 亿 m^3，1990 年代年平均耗水量 300 亿 m^3；黄河水资源供需矛盾日趋紧张，枯水年份、用水高峰季节更加突出，致使黄河下游断流次数多、断流时间长，实行水资源统一调度管理是缓解供需矛盾的重要手段。

水资源统一管理、调度是黄河除害、兴利特点决定的。黄河除害、兴利要统筹考虑自然、社会、经济、环境、生态等多个方面，黄河上游是清水主要来源区，水电资源丰富，灌溉条件优越，担负着输送下游泥沙、减轻河道淤积等重要任务；中游黄土高原是黄河泥沙主要来源区，水土保持对改善当地居民生活、生态环境，促进能源基地开发建设、减少入黄泥沙十分有利；下游是地上悬河，又是排沙河道，防洪、防凌任务艰巨，对黄河水依赖性强。

黄河上中下游各有特点，治理重点不一，水资源开发利用要求不尽相同，但黄河是一个有机整体，局部河段水资源调度对全局除害、兴利影响较大，统一管理调度水资源，统筹全河除害、兴利，对确保黄河防洪、防凌安全至关重要。

各类用水对水资源需求差异较大。引黄灌溉是第一用水大户，主要集中在农作物生长关键时段，灌溉不及时将导致农作物减产；工业和城乡生活用水保障程度要求较高，但用水数量相对较少；为减轻河道淤积，应有足够水量、洪峰冲沙入海；为避免发生武开河、保证防凌安全，封河时流量相对要大，开河时流量相对要小；为维持生态环境、防止水污染，一些污染严重河段、河口地区必须保持一定冲污流量。各类用水有时可以兼顾，但更多是相互争水，如不统一管理调度，有时会加剧矛盾。

3. 调度范围

《黄河水量调度管理办法》(计地区〔1998〕2520 号)第三条："黄河水量调度从地域角度包括流域内的青海、四川、甘肃、宁夏、内蒙古、山西、陕西、河南、山东等九省(区)，以及国务院批准的流域外引用黄河水量的天津、河北两省(市)。"第四条："黄河水量调度从资源角度包括黄河干支流河道水量及水库蓄水量，并考虑地下水资源利用情况。"

1999 年 3 月，黄委正式启动黄河水量统一调度，黄河水量调度范围从地域角度包括流域内 9 省(区)及国务院批准流域外引用黄河水的天津、河北。《黄河水量调度条例》(国务院令第 472 号)颁布实施前，受调度手段限制，初期黄河水量调度时段为来水少、用水集中的非汛期，调度河段局限在用水量占全河用水量 75%的黄河干流，其中前 3 年为上游刘家峡水库至头道拐、中下游三门峡至利津，调度时段为当年 11 月至翌年 6 月(用水、防凌、电力调度矛盾突出的非汛期)；随着 2006 年 8 月《黄河水量调度条例》(国务院令第 472 号)颁布实施，调度手段不断完善，水量调度时空得到扩展，调度河段从刘家峡水库以下干流河段扩展到龙羊峡水库以下全干流河段，并延伸至洮河、湟水、汾河、伊洛河、沁河、渭河、清水河、大汶河、大黑河等 9 条重要支流，实现黄河干支流水量统一调度，调度时段从非汛期扩展到全年，调度范围逐渐全覆盖。目前，全河 90%的用水纳入黄河水量统一调度管理，年内时段用水控制实现闭合管理。

4. 调度原则

黄河水量调度实行总量控制、断面流量控制、分级管理、分级负责原则；确保黄河防洪、防凌安全，兴利与除害相结合是黄河水资源统一管理调度首要原则；综合利用、讲求效益，使黄河水资源发挥最大综合效益；上中下游、左右岸和地区间、部门间相互协调、统筹兼顾，优先满足城乡居民生活用水、保证下游河道所需排沙入海水量；严格计划用水，厉行节约用水。

《黄河水量调度管理办法》(计地区〔1998〕2520 号)第六条："各省(区、市)年度用水量实行按比例丰增枯减的调度原则，即根据年度黄河来水量，依据 1987 年国务院批准的可供水量各省(区、市)所占比重进行分配，枯水年同比例压缩。"

5. 调度目标

以保证黄河防洪、防凌安全为前提，以最少水资源量创造最大经济效益、社会效益，尽最大可能发挥灌溉、发电、供水、环境保护、生态效益，满足流域经济、社会发展对黄河水资源需求，统筹兼顾各方面用水需求，防止水资源浪费，协调好用水矛盾。

6. 调度方式、方法

黄河水量调度分正常调度期和非常调度期，不同调度期调度方式有所不同。《黄河水量调度管理办法》(计地区〔1998〕2520号)第九条："黄河水量实行年计划月调节的调度方式。"第三十一条："水量非常调度期的水量实行月计划旬调节的调度方式。"

黄河水量统一调度以来，黄委探索出符合黄河实际的调度管理模式，即：国家统一分配水量，流量断面控制，省(区)负责配水用水，重要取水口和骨干水库统一调度，有效保障黄河水量调度顺利实施。各省(区)年度水量实行同比例丰增枯减，用水量按断面进行控制，实行年度水量调度计划与月、旬水量调度方案和实时调度指令相结合的调度方式。

黄河水量调度实行行政、经济、法律、技术方法和手段，统一管理和调度水资源必须综合利用各种方法和手段，保证黄河水资源达到应有经济、社会和生态环境效益。

7. 调度职责

《黄河水量调度条例》(国务院令第472号)第四条："黄河水量调度计划、调度方案和调度指令的执行，实行地方人民政府行政首长负责制和黄河水利委员会及其所属管理机构以及水库主管部门或者单位主要领导负责制。"《黄河水量调度条例实施细则(试行)》(水资源〔2007〕469号)第五条："县级以上地方人民政府及其水行政主管部门、黄河水利委员会及其所属管理机构以及水库主管部门或者单位应当明确水量调度管理机构和水量调度责任人，制定水量调度工作责任制。"

每年10月份，黄委向流域各省(区)、水库管理部门或单位、委属有关单位发文，要求向黄委报送本年度黄河水量调度责任人并报请水利部公告。水利部严格落实黄河水量调度责任制，连续15年公告黄河水量调度责任人，为实现黄河连续23年(1999—2022年)不断流起到保驾护航作用。

《黄河水量调度条例》把《中华人民共和国水法》(以下简称《水法》)中水量调度基本制度落实到黄河流域实处，建立起黄河水量调度长效机制，极大促进有限黄河水资源优化配置，有利于提高用水效率，缓解黄河流域水资源供需矛盾和水量调度存在的问题，正确处理上下游、左右岸、地区间、部门间关系，有利于以人为本、统筹协调沿黄地区经济社会发展与生态环境保护，减轻或消除黄河断流造成的严重后果，为当地群众安居乐业、长远发展提供有力保障。

8. 调度权限

黄河水量90%来自支流，但随着经济社会快速发展，支流水资源利用量呈增长趋势，受降雨减少、人类活动加剧等因素影响，支流入黄水量锐减，部分支流断流时段延长，加剧干流水资源管理与调度压力；无论从黄河流域水资源可持续利用角度，还是从区域经济社会发展、供水安全考虑，都迫切需要对支流尤其是跨省重要支流水资源实施统一调度与管理，黄河水量调度管理范围从干流扩展到干支流。黄河水量调度分黄河干流和支流，干、支流调度权限不同，金堤河、东平湖水库水量视为黄河干流水量。

《黄河水量调度管理办法》(计地区〔1998〕2520 号)第十一条："黄河水量的统一调度管理工作由水利部黄河水利委员会负责。"第十二条："黄河水利委员会负责对进入各省(区)和河段控制断面的水量进行调度。"第十四条："青海、四川、甘肃、宁夏、内蒙古、山西、陕西、天津和河北等省(区、市)水利厅依据下达的月用水指标，负责辖区内水量调度工作。"第十五条："河南省和山东省的黄河干流河道分别由黄河水利委员会河南黄河河务局和山东黄河河务局依据下达的月用水指标负责水量调度工作。"第十六条："河南省和山东省的黄河支流河道水量分别由两省水利厅依据下达的月用水指标负责调度工作。"

9. 精细严格调度

编制年度水量调度计划。根据长期径流预报、骨干水库蓄水、省(区)用水需求，综合考虑供水、生态、电网安全等多目标需求，每年 10 月科学编制年度水量调度计划，报批后实施，为全年水量调度奠定基础。

滚动编制月、旬水量调度方案。根据月径流预报、省(区)前期实际用水、后期用水计划建议，滚动编制、下达逐月水量调度方案；3—6 月用水高峰期，编制、下达逐旬水量调度方案。

下达实时调度指令。为实现骨干水库泄流过程与实际用水过程精准对接，根据实时雨情、水情、用水需求变化，考虑水流传播时间，结合枯水调度模型计算结果，及时下达实时调度指令，适时调整水库泄流指标。

为确保水量调度方案科学合理、切实可行，每年 10 月协商确定年度水量调度计划，安排部署年度水量调度工作；每年 4 月为黄河上游用水高峰期，讨论上游河段前期水量调度执行情况，协商 4 月下旬—6 月用水高峰期分旬水量调度方案，优化骨干水库泄流过程、省(区)配水过程。严格控制水库出库流量、省际重要控制断面流量，水库日均出库流量误差不超过控制指标的±5%，控制断面月、旬平均流量不低于控制指标的 95%，日均流量不低于控制指标的 90%；加强日常督查、全面督查，注重用水全过程监管，保障水量调度方案精细严格执行。

10. 水量调度存在问题

(1) 调度时段与分水方案不一致

水量调度年为水文年，即从每年 7 月份至翌年 6 月份，"八七"分水方案是各省(区)全年分水指标，是自然年。目前，对汛期不做径流预报，每年 10 月份，根据汛期实际来水情况做出非汛期径流预报，预估年度黄河流域天然径流量，10 月份确定各省(区)年度及逐月可供水量分配指标，制订非汛期黄河干流水量调度方案。7—10 月份各省(区)没有分水指标，只能根据需求引水。10 月份确定各省(区)全年、逐月可供水量后，比较各省(区)

汛期实际耗水量与分配指标，超指标耗水量视情在非汛期适当扣减，少用水量视情在非汛期适当补偿，导致各省（区）年度实际耗水量与“八七”分水方案确定的分水指标不相符，尤其是部分省（区）超指标用水。

（2）调度河段未涉及支流

随着流域经济发展，支流水资源开发利用率大幅度提高，入黄水量减少，部分支流如汾河、沁河、金堤河等长期断流，影响支流流域经济可持续发展，造成黄河干流水资源紧张；“八七”分水方案各省（区）分水指标是指干、支流合计，目前仅对干流实施统一调度，对支流引水无指标控制，调度河段仅限于干流，无法满足总量控制要求，没有实现真正意义上的黄河水量统一调度。

（3）调度体系不完善

水量调度实行河段总耗水量、断面下泄流量双控制，水质管理主要限于断面、入黄排污口水质监测，对各河段入黄污染物总量、主要断面水质标准缺少指标控制，部分河段污染严重，影响供水安全，影响水量分配方案执行，水量、水质联合统一调度体系尚不完善。

（4）缺少水调管理组织

黄河水量调度包括水量、水质，水量涉及水利枢纽发电用水、各省（区）工农业用水、城乡生活用水、环境用水、生态用水等，水质涉及各省（区）工农业、城乡生活用水、排污。水量调度涉及利益相关者包括枢纽管理单位、电力部门、各省（区）工农业和城乡生活用水管理部门、环保部门等，缺少一个利益相关者组成的水量调度管理组织；黄委组织召开水量调度会议时，主要由地方水利厅和山东、河南河务局及水利枢纽管理单位参加，其他地方管理部门缺席会议，一定程度上影响水量调度方案全面执行。

（5）体制机制不健全

黄河流域水资源统一管理机制体制尚未建立，无法对实际引水量实行有效监督和控制，无法制裁超额用水地区、部门，导致分水方案未得到有效落实；遇枯水年份、用水高峰季节，各取水口同时引水、大量引水，造成分水失控、下游河道断流。

五、预警流量、控制流量

考虑到黄河用水主要集中在宁蒙和豫鲁干流河段，耗水量占全河引黄耗水量的2/3，用水矛盾和断流主要出现在11月至翌年6月，黄委主要对非主汛期宁蒙和豫鲁干流河段进行调度，控制断面流量、河道耗水量。上游调度河段从刘家峡水库出库到头道拐，下游调度河段从三门峡水库出库至利津；上游头道拐断面下泄水量要充分考虑黄河中下游地区用水要求。《黄河水量调度管理办法》（计地区〔1998〕2520号）第八条：“黄河干流各河段水量控制以河段总耗水量和断面下泄流量两项指标进行控制。”

1. 控制原则

《黄河水量调度条例实施细则（试行）》（水资源〔2007〕469号）第三条：“黄河水量调度断面流量控制是指水文断面实际流量必须符合月、旬水量调度方案和实时调度指令确定的断面流量控制指标。其中，水库日平均出库流量误差不得超过控制指标的±5%；其他控制断面月、旬平均流量不得低于控制指标的 95%，日平均流量不得低于控制指标的 90%。控制河段上游断面流量与控制指标有偏差或者区间实际来水流量与预测值有偏差的，下游断面流量控制指标可以相应增减，但不得低于预警流量。”

2. 预警流量确定

《黄河水量调度管理办法》(计地区〔1998〕2520 号)《黄河水量调度条例实施细则(试行)》(水资源〔2007〕469 号)《黄河流域抗旱预案(试行)》(黄防总〔2008〕5 号)《黄河水量调度突发事件应急处置规定(修订)》(黄水调〔2008〕41 号)《黄河干流抗旱应急调度预案》(国汛〔2014〕18 号)对黄河干流省际和重要控制断面预警流量进行了确定，详见表 1-7。

表 1-7　黄河干流省际和重要控制断面预警流量表

单位：m^3/s

断面		下河沿	石嘴山	头道拐	龙门	潼关	花园口	高村	孙口	泺口	利津	备注
预警流量		200	150	50	100	20	150	120	100	80	50	《黄河水量调度管理办法》(计地区〔1998〕2520 号)
预警流量		200	150	50	100	20	150	120	100	80	30	《黄河水量调度条例实施细则(试行)》(水资源〔2007〕469 号)
预警流量		200	150	50	100	50	150	120	100	80	30	《黄河流域抗旱预案(试行)》(黄防总〔2008〕5 号)
预警流量		200	150	50	100	50	150	120	100	80	30	《黄河水量调度突发事件应急处置规定(修订)》(黄水调〔2008〕41 号)
预警等级	橙色	240	180	60	120	60	180	144	120	96	60	《黄河干流抗旱应急调度预案》(国汛〔2014〕18 号)
	红色	200	150	50	100	50	150	120	100	80	50	

3. 预警启动条件

《黄河干流抗旱应急调度预案》(国汛〔2014〕18 号)规定：当黄河干流某一省际和重要断面流量降至比预警流量偏大 20%，并呈继续下降趋势时，对该断面流量进行橙色预警；当断面流量降至预警流量时，对该断面流量进行红色预警。

4. 控制流量

根据水利部《关于颁布实施〈2006 年 7 月至 2007 年 6 月黄河可供耗水量分配及非汛期水量调度预案〉的通知》(水资源〔2006〕518 号)、《2012 年 7 月至 2013 年 6 月黄河可供耗水量分配及非汛期水量调度计划》、黄委《关于 2016 年 7 月至 2017 年 6 月黄河可供耗水量分配及非汛期水量调度计划的请示》(黄水调〔2016〕440 号)、《关于 2017 年 7 月至 2018 年 6 月黄河可供耗水量分配及非汛期水量调度计划的请示》(黄水调〔2017〕336 号)，部分年份黄河干流各断面流量控制指标见表 1-8。

表 1-8 黄河干流河段流量控制指标

流量单位：m³/s

年度	月份	11	12	1	2	3	4	5	6
2006—2007 年	下河沿	759	566	481	448	557	747	1 043	1 090
2012—2013 年		1 050	660	580	460	580	700	1 120	1 220
2016—2017 年		680	390	360	370	350	590	860	880
2017—2018 年		870	550	490	420	480	710	930	950
2006—2007 年	石嘴山	595	583	494	487	579	574	735	751
2012—2013 年		850	680	600	500	570	550	750	750
2016—2017 年		480	430	370	420	360	450	620	480
2017—2018 年		620	660	530	490	540	620	700	560
2006—2007 年	头道拐	475	343	390	459	840	542	343	369
2012—2013 年		700	440	450	500	920	500	300	300
2016—2017 年		310	270	270	400	430	350	150	150
2017—2018 年		480	510	400	480	560	340	210	240
2006—2007 年	潼关	611	478	427	556	821	632	458	580
2012—2013 年		880	540	470	600	950	650	460	480
2016—2017 年		410	390	310	540	570	480	350	400
2017—2018 年		660	570	450	570	650	490	360	320
2006—2007 年	高村	405	464	457	584	842	834	656	600
2012—2013 年		500	800	700	800	820	700	600	500
2016—2017 年		300	230	220	380	740	580	570	510
2017—2018 年		620	520	380	460	850	840	800	750
2006—2007 年	利津	294	284	386	345	287	326	380	390
2012—2013 年		320	550	600	530	280	250	200	200
2016—2017 年		140	140	100	100	300	300	290	270
2017—2018 年		380	380	280	280	280	420	480	500

六、调度措施

1. 建立健全管理体制

水资源管理体制是国家管理水资源的组织体系和权限划分基本制度，是合理开发、利用、节约和保护水资源以及防治水害、实现水资源可持续利用的组织保障，确保黄河不断流、缓解水资源危机是全年全流域不分时段、不分河段的全天候任务，实行流域管理与区域管理相结合的管理体制，实行黄委与省（区）水行政管理部门分级管理、重要工程和河段由黄委直接管理和统一调度，做到流域管理与区域管理职责明确、关系协调、运行有力、有序高效、功能齐全。

2. 取水许可有效实施

取水许可制度是体现国家对水资源实施统一管理的一项重要制度，是调控水资源供需矛盾的基本手段。根据水利部《关于授予黄河水利委员会取水许可管理权限的通知》(水政资〔1994〕197号)，授予黄委在黄河干流托克托(头道拐水文站基本断面)以下到入海口(含河口区)、洛河故县水库库区、沁河紫柏滩以下干流、东平湖滞洪区(含大清河)，以上均包括在河道管理范围内取地下水；金堤河干流北耿庄以下至张庄闸(包括在河道管理范围内取地下水)实施取水许可全额管理，受理、审核取水许可预申请，受理、审批取水许可申请，发放取水许可证。对黄河干流托克托(头道拐水文站基本断面)以上至河源河道管理范围内(含水库、湖泊)、地表水取水口设计流量 15 m^3/s 以上的农业取水口或日取水量 8 万 m^3 以上的工业与城镇生活取水、地下水取水口(含群井)日取水量 2 万 m^3 以上及渭河、大通河、泾河和沁河紫柏滩以上干流河道管理范围内的取水，审核取水许可预申请、审批取水许可申请、发放取水许可证。按照国务院批准的黄河可供水量分配方案对沿黄各省(区)黄河取水实行总量控制，将水资源宏观调度和分配方案落实到各个取水单位，将全河取水、用水切实控制起来，合理调整各地区、部门、单位用水权益，促使用水户合法权益得到法律保障，对黄河水资源实施有效监督和控制。

3. 制定用水管理制度

计划用水是用水管理的重要手段，在水资源长期供求计划、可供水量分配方案宏观指导下，根据管理需要、用水要求，编制不同层次、不同方面用水计划，全面实行计划用水制度。

黄河水资源供需矛盾突出，但需求增长与浪费现象并存；通过实施水资源统一管理、计划用水、定额管理、总量控制、节水改造，采取经济、技术、行政等一系列手段，用制度约束管理行为，创造良好节约用水环境。

4. 建立完备法律体系

紧绷依法管控这根弦，牢固树立法制思维和依法行政理念，厘清责任边界；运用法律手段规范、保障和约束水事活动，提高水法规意识和法制观念，依法、科学治黄，使黄河治理、水资源管理纳入法制化轨道。逐步建立取水许可、水资源费征收、节约用水、水量调度等层次分明、行业齐全、运行有力、廉洁公正的水法规体系和权威高效、关系协调的水资源管理体系。强化统一、协调、配合，做到令行禁止、步调一致，依法、依规管控水资源。

5. 多目标一体化管理

(1) 成立水调委员会

水量、水质调度涉及农业、工业、城乡生活、环保、生态等部门，各省(区)成立利益相关者组成的水量调度委员会，由省(区)主管领导牵头，主管农业用水、工业用水、城乡生活用水、环境保护、生态用水等部门负责人、专家组成，定期召开会议，根据省（区）分水指标、污染物限排量、省际断面流量指标与水质标准，确定每月各用水部门的用水指标，各入黄污染源排污指标，制订超量用水、超量排污惩罚机制，在服从流域水量调度前提下，负责做好区域水量（水质）调度工作。

（2）调度期扩展至全年

为更好执行“八七”分水方案，应将水量调度期由非汛期扩至全年，调度年开始前（7月份前），水文部门作出整个年度（当年7月至翌年6月）黄河天然径流量预报、逐月来水预报，根据预报结果制定年度水量调度预案，实施全年水量调度。如汛期径流预报难度大，可根据汛期每月刘家峡、小浪底等水库下泄指标制定各省（区）7—10月逐月引水控制指标，也可将正常来水年份汛期逐月各省（区）分配的可供水量作为引水控制指标。

（3）制定限排预案

每年发布黄河水量调度预案时，根据当年水量情况，制定发布黄河干流河段入河污染物总量年度限排预案，确定各河段污染物限排总量、省际断面水质标准，省（区）根据限排预案制定本区域各排污口污染物限排方案，保障省际断面水质达标，真正实现水量、水质联合调度。

（4）重要支流统一调度

将黄河水量统一调度扩大到支流，尤其是对耗水量大的一级支流实施统一调度，黄委从2005年开始区分各省（区）黄河干、支流用水，实行干、支流用水双控制；根据“八七”分水方案确定主要支流耗水指标、入黄把口站（渭河入黄把口水文站—华县站）最小流量，实现黄河水量统一调度，切实贯彻执行《黄河水量统一调度条例》。

黄河流域多目标水资源一体化管理机制以流域、区域管理相结合为基础，以省（区）水量调度委员会为平台，全面实现黄河水量水质联合调度、干支流统一调度、汛期非汛期全年调度，确保各河段按计划引水、排污，确保“八七”分水方案贯彻实施，在保证城乡生活用水基础上，尽量满足工农业生产用水，兼顾枢纽发电，最大限度发挥水资源综合效益。

6. 山东采取的措施

（1）统一调度前

20世纪80年代，黄河下游断流次数相对较少、持续时间较短，对人民群众生产生活影响尚不严重，各级河务部门和当地政府主要采取限制上游地区引水、短时段关闸向下游调水等临时应急措施。进入20世纪90年代，黄河下游断流加重，影响越来越大。山东黄河河务局在黄委、省政府领导下，主要采取以下措施：密切关注黄河水情、沿黄各地旱情和需水情况，及时向黄委汇报，请求上中游水库及时加大下泄流量，支援山东抗旱；采取计划用水、分配引水指标、关闸调水、轮流引水灌溉等措施；建议有条件的地市修建平原水库，利用水库、河道、坑塘调蓄水量，丰蓄枯用、冬蓄春用；用水高峰期以省政府或河务部门名义下派调水工作组，巡回指导各地引黄用水；做到计划用水，实施引黄供水签票和引黄供水协议书制度；继续实行用水收费制度。这些措施在一定时间、一定程度上缓解了黄河水资源供需矛盾，但无序引水现象依然存在，未从根本上解决黄河下游断流问题。

(2) 统一调度后

为加强水量调度管理，结合山东黄河实际，省局采取一系列有效措施：加强制度建设，2003年黄河流域来水严重偏枯，5月以来头道拐、龙门、潼关、利津断面30余次，跌破预警流量，黄河水量调度形势严峻，黄委制订《2003年旱情紧急情况下黄河水量调度预案》，首次在黄河水量调度中实行以省（区）界断面流量控制为主要内容的行政首长负责制；发布《黄河水量调度突发事件应急处置规定》，规定重要水文站断面预警流量，化解一次次断流危机。省局出台《山东黄河引黄供水调度管理办法》《山东黄河水量调度工作责任制（试行）》《山东黄河水量调度督查办法（试行）》《山东黄河水量调度规程》等，不断加强制度建设，规范山东黄河水量统一调度行为。加强用水计划管理，在考虑河道输沙和生态用水前提下，根据各灌区作物种植面积和生长需水规律，编制用水计划，严格计划引水；遇有特殊情况，及时向黄委反映，适时调整计划，加大三门峡、小浪底水库泄量，保证农作物关键期用水；2002年下半年，山东遭遇百年不遇特大干旱，在黄河来水严重偏枯不利条件下，黄委通过实施干流水库接力调水，为全省送水9亿m^3。实行分级负责制，每年省、市、县局逐级签订引黄供水责任书，自上而下建立严格供水责任制，各单位主要负责人对全年水量调度工作负总责。加大监督检查力度，省局组成调水检查工作组，采取蹲点监督、巡回突击检查相结合方式，对各引黄闸引水情况实施监督检查，对检查中发现的问题，严格按照供水责任书进行处罚。加强引黄水闸管理，认真做好工程维修养护，保证闸门启闭灵活、适时运用，严格执行调度指令，保证水量调度顺利实施。积极践行新时期治水方针，结合山东引黄用水实际，提出“降总量、调结构、提效率”的水资源管理与调度工作要求，严格“三条红线”管控，实现降总量、提效率目标，至2021年黄河山东段连续18年重要断面无预警、干流连续22年未断流；通过科学分析、精细调度，黄河之“利”被送入千家万户，润泽苍生。

七、水量调度阶段

黄河水量调度大体经历三个阶段。

1. 第一阶段

从三门峡水库建成运用到1986年龙羊峡水库投入运用，上、下游形成相对独立的水量调度管理体系。在上游，经国务院批准，成立由宁夏、内蒙古、甘肃三省区和黄委、西北电业管理局组成的黄河上中游水量调度委员会，主要研究、协商、安排刘家峡、盐锅峡、青铜峡三大水库非汛期水量分配方案，分配有关地区工农业用水量，协商发电用水和农业灌溉用水关系，向中央及黄河防汛部门提出刘家峡、盐锅峡、青铜峡三大水库伏汛期、凌汛期联合运用计划等；在下游，三门峡水库1961年建成，为季调节水库，由黄委直接调度，黄河下游用水主要依靠三门峡水库调节。

2. 第二阶段

自1986年龙羊峡水库下闸蓄水到1999年3月黄委对黄河干流水量实施统一调度，

主要特点是调整黄河上中游水量调度委员会，由黄委成员担任主任委员，实现凌汛期（11月—翌年3月）黄河干流水量统一调度。1989年1月，国家防汛抗旱总指挥部（以下简称“国家防总”）明确黄河防汛抗旱总指挥部（以下简称“黄河防总”）负责凌汛期水量统一调度，黄河水量调度步入全河统一调度新阶段。

3. 第三阶段

从1999年3月黄委正式对黄河干流水量实施统一调度至今。鉴于进入20世纪90年代，黄河下游断流日趋严重，加重黄河下游河道泥沙淤积，增加防洪难度，加大洪水威胁，破坏河口地区生态平衡，恶化下游河道水环境，河口地区工农业生产、居民生活用水出现困难的情况。1998年，遵照水利部安排，根据“八七”分水方案，黄委对枯水年份水量分配方案进行研究，提出《黄河可供水量年度分配暨干流水量调度方案》《黄河水量调度管理办法》；1998年底，经国务院批准，国家计委、水利部相继颁发《黄河可供水量年度分配及干流水量调度方案》《黄河水量调度管理办法》；《黄河水量调度管理办法》确定黄委为统一管理和调度黄河水资源执法主体，明确调度原则、调度权限、用水申报、用水审批、用水监督，规定水量调度范围，标志着黄河水量调度正式走向全河水量统一调度。

2006年后，调度目标从初期防止黄河断流、保障生活和重要生产用水逐步向实现黄河功能性不断流、以水资源可持续利用支撑流域及相关地区经济社会可持续发展方向转变。黄委2008年提出把水量调度重点从“防止水文意义上不断流”转向“实现黄河功能性不断流”，即在河道不断流基础上，利用有限水资源维持黄河洪水泥沙容排、流域生态廊道等河流功能，开始实施黄河生态调度实践；生态调度实践从生态破坏最严重的下游开始，黄委有计划地对河口三角洲自然保护区湿地实施生态补水，“十二五”期间5次生态调度累计向河口三角洲湿地补水2.22亿m^3，2012—2020年累计实施自流生态补水9亿m^3，河口三角洲湿地水面面积恢复到60%，促进湿地顺向演替，保护区鸟类增至368种，其中国家一级保护鸟类12种，河口重现波光摇曳、群鸟云集景象；以往受断流破坏超过200 km^2的河道湿地得到修复，改善了河口近海水域浮游植物生长条件、鱼类生存环境。协调生态用水，增加河道内生态水量，2012年以来，利津水文站实测年均入海水量207亿m^3，4—6月生态用水关键期增加水量21亿m^3；2016年黄委适时启动黄河下游生态流量试点工作，在满足下游用水同时，2018年利津入海水量334亿m^3，为统一调度以来最多入海水量，利津断面500 m^3/s以上持续时段长223 d，极大促进河口生态环境良性循环。2018年3月5日，习近平总书记参加十三届全国人大一次会议内蒙古代表团审议时强调，“要抓好内蒙古呼伦湖、乌梁素海、岱海的生态综合治理，对症下药，”黄委认真落实习近平总书记重要指示，将保障生态用水目光聚焦黄河上游，2018年利用凌汛期、灌溉间歇期和汛期，向乌梁素海累计补水5.94亿m^3，乌梁素海部分区域水质达到Ⅳ类水，为近年来最好水质水平；2018—2020年累计补水12亿m^3以上。综合考虑黄河水资源承载条件、生态保护要求，考虑黄河汛期防洪调度、非汛期下游灌溉供水调度、冬三月凌汛期调度，黄委提出黄河下游河段生态流量指标体系：花园口、利津断面4—6月生态敏感时段最小生态流量分别为200 m^3/s、30～50 m^3/s，非汛期其他时段生态基流分别为150 m^3/s、30 m^3/s；4—6月鱼类产卵期，西霞院、花园口、夹河滩、高村、泺口断面形成15 d左右的300～

1 000 m^3/s流量过程，利津断面形成15 d左右75～1 000 m^3/s流量过程；水资源条件许可时，4—10月下游河道形成7 d以上的2 600～4 000 m^3/s流量过程，维持下游生态廊道形态结构、生态功能，为黄河下游湿地功能保护补给水量。

黄委始终坚持实时调度、精准调度、科学调度，使得黄河生态基流和冲沙水量持续增加，保障了流域经济社会可持续发展，有利于维持黄河健康生命。现阶段实现的黄河不断流只是较低水平不断流，建设生态文明对黄河水量调度提出了更高要求，黄河水量调度要从较低水平不断流转变为实现功能性不断流。黄河特性及经济社会发展对水资源的需求决定，当前及今后一个时期，黄河水量调度功能目标主要体现在经济用水、输沙用水、生态用水、稀释用水四个方面。实现黄河功能性不断流，可保障黄河供水区一定经济社会发展水平的水资源供给能力，维持河道一定的排洪输沙能力，维持河流承载一定的污染并自然净化的能力，维持河流生态系统良性运行能力，因此比以往传统水量调度目标更高、范围更广、系统性更强、技术更复杂、要求也更高。

在黄河流域生态保护和高质量发展座谈会上，习近平总书记发出“让黄河成为造福人民的幸福河”的伟大号召，新阶段要开展更高水平的黄河水量调度，围绕加强生态环境保护、保障黄河长治久安、推进水资源节约集约利用、推动黄河流域高质量发展、保护传承弘扬黄河文化五大任务，全面提升行政、法律、工程、技术、经济手段，推进流域山水林田湖草沙系统整体向人水和谐、人与自然和谐良性演变方向发展，化解洪水威胁并消除人们对洪水的担忧恐惧，满足人们的亲水愿望与依赖，营造优美水环境，提供合格水量流量过程，提高沿黄高质量生活生产生态，以黄河生生不息、永续奔流延续黄河文明、传承黄河文化、增强民族自信，向奋斗幸福河进军，支撑服务幸福河建设。新时期，黄委积极践行“节水优先、空间均衡、系统治理、两手发力”治水思路，立足黄河治理保护系统性、整体性，统筹上下游、左右岸、河道内外、不同区域、不同河段，强化水量统一调度生态禀赋，加大河口三角洲、乌梁素海、引黄入冀补淀应急生态补水力度，奏响生态之河新篇章。黄河水量统一调度以来，累计向流域及相关地区供水超过6 700亿m^3，支撑流域及相关地区经济社会发展和生态文明建设。

新阶段更高水平黄河水量调度工作，要以“让黄河成为造福人民的幸福河”为根本遵循和价值引领，把黄河水量调度全面融入到防洪保安全、优质水资源、健康水生态、宜居水环境、先进水文化的幸福河湖建设大局中，为黄河流域生态保护和高质量发展提供优质水源。

第五节　水资源利用

黄河是西北、华北地区重要水源，天然年径流量580亿m^3，其中花园口断面559亿m^3，约占全河的96%；兰州断面天然年径流量323亿m^3，约占全河的56%。从产流情况看，水量主要来自兰州以上和龙门至三门峡区间，两区所产径流量约占全河的75%。1946年人民治黄以来，黄河流域工农业生产快速发展，人民生活水平日渐提升，水资源开发利用起到极其重要作用，充分、合理开发利用黄河水资源意义重大。

一、水资源利用

1. 利用现状

黄河水资源开发利用历史悠久，1946年前开发利用规模较小，1946年后兴建大量水利工程，水资源开发利用进入全面、高效发展新阶段，用水规模迅猛扩大，用水效益显著提高，沿黄地区工农业用水规模由1949年的74亿m^3增长到1990年的278亿m^3，增加近3倍，1988—1992年的5年平均耗用黄河河川径流量为308亿m^3。

2. 用水比例

沿黄地区用水量中，农业灌溉是用水大户，工业、城镇生活、生态和农村牲畜用水比重相对较小。如：1990年总引水量478亿m^3，其中引用地下水114亿m^3，引用河川径流364亿m^3（耗用河川径流量278亿m^3）。在总用水量中，农业灌溉引水407亿m^3，约占总引用水的85%；工业、城镇生活用水57亿m^3，约占12%；农村人畜用水14亿m^3，约占3%。从地区分布看，主要集中在宁、蒙河套和黄河下游沿黄地区，两区共计引水325亿m^3，约占总引水量的68%。

3. 用水效益

黄河水资源开发利用带来巨大经济、社会效益，农业灌溉面积由中华人民共和国成立初期80万hm^2增加到20世纪90年代的600万hm^2（不包括黄河下游引黄灌区的纯井灌区），使黄河上游干旱地区变成绿洲、经济带，黄土高原地区抽水灌溉工程改造大片低产旱地为高产良田，中游汾渭盆地建成较为完整的灌溉工程体系，下游引黄范围不断扩大。黄河流域内粮食、油料、棉花等作物单产大幅度提高，流域内占耕地45%的灌溉面积生产占总产量70%的粮食和大部分经济作物，解决了绝大部分地区温饱问题和人畜吃水难问题，为城镇生活、工业提供了可靠水源，城镇用水量由20世纪80年代30亿m^3增至90年代50亿m^3，促进了城市、工业发展。

黄河水资源利用经济效益非常显著，1950—1995年黄河地区农业灌溉水利分摊主要粮食作物增产2 549亿kg、油料71亿kg、棉花26亿kg、甜菜103亿kg，按当年价格计算灌溉效益1 660亿元，按1995年价格计算为4 284亿元；农村人畜供水和城市工业、生活供水经济效益巨大。

二、存在问题

1. 调节能力低

黄河干流已建水库主要集中在中上游，下游水库少、河川径流调节能力有限，每年春季灌溉用水高峰期来水少，黄河下游河道、部分支流中下游经常缺水、断流，作物生长关键期用水紧张，工、农业生产受到严重影响。1972年4月—1995年7月，黄河利津站共断流548 d(日平均流量为零的天数)，黄河主要支流5、6月份基本断流。断流同时还有大量径流排弃入海，如20世纪50年代、60年代平均每年入海水量近500亿 m^3，其中11月至翌年6月约200亿 m^3；20世纪70年代、80年代平均每年入海水量300亿 m^3，其中11月至翌年6月约100亿 m^3。这些入海水量，若有大型水库调蓄，可缓解工农业用水矛盾、减少黄河断流。

2. 灌区问题

(1) 配套设施差

黄河流域灌区管理粗放，投资不足，渠系配套差，老化失修严重；多数灌区灌溉技术落后，大水漫灌现象普遍，用水定额居高不下，水资源浪费严重，用水效率不高，经济效益低下。

(2) 水利用效率低

引黄灌区多采用大水漫灌方式，灌溉水利用系数0.4左右，加剧水资源供需矛盾，灌区节水改造进展慢。灌区水资源没有得到合理利用，在地下水资源较丰富地区，引黄水费较地下水资源费低，长期依赖黄河水浇灌，水利用率不高。

(3) 设施老化

灌区引水设施年久、老化，建设标准低、配套设施不完善，引水能力不能满足设计要求，有水源却引不到水，灌区续建配套任务繁重。

(4) 引黄泥沙处理难度大

黄河下游含沙量高、颗粒细，引黄渠道淤积严重，需耗费大量人力、物力。入渠泥沙处理不当，对引黄地区生态环境和社会经济等造成不利影响。

3. 工业供水效益低

黄河流域工业供水平均定额300～600 m^3/万元，重复利用率40%～60%，供水效益小于30元/m^3，与其他城市工业供水效益相比差距很大。如1987年，北京工业供水效益为40元/m^3，天津为63元/m^3。

4. 水污染严重

随着经济社会发展，工业、城市化进程加快，污水处理成本较高，部分未经处理、处理不达标污水直接排入河道，部分靠近城镇河道已成纳污河流；农业生产施用大量化肥、农药，大水漫灌后的回水污染河道。若不加以严格管理、控制，污染将会进一步扩大、加剧。

5. 地下水超采

部分灌区投资少、节水改造力度不足，受“引黄补源、以井保丰”思想束缚，在工农业生产及生活用水大幅增加、客水资源不足时仍利用小农水配套设施开采地下水，局部地区地下水超采严重，地下水位下降，造成地下水采补失衡，形成新的超采区，影响工农业生产并威胁人民生命财产安全。

三、河川径流可供水量

供水量与供水能力是相互制约的两个不同概念。供水量是指在某一来水过程条件下，根据设计工程规模或现状工程规模，可为国民经济需水部门提供的水量。工程供水能力指蓄、引、提水工程设计规模，即蓄水工程设计有效库容和水闸设计引水流量等；现状工程供水能力即现状条件下，蓄、引、提水工程实际供水规模。

20 世纪 90 年代，沿黄地区有大、中、小型蓄水工程 1 万余座，大、中、小型引水和提水工程 3 万余处，河川径流总设计供水能力 530 亿 m^3，但因泥沙淤积、工程老化、设施不配套等，导致设计供水能力下降，蓄、引、提水工程现状供水能力仅 450 亿 m^3，约占设计值的 85%。

黄河河川径流时空分布不均，汛期径流量占全年的 60%左右，且洪水陡涨陡落、历时短、次数多，水流含沙量大，致使黄河可供水量减少。汛期上游来水含沙量小，洪水较大，可利用程度低；非汛期基本为地下水补给，径流过程较稳定，除保持维持黄河健康生命水量外，大部分径流可供引用。根据不同典型年径流过程分析，黄河上游地区在保持河口镇断面 250～300 m^3/s 基流条件下，多年平均最大可供河道外利用水量 140 亿～150 亿 m^3，中等干旱年 130 亿 m^3，枯水年 120 亿 m^3；黄河花园口断面多年平均最大可供河道外利用水量 380 亿～400 亿 m^3，中等干旱年 370 亿 m^3，枯水年 300 亿 m^3。

黄河是多泥沙河流，下游河道逐年淤积抬高，悬河形势严峻，洪水风险大，减少下游河道淤积，保持一定河川径流输沙入海非常重要。据调查分析，维持现状河道淤积水平应保持 200 亿～240 亿 m^3 年入海水量；据此推断，黄河可供河道外消耗径流量多年平均 340 亿～380 亿 m^3。

四、黄河可供水量分配方案

黄河流域 9 省（区）工业、农业和城市用水均依赖黄河水供给，下游冀津两地也需黄河水补充，1983 年，沿黄 10 省（区）1 市（包括河北、天津）向黄委提出，2000 年共需黄河水 747 亿 m^3；黄河多年（1919—1975 年）平均河川径流量 580 亿 m^3（含花园口以下 20 亿 m^3），考虑上中游地区历年灌溉用水、水库调蓄影响和下游河道部分输送泥沙水量外，河口地区还需要经常维持适当流量以满足渔业用水，扣除河道内输沙和生态基流 210 亿 m^3（主要是汛期洪水，大部分无法利用）后，黄河可供给两岸国民经济用水量 370 亿 m^3，这是黄委在多年调查研究基础上，根据省（区）需要与可能，经过沿黄省（区）有关部门反复协商，在节约用水、统筹安排原则下，预计在南水北调工程生效前提出的可供水量。1984 年 8 月，在全国计划会议上，国家计委就水电部报送的《黄河河川径流量的预测和分配的初步意见》，约请同黄河水量分配关系密切的 12 个省（区、市）的计委、水电、石油、建设、农业等部门负责人座谈，调整并提出在南水北调工程生效前黄河可供水量分配方案，1987 年 9 月国务院批准执行《黄河可供水量分配方案》（简称“八七”分水方案）。按照国务院办公厅转发国家计委和水电部《关于黄河可供水量分配方案报告的通知》(国办发〔1987〕61号),确定按2000年水平年扣除冲沙水量210亿m^3,黄河正常年份可供水量370亿m^3,其中:上游分配127亿m^3,中游分配121亿m^3,下游分配122亿m^3;农业分配292亿m^3,工业、生活分配78亿m^3。具体分配情况:青海14.1亿m^3、四川0.4亿m^3、甘肃30.4亿m^3、宁夏40亿m^3、内蒙古58.6亿m^3、山西43.1亿m^3、陕西38亿m^3、河南55.4亿m^3、山东70亿m^3、河北及天津20亿m^3。

黄河可供水量与丰枯年份有关,年度丰枯可分为特别丰水年、丰水年、平水年、中等枯水年、特别枯水年,中等枯水年黄河可供水量306亿～370亿m^3,特别枯水年234亿～306亿m^3。1997年黄河遭遇特枯年份,下游断流日趋加重,国家提出根据黄河实际来水量重新修订完善黄河水资源分配方案、年度分配调度方案,黄委1997年11月20日向水利部报送《关于黄河枯水年份可供水量分配方案及调度实施意见的报告》(黄水政〔1997〕23号),提出枯水年份黄河可供水量采用同比例折减办法,折减系数为年度花园口水文站天然径流量与正常来水年份比值,确定1997年黄河可供分配水量308亿m^3,开启"八七"分水方案根据年度来水情况动态调整指标的探索。2013—2014年度,花园口站天然径流量486亿m^3,较正常来水年份偏少14%,年度可供耗水量318亿m^3,较正常来水年份分水指标少52亿m^3。2016—2017年度,根据报汛资料统计,2016年7月至10月黄河流域主要来水区来水157.70亿m^3,较多年同期均值(采用2010年以前资料系列)偏少43%;根据水文部门长期径流预报,2016年11月至2017年6月黄河流域主要来水区合计来水150.01亿m^3,较多年同期均值偏少20%;截至2016年11月1日,黄河干流龙羊峡、刘家峡、万家寨、三门峡、小浪底五大水库蓄水量247.74亿m^3,可调节水量161.40亿m^3,比去年同期多3.13亿m^3;依据"八七"分水方案,考虑骨干水库蓄水情况、长期径流预报、沿黄省(区)用水计划建议,确定2016—2017年度黄河可供水量290亿m^3,各省分配水量同比例减少。黄委水调局《关于转发水利部批准下达2017年7月至2018年6月黄河可供耗水量分配及非汛期水量调度计划的通知》(水调〔2017〕5号)明确,2017—2018年度黄河可供耗水量340亿m^3。

附件:正常年份黄河可供水量年内分配指标

正常年份黄河可供水量年内分配指标

单位:亿 m^3

省区	月份														全年
	7月	8月	9月	10月	11月	12月	1月	2月	3月	4月	5月	6月	7—10月	11—6月	
青海	1.763	1.733	0.850	1.292	2.235	0.167	0.167	0.167	0.791	1.144	1.969	1.822	5.638	8.462	14.100
四川	0.034	0.034	0.033	0.034	0.033	0.034	0.034	0.030	0.034	0.033	0.034	0.032	0.135	0.264	0.399
甘肃	4.043	3.222	1.839	2.326	3.344	0.371	0.371	0.334	2.468	2.639	4.843	4.600	11.430	18.970	30.400
宁夏	6.594	3.438	0.969	1.029	3.886	0.092	0.092	0.092	0.092	3.282	11.436	8.998	12.030	27.970	40.000
内蒙古	8.623	2.492	7.392	11.395	0.517	0.535	0.535	0.483	0.535	0.827	14.383	10.883	29.902	28.698	58.600
陕西	3.952	4.408	1.782	2.386	3.450	2.907	2.466	1.877	4.341	4.112	2.405	3.914	12.528	25.472	38.000
山西	4.458	5.669	2.940	0.756	3.060	2.237	2.041	1.197	6.210	5.749	4.814	3.969	13.823	29.277	43.100
河南	5.582	6.773	4.487	3.656	1.551	1.053	1.163	4.100	6.593	5.872	6.759	7.811	20.498	34.902	55.400
山东	2.562	3.640	6.111	5.467	2.170	5.320	1.309	4.340	12.390	13.307	9.289	4.095	17.780	52.220	70.000
河北天津	—	—	—	—	5.000	5.167	5.167	4.666	—	—	—	—	—	20.000	20.000
合计	37.611	31.409	26.403	28.341	25.246	17.883	13.345	17.286	33.454	36.965	55.932	46.124	123.764	246.235	369.999

五、水量分配原则

落实最严格水资源管理制度，实行取水许可和水资源论证管理，依据《黄河水量调度条例》，遵循计划用水、节约用水原则，统筹兼顾生活、生产、生态环境用水。充分考虑取用水现状、供需情况和发展趋势，认真执行国务院1987年批复的黄河可供水量分配方案。

六、水资源利用对策

1．生活用水

生活用水包含城镇居民生活用水、乡村居民人畜饮水，城镇居民生活用水又分居民日常生活、公共设施用水两部分，与生活环境、用水水平、水资源条件、管理水平密切相关。沿黄地区1990年总人口10 064万人，其中城镇人口2 324万人，城市化水平23%；1985—1990年总人口年均增长率19.8‰，1990—2000年增长率15.5‰、城市化水平29%，2000—2010年增长率11‰、城市化水平36%。2010年总人口13 020万人，其中城镇人口4 640万人，城市化水平36%左右。城镇生活用水标准与当地自然条件、生活习惯、城镇规模、生活水平及水资源条件等密切相关，随着经济社会发展、居住条件改善、生活水平不断改善，用水标准、用水规模逐步提升，如：20世纪90年代用水量134 L/(人·日)，2000年147 L/(人·日)、需水量19亿m^3，2010年161 L/(人·日)、需水量27亿m^3。节约用水、科学用水、提升管理水平、稳定人均用水定额、控制用水总量，应作为生活用水长期坚持的指导方针。

2．工业用水

沿黄大部分地区自然条件较差，经济落后，具有工业发展潜力；能源、矿产资源丰富，上、中游水电资源优势特别突出，煤炭探明保有储量4 492万t，占全国的46.5%，中游长庆、延长油田、陕北油气田储量可观，上、中游地区铝、铅、锌及稀土金属等资源丰富，具有较大开发潜力。为加快中西部发展，缩小东西差距，国家加大资金投入力度并给予政策优惠，省(区)根据国家经济发展战略，制定工业发展规划，通过沿黄地区这个由东向西转移的轴心带和过渡区，支持中西部脱贫攻坚、经济建设、生态发展。2010年工业需水量146亿m^3，工业用水量年增长率4.7%。工业用水量取决于工业产值、万元产值取水量，黄河流域工业用水水平差异大，水的重复利用率不一，节水潜力大，要坚持淘汰高耗水产业，提高水的重复利用率，控制工业用水增长率。

3．农业灌溉用水

沿黄大部分属干旱、半干旱地区，引黄灌溉是沿黄灌区提高农业产量的主要手段。1990年沿黄地区有效灌溉面积600万km^2，较1980年增加108万km^2，年均递增率2%。黄河下游灌溉面积增加较为集中，有效灌溉面积10年增加89.9万km^2，年均递增率5%；黄河上游灌溉面积稳中有升，10年增加25.9万km^2；中游有所减少，10年减少8.1万km^2。

沿黄灌区建设重点是搞好改建更新、续建配套、节水改造，充分利用现有工程，进行渠道衬砌、实施节水灌溉，建设节水型灌区，在保障粮食增产、经济发展前提下，减少灌溉用水量、增加灌溉面积，为灌区持续稳定健康发展注入活力。20世纪90年代，沿黄灌溉大水漫灌现象普遍，灌溉定额较高，全河平均引水定额7 755 m^3/hm^2；搞好渠道防渗，推广先进灌水技术、调整种植结构、强化用水管理，优化配置水资源，合理用水、节约用水，灌溉定额逐年降低，2000年6 810 m^3/hm^2，2010年6 255 m^3/hm^2，2000年、2010年农业灌溉需水量分别为474亿m^3、484亿m^3。

七、水资源供需分析

根据黄河径流和地下水分布，采用联合运用方式进行沿黄地区水资源供需分析。2000年沿黄地区总需水量640亿m^3，河川径流、地下水联合供水后，多年平均供水量620亿m^3，其中河川径流供水量464亿m^3、耗水量365亿m^3，地下水供给量156亿m^3，总缺水量20亿m^3，占总需水量的3%左右，入海径流量210亿m^3。黄河河川径流量基本满足工农业、城乡生活、下游输沙需水量，各省耗用河川径流量基本与“八七”分水方案接近；沿黄地区总缺水量不大，但地区分布不均，龙门到三门峡区间缺水近10亿m^3，占总缺水量的50%。

2010年沿黄地区总需水量723亿m^3，若不考虑下游输沙用水，河川径流、地下水联合调度，多年平均供水量692亿m^3，其中河川径流供水量523亿m^3、耗水量408亿m^3，地下水供给169亿m^3，总缺水量31亿m^3，缺水率4.3%，其中龙门到三门峡区间缺水19亿m^3，约占总缺水量的61%，缺水率12%；河川径流消耗量超过“八七”分水方案38亿m^3，其中：上游超16亿m^3，中游富余11亿m^3，下游超33亿m^3，入海水量160亿m^3，不能满足下游输沙水量。若满足下游输沙水量200亿m^3，沿黄地区缺水量则达69亿m^3，缺水率10%。随着经济快速发展，2010年黄河可供水量无法满足国民经济、社会发展用水需求，水资源已经成为制约我国经济发展的瓶颈。

八、缓解缺水措施和对策

深入贯彻落实习近平总书记“9·18讲话”精神，提高认识，加强生态环境保护，强化水资源管理，开发与保护相协调，开源与节流相结合，多措并举，推进水资源节约集约利用，缓解水资源供需矛盾，推动黄河流域高质量发展。

1. 工程措施

根据黄河流域综合规划、黄河战略规划纲要，兴建干流大中型水库，不断增加骨干水库调节库容，形成水资源梯级调节，实行全流域联合调度，解决上、中游干旱缺水，提高水资源利用效率和效益。

2. 节约用水

为使有限水资源长期发挥效益，促进工农业不断发展，黄河流域全面实施节水措施，在节水中求发展。从沿黄用水情况看，节水大有潜力。沿黄地区农业灌溉多为大水漫灌，灌溉水利用率不高，节水灌溉仍有较大发展空间，全面提升农业用水计量设备配套和技术支撑，推进高效节水灌溉，提高农业用水效率，是增加河道流量、减少面源污染的有效措施之一；根据2013年《中国水资源公报》，我国农田灌溉水有效利用系数0.52，比世界先进水平低0.1～0.3，农业用水占全国总用水量的63.6%，节水潜力较大，可通过完善灌溉用水计量设备，推广渠道防渗、管道输水、喷灌、微灌等节水灌溉技术推进农业节水。随着国家节水投资增加，各灌区节水改造力度加大，例如，山东倡导节水计量到户，对地下水限采。沿黄地区远期工业需水量占总需水量的30%，强化工业企业用水定额管理，加大中水利用力度，提高工业用水重复利用次数，大力提高重复利用率，可使工业生产长期持续发展，同时减少污水排放，2017年、2020年有关部门相继制定并发布一批国家鼓励类和淘汰类用水工艺、设备和产品目录，对推动先进技术设备应用、淘汰落后技术设备、完善高耗水行业取用水定额标准、强化工业企业节水诊断起到积极作用。城市生活节水潜力很大，一些地区推行计量收费，推广各类先进节水器具，降低供水管网漏损率，加强节水型城市建设，可节约大量用水；2013年，我国城市供水管网平均漏损率约15%。“水十条”提出，对使用年限超过50年、材质落后的供水管网进行更新改造，到2017年，全国公共供水管网漏损率控制在12%以内，到2020年控制在10%以内。

3. 推广旱作农业

黄河流域旱作农业历史悠久，历代逐步形成耕、耙等为中心的抗旱保墒、精耕细作农业技术；黄河流域属干旱半干旱气候，年降水量大于400 mm地区占全流域的67%，土地平整，光热资源丰富，适宜旱作农业生产。旱作农业产量较高，水资源短缺地区推广旱作农业切实可行。

4. 加强水资源管理

完善水资源监督、管理、考核机制，科学保护水资源。在管理层面，完善水资源保护考核评价体系，加强水功能区监督管理，从严核定水域纳污能力；在操作层面，制定水量调度方案，合理安排下泄水量和泄流时段，保障河湖生态需水量。

第六节　水污染

水污染是指进入水体的污染物超过了水体的环境容量或水体的自净能力，造成水的使用价值降低或丧失的现象。如污水中酸、碱、氧化剂，铜、镉、汞、砷等化合物以及苯、二氯乙烷、乙二醇等有机毒物，会毒死水生生物，影响饮用水源、风景区景观。污水中有机物被微生物分解时消耗水中的氧，影响水生生物生存环境，水中溶解氧耗尽后，有机物进行厌氧分解，产生硫化氢、硫醇等难闻气体，使水质进一步恶化。环境污染分为点源污染与面源污染，点源污染指有固定排放点的污染源，其特点是集中排放、易于检测和污染控制、便于管理等，如电站高架排放烟囱；面源污染则没有固定污染排放点，如没有排污管网的生活污水排放，其特征有分散性和隐蔽性、随机性和不确定性、广泛性和不易检测性，如面积大的煤堆造成的面源污染。点源污染涉及城市内部环境，面源污染则涉及城市外部环境。

一、面污染源

面源污染也称非点源污染，是指溶解和固体污染物从非特定地点，在降水、融雪和地表径流冲刷作用下，通过径流过程将大气和地表中的污染物汇入受纳水体（河流、湖泊、水库等），引起有机污染、水体富营养化或有毒有害等其他形式污染。

黄河流域面污染源主要是农药、化肥、废渣、垃圾和随水土流失进入河流的污染物（主要是砷和重金属类）。1990 年统计数据，全流域年施用农药 2.58 万 t，化肥 674 万 t，工业废渣和生活垃圾年排放总量 4 500 万 t。有机农药残毒高，可在自然界中长期存在，且在生物体内富集，危害较大；化肥流失，氮、磷元素和无机盐进入水环境，可促使水体富营养化；一些固体废弃物经日晒、雨淋，有害成分进入河流或渗入地下，污染水体，破坏土壤微生物生存条件，影响生态环境；随降雨径流进入河流的水沙具有自然净化作用，本身含有多种元素和矿物质，黄河水环境呈微碱性，砷和重金属不易被水浸提出来，对生态环境不会造成危害。

二、水污染主要原因

黄河水污染主要原因有：粗放型经济发展模式、工业废水不能稳定达标排放、城市污水处理率低、河道内水体自然净化用水不足、水质监测体系不完善、责任制和考核机制不落实以及违法成本低、守法成本高等。

黄河沿岸大中城市、工矿企业以河水为水源，又将废污水、废弃物排入河道或沿河堆放，严重威胁黄河生态环境；黄河流域人均水量不足 700 m^3，仅为全国人均河川径流量的 30%，且时空分布不均，水环境容量有限；流域排污量呈增长趋势，河川径流逐年减少，流域水环境污染日趋加重。

流域内工业生产技术落后，管理水平不高，原材料消耗大，万元产值废污水排放量大，废污水处理不彻底，加重点源污染；乡（镇）企业快速发展，厂点分散、治污能力差、无组织排放，甚至将废污水注入地下，污染地下水，危害生态环境。农药、化肥施用量大，流域内水土流失严重，随暴雨径流进入河流的泥沙携带大量氮、磷等元素，影响河流水质，加重面源污染。

黄河河川径流利用量已超过 300 亿 m^3，利用率 53%，利用水平较高，但河川径流调蓄能力较低，枯水期河川径流量减少，小流量期间污染加重；农业大水漫灌，工业重复利用率低，生活废水排放量大，加剧水资源供需矛盾，导致水环境恶化。

三、水污染危害

沿黄居民生活用水多取自黄河水、地下水，水体是多种病原菌、病毒和寄生虫的传播媒介，直接威胁居民饮水安全、危害居民健康；污染影响城市供水，水厂水质超标，部分水厂临时关闭、限时供水；水污染改变土壤理化性质，影响土壤微生物活动，破坏土壤生态环境，妨碍农作物正常生长，降低农作物产量、质量；水污染破坏工业设备，降低产品质量、产量，甚至造成安全事故。水污染涉及诸多方面，影响经济、社会快速发展，影响生态环境改善，防治水污染是保障国民经济持续、健康、稳定发展和长治久安的前提。习近平总书记“9·18讲话”提出要：着力加强生态保护治理。黄河上游局部地区生态系统退化，水源涵养功能降低；中游水土流失严重，汾河等支流污染问题突出；下游生态流量偏低，一些地方河口湿地萎缩。黄河流域工业、城镇生活和农业面源三方面污染，加之尾矿库污染，使得2018年黄河137个水质断面中，劣Ⅴ类水占比达12.4%，明显高于全国6.7%的平均水平。习近平总书记强调，黄河生态系统是一个有机整体，中游要突出抓好水土保持和污染治理。

四、防治对策和措施

一些污染物通过不同方式进入水体，致使水资源遭受污染，影响工农业生产和人类健康，破坏生态环境。水污染控制需要多管齐下，形成合力，着重考虑建设完善的水质监测体系，尤其是水质自动监测站建设；分配流域内各省（区）排污权，并以法律形式固定下来。“维持黄河健康生命”是一种新的治河理念，2004年1月12日黄委提出以“维持黄河健康生命”为终极目标的“1493”（一个终极目标、四个主要标志、九条治理途径、三条黄河）治河战略理论框架，即“维持黄河健康生命”为黄河治理的终极目标，“堤防不决口，河道不断流，水质不超标，河床不抬高”为体现终极目标的四个主要标志，该标志应通过九条途径（减少入黄泥沙的措施建设、流域及相关地区水资源利用的有效管理、增加黄河水资源量的外流域调水方案研究、黄河水沙调控体系建设、制定黄河下游河道科学合理的治理方略、使下游河道主槽不萎缩的水量及其过程塑造、满足降低污染与使水质不超标的水量补充要求、治理黄河河口，尽量减少对下游河道的反馈影响、黄河三角洲生态系统的良性维持）得以实现，“三条黄河”建设是确保各条治理途径科学有效的基本手段。水质不超标是黄委为防治黄河污染提出的具体目标，具体对策、措施主要是工程、非工程措施。

1. 防治原则

《中华人民共和国水污染防治法》第三条：“水污染防治应当坚持预防为主、防治结合、综合治理的原则，优先保护饮用水水源，严格控制工业污染、城镇生活污染，防治农业面源污染，积极推进生态治理工程建设，预防、控制和减少水环境污染和生态破坏。”

2. 防治规划

1975年，根据国务院环保领导小组、水电部要求，黄委成立黄河水源保护办公室，

1992年更名为水利部、国家环保局黄河流域水资源保护局(以下简称“黄河水保”);1978年水电部批准建立黄河水源保护科学研究所和监测中心站。黄河水保办公室委员会同沿黄省(区)调查大中型厂矿企业污染情况,编制《黄河污染治理长远规划》《黄河水资源保护规划》,1989年通过水利部、国家环保局技术审查;组织流域省(区)水利、环保部门编制《黄河水系水质监测站网及监测工作规划》,1978年开始黄河干流、主要支流入黄口水质监测。

《中华人民共和国水污染防治法》第十六条:“防治水污染应当按流域或者按区域进行统一规划。国家确定的重要江河、湖泊的流域水污染防治规划,由国务院环境保护主管部门会同国务院经济综合宏观调控、水行政等部门和有关省、自治区、直辖市人民政府编制,报国务院批准。”

3. 总量控制

《中华人民共和国水污染防治法》第二十条:“国家对重点水污染物排放实施总量控制制度。重点水污染物排放总量控制指标,由国务院环境保护主管部门在征求国务院有关部门和各省、自治区、直辖市人民政府意见后,会同国务院经济综合宏观调控部门报国务院批准并下达实施。”“对超过重点水污染物排放总量控制指标或者未完成水环境质量改善目标的地区,省级以上人民政府环境保护主管部门应当会同有关部门约谈该地区人民政府的主要负责人,并暂停审批新增重点水污染物排放总量的建设项目的环境影响评价文件。约谈情况应当向社会公开。”

4. 工程措施

工程措施主要包括废污水处理装置、污水处理厂、污水处理系统等。选取有针对性的处理装置、设施,分散处理重点污染源(工矿企业);采用不同处理深度污水处理厂集中处理城市生活污水;自然条件较好地区,因地制宜,利用土地系统实现污水资源化,古老、简单、经济、科学、有效;黄河水含沙量较高,水体本身具备一定自然净化能力。

5. 非工程措施

非工程对策、措施主要针对造成流域水污染原因、实际情况、水体功能需要等问题,通过健全法制、依法依规保护水资源,以流域为单元、统筹规划、防止水污染、强化监督管理等措施促进流域水资源保护,减少点、面污染源污染排放量、入河量,减轻地表水、地下水污染程度,为流域高质量发展保驾护航。

6. 排污许可

《中华人民共和国水污染防治法》第十九条:“新建、改建、扩建直接或者间接向水体排放污染物的建设项目和其他水上设施,应当依法进行环境影响评价。建设单位在江河、湖泊新建、改建、扩建排污口的,应当取得水行政主管部门或者流域管理机构同意;涉及通航、渔业水域的,环境保护主管部门在审批环境影响评价文件时,应当征求交通、渔业主管部门的意见。建设项目的水污染防治设施,应当与主体工程同时设计、同时施工、同时投入使用。水污染防治设施应当符合经批准或者备案的环境影响评价文件的要求。”第二十一条:“直接或者间接向水体排放工业废水和医疗污水以及其他按照规定应当取得排污许可证方可排放的废水、污水的企业事业单位和其他生产经营者，应当取得排污许可证；城镇污水集中处理设施的运营单位，也应当取得排污许可证。排污许可证应当明确排放水污染物的种类、浓度、总量和排放去向等要求。排污许可的具体办法由国务院规定。禁止企业事业单位和其他生产经营者无排污许可证或者违反排污许可证的规定向水体排放前款规定的废水、污水。”

7. 监督管理

《中华人民共和国水污染防治法》第二十三条：“实行排污许可管理的企业事业单位和其他生产经营者应当按照国家有关规定和监测规范，对所排放的水污染物自行监测，并保存原始监测记录。”第二十四条：“实行排污许可管理的企业事业单位和其他生产经营者应当对监测数据的真实性和准确性负责。”第二十五条：“国家建立水环境质量监测和水污染物排放监测制度。”

附件：水体自然净化作用

受污染水体，经过水体本身的物理、化学与生物作用，使污染物浓度降低，并恢复到污染前的水平，这一过程称为水体的自然净化过程。

五、水资源保护

随着流域经济社会发展，黄河水资源开发利用量不断增大，沿黄地区人口和工矿企业增长，废污水排放量与日俱增，使原本就有限的水资源受到严重污染，水质不断恶化、水生态环境遭到破坏，已成为黄河治理的重大问题。搞好水资源保护，改善、提高黄河水环境质量，是治黄面临的重大课题和紧迫任务。

水资源保护具体目标是水质达标，能够适应经济社会发展对水资源功能要求；逐步扩展到水源涵养，尽可能减少人类活动对河川径流不利影响。针对危及人类生存安全、河流生命安全、流域及区域生态安全的活动设置控制性指标，严格规范和约束人类活动，为人类活动划定不可逾越的红线。加强污染物输移扩散数学模拟系统研发、水质预警预报系统建设、污染物稀释调度等研究，充分利用现有水利枢纽工程和水量调度手段，为维持黄河健康生命做出应有努力。

黄委积极探索新形势下水资源保护工作，加大水资源保护监测、监督力度，初步形成突发性水污染事件应急反应机制，成功处置多起突发性水污染事件，有效发挥了流域机构在处理水污染事件中的协调作用。

黄河流域已建水质监测站点340余处，监测项目40余项，形成了较为完整的水环境监测系统。通过40多年水质监测，基本掌握了黄河水质状况，积累了大量水质监测资料，为流域水资源保护、管理和水污染防治提供了科学依据。黄委应继续做好核定黄河干支流水域纳污能力、制订不同来水条件下入河污染物总量限制方案，搞好水质预报，变常规监测向提高监测管理水平、增强应急处置能力方向转变。围绕黄河水资源保护领域亟待解决的技术问题进行大量研究，取得多项较高技术水平和学术价值的科研成果，为流域水资源保护提供技术支撑。

第二章　黄河水资源管理

第一节　水资源管理程序

一、责任单位及职责

1. 责任单位

水资源管理责任单位是与黄河水量调度、防洪工程和引黄供水密切相关的单位或部门。《山东黄河水量调度工作责任制(试行)》(鲁黄水调〔2003〕7号)第七条规定:“山东黄河水量调度责任单位(部门)为:山东黄河河务局水资源管理与调度处(以下简称水调处)、建设与管理处、供水局、菏泽市局、东平湖管理局、聊城市局、济南市局、德州市局、淄博市局、滨州市局、河口管理局。”

2. 职责分工

(1) 水调处

1986年,山东黄河河务局工程管理处设涵闸管理科,负责山东黄河水资源管理。1990年,山东黄河河务局在总结1989年试点经验的基础上,成立水政水资源处,主要职责:负责水资源管理与保护,组织实施取水许可,参与制定水资源开发利用规划,配合工程管理部门做好水量调度、用水统计等。2002年,黄委批准山东黄河河务局设立水资源管理与调度处,主要职责:负责山东黄河水资源统一管理和水量统一调度;负责组织山东黄河水资源调查评价,组织或指导山东黄河有关建设项目水资源论证;组织编报山东黄河年、月用水计划和旬用水订单,依据黄委批准的黄河水量分配方案制定山东黄河水量调度方案,并负责实时调度和监督管理,负责水量调度工作责任制的贯彻落实;组织实施山东黄河取水许可制度、水资源费征收制度;组织开展山东黄河水权、水市场研究工作,调查了解全省引黄灌溉情况和供水效益。

《山东黄河水量调度工作责任制(试行)》(鲁黄水调〔2003〕7号)进一步明确水调处职责:①负责山东黄河干流年度用水计划的申报,并依据水利部批复的年度水量分配计划对各市河务(管理)局年度用水计划做出安排,根据各市局上报的用水需求,负责制定年、月用水计划,汇总上报旬引水订单,并下达用水指标;②负责对山东河道水量进行实时调度,及时掌握河道水情、沿黄旱情、土壤墒情、雨情及平原水库蓄水量等有关情况,搞好实时水量调度,确保山东黄河水量调度工作的顺利进行,发挥黄河水资源的综合效益;③负责及时上报引水情况、土壤墒情、降水及平原水库蓄水量变化情况;④密切关注山东黄河河道断面流量,当管辖河道内断面流量达不到黄委规定的控制指标要求时,及时查明原因,采取相应措施,并向黄委水调局提交书面报告;⑤加强对山东黄河水量调度工作的监督,确保利津断面流量达到控制指标;⑥负责编制山东黄河旱情紧急情况下的水量调度预案,经批准后组织实施。

(2) 建设与管理处

《山东黄河水量调度工作责任制(试行)》(鲁黄水调〔2003〕7号)第九条规定:"建设与管理处职责:负责监督引黄涵闸的维修养护等日常管理工作、引水引沙量的测验及设施的安装运行,维修及时,确保涵闸启闭灵活,安全运行;负责督促对漏水的闸门及时维修处理。"

(3) 财经处与供水局

《山东黄河水量调度工作责任制(试行)》(鲁黄水调〔2003〕7号)第十条规定:"财经处与供水局职责:负责供水生产的协调、监督和管理。负责及时安排引黄涵闸维修养护所需经费。负责滩区引水的管理。负责水费的计收。"

2002年黄委进行引黄供水管理体制改革,11月山东黄河河务局印发《关于成立山东黄河河务局供水局的通知》(鲁黄人劳发〔2002〕84号),确定供水局主要职责:负责山东黄河供水生产的协调、监督和管理;负责山东黄河各类引水工程(含地方自建自管引水工程)的供水计量和水费计收;负责组织山东黄河供水生产成本、费用的管理、核算和水价测算工作;负责审查、汇总承担有防汛任务的社会公益性任务的供水工程投资计划(或部门预算)的编制上报和审批下达,并督促检查落实;按照激励机制制定供水生产成本、费用计划的编制、核定办法,以及水费计收奖惩办法,督促足额收取水费;按照防汛责任制要求做好引黄涵闸工程范围内的防汛工作;负责山东黄河供水资产的管理及保值增值;做好山东黄河水资源费的收缴工作。2004年5月《关于调整山东黄河河务局供水局主要职责和内设机构的通知》(鲁黄人劳〔2004〕29号)明确供水局职责:负责山东黄河引黄供水的生产、组织、协调和管理;负责编报用水需求计划,签订引黄供水协议书,执行和落实上级水量调度指令;负责山东黄河引黄供水的水量计量、水费计收工作;负责山东黄河供水生产成本核算、财务管理、支出预算的核定下达和水价测算工作;负责山东黄河引黄供水工程的日常管理、工程建设、维修养护计划的编报、审批和组织落实工作;按照防汛责任制要求,做好引黄工程范围内的防汛工作;负责审查、汇总承担有防汛等社会公益性任务的供水工程投资计划(或部门预算)的编制上报和审批下达,并督促检查落实;负责山东黄河引黄供水资产的保值增值,做好山东黄河水市场研究和引黄供水的经营开发。2006年供水体制改革，黄委确定山东黄河河务局供水局主要职责：负责引黄供水的运行和管理；负责组织执行和落实水行政主管部门的水量调度指令；负责与用户签订引黄供水协议书和供水计量、水费计收，负责引黄供水用途的监督管理；负责引黄供水运行的预算编制与预算执行等工作；负责引黄供水工程的日常维修养护计划、更新改造计划的编制与实施；负责承担有社会公益性任务的引黄供水工程投资计划、部门预算的编制上报和组织实施；按照防汛责任制要求，做好引黄水闸工程防汛工作；负责引黄供水资产的保值增值；做好引黄供水经营开发，促进黄河水资源的高效利用，提高供水经济效益；完成山东黄河河务局授权与交办的其他工作。

《山东黄河河务局供水局引黄供水生产管理办法(试行)》(鲁黄供水调〔2015〕1 号)第四条规定："供水局负责组织落实山东黄河河务局水行政部门水量调度指令，负责山东黄河引黄供水生产运行管理、监督检查和水费计收。"《山东黄河河务局引黄供水生产管理办法(试行)》(鲁黄供水〔2017〕3 号)第四条规定："山东黄河河务局供水局(以下简称省局供水局)受省局委托负责山东黄河供水用水性质、供水计量、供水协议的监督检查、考核等工作。"

(4) 各市河务(管理)局

《山东黄河水量调度工作责任制(试行)》(鲁黄水调〔2003〕7 号)第十一条规定："各市河务(管理)局职责：(一)负责本辖区内的黄河水量调度管理工作，主要负责人对本单位水量调度管理工作负总责。(二)负责受理辖区内用水户用水需求计划，并在规定时间内汇总上报年、月用水计划和旬引水订单；根据省局下达的水量分配方案，及时下达各取水口门的用水指标，并组织实施。(三)负责引水量统计工作，实行引水量日报、月报和年报制度。每日(含周末、节假日)9 时 30 分前将上一日引水量和当日 8 时流量上报省局；每月 5 日前将上一月引水量汇总上报省局；每年元月 15 日前将上一年各引黄涵闸引水量汇总上报省局。(四)调度期，每天按时上报重点险工、涵闸闸前水位；每 10 天上报一次旱情、土壤墒情、灌区灌溉情况及水库基本情况。(五)当高村断面流量小于 200 m^3/s 时，原则是：除供城乡生活用水的引黄涵闸外全部关闭。紧急情况下，根据上级水量调度指令，所有引黄涵闸一律关闭。(六)要加强对所辖河段水量调度工作的督查，确保所辖河段流量(水位)达到上级规定指标。当低于上级规定流量(水位)指标时，要立即采取措施，尽快恢复所辖河段流量(水位)，同时将采取的措施及时报省局。当入境流量在不引水的条件下可以满足利津站过流指标时，河口管理局要保证利津站流量不低于规定的过流指标，当利津站流量小于规定的过流指标时，要采取果断有效措施，迅速恢复利津站流量。(七)加强引黄涵闸管理，确保安全运行，启闭灵活，对漏水闸门及时维修处理。(八)要主动当好行政领导的参谋，做好水情通报、上级指示贯彻意见的汇报工作。配合当地政府做好干部群众的思想工作，防止意外事件的发生。"

《关于〈聊城黄河河务局职能配置和人员编制方案〉的报告》(聊黄人劳〔2011〕42 号)明确聊城黄河河务局的职责：负责聊城黄河水资源统一管理、水量统一调度、调查评价和有关建设项目水资源论证工作；组织编报聊城黄河年、月用水计划和旬用水订单，依据山东黄河河务局批准的黄河水量分配方案制定聊城黄河水量调度方案，并负责实施调度和监督管理；负责水量调度工作责任制的贯彻落实；在授权范围内组织实施聊城黄河取水许可、水资源费征收制度；组织开展聊城黄河水权、水市场研究工作；负责调查了解聊城市引黄灌溉情况，分析供水效益；按规定组织、协调水利突发公共事件的应急管理工作；负责聊城黄河水量调度系统的现代化建设。

（5）市局供水局

2002 年黄委引黄供水管理体制改革；2002 年 11 月山东黄河河务局成立供水局，各市局成立供水分局；2004 年 5 月山东黄河河务局对供水职责进行调整。

《关于〈聊城黄河河务局职能配置和人员编制方案〉的报告》（聊黄人劳〔2011〕42 号）明确聊城市黄河河务局供水局的职责：负责辖区内引黄供水的生产和管理；执行水行政主管部门的水量调度指令；根据山东黄河河务局供水局授权，与用户签订引黄供水协议书，及时完成辖区内引黄供水订单的汇总上报，负责辖区内引黄供水计量、水费计收；负责辖区内引黄供水工程管理、供水工程日常维修养护计划与更新改造计划的编报和实施；负责本分局及所属闸管所人员的管理。

《山东黄河河务局供水局引黄供水生产管理办法（试行）》（鲁黄供水调〔2015〕1 号）第五条规定："供水分局根据供水局和水行政部门的调度指令负责辖区内引黄供水生产运行和管理，根据供水局授权负责与用水户签订引黄供水协议、供水计量和水费计收，负责辖区内引黄供水用途管理和监督。"

《山东黄河水量精准调度管理办法》（鲁黄水调〔2016〕2 号）第三十条规定："供水单位应严格按照调度指令组织供水生产，签订供水协议并报省、市局备案。"第三十一条规定："供水协议应严格按照取水用途明确具体的用水户和用水量，并实行结算单制度。"第三十三条规定："供水单位要严格依照签订的供水协议，对取水全过程做好巡查，确保协议有效执行。"

根据黄委《关于对山东河务局、河南河务局供水局所属供水分局成建制划转的通知》（黄人劳〔2016〕80 号）要求，2016 年 3 月山东河务局下发《关于山东黄河河务局供水局所属供水分局更名的通知》（鲁黄人劳函〔2016〕34 号），将供水分局及其管理的闸管所成建制（机构、人员编制、现有人员、资产）划转到相应市局，更名为各市局供水局。

《关于调整山东黄河河务局市河务（管理）局供水局主要职责的通知》（鲁黄人劳〔2016〕81 号）明确各市局供水局的职责：拟定辖区黄河供水发展规划，负责辖区黄河供水业务及开发管理工作，配合上级开展黄河供水，水资源节约保护及水价等政策研究；执行水行政主管部门的水量调度指令，受市局委托，负责辖区供水生产运行管理、用水性质确定、协议签订、监督检查、用水计量和水费计收等工作；负责辖区黄河供水工程管理，做好日常维护、工程专项的计划编报、组织实施等工作；负责辖区内供水计量监测、信息化等先进技术推广应用；按照防汛责任制的要求，在当地防汛指挥部门和河务部门的领导下，做好辖区内引黄供水工程范围内的防汛工作；负责所属市河务（管理）局投资或参与投资供水项目的管理运行工作；负责辖区黄河供水业务信息的收集、统计、分析工作。

《山东黄河河务局引黄供水生产管理办法（试行）》（鲁黄供水〔2017〕3 号）第五条规定："各市河务（管理）局（以下简称市局）是引黄供水生产运行、水费计收的主体。各市河务（管理）局供水局（以下简称市局供水局）执行水行政主管部门的水量调度指令，受市局委托负责辖区供水生产运行管理、用水性质确定、协议签订、监督检查、用水计量和水费计收。”

（6）闸管所

《山东黄河河务局供水局引黄供水生产管理办法（试行）》（鲁黄供水调〔2015〕1号）第六条规定：“闸管所负责相应区域内引黄供水生产运行，执行和落实上级供水生产指令，负责辖区内渠首水闸运行管理、供水计量和引水用途监督管理。”

《山东黄河水量精准调度管理办法》（鲁黄水调〔2016〕2号）第三十二条规定：“取水期间，取水口管理单位应按照水沙测验的有关规定，及时进行水位、流量、含沙量等各项测验并符合规范要求，测验成果逐级审核后于每日9时30分前报省局。”第三十四条规定：“取水口管理单位应按有关规范要求做好水沙测验等各类原始记录的整理与存档，做到规范、齐全、完整。”

二、职责履行

《黄河下游订单供水调度管理办法（试行）》（黄水调〔2001〕14号）第二十条规定：“各引黄渠首管理单位都要采取切实有效措施，严格执行上级调度指令，不得发生如下行为：（一）擅自启闸引水；（二）超过限定流量指标引水（测流最大误差不超过10%）；（三）提前开闸或不按时关闸；（四）大河水位升高后不及时调整闸门多放水；（五）以闸门漏水为由变相引水；（六）不按规定测流、填写放水记录及上报引水情况；（七）弄虚作假，多引少报，引水不报；（八）开闸引水期间，值班人员不在工作岗位的；（九）其他违背调度指令的行为。”

《山东黄河水量调度工作责任制（试行）》（鲁黄水调〔2003〕7号）第十二条规定：“各责任单位（部门）要认真履行职责，不得发生如下行为：（一）擅自启闸引水；（二）超过限定流量指标引水（测流最大误差不超过10%）；（三）提前开闸或不按时关闸；（四）大河水位升高后不及时调整闸门多放水；（五）以闸门漏水为由变相引水；（六）不按规定测流、填写放水记录及上报引水情况；（七）弄虚作假，多引少报，引水不报；（八）开闸引水期间，值班人员不在岗；（九）不按规定要求申报引水订单；（十）没有引够引水订单批准水量又没有及时申请调整；（十一）所辖河段控制站达不到规定的流量（水位）指标后，不及时报告，且不及时采取措施的；（十二）其他违背水量调度规定和调度指令的行为。”

三、水量调度程序

1. 调度原则

《山东黄河水量调度责任书》（2003年1月）第二条规定：“我省黄河水量调度管理工作，实行统一调度、总量控制、以供定需、分级管理、分级负责的原则。”

2. 调度实施

《山东黄河水量调度责任书》(2003 年 1 月)第三条规定:“我省黄河水量调度管理工作,在黄河水利委员会和省人民政府领导下进行,由省河务局统一组织实施。”第四条规定:“各级河务(管理)局负责本辖区内的黄河水量调度管理工作,主要负责同志对本单位黄河水量调度管理工作负总责。”

四、水量调度会商

1. 会商前提

《黄河下游水量调度工作责任制(试行)》(黄水调〔2002〕6 号)第十六条规定:“当遇到如下情况时,应及时进行水量调度会商:(一)确定黄河可供水量年度分配方案和干流水量调度预案以及万家寨、三门峡、小浪底水库桃汛期蓄水计划;(二)确定干流水库桃汛蓄水运用计划;(三)制定月计划;(四)每年的春灌用水会商;(五)水库调度需要利用发电限制水位以下库容时;(六)遇有其他需要会商的情况时。”

《山东黄河水量调度工作责任制(试行)》(鲁黄水调〔2003〕7 号)第十三条规定:“当遇到如下情况时,应及时进行水量调度会商:(一)每年的春灌用水会商;(二)供水特殊期和非常调度期会商;(三)遇有其他需要会商的情况时。”

2. 会商主持

《黄河下游水量调度工作责任制(试行)》(黄水调〔2002〕6 号)第十八条规定:“春灌用水会商例会由水调局主持,防办,河南、山东黄河河务局,三门峡、小浪底水利枢纽(建设)管理局,水文局,黄河流域水资源保护局等单位参加。”第十九条规定:“汛(凌)期(防洪调度除外)月水量调度实施意见,由水调局商防办确定;供水期水量调度实施意见,由水调局商三门峡、小浪底水利枢纽(建设)管理局后确定。”第二十条规定:“水库调度需要利用发电水位以下库容为下游补水时,由水调局(汛、凌期由防办)提前一周与三门峡、小浪底水利枢纽(建设)管理局协商,并将协商意见报上级批准。”第二十一条规定:“出现其他应急情况时,由水调局视情况与有关单位协商解决。”

《山东黄河水量调度工作责任制(试行)》(鲁黄水调〔2003〕7 号)第十四条规定:“水量调度会商会由局领导主持,局领导、副总工及有关单位(部门)参加。”

第二节　最严格水资源管理制度

水是生命之源、生产之要、生态之基,人多水少、水资源时空分布不均是我国的基本国情和水情。为解决水资源短缺、水污染严重、水生态环境恶化等问题,正视水资源面临的严峻形势,贯彻落实好中央水利工作会议和《中共中央　国务院关于加快水利改革发展的决定》(中发〔2011〕1 号)的要求，国务院下发《关于实行最严格水资源管理制度的意见》(国发〔2012〕3 号)，主要内容是“三条红线”(水资源开发利用控制红线，控制水资源开发利用总量；用水效率控制红线，控制水资源开发利用强度；水功能区限制纳污红线，控制入河排污总量)、四项制度(用水总量控制制度，管住水资源开发利用源头；用水效率控制制度，控制水资源开发利用过程；水功能区限制纳污制度，管理水资源开发利用末端；水资源管理责任和考核制度，落实“三条红线”控制目标制度保障)。黄河水资源开发利用率已接近极限，缺水成为黄河水资源管理新常态，按照国务院要求，结合黄河实际，就协调处理好黄河水资源管理红线刚性约束和经济社会发展对水资源的需求，推动最严格水资源管理制度在黄河流域落地生根，黄委逐步构建与实行最严格水资源管理制度相配套的黄河水资源管理“四大体系”，即法律制度体系、指标标准体系、监督执行体系、技术支撑体系，旨在完善水权管理制度，强化总量控制、定额管理、事中事后监管、入河污染物控制、监测预警、水权管理，促推建立省市县三级“三条红线”控制指标，建立联动督查制度，考核最严格水资源管理制度落实情况，实时监控黄河水量、水质、引水和控制性水库运行情况，为实行黄河水资源管理、调度、保护提供技术支撑，助推最严格水资源管理制度落实、落地。

一、指导思想

深入贯彻落实科学发展观，以水资源配置、节约和保护为重点，强化用水需求和用水过程管理，通过健全制度、落实责任、提高能力、强化监管，严格控制用水总量，全面提高用水效率，严格控制入河湖排污总量，加快节水型社会建设，促进水资源可持续利用和经济发展方式转变，推动经济社会发展与水资源水环境承载能力相协调，保障经济社会长期平稳较快发展。

二、基本原则

坚持以人为本，着力解决人民群众最关心、最直接、最现实的水资源问题，保障饮水安全、供水安全和生态安全；坚持人水和谐，尊重自然规律和经济社会发展规律，处理好水资源开发与保护关系，以水定需、量水而行、因水制宜；坚持统筹兼顾，协调好生活、生产、生态用水及上下游、左右岸、干支流、地表水和地下水关系；坚持改革创新，完善水资源管理体制和机制，改进管理方式和方法；坚持因地制宜，实行分类指导，注重制度实施的可行性和有效性。

三、主要目标

确立水资源开发利用控制红线，到 2030 年全国用水总量控制在 7 000 亿 m^3 以内；确立用水效率控制红线，到 2030 年用水效率达到或接近世界先进水平，万元工业增加值用水量(以 2000 年不变价计，下同)降低到 40 m^3 以下，农田灌溉水有效利用系数提高到 0.6

以上；确立水功能区限制纳污红线，到2030年主要污染物入河湖总量控制在水功能区纳污能力范围之内，水功能区水质达标率提高到95%以上。

为实现上述目标，到2015年，全国用水总量力争控制在6 350亿 m^3 以内；万元工业增加值用水量比2010年下降30%以上，农田灌溉水有效利用系数提高到0.53以上；重要江河湖泊水功能区水质达标率提高到60%以上。到2020年，全国用水总量力争控制在6 700亿 m^3 以内；万元工业增加值用水量降低到65 m^3 以下，农田灌溉水有效利用系数提高到0.55以上；重要江河湖泊水功能区水质达标率提高到80%以上，城镇供水水源地水质全面达标。

四、“三条红线”控制

按照习近平总书记“节水优先、空间均衡、系统治理、两手发力”的治水思路，黄委积极履行管理职责，协同流域省（区）全面落实最严格水资源管理制度，着力维持黄河健康生命，破解水资源管理瓶颈，以水资源可持续利用，支撑流域及相关地区经济社会可持续发展，努力实现治河为民、人水和谐。

“三条红线”是最严格水资源管理制度的核心，体现水资源可持续利用，为水资源综合管理指明方向。以水资源配置、节约和保护为重点，以总量控制与定额管理、水功能区管理等制度建设为平台，以推进节水防污型社会建设为载体，以水资源论证、取水许可、水资源费征收、入河排污口管理、水工程规划审批为手段，以改革创新为动力，以能力建设为保障，实行最严格的水资源管理制度。水资源论证和取水许可是水资源开发利用控制红线的基础，是水功能区限制纳污红线的手段，是用水效率控制红线的抓手。《中华人民共和国水法》第四十七条规定：“国家对用水实行总量控制和定额管理相结合的制度。”

1. 用水总量控制

严格落实水资源开发利用红线，健全完善水资源规划体系，加强规划和建设项目水资源论证，强化区域取用水总量控制，严格执行取水许可制度，加大地下水管理和保护力度，严格水资源有偿使用，实行水资源统一调度。

（1）总量控制内涵

用水总量控制是对流域或区域用水总量进行管理，是水资源管理的宏观控制指标，通过核算河流水资源开发利用率来控制河道外总的取水和用水规模；该红线主要考虑水量，没有考虑水质问题。

（2）利益相关方

用水总量控制的技术依据是水资源综合规划和水量分配方案等技术文件，管理方法是严格规范取水许可、排污许可。水利部门是总量控制和限制入河纳污管理的主体，但总量控制涉及不同行政区用水指标分配和不同部门（农业、工业、生活、生态）用水分配，需要地方和部门协调。

（3）严格水资源论证

开发利用水资源，应符合主体功能区要求，按照流域、区域统一制定规划，充分发挥水资源的多种功能和综合效益。严格执行建设项目水资源论证制度，对未依法完成水资源论证工作的建设项目，审批机关不予批准，建设单位不得擅自开工建设和投产使用，对违反规定的，一律责令停止。

水资源论证中，很多水资源论证报告书将取水口断面可供水量与可用水量混淆或者等同。理论上讲，河流断面可用水量应该在可供水量基础上，减去已获批(许可)但尚未使用的水量。实际上，各地许可用水量一般很大，使得今后可用水量很小，导致由获批水量确定的可用水量在水资源论证中很难使用。从水资源论证做起，严把核准关，该核减的水量必须在水资源论证报告书中体现出来，水行政主管部门必须以水资源论证报告书为主要依据核发或换发取水许可证，以便水资源论证成果为当地水资源配置与管理发挥真正作用。

(4) 严格控制取用水总量

加快制定流域水量分配方案，建立覆盖流域和省、市、县三级行政区域的取用水总量控制指标体系，实施流域、区域取用水总量控制。制定年度用水计划，依法对本行政区域内年度用水实行总量管理。建立健全水权制度，鼓励开展水权交易，运用市场机制合理配置水资源。《取水许可管理办法》(水利部令第 34 号)第四条规定:“流域内批准取水的总耗水量不得超过国家批准的本流域水资源可利用量。”

(5) 严格实施取水许可

严格规范取水许可审批管理，对取用水总量已达到或超过控制指标地区，暂停审批建设项目新增取水；对取用水总量接近控制指标的地区，限制审批建设项目新增取水。2006年《取水许可和水资源费征收管理条例》(国务院令第 460 号)将总量控制正式纳入取水许可管理，建立水资源有偿使用制度。2009 年《黄河取水许可管理实施细则》规范了取水许可程序，加强监督管理，通过管控增量为落实最严格水资源管理制度奠定基础。

(6) 严格水资源有偿使用

水资源有偿使用制度，是指在水资源为国家所有即全民所有的法律制度下，基于所有者权益，为促进水资源节约、保护和合理开发，保障水资源可持续利用，国家向取用水资源单位和个人收取资源调节和补偿性质水资源使用费的制度。实行水资源有偿使用制度，符合我国国情和水情，能使水资源管理体制和运行机制适应市场经济体制并加强政府宏观调控，体现新时代依法管水和全面建成小康社会时代要求。有利于有效控制用水需求，缓解一些地区严重缺水的局面；有利于水资源利用方式由粗放型向集约型转变，促进节约用水，建立节水型社会；有利于水资源宏观管理措施落实，促进水资源合理配置和可持续利用，以较小水资源代价实现国民经济持续增长。

合理调整水资源费征收标准，扩大征收范围，严格水资源费征收、使用和管理。严格按照规定的征收范围、对象、标准和程序征收，确保应收尽收，任何单位和个人不得擅自减免、缓征或停征水资源费。水资源费主要用于水资源节约、保护和管理，严格依法查处挤占挪用水资源费的行为。

2. 用水效率控制红线

严格落实用水效率控制红线，推进节水型社会建设，把节约用水贯穿于经济社会发展和群众生活生产全过程，加强用水定额管理和节水技术改造，强化对用水大户的监管，建立用水效率考核激励机制。

(1) 内涵

用水效率红线是综合性指标，包含万元GDP用水量、万元工业增加值用水量、工业用水重复利用率、亩均用水量和人均综合用水量等指标，也包括各行业用水定额，可作为宏观控制指标考核流域、区域用水效率，也可作为微观指标考核行业、企业、用水户的用水效率。该红线可直接控制用水量，也可间接考察水质状况，用水效率高意味重复利用率高、污水排放量少，有利于改善水质。

(2) 利益相关方

提高用水效率是全社会的责任，小到一个人、一个家庭节约用水，中到一个企业、一个行业用水定额管理，大到地方和流域用水效率，是考核企业、各级政府水资源管理水平的重要指标。监督和管理职责分属各部门、各行业和各地方政府，实际上全民都是利益相关者。

(3) 节约用水管理

节水优先是水资源永续利用的必由之路，是资源性缺水流域的必然选择。提高水资源利用效率、效益，使优化水资源配置方向成为可能。各级人民政府要切实履行推进节水型社会建设的责任，把节约用水贯穿于经济社会发展和群众生活生产全过程，建立健全有利于节约用水的体制和机制。稳步推进水价改革。各项引水、调水、取水、供用水工程建设必须首先考虑节水要求。水资源短缺、生态脆弱地区要严格控制城市规模过度扩张，限制高耗水工业项目建设和高耗水服务业发展，遏制农业粗放用水。

水利部《关于加强重点监控用水单位监督管理工作的通知》(水资源〔2016〕1号)要求："各级水行政主管部门要结合节水型单位、节水型企业等载体建设，健全节水激励机制，因地制宜采取财政资金补助、项目优先安排等奖励措施，支持重点监控用水单位实施节水技术改造。"

黄委将行业用水定额作为取水项目开展水资源论证、取水许可审批的重要依据，对不符合国家和省(区)用水定额项目，一律不予审批，一般采取比国家标准更为严格的用水定额；将节水专题论证作为大型供水工程的"敲门砖"，要求编制节水专题论证。节水的目的不是制约发展，而是优化水资源配置。随着用水量增加，一些沿黄河省(区)已无余留黄河水量指标，新增引黄用水项目受到限制。为破解水资源瓶颈，黄委按照节水、压超、转让、增效原则，从供给侧着手，鼓励开展水权转让，培育水市场。

(4) 用水定额管理

加快制定高耗水工业和服务业用水定额国家标准，根据用水效率控制红线确定的目标，及时组织修订本行政区域内各行业用水定额。对纳入取水许可管理的单位和其他用水大户实行计划用水管理，建立用水单位重点监控名录，强化用水监控管理。新、改、扩建项目应制定节水措施方案，保证节水设施与主体工程同时设计、同时施工、同时投产。

(5) 节水技术改造

制定节水强制性标准，逐步实行用水产品用水效率标识管理；加大农业节水力度，完善和落实节水灌溉的产业支持、技术服务、财政补贴等政策措施，大力发展管道输水、喷灌、微灌等高效节水灌溉；加大工业节水技术改造，建设工业节水示范工程；加大城市生活节水工作力度，开展节水示范工作，大力推广使用生活节水器具，着力降低供水管网漏损率；鼓励并积极发展污水处理回用、雨水和微咸水开发利用、海水淡化和直接利用等非常规水源开发利用；加快城市污水处理回用管网建设，逐步提高城市污水处理回用比例。

（6）内部节水管理

水利部《关于加强重点监控用水单位监督管理工作的通知》（水资源〔2016〕1号）要求："地方各级水行政主管部门要指导重点监控用水单位加快健全内部节水管理制度，设置节水管理岗位，明确责任，强化考核；深入分析内部用水现状、挖掘节水潜力，加快节水技术研发，积极采用国家鼓励的节水工艺、技术和装备，按期淘汰落后的用水工艺、技术和装备。已建立能源管理系统的重点监控用水单位要把内部用水情况纳入系统管理。各级水行政主管部门要引导重点监控用水单位加大节水资金投入，积极引入合同节水管理等第三方节水服务，实行专业化节水改造；开展经常性节水宣传教育活动，定期组织节水管理人员开展节水培训和学习，不断提高节水意识和管理水平。"

3. 水功能区限制纳污红线

严格落实水功能区限制纳污红线，严格水功能区监督管理，加大饮用水水源地保护力度，加强河湖水域、岸线和滩地管理。

（1）内涵

水功能区限制纳污红线是比较综合的指标，可作为宏观指标，通过水功能区一级区管理考核跨行政区之间水资源保护效果，也可作为微观指标，通过水功能区二级区管理考核同一水域水质状况，考核同一地区不同用水部门减排情况。该红线主要针对水域纳污能力，既可以保护水质，也可以保护水生态系统。限制排污可间接控制工业和生活用水总量，耗水率一定，用水多，退水也多，废污水排放量也大；对水功能区达标率进行管理，可间接控制用水总量。

（2）利益相关方

入河废污水来自所有用水户，直接与环保、城市水务、大型工矿企业相关，与农业面源污染有很大关系；控制污染源，水功能区管理才能取得成效，控制污染源比水质管理更加重要。入河排污控制，用水户是源头，环保、城市水务是中间环节，限制入河废污水排放是末端。入河排污控制既是水利部门的管理职责，又需要利益相关者和全社会的积极参与。

（3）水功能区监督管理

完善水功能区监督管理制度，建立水功能区水质达标评价体系，加强水功能区动态监测和科学管理；水功能区布局要服从和服务于所在区域主体功能定位，符合主体功能区发展方向和开发原则；从严核定水域纳污容量，严格控制入河湖排污总量；切实加强水污染防控，加强工业污染源控制，加大主要污染物减排力度，提高城市污水处理率，改善重点流域水环境质量，防治江河湖库富营养化；流域管理机构要加强重要江河湖泊省界水质水量监测；严格入河湖排污口监督管理，对排污量超出水功能区限排总量的地区，限制审批新增取水和入河湖排污口。

（4）饮用水水源保护

依法划定饮用水水源保护区，开展重要饮用水水源地安全保障达标建设；禁止在饮用水水源保护区内设置排污口，对已设置的，由县级以上地方人民政府责令限期拆除；加强水土流失治理，防治面源污染，禁止破坏水源涵养林；强化饮用水水源应急管理，完善饮用水水源地突发事件应急预案，建立备用水源。

（5）水生态系统保护与修复

开发利用水资源应维持河流合理流量和湖泊、水库及地下水的合理水位，充分考虑基本生态用水需求，维护河湖健康生态；加强重要生态保护区、水源涵养区、江河源头区和湿地的保护，开展内源污染整治，推进生态脆弱河流和地区水生态修复，建立健全水生态补偿机制。

4. 最严格水资源管理制度体现

"三条红线"从不同角度对水资源利用、保护进行管理，三者之间密切联系。水功能区管理目标达标，可增加可供水量，水质性缺水问题迎刃而解；用水效率提高，可有效控制用水总量、减少入河排污量；控制用水总量，可促进用水效率提高、减少排污量。用水总量控制可用来对流域、较大区域进行水资源宏观管理，用水效率可用来对特定行业、用水户进行微观管理，限制纳污可对水体内在质量进行管理，三者构成完整的水资源管理体系。针对特定地区水资源问题，"三条红线"可一起应用，也可先后应用，或单独应用。

国务院《关于实行最严格水资源管理制度的意见》（国发〔2012〕3号）发布后，各地相继制定落实"用水总量控制、排污总量控制和用水效率控制"三条红线具体措施，但水资源论证报告书很少得到实际应用。理论上讲，"三条红线"应该作为各地水资源论证的重要依据，但目前"三条红线"只在大江大河中划定，在设区市以下行政区域和小河流、湖泊、水库中尚未划定，给"三条红线"在水资源论证中的实际应用造成很大困难。

五、"三条红线"管理实施途径

1. 用水总量控制

用水总量控制是在节约、高效利用的前提下，采取以供定需政策，控制人类用水总量，保证河流水域预留必要的生态环境用水。根据流域、区域水资源利用综合规划、水量分配方案和取水许可框架，制定年度用水总量计划，在取水、用水两个环节计量、监测实际用水量，事后进行考核和评估。水资源综合规划和水量分配方案从中长期角度对流域、区域用水总量进行控制，主要是对多年平均水平的水资源量进行总体控制，是取水许可总量控制的技术依据。总量控制管理难点是区域间、部门间用水量分配和根据需求变化进行调整，需要建立水域流量、取水、用水监测网络，为解决总量控制提供基础资料和技术方案，建立总量控制指标分配和调整的行政、技术委员会，解决水量分配、行政和技术问题。为解决总量控制与经济发展之间的矛盾，需要建立水权制度和水权交易制度，在保障人畜基本用水前提下，使水资源向效率高、效益好的行业和地区转移。

2. 用水效率控制

用水效率主要基于用水定额和用水指标，指标不科学、不先进，就无法确定节水标准和用水效率。需要根据节水先进国家用水定额、用水指标，结合我国实际，重新核定各行业和各地区的用水指标。用水效率控制应建立各部门、地区分类管理，水利部门统一考核、评价的管理体系。

3. 水功能区限制纳污控制

水功能区限制纳污目标是保障水功能区达标，根据水功能区管理目标确定河流和主要水域纳污能力。纳污能力与水环境容量、水文和流量过程有关，准确确定水域纳污能力的技术难度大，需要分阶段逐步计算和确定主要水域水功能区的纳污能力，建立监测体系，对主要排污口设置计量装置，动态监测和评价重要水功能区水质状况，建立突发水污染事故快速监测和评估方法，明确责任，制定应急处置方案，建立专业处置队伍。对水功能区不达标地区，制定包括法律、市场准入、排污权交易和公众参与等严格减排制度，鼓励减污、减排企业和单位积极参与。

六、五项实施举措

1. 规划引领

编制各级水资源综合规划和水系规划、节水型社会规划、水资源保护规划、供水排水规划等专项规划，形成较为完备的水资源规划体系。严格相关规划和项目建设布局水资源论证，将水资源利用与管理纳入国民经济和社会发展规划；城市总体规划编制须编列水资源篇章，重大建设项目布局规划须编制水资源论证报告书。

2. 区域用水总量控制

建立区域取用水总量控制制度，加强河流断面、流量监控管理，建立区域取用水总量控制体系及考核奖惩制度。规范取水许可管理，严格新增取水审批，建立健全取水许可登记库，用水大户须安装取水远程监控系统，联网运行。全面实施地下水位控制，划定限采水位和禁采水位，当地政府组织实施综合治理。开展取水权有偿取得和转让试点，运用市场机制优化水资源配置。

3. 用水效率控制

全面推进节水型社会建设，深入开展节水型载体创建，加强用水定额管理和节水技术改造，强化用水大户监管，开展用水户等级评比，建立定期水平衡测试和用水审计制度。严格执行建设项目节水设施“三同时”制度，新、改、扩建项目制定节水措施方案，评估后作为办理建设项目规划、审批、设计、施工等手续的依据。

4. 水功能区监督管理

建立水功能区水质达标和纳污总量控制评价体系，制定出台水功能区管理办法，限期提出水功能区限制纳污总量意见。根据规定目标要求制定逐年削减任务，纳入年度目标考核。组织开展饮用水水源地安全保障达标建设，以水源地为单元，按照"一地一策"要求，制定突发性事件应急处置预案，因地制宜开展备用水源地建设，推进农村饮用水水源地保护和建设。

5. 水资源有偿使用

合理调整地表水水资源费征收标准，大幅提高地下水水资源费标准。对超计划用水，按规定征收超计划用水水资源费，纳入水资源费统一管理。

七、水资源节约集约利用

1. 总书记讲话精神

(1)"3·14 讲话"

2014 年 3 月 14 日在中央财经领导小组第五次会议上，习近平总书记就保障水安全发表重要讲话，精辟论述治水对民族发展和国家兴盛的重要意义，准确把握当前水安全新老问题相互交织的严峻形势，深刻回答我国水治理中的重大理论和现实问题，提出"节水优先、空间均衡、系统治理、两手发力"的新时期治水方针，具有鲜明的时代特征，具有很强的思想性、理论性、指导性和实践性，是做好水利工作的科学指南和根本遵循。习近平总书记强调要从改变自然、征服自然转向调整人的行为、纠正人的错误行为。水利工程补短板、水利行业强监管是落实节水优先的具体体现，是对政府履行水治理职责的具体部署，体现两手发力要求，强监管是实现需水管理的应有之义，补短板是实现空间均衡的基础支撑。

(2)"9·18 讲话"

2019 年 9 月 18 日，习近平总书记在黄河流域生态保护和高质量发展座谈会上指出："黄河是中华民族的母亲河。我一直很关心黄河流域的生态保护和高质量发展。"水资源保障形势严峻。黄河水资源总量不到长江的 7%，人均占有量仅为全国平均水平的 27%。水资源利用较为粗放，农业用水效率不高，水资源开发利用率高达 80%，远超一般流域 40%生态警戒线。谈到黄河流域生态保护和高质量发展主要目标任务时，习近平总书记强调："要坚持绿水青山就是金山银山的理念，坚持生态优先、绿色发展，以水而定、量水而行，因地制宜、分类施策，上下游、干支流、左右岸统筹谋划，共同抓好大保护，协同推进大治理，着力加强生态保护治理、保障黄河长治久安、促进全流域高质量发展、改善人民群众生活、保护传承弘扬黄河文化，让黄河成为造福人民的幸福河。""要坚持以水定城、以水定地、以水定人、以水定产，把水资源作为最大的刚性约束，合理规划人口、城市和产业发展，坚决抑制不合理用水需求，大力发展节水产业和技术，大力推进农业节水，实施全社会节水行动，推动用水方式由粗放向节约集约转变。”

(3)“1·03讲话”

2020年1月3日，习近平总书记主持召开中央财经委员会第六次会议，研究黄河流域生态保护和高质量发展问题。习近平总书记强调：“黄河流域必须下大气力进行大保护、大治理，走生态保护和高质量发展的路子。”“要把握好黄河流域生态保护和高质量发展的原则，编好规划、加强落实。要坚持生态优先、绿色发展，从过度干预、过度利用向自然修复、休养生息转变，坚定走绿色、可持续的高质量发展之路。坚持量水而行、节水为重，坚决抑制不合理用水需求，推动用水方式由粗放低效向节约集约转变。”“要坚持节水优先，还水于河，先上游后下游，先支流后干流，实施河道和滩区综合提升治理工程，全面实施深度节水控水行动等，推进水资源节约集约利用。”“要坚持以水定地、以水定产，倒逼产业结构调整，建设现代产业体系。”

2. 水利部要求

2019年10月，时任水利部部长鄂竟平在江河流域水资源管理现场会上强调：可用水量就是“刚”，不能突破可用水量就是“刚性”；落实“把水资源作为最大的刚性约束”，重点研究清楚各地可用水量、确定务实管用的用水定额、坚决落实以水定需。当前最重要的是做好合理分水、管住用水两件事。管住用水，一是按照“八七”分水方案，明确水量；二是对用水户实施监测，对取水口实施全覆盖、全天候监测。以水定需是水资源管理工作的核心，也是落实“把水资源作为最大的刚性约束”的关键。

八、保障措施

1. 建立水资源管理责任和考核制度

将水资源开发、利用、节约和保护的主要指标纳入地方经济社会发展综合评价体系；国务院对各省、自治区、直辖市的主要指标落实情况进行考核，水利部会同有关部门具体组织实施；具体考核办法由水利部会同有关部门制订，报国务院批准后实施。《实行最严格水资源管理制度考核办法》(国办发〔2013〕2号)第三条规定：“国务院对各省、自治区、直辖市落实最严格水资源管理制度情况进行考核，水利部会同发展改革委、工业和信息化部、监察部、财政部、国土资源部、环境保护部、住房城乡建设部、农业部、审计署、统计局等部门组成考核工作组，负责具体组织实施。各省、自治区、直辖市人民政府是实行最严格水资源管理制度的责任主体，政府主要负责人对本行政区域水资源管理和保护工作负总责。”

2. 健全水资源监控体系

制定水资源监测、用水计量与统计等管理办法，健全相关技术标准体系。流域管理机构对省界水量的监测核定数据作为考核有关省、自治区、直辖市用水总量的依据之一，对省界水质的监测核定数据作为考核有关省、自治区、直辖市重点流域水污染防治专项规划实施情况的依据之一。加强取水、排水、入河湖排污口计量监控设施建设，加快建设国家水资源管理系统，逐步建立中央、流域和地方水资源监控管理平台，加快应急机动监测能力建设，全面提高监控、预警和管理能力。

3. 完善水资源管理体制

进一步完善流域管理与行政区域管理相结合的水资源管理体制，充分发挥流域管理与行政区域管理优势，切实加强流域水资源统一规划、统一管理和统一调度。

4. 健全政策法规和社会监督机制

抓紧完善水资源配置、节约、保护和管理等方面的政策法规体系。广泛深入开展基本水情宣传教育，强化社会舆论监督，进一步增强全社会水忧患意识和水资源节约保护意识，形成节约用水、合理用水良好风尚。大力推进水资源管理科学决策和民主决策，完善公众参与机制，采取多种方式听取各方面意见，进一步提高决策透明度。

第三节　水资源论证

为促进水资源可持续利用，提高用水效率和效益，保障黄河水资源有效管理，建立健全水资源论证管理制度非常必要。2002 年《建设项目水资源论证管理办法》（水利部、国家计委令第 15 号）颁布实施，标志建设项目水资源论证作为水资源管理制度正式施行。水资源论证、取水许可审批是一个整体中的两个环节，水资源论证是落实中央水利工作部署，深化取水许可制度，强化水资源管理，探索水权、水市场理论，建立高效、透明、规范行政许可审批的重要制度，关系到全社会共同利益，关系到水资源优化配置、高效利用、有效保护，促进资源节约型、环境友好型社会建设实施。完善水资源论证管理体系，从论证时机、论证范围、取用水合理性、对第三人影响、节水、水资源保护等方面加强管控，为建设项目水资源论证后的评价奠定基础；加大建设项目水资源论证监督检查力度，充分论证建设项目用水合理性，为决策者提供可信赖的决策参考。

水资源论证是指依据相关政策、国家发展规划、流域或区域综合规划、水资源专项规划，在开发利用水资源行为实施前，以水资源承载力为依据，采用水文比拟法对已有数据进行年径流量计算、设计径流量月分配等，对新、改、扩建项目取水、用水、退水合理性、可靠性、可行性及取退水对周边水资源状况、其他取水户影响进行综合分析、评估、论证的专业活动。水资源论证制度伴随取水许可管理不断深化而应运而生，在实践中不断完善，突破取水许可工作范畴，成为水资源管理重要关口。

建设项目水资源论证制度是行政许可制度，是对水资源开发利用行为的准入制度，是水资源管理工作实行的具有重要意义的制度，是限制不合理用水、缓解水资源缺乏、保护水资源的重要举措，是深化取水许可制度实践的结果。建设项目水资源论证制度与取水许可制度紧密相连，二者是一个整体的两个环节。建设项目水资源论证制度对提高取水许可审批科学性和合理性、促进水资源优化配置和可持续利用、保障建设项目合理用水需求、支撑经济发展起到积极作用。开展建设项目水资源论证，目的是客观、公正、科学地论证和评估水资源，保证建设项目合理用水，提高用水效率和效益，减少建设项目取水、退水不利影响，为取水许可科学审批提供技术依据。建设项目水资源论证制度是单独的行政许可事项，取水许可与建设项目水资源论证报告书审批主体可以不同。建设项目水资源论证侧重技术审查，即项目取水可靠性、合理性及取水影响等，有关国家产业政策、用水总量控制等并不是考虑的重点；建设项目水资源论证属水资源管理前瞻性、事前行政管理范畴，是水资源管理向纵深发展、实现水资源条件与经济布局相适应、水资源承载能力与经济规模相协调、促进水资源合理开发和优化配置的重要保证，作为取水许可审批的前置程序，把经水行政主管部门或流域管理机构审定的建设项目水资源论证报告书及审查意见作为取水许可申请的技术依据，并不意味着通过建设项目水资源论证报告书审查就理所当然取得取水许可申请批准。《建设项目水资源论证管理办法》第八条规定："建设项目水资源论证报告书技术审查意见和审定后的报告书是审批取水许可申请的重要依据。"

一、水资源论证作用、意义

水是生命之源、生产之要、生态之基，黄河流域水资源开发、利用、配置、节约、保护、管理成效显著；随着经济社会快速发展，水资源短缺已成为制约经济增长的瓶颈。水资源论证制度是经济社会发展与水资源短缺之间矛盾的产物，是水资源管理过程中的一项创举；建设项目水资源论证为取水许可审批提供技术支撑和服务，对促进水资源优化配置、可持续发展、取水许可制度有效实施、推动节水型社会发展、提高水资源利用效率、维持河流健康生命意义重大，为社会经济发展提供保障。

1. 有利于宏观管理和微观控制

水资源配置和利用实行政府调控、市场引导、公众参与的运行机制，政府宏观调控起主导、主要作用，行政、经济手段共同作用，突显政府规范和引导作用。通过宏观管理，建立健全水资源开发利用、合理配置、总量控制体系；实施建设项目水资源论证，严格取水许可申请、审批程序，强化取水许可管控作用，加强水资源管理与调度，实行高效用水节水激励机制，促进计划用水和节约用水，减少水量消耗，减少不合理用水需求，提高水资源综合利用效率，通过微观控制实现水资源有效供给，以较少用水实现较大区域经济增长。取水许可、水资源论证制度是水资源管理基本制度，是水资源管理最为重要的行政手段，是水行政许可的主要内容，是水资源管理、保护和节约用水各项实际工作的基础；水资源论证作为建设项目立项、审批、核准的先决条件，有利于实施水资源宏观管理和微观控制，取水许可制度是水资源宏观管理和微观控制的基本制度。

2. 有利于经济社会可持续发展

高度重视水资源，既要考虑水资源现状，又要考虑水资源对经济社会发展的影响；既要追求经济快速发展，又要追求经济持续、健康发展，追求人水和谐相处，走生产发展、生活富裕、生态良好的文明发展之路。随着经济社会不断发展，水资源供需矛盾日渐突出，水资源利用程度、利用效率大大提高，人水关系复杂，新建取水工程、新增取水量对整个流域或行政区域水资源配置产生较大影响；水资源论证是合理开发、优化配置、高效利用、有效保护水资源最有效的手段，加强建设项目水资源论证，考虑流域、行政区域水资源承载能力，细化事前管理、强化过程控制，杜绝流域水资源开发利用程度超出流域或行政区域承载能力，减少水源难以保证、长期蓄水不足、达不到设计标准、效益难以正常发挥的建设项目，尽量减少只顾当前利益和局部利益、不顾长远利益和全局利益、盲目开发和利用水资源、对周边环境产生影响的项目，减少、避免水事纠纷。实施建设项目水资源论证，强化水资源开发利用事前管理、过程控制，有利于水资源合理开发、优化配置，有利于对水资源在开发、利用、保护方面实施宏观调控，促进经济社会可持续发展，更好践行“绿水青山就是金山银山”的发展理念。

3. 有利于提高用水效率

总量控制、定额管理是实施最严格水资源管理制度的核心，计划用水、节约用水是水资源管理的主要制度，是落实最严格水资源管理制度、规范水资源开发利用的强有力手段，是保证用水秩序、高效用水的重要手段，建设项目水资源论证是计划用水、节约用水管理重要的技术依据、技术支撑。实施建设项目水资源论证，合理分析、论证取水水源、水量、供水保证率、工程节水措施、用水定额，将取水工程从论证阶段就纳入水资源管理系统，依法取得取水许可，促使审批后取水工程有较为可靠的水源保障；在黄河可供水量分配指标控制范围内，综合平衡各取水工程取水时段、取水水量，严格用水计划管理，严格用水总量控制和定额管理，实时调节、合理调度，确保取水工程合法合规、足额足量取水，提高水资源利用效率和效益。

4. 有利于取水许可审批

取水许可是行政许可，必须体现公开、公平、公正；通过取水许可将有限水资源加以配置，通过建设项目水资源论证体现取水许可审批、审查的公平、公正，不能完全依靠市场调节解决。

水资源论证制度实施前，取水许可申请条件过于简单、随意性强，缺乏专家和社会参与，决策水平、能力较低，对第三者影响考虑不够深入、全面，对用水户利益考虑不足，对区域用水累积影响考虑不充分。2002 年水资源论证制度建立，要求建设项目取水需全面分析、评价、论证取用水情况，建立专业水资源论证队伍，具有相应资质，邀请专家、取用水利益方广泛参与，最大限度减少水资源开发、利用、保护、管理方面的决策失误和对公共利益、他人合法权益的损害。建设项目水资源论证实施，要充分体现行政决策民主化、科学化，有利于取水许可审批公开、公平、公正，有利于审批的科学性和合理性。

5. 有利于水生态安全

水资源利用方式粗放、用水浪费严重，部分区域用水量已超过水资源可利用量，无节制地开发利用水资源导致黄河断流、湿地萎缩、地下水超采，河流功能衰减；充分考虑当地水资源条件，经济发展规划与水资源开发、利用、保护相协调，不能以浪费水资源、牺牲环境换取短期经济增长。实施水资源论证，从源头管控高耗水、高污染产业，加快产业结构调整，强化水功能区管理、水生态保护，加强水资源宏观管理、取用水管理，促进水生态安全和经济发展。

6. 有利于规范管理

水资源论证可为取水许可审批提供技术依据，为水资源科学管理、宏观调控提供决策支撑，对建设项目运营期水量、水质安全和高效利用水资源、保障水资源可持续利用、经济社会可持续发展意义重大。1988 年《水法》明确取水许可制度。1993 年《取水许可制度实施办法》（国务院令第 119 号）确立取水许可制度。1997 年原国家计委、水利部发布的《关于建设项目办理取水许可预申请的通知》设置取水许可预申请程序；《水利产业政策》（国发〔1997〕35 号）明确水利建设项目分类、水资源费征收和使用、节约用水和水资源保护等，起到促进水资源合理开发和可持续利用、防治水旱灾害、缓解水利对国民经济发展的制约作用。1998 年水利部“三定”方案明确水资源论证是水利部的管理职责。2000 年国务院《关于加强城市供水节水和水污染防治工作的通知》（国发〔2000〕36 号）明确：强化取水许可和排污许可制度，建立建设项目水资源论证制度和用水、节水评估制度；加强取水许可监督管理和年审工作，严格取水许可审批，凡需要办理取水许可的建设项目必须进行水资源论证；严格执行环境影响评价制度，实行污染物排放总量控制及排污许可制度，排污必须经过许可。2002 年《建设项目水资源论证管理办法》（水利部、国家计委令第 15 号）颁布，标志着建设项目水资源论证制度正式建立和施行。2002 年修订的《水法》第二十三条第二款规定：“国民经济和社会发展规划以及城市总体规划的编制、重大建设项目的布局，应当与当地水资源条件和防洪要求相适应，并进行科学论证。”2003 年《水文水资源调查评价资质和建设项目水资源论证资质管理办法（试行）》（水利部令第 17 号）为保证建设项目水资源论证工作质量提供管理依据。2005 年《建设项目水资源论证导则（试行）》（SL/Z 322—2005）、2011 年《水利水电建设项目水资源论证导则》（SL 525—2011）对建设项目水资源论证报告书编制、审查技术标准进行规范。2006 年《取水许可和水资源费征收管理条例》（国务院令第 460 号）进一步确立水资源论证制度的法律地位。2008 年《取水许可管理办法》（水利部令第 34 号）明确建设项目取水申请人必须进行水资源论证。2010 年《关于开展规划水资源论证试点工作的通知》（水资源〔2010〕483 号）明确：要充分认识开展规划水资源论证试点工作的重要意义，本着从简单到复杂、逐步完善的原则，对重大建设项目布局规划、城市总体规划、行业专项规划、区域经济发展战略规划实施水资源论证试点；通过重点领域、重点区域开展规划水资源论证试点工作，积累经验、典型引路，力争用 3～5 年时间，初步建立起规划水资源论证的政策法规、行政管理、技术规范和队伍建设体系。2011 年中央一号文件《中共中央　国务院关于加快水利改革发展的决定》指出：严格执行建设项目水资源论证制度，对擅自开工建设或投产的一律责令停止。2012 年国务院《关于实行最严格水资源管理制度的意见》（国发〔2012〕3 号）提出：加强相关规划和项目建设布局水资源论证工作，国民经济和社会发展规划以及城市总体规划的编制、重大建设项目的布局，应当与当地水资源条件和防洪要求相适应；严格执行建设项目水资源论证制度，对未依法完成水资源论证工作的建设项目，审批机关不予批准，建设单位不得擅自开工建设和投产使用，对违反规定的，一律责令停止。2018 年 4 月 1 日实施的《建设项目水资源论证导则》(GB/T 35580—2017)对建设项目水资源论证分析和论证范围、论证分类分级指标、取用水合理性分析、取水水源论证、取水和退水影响论证做出详细的技术规定。

二、水资源论证

水资源管理制度已上升至国家战略地位,水资源论证作为水资源管理的一项制度,必将全面得到落实。处理建设项目取水可靠性、用水和耗水合理性、取退水影响等技术问题,需要具有一定能力和资质的技术、咨询机构承担;通过论证、强化管理,避免建设、运行期间水事纠纷,确保项目安全、可靠。《建设项目水资源论证管理办法》(水利部、国家计委令第 15 号)主要规定适用范围,组织实施和审查权限、资质、内容,取水许可报告书申请受理,报告书审查、变更,处罚等。《山东省建设项目水资源论证实施细则》(鲁水政字〔2015〕26 号)第三条规定:开发利用水资源,必须坚持总量控制、高效利用、有效保护的原则;符合流域和区域的水资源综合规划及水资源节约、保护等专项规划;遵守经批准的水量分配方案或协议。

1. 适用范围

《水法》第二十三条规定:“国民经济和社会发展规划以及城市总体规划的编制、重大建设项目的布局,应当与当地水资源条件和防洪要求相适应,并进行科学论证;在水资源不足的地区,应当对城市规模和建设耗水量大的工业、农业和服务业项目加以限制。”

《建设项目水资源论证管理办法》(水利部、国家计委令第 15 号)第二条规定:“对于直接从江河、湖泊或地下取水并需申请取水许可证的新建、改建、扩建的建设项目(以下简称建设项目),建设项目业主单位(以下简称业主单位)应当按照本办法的规定进行建设项目水资源论证,编制建设项目水资源论证报告书。”

进行水资源论证的新、改、扩建项目必须是直接从江河、湖泊或地下取水的项目;需要申请取水许可证的项目。对取水量较小且对周边影响较小的建设项目可不进行水资源论证,仅填写水资源论证表,或对项目取水用途、用水合理性、取水水源和取水量保证程度,以及取水和退排水对其他用户和水生态与水环境的影响进行简单的分析。《建设项目水资源论证管理办法》(水利部、国家计委令第 15 号)第十四条规定:“建设项目取水量较少且对周边影响较小的,可不编制建设项目水资源论证报告书。具体要求由省、自治区、直辖市人民政府水行政主管部门规定。”

建设项目水资源论证的实施和监督审查权限与取水许可管理权限相同。

2. 论证作用

水资源论证是取水许可的重要组成部分和前置条件,是加强事前管理、有效控制开发利用源头的重要手段,可促进水资源优化配置、可持续利用,保证建设项目合理用水需求,为取水许可审批提供技术咨询,保证取水许可科学、合理通过审批。

《建设项目水资源论证管理办法》(水利部、国家计委令第 15 号)第七条规定:业主单位在向具有审批权限的取水许可审批机关提交取水许可申请材料时，应当一并提交建设项目水资源论证报告书，作为取水许可审批的重要依据。未提交建设项目水资源论证报告书且经一次告知仍不补正的，视为放弃取水许可申请。

《关于明确建设项目水资源论证报告书申报有关事宜的通知》(水资源〔2002〕177 号)进一步强调，国家对新建、改建、扩建的建设项目取水实行许可制度。建设单位应当在报送建设项目设计任务书(可行性研究报告)前，向水行政主管部门提出取水许可预申请，并提交水资源论证报告书。水行政主管部门依据经审定的水资源论证报告书，做出取水许可预申请审批意见。因此，水资源论证报告书审查应先于可研报告审查。

3. 论证时机

《建设项目水资源论证管理办法》(水利部、国家计委令第 15 号)明确规定：办理取水许可申请时一并提交水资源论证报告书。有些建设项目在项目建议书阶段、可研阶段就开始水资源论证，论证时机不成熟，许多指标不确定，制约水资源论证深度、效果，与实际情况存在差距。水资源论证最好在建设项目完成初设或环境影响评价后进行，此时建设项目基本资料较全，论证内容与环评各有侧重点，论证深度与环评能够保持一致。建设项目水资源论证因项目、资源、环境而异，需要进一步研究论证时机，分阶段、分步骤论证合理性、可行性。

4. 论证程序

水资源论证专业性、技术性、政策性较强，涉及水文、水资源、水利工程、水环境、水生态等相关专业，涉及规划、设计、科研、管理、经济、法律等方面内容，要求分析透彻，论证依据充分，内容深入，程序严格。水资源论证工作程序包括准备阶段、工作大纲阶段和报告书编制阶段。准备阶段主要是了解掌握法律法规、规范标准、规划及有关资料，着手水资源论证报告书编制委托书或招标书等前期准备。工作大纲阶段主要是编制论证工作大纲，经过专家咨询，修改工作大纲，制定工作方案；水资源论证工作等级为一二级的、调整取水用途(节水或水权转换)作为水源的、利用调水水源的、混合取水水源论证的建设项目应编制工作大纲，其余项目可根据实际情况适当增减工作程序。报告书编制阶段主要是根据业主提出的取用水方案，结合区域水资源状况，对水资源开发利用、取用水合理性进行分析，对包括地表水、地下水、特殊水源等在内的取水水源进行可行性论证，形成水资源论证报告书初稿，经过专家咨询、论证，逐步形成论证报告书送审稿，再经过技术审查，最终形成建设项目水资源论证报告书。

5. 无须论证

《建设项目水资源论证管理办法》(水利部、国家计委令第 15 号)第十四条规定："建设项目取水量较少且对周边影响较小的，可不编制建设项目水资源论证报告书。具体要求由省、自治区、直辖市人民政府水行政主管部门规定。"

《取水许可管理办法》(水利部令第 34 号)第八条规定："需要申请取水的建设项目，申请人应当按照《建设项目水资源论证管理办法》要求，自行或者委托有关单位编制建设项目水资源论证报告书。其中,取水量较少且对周边影响较小的建设项目,申请人可不编制建设项目水资源论证报告书,但应当填写建设项目水资源论证表。”

三、论证内容

水资源论证内容主要包括建设项目所在区域水资源承载力及开发利用分析、取水合理性论证、取水水源论证、退排水情况、对水环境影响分析、对其他用水户影响分析及补偿措施,涉及水量、水质、水温、水能,涉及地表水、地下水、污水处理,涉及取水、供水、用水、耗水、排水、节约、保护全过程,涉及建设项目取水、退水对周边影响和补救、补偿措施,涉及新老项目水资源利用关系,涉及水资源可持续利用与经济社会可持续发展关系,涉及区域水资源分析、取水水源论证问题解决,涉及取用水合理性分析、取退水影响论证、水资源保护措施问题解决;通过分析论证,回答给不给、给多少、怎么给的问题。水资源论证围绕水资源优化配置、节约和保护实施用水总量、用水效率、水功能区纳污控制,“三条红线”是开展水资源论证的技术指标,是落实最严格水资源管理制度的重要举措。

1. 论证委托

《建设项目水资源论证管理办法》(水利部、国家计委令第 15 号)第五条:业主单位应当按照建设项目水资源论证报告书编制基本要求,自行或者委托有关单位对其建设项目进行水资源论证。《取水许可管理办法》(水利部令第 34 号)第八条:需要申请取水的建设项目,申请人应当按照《建设项目水资源论证管理办法》要求,自行或者委托有关单位编制建设项目水资源论证报告书。其中,取水量较少且对周边环境影响较小的建设项目,申请人可不编制建设项目水资源论证报告书,但应当填写建设项目水资源论证表。不需要编制建设项目水资源论证报告书的情形以及建设项目水资源论证表的格式及填报要求,由水利部规定。

2. 论证管理

为规范建设项目水资源论证报告书审查行为,保证建设项目水资源论证工作质量,水利部《建设项目水资源报告书审查工作管理规定(试行)》(水资源〔2003〕311 号)明确资质申请、审批条件、程序、报告书编制和审查要求。水资源论证涉及各个行业、用水户,涉及到方方面面的关系,专业性、技术性、政策性要求高,内容全面,要严格遵守资质管理要求;加强从业单位年检、日常检查,确保水资源论证质量。《山东省建设项目水资源论证实施细则》(鲁水政字〔2015〕26 号)第五条规定:编制或者填写水资源论证报告,应当执行水资源论证法规及相关技术标准,注重提高水资源论证报告编制或者填写质量。第六条规定:水资源论证单位水平评价工作由行业协会实行自律管理。山东省水利职工技术协会承办建设项目水资源论证单位水平评价工作。

3. 报告书内容

建设项目水资源论证报告编制涵盖取水、用水、退水全过程,是落实水资源管理“三条红线”的体现,重点从水量控制、用水效率、纳污能力上进行论证。

《建设项目水资源论证管理办法》(水利部、国家计委令第15号)第六条规定:"建设项目水资源论证报告书,应当包括下列主要内容:(一)建设项目概况;(二)取水水源论证;(三)用水合理性论证;(四)退(排)水情况及其对水环境影响分析;(五)对其他用水户权益的影响分析;(六)其他事项。"

编制建设项目水资源论证报告书应与当地水利部门联系,取水意向要得到当地水利主管部门同意;与项目设计部门沟通,取水量、取水水质符合项目、区域最严格管理制度要求;有必要的附件,如路条、供水协议、排水协议等。

4. 报告书审查

《建设项目水资源论证管理办法》(水利部、国家计委令第15号)第八条规定:建设项目水资源论证报告书,由具有审查权限的水行政主管部门或流域管理机构组织有关专家和单位进行审查,并根据取水的急需程度适时提出审查意见。建设项目水资源论证报告书技术审查意见和审定后的报告书是审批取水许可申请的重要依据。

四、水资源论证报告书审查

1. 审查范围

《建设项目水资源论证管理办法》(水利部、国家计委令第15号)第九条规定:水利部或流域管理机构负责对以下建设项目水资源论证报告书进行审查:(一)水利部授权流域管理机构审批取水许可申请的建设项目;(二)兴建大型地下水集中供水水源地(日取水量5万吨以上)的建设项目。其他建设项目水资源论证报告书的分级审查权限,由省、自治区、直辖市人民政府水行政主管部门确定。

2. 审查申请

《山东省建设项目水资源论证实施细则》(鲁水政字〔2015〕26号)第十一条规定:申请论证报告审查,业主单位应当向有管辖权的水行政主管部门提交以下材料:(一)论证报告审查申请;(二)论证报告一式20份;(三)委托编制论证报告的,提交建设项目水资源论证工作委托合同。第九条规定:水资源论证报告审查权限属于水利部流域管理机构的,论证报告由省水行政主管部门统一受理,并经初审后转报流域管理机构。

《关于明确建设项目水资源论证报告书申报有关事宜的通知》(水资源〔2002〕177号)规定:建设项目水资源论证报告书编制完成后,建设项目业主单位应向取水许可审批受理单位提出审查申请,并提交水资源论证报告书等材料。其中,属于水利部或流域管理机构取水许可审批权限内的水资源论证报告书,应向所属省级水行政主管部门提出审查申请。

3. 审查受理

水资源论证作为建设项目水资源论证的重要内容,应充分利用已有成果、现有资料,解决有没有水、有多少，给不给用、给多少，如何用、取水，以及取用水的影响和补偿方案等问题，注意与已有规划协调、适当简化；综合考虑建设项目重要性、取用水规模、水源地水资源条件及开发利用程度、取退水对第三者影响等因素，确定论证工作深度；根据取水水源地来水情况、现有工程与供水情况、水资源开发利用程度、水文站网、建设项目取水与退水可能影响范围等，确定水资源论证范围。审查机关在接到水资源论证报告书审查申请后，应对申请材料进行审查，材料不齐全、不符合规定的，应当场或在5个工作日内一次告知申请人，否则视为受理；申请人应在接到补正通知10天内补正，否则申请无效。审查过程中，突出取水许可总量控制，对水源条件不充分、无取水许可指标的，流域管理机构不再受理建设项目水资源论证报告书，不再审批取水许可。

《建设项目水资源论证报告书审查工作管理规定（试行）》（水资源〔2003〕311号）第九条规定：审查机关应自收齐送审材料之日起15日内做出是否予以受理的决定。予以受理的，审查机关应对审查方式和审查时间做出安排，并通报有关单位；不予受理的，应向业主单位书面说明理由。

水源论证是确定建设项目用水规模的重要依据，强化取水、退水、水资源保护措施，对其他用水户的影响和补偿方案，以及水资源论证结论审查，合理确定用水规模，促进节约用水，避免建设项目对其他用水户的影响，正确评价建设项目水资源论证的科学性、合理性。

4. 审查方式

《建设项目水资源论证报告书审查工作管理规定（试行）》（水资源〔2003〕311号）第十条规定：报告书审查一般采取会审方式，由审查机关组织有关专家和单位代表召开报告书审查会。对取水规模较小、技术较为简单或遇特殊情况不能召开审查会的，可采取书面函审方式，由审查机关书面征求有关专家和单位的意见。《山东省建设项目水资源论证实施细则》（鲁水政字〔2015〕26号）第十六条规定：论证报告审查一般采取会审方式，有管辖权的水行政主管部门应当于会前五个工作日将论证报告送达有关专家和单位，审查会前应当组织专家进行现场查勘。

5. 审查时间

《取水许可管理办法》（水利部令第34号）第十二条规定：取水许可权限属于流域管理机构的，接受申请材料的省、自治区、直辖市人民政府水行政主管部门应当自收到申请之日起20个工作日内提出初审意见，并连同全部申请材料转报流域管理机构。申请利用多种水源，且各种水源的取水审批机关为不同流域管理机构的，接受申请材料的省、自治区、直辖市人民政府水行政主管部门应当同时分别转报有关流域管理机构。初审意见应当包括建议审批水量、取水和退水的水质指标要求，以及申请取水项目所在水系本行政区域已审批取水许可总量、水功能区水质状况等内容。《建设项目水资源论证报告书审查工作管理规定（试行）》（水资源〔2003〕311号）第十八条规定：审查机关应自下达受理通知之日起30日内完成审查工作。逾期不能完成的，须说明理由，经上一级水行政主管部门同意后，可以延长15日；对取水规模较大、技术复杂、影响较大的报告书审查时限，经报请水利部同意后，可适当延长，但延长时限不得超过30日。

6. 审查权限

各级水行政主管部门、流域机构负责审查水资源论证报告书，在水资源论证环节权力最大、最集中，组织、审批机关的核心地位表现在：具有组织评审会的权力，具有取水许可审批权，能够保证论证过程和审批结果公平、权威、客观，经得起社会、历史考验。

《建设项目水资源论证管理办法》（水利部、国家计委令第15号）第四条规定："县级以上人民政府水行政主管部门负责建设项目水资源论证工作的组织实施和监督管理。"第九条规定："水利部或流域管理机构负责对以下建设项目水资源论证报告书进行审查：（一）水利部授权流域管理机构审批取水许可申请的建设项目；（二）兴建大型地下水集中供水水源地（日取水量5万吨以上）的建设项目。"

但大型地下水集中供水水源地（日取水量5万吨以上）的建设项目，与《取水许可和水资源费征收管理条例》（国务院令第460号）第十四条规定的流域管理机构负责审批取水许可申请的建设项目并不一定重合，一些项目可能超出流域管理机构取水许可审批权限，需要水利部重新授权。

《建设项目水资源论证报告书审查工作管理规定（试行）》（水资源〔2003〕311号）第三条规定："县级以上人民政府水行政主管部门和流域管理机构负责报告书的审查工作。报告书的审查权限原则上与取水许可审批权限相一致。"《黄河水权转让管理实施办法》（黄水调〔2009〕51号）第十五条规定："建设项目水资源论证报告书的审查，按照水利部、国家计委《建设项目水资源论证管理办法》和水利部《建设项目水资源论证报告书审查工作管理规定（试行）》执行。"

7. 审查重点

《建设项目水资源论证报告书审查工作管理规定（试行）》（水资源〔2003〕311号）第十四条规定：审查机关应根据《建设项目水资源论证管理办法》的要求，并结合建设项目特点确定审查重点。

8. 审查意见

评审结束后，出具的正式审查意见，包括专家评审组意见、专家署名个人评审意见；审查单位根据专家评审组意见出具单位审查意见，其中报告书经评审需要修改的，业主单位应补充修改，审查机关审核后出具审查意见。

建设项目水资源论证报告书结论是全部论证工作的结果，是对建设项目取水、用水、退水方案论证的综合评价，对审查意见最终形成意义重大，是取水许可审批、决策的关键依据，要特别重视论证结论审查，重点把握：①审查论证结论是否明确，表述是否清晰，结论是否准确；②结论是否对取水水源量、质的可靠性、合理性作出明确回答；③结论是否对取水方案必要性、可行性作出明确结论，论证结果是否合理；④结论是否对取水、退水对周边影响作出确切分析、预测、评估，补偿方案、措施是否可行、有效、科学；⑤结论提出的建议、措施是否可行、实事求是，是否避重就轻、掩盖主要问题。

业主单位在向计划主管部门报送建设项目可行性研究报告时，应当提交水行政主管部门或流域管理机构对其取水许可申请提出的书面审查意见，并附具经审定的建设项目水资源论证报告书；未提交取水许可申请书面审查意见及未经审定建设项目水资源论证报告书的，建设项目不予批准。

9. 重新审查

《建设项目水资源论证管理办法》(水利部、国家计委令第 15 号)第十一条规定："建设项目水资源论证报告书审查通过后，有下列情况之一的，业主单位应重新或补充编制水资源论证报告书，并提交原审查机关重新审查：(一)建设项目的性质、规模、地点或取水标的发生重大变化的；(二)自审查通过之日起满三年，建设项目未批准的。"

10. 处罚

《建设项目水资源论证管理办法》(水利部、国家计委令第 15 号)第十二条规定："业主单位或者其委托的从事建设项目水资源论证工作的单位，在建设项目水资源论证工作中弄虚作假的，由水行政主管部门处违法所得 3 倍以下，最高不超过 3 万元的罚款。违反《取水许可和水资源费征收管理条例》第五十条的，依照其规定处罚。"第十三条规定："从事建设项目水资源论证报告书审查的工作人员滥用职权，玩忽职守，造成重大损失的，依法给予行政处分；构成犯罪的，依法追究刑事责任。"

五、论证核心

水资源论证是一项资源性论证报告，为取水许可制度服务，目的是使取水审批更加科学合理，审批取水许可时考虑建设项目本身取用水需要、兼顾其他用水户权益保护、生态环境保护；核心是根据建设项目取水地点、水工程开发地点水源保障程度，确定经济布局规模、工程建设规模，采取节水措施，力争退水不损害第三者利益、社会效益和生态效益。

1. 定额管理

定额管理是强化水资源需求管理、建立节水型国民经济体系、维护水资源可持续利用的关键措施，构建法律法规、行业取水定额编制、定额监督管理体系，明确定额管理应遵循的权威性和强制性、地区差异性、动态性和层次性、综合性原则，科学预测用水量，制定区域水资源中长期规划、水资源安全战略规划，合理配置水资源、提高水资源利用效率。取用水合理性以批准的用水定额或同行业先进用水定额为最低标准，对工艺流程、节水技术措施进行分析、论证，提出改进建议、措施；大力倡导低能耗、低污染、低排放项目，杜绝高耗能、高污染、高排放、低附加值、产能过剩项目。定额管理以用水定额编制为核心，以用水统计管理、节水管理、取水计划管理为主要内容；完善定额指标体系，具体量化取水定额指标、核算取水规模，实现宏观尺度水量分配与微观尺度用水考核有机结合。

2. 总量控制

根据“八七”分水方案，黄河可供水量分配给各省（区）水量有一定限制，区域水资源利用要综合考虑各种水源总量，建设项目水资源论证要以流域、区域取水许可总量为控制指标，以调整产业结构为方向，以实现节约用水为重点，审批建设项目用水规模，实现以需定供向以供定需转变；合理确定取水方式，合理配置各种水源，合理论证水资源保障程度，合理把握取水水质及取水对周边环境、生态产生的影响，合理布置建设项目，确保区域水资源利用不超过总量控制指标。

3. 取退水影响及补偿

建设项目取退水影响及补偿严格按照有关法律、法规、政策和标准进行，以最严格水资源管理为抓手，以“三条红线”控制为基准，以排污总量控制为目标，综合分析、合理配置、全面保护、适当补偿；深度分析、论证取退水对其他取水户和周边环境带来的影响，提出解决措施、建议。

实践中，取退水对第三方有明显影响时，补偿方案编制仅限于工程领域和技术领域，经济领域难以涉及，即使编制经济补偿方案，也难以得到业主和第三方认可，更难编制出可协调双方利益、避免各方利益冲突的补偿措施和方案，经济补偿可由业主和第三方自行协商确定。

水资源论证报告书在描述取、用、退水对水资源情势、水环境、第三方的影响时，多用“极小”“很小”“小”“较小”“不大”等定性词语，且无严格区分；修改《建设项目水资源论证导则（试行）》（SL/Z 322—2005）时，必须对定性等级配以定量标准，如影响量 1%以下为“极小”，影响量 1%～3%之间为“很小”，影响量 3%～5%之间为“较小”，影响量 5%～10%之间为“不大”。

六、监督管理

根据水利部《关于加强黄河取水许可管理的通知》要求，自 1999 年起，新、改、扩建项目必须进行包括水源、节水和水资源保护等内容的水资源论证，凡未通过水资源论证审查的取水项目，不予受理取水许可申请。2001 年，结合提交八里湾改建工程取水许可预申请，山东黄河河务局指导相关建设单位编制《取水量保证程度及水源动态分析报告》，对八里湾闸改建工程进行水资源论证，并作为办理取水许可预申请的必要材料，开启水资源论证工作的先河。

2002 年 3 月 24 日，原国家计委、水利部联合颁布《建设项目水资源论证管理办法》（水利部、国家计委令第 15 号），明确自 2002 年 5 月 1 日起，新、改、扩建取水项目实行水资源论证制度，凡未提交经审定建设项目水资源论证报告书和经批准取水许可（预）申请书的取水项目，主管部门不予立项。

根据水利部、原国家计委《建设项目水资源论证管理办法》、黄委《黄河流域建设项目水资源论证管理暂行办法》，山东黄河河务局进一步明确山东黄河水资源论证及审查程序:需要办理取水许可申请的新、改、扩建项目(含取用黄河水平原水库),建设单位应当委托具有建设项目水资源论证资质单位进行建设项目水资源论证;建设单位将建设项目水资源论证报告书通过当地河务部门逐级报请黄委审查;建设单位根据审查意见,对水资源论证报告书进行修改后再提请黄委审查;审查通过的水资源论证报告书作为取水许可(预)申请的技术依据和必备条件。

在受理取水许可申请时,凡未提交节约用水措施和节水设施设计任务书的,取水许可预申请不予受理。

水资源论证是水资源科学配置、严格管理的重要内容和手段,“八七”分水方案、省(区)分水指标细化方案成为编制相关规划水资源论证的基础,依据分水指标、地下水、非常规水源情况,开展规划水资源论证,提出水资源可支撑基地、园区建设规模、水源解决途径,强化落实水资源刚性约束要求,为当地开展经济社会发展宏观规划、专项规划提供科学决策依据,对维持水资源可持续利用具有重要作用。水资源论证报告书编制水平,直接影响审批部门对水资源配置、开发利用合理性的审核;水资源论证实施后评价对论证工作起到一定指导作用,但覆盖范围较小,论证工作的监督力度有待进一步提高。水资源论证实践表明,同一河流、湖泊、水库用水户大量增加,用水类型增多,造成天然可供水量显著减少,行政许可后可用水量显著下降,水资源利用形势越来越复杂,水量分析计算越来越困难;加上退水增多,退水水质混杂,污水处理难以到位,退水影响分析计算越来越难以准确、清晰地说明问题。建立监督考核制度,增加取退水计量设施安装,确定考核指标,为水资源论证后评价奠定基础。水资源论证困难加大,与日益提高的水资源管理要求不相适应,对水资源论证从业人员基础知识、基本素质、洞察能力、综合水平的要求不断提高,需要从业单位及从业人员加强沟通、增强交流、强化培训,努力提高适应水资源管理形势变化的水资源论证能力,使水资源论证不断完善,水资源论证成果更加科学、准确,为最严格水资源管理制度的实施发挥重大作用。

第四节 取水许可制度

取水许可即对取水进行批准或许可,是通过一定程序、按规定审批取水工程取水能力、取水量、取水水源、取水用途、取水工程建设和排水等行为,是政府按水量分配方案、水资源规划对水资源进行再分配的行为,属政府宏观控制的行政管理,是需水管理的重要内容和手段。

取水许可制度是指用水单位或个人为使用某一额定水资源依法向水行政主管部门申请并获得许可的一种法律制度,是规范取水许可申请、审批及监督管理的一系列办法、标准和程序的规定,包括对取水许可申请程序和条件、审批要求、监督管理、计划用水、节约用水等所做的规定和办法,目的在于加强水资源宏观调控,统筹安排国民经济各方面日益增长的用水需求,优化水资源配置,保证水资源合理开发利用,保护取水单位的合法权益。取水许可制度是我国水资源管理的基本制度,是落实水量分配方案的重要抓手。

国家是水资源所有权的主体，具有对水资源统一分配和管理的权力。1988年《水法》第三条规定："水资源属于国家所有，即全民所有。……国家保护依法开发利用水资源的单位和个人的合法权益。"1988年《水法》第三十二条规定："国家对直接从地下或者江河、湖泊取水的，实行取水许可制度。"这是我国依法实施水资源权属管理的开始，明确在我国实行水资源所有权和使用权相分离。为加强取水许可申请审批和监督管理，1993年国务院发布《取水许可制度实施办法》(国务院令第119号令)，水利部也制定了一系列配套行政规章和管理办法，取水许可制度得到普遍实施，并被广泛接受和认可。取水许可是市场经济条件下水资源配置的基本制度，是最严格水资源管理制度的核心内容之一，是抑制用水过快增长、优化配置的主要手段，是水资源节约、保护、管理的主要途径。

黄河河川径流使用权分配分两个层次：①将黄河可供水量分配到有关省(区)，即已批准的《黄河可供水量分配方案》；②将水量指标分配到具体用水户，即已实施的取水许可制度。

取得取水许可批准文件是建设项目获得审批和核准的必备条件，取水许可批准文件是取水许可管理三个阶段(建设项目水资源论证、取水许可申请与审批、取水工程竣工后验收和核发取水许可证)中的一部分。用水户应当在办理取水许可申请时向受理机关提交建设项目水资源论证报告书，未提交建设项目水资源论证报告书的，受理机关不得受理取水许可申请。取水许可审批要遵守《黄河可供水量分配方案》规定的分配指标，即总量红线控制。

2002年修订的《水法》明确四项基本制度，即流域管理与行政区域管理相结合的管理制度、水资源论证制度、取水许可制度、总量控制与定额管理相结合的制度。

一、实施的必要性

水资源是基础性自然资源和战略性经济资源，是生态环境控制性要素。水资源支撑能力与经济发展密切相关，是经济可持续发展的重要保障和制约因素，在国民经济和国家安全中具有重要战略地位。经济快速发展对水资源的要求越来越高，水资源过度开发、地下水超采、水体污染、水系统退化引发环境问题，水资源可持续利用成为制约经济发展的瓶颈。加强水资源管理与保护，高标准、高要求建设水工程，合理开发、优化配置、高效利用、有效保护和可持续利用水资源，以水资源可持续利用保障经济社会可持续发展，在落实最严格水资源管理制度的前提下，提高水资源利用效率和效益，促进经济社会可持续发展。

取水许可是一种行政许可制度，是批准或许可取水，即通过一定程序、按规定审批取水工程的取水能力、取水量、取水水源、取水用途、取水工程建设和排水等行为，是国家加强水资源统一管理、依法调控全社会水资源供求关系、保护用水户合法权益的基本手段，是各级政府、水行政主管部门的重要职责。取水许可制度是加强对水资源宏观调控、统筹安排国民经济各方面日益增长的用水需求、优化水资源配置、保证水资源合理开发利用、保护取水单位合法权益的法律制度，是实现水资源可持续利用的重大战略措施，是适应市场经济要求、对传统用水管理体制进行的重要改革，是规范取水许可申请、审批、监督管理的一系列办法、标准、程序规定。取水许可制度是指依据《水法》，任何直接(即一级取用水户)从江河、湖泊或者地下取水的单位和个人，必须向审批取水申请的机关提出取水申请，经审查批准，获得取水许可证或者其他形式的批准文件后方可取水的制度。实行取水许可制度主要由我国水资源状况和经济社会发展对水资源的需求所决定，取水许可制度是黄河水资源统一调度管理的一项重要制度，是实施水资源权属管理的重要措施，要求直接从黄河取水的水工程、机械提水设施，需要申请取水许可证，并按规定取水。取水许可制度实施有利于水资源宏观调控、有利于维护良好水事秩序、有利于保障生态安全、有利于保证用水户合法取水权益、有利于实现水资源可持续利用；水资源归国家所有，国家作为水资源管理主体，具有水资源支配权、管理权，可决定水资源的分配。实施取水许可证申请，可以保证国家从经济社会宏观发展目标和战略布局出发，以水资源承载能力、环境容量为基础，合理配置水资源，使用水单位、个人的合法权益得到有效保护；限制无证取水行为，有效保护许可用水户权利不受损害。实行取水许可制度，是国家加强水资源管理的一项重要措施，是协调、平衡水资源供求关系、实现水资源永续利用的可靠保证，将有限水资源宏观调控、宏观分配方案落实到各用水户，保证经济社会宏观发展目标和战略布局，以水资源、水环境承载能力为基础，合理配置水资源，合理控制全社会取水、用水，保障各地区、各部门、各单位用水权益，保障经济社会可持续发展，维持河流健康生命，促进水资源节约、保护与合理利用。

二、申请范围

《水法》第七条规定："国家对水资源依法实行取水许可制度和有偿使用制度。"第四十七条规定："国家对用水实行总量控制和定额管理相结合的制度。"第四十八条规定："直接从江河、湖泊或者地下取用水资源的单位和个人，应当按照国家取水许可制度和水资源有偿使用制度的规定，向水行政主管部门或者流域管理机构申请领取取水许可证，并缴纳水资源费，取得取水权。"

《取水许可和水资源费征收管理条例》(国务院令第460号)第二条规定："本条例所称取水，是指利用取水工程或者设施直接从江河、湖泊或者地下取用水资源。……本条例所称取水工程或者设施，是指闸、坝、渠道、人工河道、虹吸管、水泵、水井以及水电站等。"这就是《条例》规定的取水许可申请范围。

取水许可使用范围是指凡是利用取水工程或者设施取用地表水和地下水的行为，都适用《取水许可和水资源费征收管理条例》(国务院令第460号)中关于取水许可的规定。为农业抗旱、维护生态与环境必须长期正常取水的用水户应当办理取水许可申请。取水许可证适用范围只限于从江河、湖泊或者地下取用水资源的单位和个人，属于黄委全额、限额管理的，黄委受理、审批取水许可申请、发放取水许可证，但家庭生活和零星散养、圈养畜禽饮用等少量取水的不需要申请取水许可证。各省(自治区、直辖市)人民政府规定少量取水限额，由县级以上水行政主管部门或流域机构审批其他不需要取水许可的取水。取水水源、取水方式多种多样，水资源管理中往往存在多头管理局面，导致取水许可制度在实施过程中出现适用范围不确定的问题，在办理取水许可证时出现分歧。

水资源属于国家所有，国家具有配置水资源的权力，为实现国家宏观配置水资源目的而兴建的调水工程，工程本身的目的在于配置，而非直接利用水资源。只有从按照国家批准的跨行政区域水量分配方案实施的临时应急调水工程中取用水的单位和个人，才是水资源受益者和直接利用者，这类调水工程不需要办理取水许可手续，由该类调水工程供水的单位或个人须办理取水许可手续，并缴纳水资源费，取得取用水权。只有当调水工程为实现国家批准的跨行政区域水量分配方案实施，进行临时应急调水时，才适用《取水许可和水资源费征收管理条例》(国务院令第 460 号)第三十三条。如南水北调工程等按照国家批准跨流域、跨行政区域的长期调水工程，应按临时应急调水的取水许可管理模式管理较为科学、合理，即这类水资源配置工程不需要办理取水许可申请，由受水区直接取用水单位或个人向取水口所在地省级水行政主管部门办理取水许可申请。

三、取水许可原则

1. 实施取水许可总原则

《取水许可和水资源费征收管理条例》(国务院令第 460 号)第七条规定："实施取水许可应当坚持地表水与地下水统筹考虑，开源与节流相结合、节流优先的原则，实行总量控制与定额管理相结合。流域内批准取水的总耗水量不得超过本流域水资源可利用量。"

《黄河取水许可管理实施细则》(黄水调〔2009〕12 号)第五条规定："黄河取水许可管理坚持地表水与地下水统筹考虑、开源与节流相结合、节流优先的原则，实施总量控制和定额管理相结合制度。"

2. 总量控制原则

水资源实行总量控制与定额管理相结合的制度，制定取水许可总量控制指标时，以流域水资源综合规划为基础，尊重各省(自治区、直辖市)现状用水量，考虑上下游、左右岸、不同地区水源条件、类型、承载能力、经济社会发展水平等因素，以流域内批准取水的总耗水量不超过本流域水资源可利用量，行政区域内批准取水总量不超过流域管理机构或上一级水行政主管部门下达的可供本行政区域使用的取用水量，许可取水总量不超过区域水资源可利用总量为原则，适当调整流域局部地区不合理用水。批准取用地下水的总水量不得超过本行政区域地下水可开采量，符合地下水开发利用规划要求；制定地下水开发利用规划应征求国土资源主管部门的意见。

3. 取水许可实施原则

取水许可和水资源费征收管理制度实施，应遵循公开、公平、公正、高效、便民原则，体现以人为本、人与自然和谐相处的治水理念。

4. 取水优先顺序

取水许可应优先满足城乡居民生活用水，兼顾农业、工业、生态与环境用水及航运需要，省级人民政府可在同一流域或行政区域内，根据实际情况规定具体的先后顺序。

《水法》第二十一条规定："开发、利用水资源，应当首先满足城乡居民生活用水，并兼顾农业、工业、生态环境用水以及航运等需要。"

《取水许可和水资源费征收管理条例》（国务院令第460号）第五条规定："取水许可应当首先满足城乡居民生活用水，并兼顾农业、工业、生态与环境用水以及航运等需要。"

《黄河水量调度条例》（国务院令第472号）第三条规定："国家对黄河水量实行统一调度，遵循总量控制、断面流量控制、分级管理、分级负责的原则。实施黄河水量调度，应当首先满足城乡居民生活用水的需要，合理安排农业、工业、生态环境用水，防止黄河断流。"

《黄河取水许可管理实施细则》（黄水调〔2009〕12号）第四条规定："实施黄河取水许可应当首先满足城乡居民生活用水，并兼顾农业、工业、生态与环境用水以及航运等需要；必须符合流域综合规划、水资源综合规划、水功能区划等。"

人对水的第一需求就是饮水保障，获得充足、洁净的饮水是城乡居民最基本的生活需要，也是科学发展观以人为本的核心立场的体现。

5. 实施取水许可基本要求

实施取水许可必须符合水资源综合规划、流域综合规划、水中长期供求规划、水功能区划，遵守批准的水量分配方案；尚未制定水量分配方案的，应当遵守地方政府间签订的协议。

6. 取水许可适用范围

利用取水工程或设施（闸、坝、渠道、人工河道、虹吸管、水泵、水井、水电站等）直接从江河、湖泊或地下取用水资源的单位和个人，除特殊情况外，应当申领取水许可证，缴纳水资源费。

四、组织实施

1. 基本要求

依据《水法》、黄河可供水量分配方案、水资源综合规划、流域综合规划、水中长期供求规划、水功能区划组织实施取水许可，取水许可实行总量控制和定额管理相结合的制度；水资源丰富的地区，依据地方人民政府有关规定，合理取用水资源。

2. 组织实施

取水许可实行流域、行政区域管理相结合的体制。《水法》第七条规定："国务院水行政主管部门负责全国取水许可制度和水资源有偿使用制度的组织实施。"《取水许可管理办法》

(水利部令第34号)第三条规定:"水利部负责全国取水许可制度的组织实施和监督管理。水利部所属流域管理机构(以下简称流域管理机构),依照法律法规和水利部规定的管理权限,负责所管辖范围内取水许可制度的组织实施和监督管理。县级以上地方人民政府水行政主管部门按照省、自治区、直辖市人民政府规定的分级管理权限,负责本行政区域内取水许可制度的组织实施和监督管理。"《黄河取水许可管理实施细则》(黄水调〔2009〕12号)第三条规定:"黄河水利委员会依照法律法规和水利部授予的管理权限,负责黄河取水许可制度的组织实施和监督管理。黄河水利委员会所属管理机构和有关地方水行政主管部门是管理或委托管理范围内的取水许可监督管理机关,负责管理或委托管理范围内的取水许可监督管理。"

五、办理程序

1. 取水许可申请人

水利部办公厅《关于加强农业取水许可管理的通知》(办资源〔2015〕175号)附件中明确规定:"原则上灌区管理单位是申请办理取水许可的主要申请人。如灌区未设置管理单位,由该灌区供水工程管理单位申请办理取水许可。井灌区或分散小泵站灌区等没有设置灌区管理单位或供水工程管理单位的,可根据实际情况,因地制宜,将农民用水合作组织、村集体经济组织或农户等作为取水许可申请人。"

2. 申请主体

《取水许可和水资源费征收管理条例》(国务院令第460号)第十条规定:"申请取水的单位或者个人(以下简称申请人),应当向具有审批权限的审批机关提出申请。申请利用多种水源,且各种水源的取水许可审批机关不同的,应当向其中最高一级审批机关提出申请。取水许可权限属于流域管理机构的,应当向取水口所在地的省、自治区、直辖市人民政府水行政主管部门提出申请。省、自治区、直辖市人民政府水行政主管部门,应当自收到申请之日起20个工作日内提出意见,并连同全部申请材料转报流域管理机构;流域管理机构收到后,应当依照本条例第十三条的规定作出处理。"

《取水许可管理办法》(水利部令第34号)第十一条规定:"申请人应当向具有审批权限的审批机关提出申请。申请利用多种水源,且各种水源的取水审批机关不同的,应当向其中最高一级审批机关提出申请。……取水许可权限属于流域管理机构的,应当向取水口所在地的省、自治区、直辖市人民政府水行政主管部门提出申请;其中,取水口跨省、自治区、直辖市的,应当分别向相关省、自治区、直辖市人民政府水行政主管部门提出申请。"第十二条规定:"取水许可权限属于流域管理机构的,接受申请材料的省、自治区、直辖市人民政府水行政主管部门应当自收到申请之日起20个工作日内提出初审意见,并连同全部申请材料转报流域管理机构。申请利用多种水源,且各种水源的取水审批机关为不同流域管理机构的,接受申请材料的省、自治区、直辖市人民政府水行政主管部门应当同时分别转报有关流域管理机构。初审意见应当包括建议审批水量、取水和退水的水质指标要求,以及申请取水项目所在水系本行政区域已审批取水许可总量、水功能区水质状况等内容。”

取水许可申请主体是取用水资源的单位和个人，但在项目筹建阶段，项目建设管理单位或项目筹建管理组织可作为申请人，办理取水许可申请。在项目建成经取水许可审批机关审验后，将许可证发给正式组建的项目管理单位。联合兴办取水工程的，需要联合兴办人委托的法人代表办理取水许可申请，需要出具申请人委托书。有些项目前期由地方水行政主管部门开展的，水行政主管部门不宜作为取水许可申请主体。

3. 申请程序

新、改、扩建项目引用黄河水的，由申请人向省级水行政主管部门提出申请，并附水资源论证报告书，省级水行政主管部门初审后上报黄委，黄委审查时，如需征求省、市、县级河务部门意见时，省、市、县级河务部门可提出建设性意见供黄委参考。

取水许可权限属于流域管理机构的，取水口所在地省（自治区、直辖市）人民政府水行政主管部门在受理取水申请后进行初步审查并提出意见，无论是否同意取水，也要将初步审查意见连同全部申请材料转报流域管理机构，由流域管理机构按照程序决定。

需流域管理机构审批的取水许可，由省（自治区、直辖市）人民政府水行政主管部门代为接收的，受理权限仍属于流域机构；省（自治区、直辖市）人民政府水行政主管部门没有决定受理或者不予受理的，省级水行政主管部门提出意见后，将全部材料报送流域管理机构。

申请利用多种水源，且各种水源的审批机关不同的，应当向其中最高一级审批机关提出申请。最高一级审批机关为流域管理机构的，仍由申请人向取水口所在地省（自治区、直辖市）人民政府水行政主管部门提出申请，而不是直接向流域管理机构提出申请。

《黄河取水许可管理实施细则》（黄水调〔2009〕12号）第十七条规定：“属于黄河水利委员会审批的取水许可，接受申请材料的省（自治区）人民政府水行政主管部门应当在规定的期限内提出初审意见，并连同全部申请材料转报黄河水利委员会。申请利用多种水源，且各种水源的取水审批机关为黄河水利委员会和其他流域管理机构的，接受申请材料的省（自治区）人民政府水行政主管部门应当同时分别转报黄河水利委员会和有关流域管理机构。初审意见应当包括建议审批水量、取水和退水的水质指标要求，以及申请取水项目所在水系本行政区域（省、市、县三级）已审批取水许可总量、水功能区水质状况等内容。”

4. 初次申请所需材料

取水许可申请为一次申请，不得设定预申请环节，新、改、扩建项目必须申请或重新申请取水。取水许可审批文件有效期为3年，超过期限未审批或取水工程未开工建设，需要重新申请。《取水许可管理办法》（水利部令第34号）第二十二条规定：“取水工程或者设施建成并试运行满30日的，申请人应当向取水审批机关报送以下材料，申请核发取水许可证：（一）建设项目的批准或者核准文件；（二）取水申请批准文件；（三）取水工程或者设施的建设和试运行情况；（四）取水计量设施的计量认证情况；（五）节水设施的建设和试运行情况;(六)污水处理措施落实情况;(七)试运行期间的取水、退水监测结果。”

5. 取水许可证换发

严格取水工程验收管理,取水工程建成运行后,审批机关要进行现场核验,验收合格的,及时发放取水许可证;未通过验收的,不得发放取水许可证。按照财政部、国家发展改革委《关于公布取消和停止征收100项行政事业型收费项目的通知》(财综〔2008〕78号)规定,发证机关不得收取取水许可证费。取水工程或者设施建成并试运行满30日的,申请人应申请核发取水许可证。

《黄河取水许可管理实施细则》(黄水调〔2009〕12号)第二十九条规定:“取水许可证有效期限一般为5年,最长不超过10年。有效期届满,需要延续的,取水单位或者个人应当在有效期届满45日前经监督管理机关向黄河水利委员会提出申请,并提交下列材料:(一)延续取水申请书;(二)原取水申请批准文件和取水许可证。”

临时取水许可证有效期不超过1年。为准确核定取用水量,对新用户第一次发放取水许可证的有效期为1年,经过1年运行后再次核发,取水量更贴合实际,避免空占指标。

《取水许可管理办法》(水利部令第34号)第二十六条规定:“按照《取水条例》第二十五条规定,取水单位或者个人向原取水审批机关提出延续取水申请时应当提交下列材料:(一)延续取水申请书;(二)原取水申请批准文件和取水许可证。取水审批机关应当对原批准的取水量、实际取水量、节水水平和退水水质状况以及取水单位或者个人所在行业的平均用水水平、当地水资源供需状况等进行全面评估,在取水许可证届满前决定是否批准延续。批准延续的,应当核发新的取水许可证;不批准延续的,应当书面说明理由。”

取水许可证有效期并非取水许可有效期限,取水许可是行政许可,取水权受法律保护,换证是原取水权延续、非重新审批,取水权具体期限法律尚未予以规定。取水许可证有效期限届满换证时,若流域机构、水行政主管部门核减取水许可水量,不符合法律规定。

6. 取水许可审查

(1) 审查主体

《取水许可和水资源费征收管理条例》(国务院令第460号)第十七条规定:“审批机关受理取水申请后,应当对取水申请材料进行全面审查,并综合考虑取水可能对水资源的节约保护和经济社会发展带来的影响,决定是否批准取水申请。”

《取水许可管理办法》(水利部令第34号)第十七条规定:“取水审批机关审批的取水总量,不得超过本流域或者本行政区域的取水许可总量控制指标。在审批的取水总量已经达到取水许可总量控制指标的流域和行政区域,不得再审批新增取水。”第十八条规定:“取水审批机关应当根据本流域或者本行政区域的取水许可总量控制指标,按照统筹协调、综合平衡、留有余地的原则核定申请人的取水量。所核定的取水量不得超过按照行业用水定额核定的取水量。"第十九条规定:"取水审批机关在审查取水申请过程中,需要征求取水口所在地有关地方人民政府水行政主管部门或者流域管理机构意见的,被征求意见的地方人民政府水行政主管部门或者流域管理机构应当自收到征求意见材料之日起10个工作日内提出书面意见并转送取水审批机关。"

(2) 审查内容

取水许可审查主要内容包括取水申请事项、取水水量合理性、取水水源可靠性、取用水可行性等实质审查。

《取水许可管理办法》(水利部令第34号)第二十一条规定:"取水审批机关决定批准取水申请的,应当签发取水申请批准文件。取水申请批准文件应当包括下列内容:(一)水源地水量水质状况,取水用途,取水量及其对应的保证率;(二)退水地点、退水量和退水水质要求;(三)用水定额及有关节水要求;(四)计量设施的要求;(五)特殊情况下的取水限制措施;(六)蓄水工程或者水力发电工程的水量调度和合理下泄流量的要求;(七)申请核发取水许可证的事项;(八)其他注意事项。申请利用多种水源,且各种水源的取水审批机关为不同流域管理机构的,有关流域管理机构应当联合签发取水申请批准文件。"

(3) 审查原则

审批取水许可应遵循:符合规划原则;总量控制与定额管理相结合原则;地表水与地下水统筹考虑,开源与节流相结合、节流优先原则;优先满足城乡居民生活,统筹兼顾生产与生态用水原则。其中,总量控制、定额管理原则是核心,其他原则从一定意义上可视为这两个原则的延伸,审批取水许可把握住总量控制和定额管理至关重要。

取水口跨省(自治区、直辖市)的,取水审批权由流域管理机构商相关省(自治区、直辖市)人民政府决定,或由取水口所属水工程注册地水行政主管部门负责;跨流域、跨行政区域调水工程,由受水区取水口所在地水行政主管部门受理。

7. 申办流程

申请→受理→审查→审批→送达。申请:申请人提交申请项目取水许可审批函,按规定填写取水许可申请书,向黄委提出申请,并提交相关申请材料,包括:①按规定填写的取水许可申请书;②经批准的建设项目设计任务书简要说明;③取水工程可行性研究报告;④取水工程环境影响报告书(表);⑤与第三者有利害关系的,第三者承诺书或其他文件;⑥建设项目水资源论证报告及审查意见。受理:黄委行政许可统一窗口受理申请,并进行形式审查。属于受理范围、材料齐全完整、符合法定形式、报告内容格式符合规范的,予以受理,并发出受理通知;申请材料不齐全、申请书内容填注不明、需要补正材料的,发出补正材料通知;对不属于受理范围的不予受理,并告知申请人向有受理权限的机关提出申请。审查:申请受理后,由黄委总工办组织对水资源论证报告书进行技术审查,出具技术审查意见。审批:完成水资源论证报告书技术审查后,黄委水调局拟定取水申请审批意见;水资源论证报告书技术审查意见是审批取水申请的重要依据,未通过技术审查的,不予批复取水申请;决定批准的,签发取水申请批准文件;作出不予许可决定的,书面说明理由。送达:取水许可审批意见做出后,由黄委许可办作出《准予行政许可决定书》《不予行政许可决定书》,通过现场领取、邮寄等方式送达申请人或有关单位,并进行网上公告。已经发放取水许可证需要调整水量的,必须按照审批程序重新办理取水许可申请。

申请人应如实向行政机关提交有关材料、反映真实情况,对申报材料实质内容的真实性负责。根据《中华人民共和国行政许可法》、《取水许可和水资源费征收管理条例》、《关于做好取水许可和建设项目水资源论证报告书审批整合工作的通知》(办资源〔2016〕221号)要求,黄委在受理取水申请之日起45个工作日内(不包括水资源论证报告书技术审查和依法举行听证所需时间)决定是否批准。黄委取水许可审批需提供的申请材料及审批工作流程详见表2-1、图2-1至图2-3。

表2-1　取水许可申请材料目录

序号	材料名称	原件/复印件	纸质/电子	说明
1	申请人申请审批文件	原件	2份纸质	
2	水资源论证报告书	原件	15份纸质	
3	取水许可申请书	原件	6份纸质	
4	属于备案项目的,提供有关备案材料	复印件	2份纸质	
5	取水单位或个人的法定身份证明文件	复印件	2份纸质	以单位名义申请的,提供单位法定证明文件;以个人名义申请的,提供个人的法定证明材料
6	有利害关系第三者的承诺书或其他文件	原件	2份纸质	如影响第三者,提供受影响者出具的承诺书或其他文件;如不影响第三者,申请人也需提供自己不影响第三者的承诺
7	项目概况的简要说明性材料	原件	2份纸质	1.项目基本情况:①项目建设的地点、规模;②取水水源、水量及指标来源;③建设项目退水方案;④建设项目取、退水影响。2.前期支持文件、建设的政策符合情况(包括核准/备案情况、环境批复情况等)
8	退水排入污水管网或园区污水处理厂的,应提供该城市(园区)污水处理厂入河排污口设置审批文件和同意接纳建设项目退水的文件或协议;利用已批准的入河排污口退水的,应当出具具有管辖权的县级以上人民政府水行政主管部门或流域管理机构同意文件	原件/复印件	2份纸质	1.城市(园区)污水处理厂入河排污口设置审批文件,原件或复印件均可;2.同意接纳建设项目退水的文件或协议,需提供原件;3.具有管辖权的县级以上人民政府水行政主管部门或流域管理机构同意文件,需提供原件
9	水法规规定的文件或资料	复印件	2份纸质	

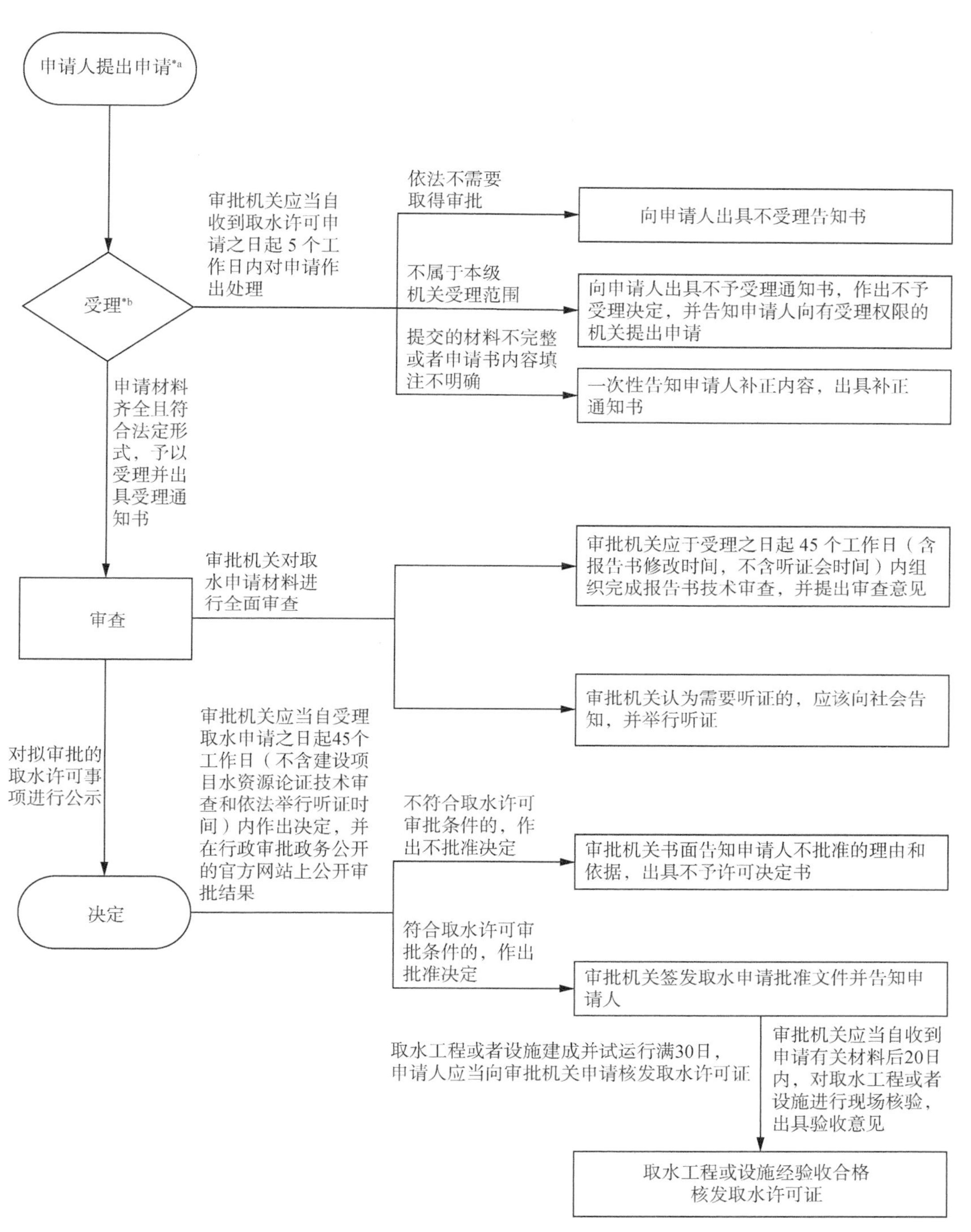

备注：

* a 申请取水人初次提交申请时应提交的材料包括：1. 取水许可申请书；2. 有利害关系第三者的承诺书或者其他文件；3. 建设项目需要取水的，还需要提交建设项目水资源论证报告书（表）。

* b 取水许可权限属于流域管理机构的，由流域管理机构直接受理取水申请，审查阶段征求取水口所在地省级人民政府水行政主管部门的意见。

图 2-1　取水许可审批流程图

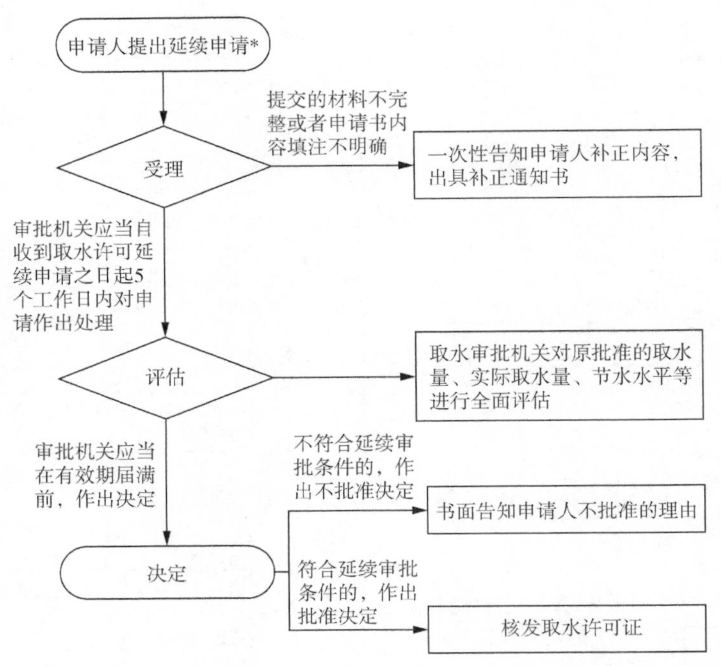

* 备注：

取水单位或者个人向原取水审批机关提出延续取水许可申请时应当提交下列材料：1. 延续取水申请书；2. 原取水许可证。

图 2-2　取水许可延续审批流程图

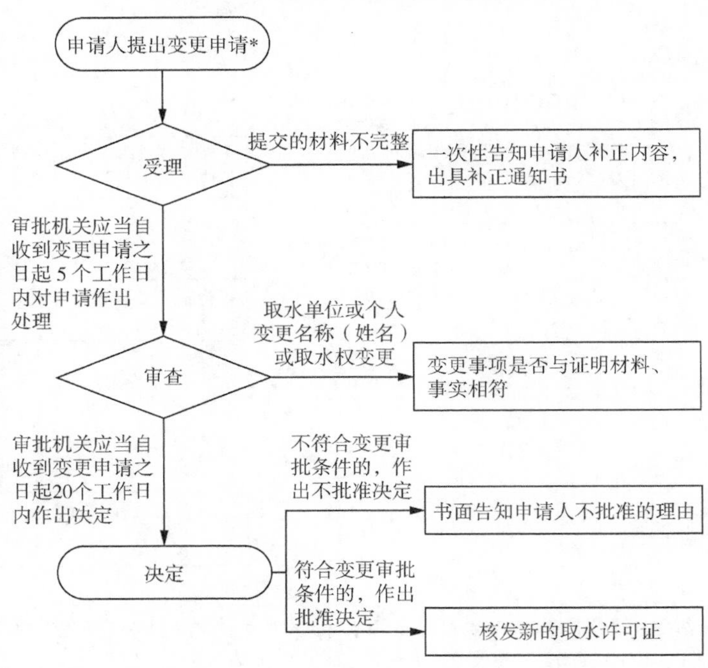

* 备注：

变更取水许可申请时申请人应当提交下列材料：1. 法定身份证明文件；2. 取水权变更还需要提供有关取水权转让的批准文件。

图 2-3　取水许可变更审批流程图

8. 无法办证的情形

《取水许可和水资源费征收管理条例》(国务院令第460号)第二十条规定:“有下列情形之一的,审批机关不予批准,并在作出不批准的决定时,书面告知申请人不批准的理由和依据:(一)在地下水禁采区取用地下水的;(二)在取水许可总量已经达到取水许可控制总量的地区增加取水量的;(三)可能对水功能区水域使用功能造成重大损害的;(四)取水、退水布局不合理的;(五)城市公共供水管网能够满足用水需要时,建设项目自备取水设施取用地下水的;(六)可能对第三者或者社会公共利益产生重大损害的;(七)属于备案项目,未报送备案的;(八)法律、行政法规规定的其他情形。审批的取水量不得超过取水工程或者设施设计的取水量。”

《取水许可管理办法》(水利部令第34号)第二十条规定:“《取水条例》第二十条第一款第三项、第四项规定的不予批准的情形包括:(一)因取水造成水量减少可能使取水口所在水域达不到水功能区水质标准的;(二)在饮用水水源保护区内设置入河排污口的;(三)退水中所含主要污染物浓度超过国家或者地方规定的污染物排放标准的;(四)退水可能使排入水域达不到水功能区水质标准的;(五)退水不符合排入水域限制排污总量控制要求的;(六)退水不符合地下水回补要求的。”

9. 监督管理

取水许可监督管理机关不一定是取水许可审批机关,取水许可审批机关是各级水行政主管部门或被授权的流域管理机构,但上级水行政主管部门或流域管理机构可以委托下级水行政主管部门或流域管理机构的直属单位负责取水许可监督管理,即国务院水行政主管部门负责全国取水许可制度的组织实施和监督管理,省(区)水行政主管部门或流域管理机构按照授权和内部分级管理权限负责管辖范围内取水许可监督管理。

1995年5月12日黄委《关于进一步做好黄河下游直管河段取水登记工作的补充通知》明确各级黄河取水许可监督管理单位及其具体监督管理权限:非黄委直接管理的取水口取水许可监督管理,由取水口所在地县(区)黄河河务局水政水资源管理部门负责,当地无黄河河务部门的,由山东河务局指定监督部门;黄委直接管理的引黄渠首工程取水许可监督管理,由市(地)黄河河务局水政水资源管理部门负责,其日常监督管理工作委托取水口所在地县(区)黄河河务局水政水资源管理部门负责。

黄委高度重视取水许可事中、事后监管,先后印发加强黄河水资源监督检查通知,明确监管职责,规范监管要求,每年组织开展水资源监管专项检查,及早发现问题,及时纠正违规行为,建立流域、行政区域相结合的联动督查与信息共享机制;深入贯彻水资源节约集约利用、把水资源作为最大刚性约束要求,积极践行“节水优先、空间均衡、系统治理、两手发力”的新时期治水方针,按照“水利工程补短板、水利行业强监管”治水总基调,强化水资源管理与调度,统筹协调生活、生产、生态用水,完善监管体制与机制,创新监督模式,提升监管能力,实现水资源节约集约利用,以黄河水资源可持续利用助推流域经济社会可持续发展。

山东黄河河务局《关于切实加强山东黄河取水许可管理工作的通知》(鲁黄水调

〔2016〕5号)要求:依据《取水许可管理办法》《黄河取水许可管理实施细则》,黄委审批的取水许可,由其所属有关管理机构按照管理范围实施监督管理;对未取得黄河取水许可的水库等用水户,要严格管控,禁止签订供水协议,不得以任何理由违规引用黄河水,坚决遏制无证取水现象发生;结合"督查年"活动,强化对引黄水闸、灌区、水库等取用水户的跟踪监督,强化对农业灌区用水的跟踪监管,对申请农业用水擅自改变用途和农水工用的,扣减灌区用水指标,并依法进行相应处罚。

黄河取水许可监管重点是加强水资源论证、计划管理、计量设施、取水统计、监督检查等,取水许可监管是否到位、能否有效,决定取水许可制度是否达到调控水资源的目的;取水许可监督管理主要是对取水许可证的管理,如年审、吊销、核减、计划审批、节约用水、退水水质等,建立动态取水许可监督管理体制非常必要。

六、取水许可沿革

1993年8月,国务院发布《取水许可制度实施办法》(国务院令第119号),规定:利用水工程或者机械提水设施直接从江河、湖泊或者地下取水的一切取水单位和个人,除特殊情形外,都应当申请取水许可证,并依照规定取水;未经批准,擅自取水的,责令停止取水。为探索取水许可管理经验,1992年黄委与内蒙古自治区有关部门共同开展包头市黄河取水许可管理试点工作,向24个取用水户颁发取水许可证。按照《取水许可制度实施办法》(国务院令第119号)和水利部的授权,黄委1994年开始在流域管理中心全面实施取水许可制度,负责黄河干流及重要跨省(区)支流取水许可全额或限额管理;凡直接从黄河干支流取用水的单位和个人,均需按规定办理审批手续,开启合法取用黄河水新局面。1994年3月山东黄河河务局组织所属市、县局开展山东黄河首次水资源调查工作,基本掌握取水工程类型、取水方式和数量及需要登记发证的范围、对象、分布地点等基本情况。

《黄河取水许可实施细则》(黄水政〔1994〕16号)第八条规定:"黄河取水许可实行分级审批。……(五)黄河干流三门峡水库坝址以下河南省境内(含沁河干流紫柏滩以下河段)和山东省境内(含东平湖和大清河)的取水申请,分别由河南和山东黄河河务局受理。其中地表水取水口设计流量15立方米每秒以上的农业取水和日取水量8万立方米以上的工业与城镇生活取水、地下水取水口日取水量2万立方米以上的取水申请,由河南和山东黄河河务局提出初审意见后报黄河水利委员会审批发证;上述限额以下的取水,分别由河南和山东黄河河务局审批发证;(六)金堤河干流北耿庄至张庄闸河段的取水申请由金堤河管理局受理。其中地表水取水口设计流量2立方米每秒以上的农业取水和日取水量2万立方米以上的工业与城镇生活取水、地下水取水口日取水量2万立方米以上的取水申请,由金堤河管理局商河南、山东黄河河务局提出初审意见后报黄河水利委员会审批发证;上述限额以下的取水,由金堤河管理局商河南、山东黄河河务局审批发证。"

1994年11月黄委下发《关于全面开展黄河取水登记工作的通知》,明确取水许可登记暨发证对象。1994年11月19日山东黄河河务局转发黄委通知,明确取水许可登记暨发证对象:非黄河部门建设非黄河部门管理的地表水取水工程,取水许可证发给取水工程管理单位;非黄河部门建设黄河部门管理的取水工程,黄河部门建设非黄河部门管理的取水工程，黄河部门建设黄河部门管理的取水工程，滩区内修建有防沙闸门的取水工程，取水许可证发给用水管理单位；地下水取水口，取水许可证发给水井管理单位，有多眼机井的按行政村为单位发证。

因山东省水行政主管部门对水利部授予黄委取水许可管理权限持有不同意见，灌区管理单位登记工作于 1995 年 5 月停止。为此，1995 年 5 月 12 日黄委下发《关于进一步做好黄河下游直管河段取水登记工作的补充通知》，将取水许可登记暨发证对象调整为：一切引黄渠首工程，由具有法人资格的取水口管理单位（个人）办理取水登记手续，领取取水许可证；黄河滩区的提、引水工程及河道管理范围内的地下水井（或井群），均由具有法人资格的管理单位（个人）办理取水登记手续，领取取水许可证。1995 年 5 月底，按照黄委部署，山东河务局全面完成管辖范围内的取水许可登记。1995 年黄委、山东河务局分别审批发放取水许可证，取水许可有效期限截止日期统一到 1997 年 12 月 31 日；地表水口门 209 处，发证 209 套，审批取水许可水量指标 64.92 亿 m^3，其中：黄河干流取水口 198 处，发证 198 套，许可水量 63.19 亿 m^3。

1996 年，水利部《关于全国取水许可制度实施工作的报告》规定，流域机构不得再委托或授权下属机构审批、发证，许可证发证机关栏中必须加盖流域机构印章，凡不符合规定的，在 1996 年度年审工作中加以纠正。1997 年 2 月，黄委在 1996 年度取水许可年审工作中，在原由山东河务局发放的取水许可证上，全部加盖黄委取水许可专用章，黄河取水许可发证权收归黄委所有。1997 年取水许可年审过程中，受黄委委托，山东河务局将取水许可证有效期从 1997 年 12 月 31 日延长至 1999 年 12 月 31 日，并在取水许可变更栏内注明后加盖“黄河取水许可专用章”。

按照黄委要求，2000 年取水许可换证换发范围为地表水取水口及用于非农业的地下水取水口。取水许可管理范围和权限与 1995 年首次发证时相同，即大汶河流域仍由省水利厅组织实施取水许可管理、发放取水许可证，水量指标维持 3.4 亿 m^3 不变。山东范围内金堤河，仍由金堤河管理局商省局提出取水口水量指标初步意见，报黄委审批发放取水许可证，占用山东引黄指标。2000 年 6 月黄委发放山东 213 处取水许可证中地表水取水口发证 202 套、许可水量 66.6 亿 m^3，其中干流发证 191 套、许可水量 65.49 亿 m^3。

依据黄委《关于印发 2005 年换发取水许可证工作安排意见的通知》，结合 1999—2004 年实际取水情况，按照优先安排城乡生活用水和重要工业用水原则，山东河务局 2005 年 8 月底完成新一轮换发取水许可证工作，换发许可证 194 套，许可水量 65.22 亿 m^3（不含大汶河、金堤河、东平湖库区、河北和天津水量）。新换发取水许可证首次分离农业、非农业用水，明确工业、生活用水户许可水量。按用水类别统计，农业许可水量 54.3 亿 m^3、工业 6.44 亿 m^3、生活 4.48 亿 m^3；按水口所在地域统计，黄河干流许可水量 64.08 亿 m^3，黄河支流 1.14亿 m^3，其中金堤河 1 亿 m^3，东平湖和大清河 0.14 亿 m^3。山东黄河水量指标 70 亿 m^3 除以上许可水量 65.22 亿 m^3 外，还包括：黄河滩区未控水量 0.1 亿 m^3，聊城彭楼引黄灌区 0.85 亿 m^3，大汶河 3.83 亿 m^3（由山东省水利厅负责取水许可审批）。

2013 年黄委印发《关于加强黄河水资源监督管理工作的通知》（黄水调〔2013〕118 号），每年组织开展水资源监管专项检查，采取专项检查与日常监管、随机抽查相结合的监管方式对用水户进行全面现场监督检查，初步建立水资源监管长效机制；2018 年印发《关于进一步加强黄河水资源监督检查工作的通知》(黄水调〔2018〕71号),积极探索发挥河长制作用、提高监管成效的途径,建立流域与行政区域相结合的联动督查、信息共享机制。

2015年取水许可换证,黄委统一换发届满五年的2010年取水许可证,涉及取用水人为原许可证在册取用水户,新增取水只进行相关信息统计。取水许可水量实行总量控制,不得突破,按照国务院“八七”分水方案,正常年份山东省总量控制指标为70亿m^3,其中干流取水控制总量为65.03亿m^3,按2010年《山东境内黄河及所属支流水量分配暨黄河取水许可总量控制指标细化方案》(鲁水资字〔2010〕3号),聊城市黄河及所属支流水量分配指标为7.92亿m^3(不含河道内用水)。按照总量控制与定额管理相结合原则核定水量,以原许可水量、用途为基本依据进行换证水量核定。农业用水户按原灌溉范围进行水量计算,近年来灌区改造和节水措施实施,山东省灌溉水利用系数已提高到0.63,原则上不增加许可水量,并根据节水效果据实核减许可水量;非农业用水户水量以原许可水量为基础,按照山东省行业定额核定水量,山东省暂无相关定额的,参照国家有关行业定额核定,有水量变化的,需要进行用水合理性分析。连续两年没有取用水、不上报水量的用水项目,要认真核实,提出予以注销建议。河道内用水暂按不占用当地水量分配指标考虑,单独统计填报;河道内用水项目,要逐个现场核实,了解掌握并记录取用水项目现状情况,对已失去功能、闲弃不用、报废的,由持证人(监督机关)提出予以注销(保留)建议(含地下水);河道内取水、河道外利用项目,按河道外用水处理。对2010年取水许可证非在册用户,区分已用水和拟用水两种情况,参照上述原则进行基本情况统计,填报相关表格,水量暂不计入总量控制指标,原则上按水资源论证和取水许可程序办理相关手续。

2020年取水许可换证,黄委把二级用水户取水许可证办理权限下放到省水利厅,办理完成后报黄委备案,黄委将在新换发的取水许可证上注明各用水户许可水量。无取水许可的二级用水户应及时进行水资源论证,办理取水许可手续;有取水许可的二级用水户,应根据多年实际引水量增加、核减许可水量。及时办理法定手续,杜绝违规引水行为。2021年开始,取水许可证实行电子证照。

第五节 水权转换

水是人类生存的生命线,是经济社会可持续发展的重要物质基础。水旱灾害频发、水土流失严重、水污染加剧、水资源短缺已成为阻碍经济社会发展的重要因素,解决水资源短缺矛盾,最根本的是建立节水防污型社会,实现水资源优化配置,提高水资源利用效率和效益。水资源属于国家所有,单位、个人持有水权一般通过水权登记、取水许可制度取得;水权只属于依法持有人,水权可依法取得、依法注销。水权是取水许可制度实施的基础,水权交易可促使水资源向使用效率较高地区、行业、用水户转移,积极开展水权转让实践,利用市场机制达到优化配置水资源的目的。“八七”分水方案是黄河水权制度建立的标志和进一步完善的基础,黄河已初步建立水资源总量控制、水量统一调度、取水许可监督管理、水权转换制度,细化水量指标、完善总量控制、统一管理地下水地表水,强化取水许可监管,流域和行政区域协作管理,促进黄河水权转换向纵深发展。水利部《关于开展水权试点工作的通知》(水资源〔2014〕222号)提出,在宁夏、江西、湖北、内蒙古、河南、甘肃和广东7个省、自治区开展水权试点,试点内容包括开展水资源使用权确权登记、开展水权交易流转和开展水权制度建设三项内容,重点尝试内容有所不同,通过先行先试,总结积累经验,运用经济杠杆、政策调节供求关系,促进水资源合理配置、高效利用,为全国水权交易市场提供借鉴。建立权属清晰、权责明确、监管有效的水权制度,促进水权交易流转是提高水资源利用效率、控制用水总量、建设节水型社会的重要举措。

《关于印发水权制度建设框架的通知》(水政法〔2005〕12号)明确:"水权流转即水资源使用权的流转,目前主要为取水权的流转。水权流转不是目的,而是利用市场机制对水资源优化配置的经济手段,由于与市场行为有关,它的实施必须有配套政策法规予以保障。水权流转制度包括水权转让资格审定、水权转让程序及审批、水权转让公告制度、水权转让的利益补偿机制以及水市场的监管制度等。影响范围和程度较小的商品水交易更多地由市场主体自主安排,政府进行市场秩序的监管。"

为促进流域水资源优化配置、合理利用,构建黄河流域覆盖省、市、县三级的水权体系,2006年黄委组织启动流域市级水权体系建设,依据国务院批准的水量分配方案,组织沿黄省(区)将黄河水量分配指标进一步细化分解到地市和干、支流,明确13条重要支流的分水指标成为各地制定国民经济发展规划、重大项目布局的水资源支撑与约束的刚性条件。

一、水权基本特点

水权包括所有权、使用权、经营权和处分权,是对水资源进行管理、分配、占有、使用和经营的权利,重点是所有权和使用权,其他权利依附于所有权和使用权。水权是一组权利和义务的结合,包括水资源所有权和使用权,防洪和除涝义务、污水治理责任等。使用权是指对水资源进行开发利用和收益、经营的权力,是持续或连续使用水资源的权利,水资源所有权与使用权可以相互分离,由不同主体行使;使用权可根据不同地区、不同条件、不同时期、不同要求,考虑传统用水权利、优先配水次序、经济发展重点等因素,在有关法律法规保证下赋予合理利用、承包经营等不同内涵,主要通过水量分配方案、取水许可和水权转让取得。水权实质是水的用益权,是水资源所有权和使用权分离的结果。水权制度是水资源管理的前提和基础,是水资源管理的核心。水权制度的核心是产权的明晰与确立,包括取水权利条件、优先级别、旱期对策等。总体来说,水权是可供人类经济社会利用,具有足够数量和可用质量,并能满足一定地区、一定用途可持续利用水的所有权、使用权、水产品与服务经营权、转让权等与水资源有关的一组权利总称。强调水的公共属性,限制用水,不允许自由使用水,只有在水权清晰的前提下,才能对水资源进行有效管理。水资源所有权归国家所有,《宪法》第九条规定:"矿藏、水流、森林、山岭、草原、荒地、滩涂等自然资源,都属于国家所有,即全民所有。"《水法》第三条规定:水资源属于国家所有。水资源的所有权由国务院代表国家行使。农村集体经济组织的水塘和由农村集体经济组织修建管理的水库中的水,归各该农村集体经济组织使用。

水资源所有权与占有、使用、收益、处分权分离没有改变其所有权归属,国家对水资源所有权没有被虚化,恰恰体现水资源所有权从抽象支配到具体利用,水资源得到优化配置。一般所说的水权即水资源使用权，是指水资源使用者在法律规定范围内对所使用水资源占有、使用、收益、处分的权利。

《水权交易管理暂行办法》（水政法〔2016〕156号）第二条规定："水权包括水资源的所有权和使用权。本办法所称水权交易，是指在合理界定和分配水资源使用权基础上，通过市场机制实现水资源使用权在地区间、流域间、流域上下游、行业间、用水户间流转的行为。"

水权界定的法律框架以《水法》为核心，为便于国家对水资源实行统一管理、协调、调配，有效遏制水资源无序开采的行为，促进节约用水，我国选择实施共有水权形式，其中又以国有水权为主，中央政府是法定国有水权代表；建立水权制度的核心之一是提高用水效率和效益，健全水权转让政策法规，推进水资源使用权合理流转。促进水资源高效利用、优化配置、节约保护是落实科学发展观，实现水资源可持续利用的重要环节。

二、水权转让原则

水权转让分临时性、永久性，水权转让可以是全部水权也可以是部分水权，可在本地区进行水权转让也可跨行政区进行水权转让；政府注意发挥用水总量控制、水量分配、水资源确权登记、用途管控、水市场培育与监管等方面的作用，水权转让价格一般由市场决定，政府不加干预，但水权转让必须遵守政府制定的交易规则和程序；水权转让后，须到有关水权管理部门办理水权变更手续。

1. 水资源可持续利用

水资源可持续利用是经济社会可持续发展的重要支撑和保障，《关于印发水权制度建设框架的通知》（水政法〔2005〕12号）明确规定："建立健全水权制度，必须坚持有利于水资源可持续利用的原则。要将水量和水质统一纳入到水权规范之中，同时还要考虑代际间水资源分配的平衡和生态要求。水权是涉水权利和义务的统一，要以水资源承载力和水环境承载力作为水权配置的约束条件，利用流转机制促进水资源优化配置和高效利用，加大政府对水资源管理和水环境保护的责任。"水资源是可再生自然资源，但其更新、补充受自然条件限制，无节制的开发会导致水资源自我更新能力下降、导致水资源稀缺、导致水资源枯竭，应优先考虑水资源生态价值、环境效益，平衡个人利益与公共利益、短期利益与长期利益，注重水资源保护。

水权转让必须在国务院批准的黄河可供水量分配方案确定的耗水量指标内进行，既要尊重水的自然属性和客观规律，又要尊重水的商品属性和价值规律，适应经济社会发展对水的需求，统筹兼顾生活、生产、生态用水，以流域为单元，全面协调地表水、地下水、上下游、左右岸、干支流、水量与水质、开发利用和节约保护的关系，充分发挥水资源的综合功能，实现水资源的可持续利用。

2. 政府调控和市场机制相结合

水资源属国家所有，水资源所有权由国务院代表国家行使，国家对水资源实行统一管理和宏观调控，各级政府及其水行政主管部门依法对水资源实行管理。市场体制下资源配置中心是市场，不是政府，但水资源具有的流动性、多功能性、可再生循环性、社会共享性的特点，决定了政府不能完全退出水资源配置领域。黄河流域水资源通过政府准入性审批、市场自由交易配置，除需要国家统筹兼顾上下游防洪、航运、生态等需求，扣除生态、输沙等公益性用水和放弃减灾性洪水外，还要允许供水、发电等发挥经济效益的部分进入市场，实行市场调节配置。市场调节和政府宏观调控是资源配置的两大手段，水资源作为短缺的宝贵资源，需要市场调节和政府宏观调控配置，政府行为、市场行为共同发挥作用，但发挥作用的方式、程度不同，现行水资源配置手段主要依靠行政指令，部分地区出现市场配置和用户参与式配置。以政府宏观调控为主的水资源配置暴露出一些问题，如水资源利用效率低，存在争水抢水甚至非法用水的行为，河道断流，水污染加重等。为使水资源在地域、部门和用水户之间的配置更加合理、更加优化，要求建立以经济手段为主体的市场配置，充分发挥市场在水资源配置中的作用，建立政府宏观调控和市场调节相结合的水资源配置机制，既要保证政府宏观调控作用，防止市场失效，又要发挥市场机制作用，提高配置效率。水资源开发利用具有很强的公益性，水市场不是完全意义的自由竞争市场，而是一个准市场，需要国家根据黄河流域东、中、西部经济社会发展差异及农业、工业、生活用水差异，统筹平衡水资源配置过程，以成本、效益核算为基础，以利益导向为中心，合理确定水价政策，遏制无偿、低价分配导致需水膨胀、用水浪费的现象，建立完善政策、法规、制度，保障、引导和规范水市场交易，加强水权转让监督管理，以水权有偿转让引导水资源向低耗水、低污染、高效益、高效率行业转移。

3. 公平和效率相结合

为适应国家经济布局和产业结构调整要求，推动水资源向低污染、高效率产业转移，水权转让必须优先满足城乡居民生活用水，充分考虑生态系统基本用水，水权由农业向其他行业转让必须保障农业用水基本要求。水权转让要有利于建立节水防污型社会，防止片面追求经济利益。建立健全水权制度，公平和效率既是出发点，也是归属。在水权配置过程中，充分考虑不同地区、不同人群生存和发展的平等用水权，充分考虑经济社会和生态环境用水需求。合理确定行业用水定额、确定用水优先次序、确定紧急状态下的用水保障措施和保障次序。与水资源有偿使用制度相衔接，水权必须有偿获得，并通过流转，优化水资源配置，提高水资源利用效率。

4. 产权明晰

水资源交易的实质是水权转让，水权制度的核心是产权明晰和确立，水权转让以明晰水资源使用权为前提，水权明晰以流域、行政区域分水为前提，所转让的水权必须依法取得。水权转让是权利和义务转移，受让方在取得权利的同时，必须承担相应的义务。水权明晰和配置遵循以下原则。（1）基本用水优先原则。水是生活必需品，为维护人类基本生存权，开发利用水资源遵循生活、生产、生态统筹协调，优先满足生活用水、合理安排农业用水和生态用水，即统筹协调生活用水、生产用水、生态环境用水。（2）农业用水优先原则。我国是农业大国，农业生产占比较重，事关社会稳定，在水资源配置时需要优先考虑，确保农业用水，保障农业生产安全。(3) 时空优先原则。时先权先，以占有水资源使用权时间先后作为优先权的基础，时间上以现状用水户、潜在用水户优先；空间上，先上游、后下游，先本流域、后外流域，促进上下游、左右岸经济社会协调发展，避免水资源配置、水工程建设不当引发跨区域水事纠纷。(4) 开发优先原则。按照占用时间先后确定水权取得、水权优先位序，即水资源缺乏地区按占用时间先后顺序依次满足用水需求，而不是平均分配水量。(5) 民主协商原则。流域分水过程中，流域机构要充分发扬民主，广泛听取各方意见，兼顾不同地区、部门利益，发达地区、落后地区同样获得经济发展所需水资源，因此要充分考虑上下游、左右岸、干支流用水户利益，建立组织成本较低的民主协商机制，顺利贯彻水权分配方案。(6) 公平优先原则。水权配置要充分体现公平性原则，落后、欠发达地区通过水权转让获得发展资金，促进本地区经济发展；经济发达地区通过水权转让获得水权，用于满足经济发展用水需求，进而实现双赢，加快地区均衡发展。(7) 效率与效益原则。构建水权制度的目的是通过市场机制实现水资源合理利用，水资源最优配置并不意味公平配置。水权分配要充分考虑用水合理性、用水效率和效益，优先保障生活用水，尽可能提高用水效率，利用经济杠杆促进水资源节约、保护和管理，使有限水资源发挥最大经济、社会效益，促进水资源良性循环。(8) 留有余量原则。按照《黄河可供水量分配方案》，将黄河可供水量 370 亿 m^3 分配到各省(自治区、直辖市)，山东又将 70 亿 m^3 可供水量分配到各市、县，没有多余水量可供再分配；但各地区经济发展速度不同，需水量往往会发生变化，结合节水改造节约部分水量，使黄河水资源配置适当留有余地，保留部分预留水权，结合各地用水实际、经济发展、生态环境状况，灵活掌握，为调节地区不平衡发展提供保障。(9) 再分配原则。自 1987 年国务院批复《黄河可供水量分配方案》至今，黄河水权分配相对稳定，按照丰增枯减原则同比例分配。2018—2019 年度黄河水情较好，按照生态优先、绿色发展理念，在 370 亿 m^3 可供耗水量基础上，再分配 20 亿 m^3 用于各省(自治区、直辖市)河道外湖泊、湿地补水；2019—2020 年度黄河可供耗水量 370 亿 m^3，达到"八七"分水方案正常来水年份分水水平，利用凌汛期、灌溉间歇期，向乌梁素海应急生态补水 7.45 亿 m^3、引黄入冀补淀供水 17.2 亿 m^3；2020—2021 年度花园口站天然径流量 630 亿 m^3，较正常来水年份偏多，按照节水优先、生态优先原则，在 370 亿 m^3 基础上，再分配 30 亿 m^3 用于河道外重要湖泊、湿地生态补水，可供水量达到 400 亿 m^3，为统一调度以来最大供水量。长期来看，随着市场经济发展、黄河水量优化调度，国家保留较长时期水资源重新分配权利。

5. 公平、公正、公开

尊重水权转让双方意愿，以自愿为前提进行民主协商，充分考虑各方利益，及时向社会公开水权转让的相关事项。

6. 有偿转让和合理补偿

水权转让双方主体平等，应遵循市场交易的基本准则，合理确定双方的经济利益。因转让对第三方造成损失或影响的，必须给予合理的经济补偿。

《取水许可和水资源费征收管理条例》(国务院令第 460 号)第二十七条规定："依法获

得取水权的单位或者个人，通过调整产品和产业结构、改革工艺、节水等措施节约水资源的，在取水许可的有效期和取水限额内，经原审批机关批准，可以依法有偿转让其节约的水资源，并到原审批机关办理取水权变更手续。具体办法由国务院水行政主管部门制定。”

这是国家行政法规第一次对取水权有偿转让进行明确规定，目的是在水资源配置过程中引入市场机制，充分体现取水权的经济利益，调动取水权人节水积极性，促进水资源优化配置和节水型社会建设。

7. 统一管理、监督

各级水行政主管部门作为国有水资源产权的代表，运用法律、行政、经济手段，对水权持有者在水权取得、使用、义务履行方面进行监督管理，目的是使水资源得到公平合理的开发、利用、保护，最大限度满足对水的需求，取得最大社会、经济、环境效益。

流域管理机构按照法律、法规及水利部授权履行水权统一管理，保障流域规划实施、合理开发利用水资源，采取经济、行政、法律措施保护流域水资源，严格履行流域水资源统一管理、监督职责，建立健全水权制度。水资源统一管理是实施科学的水权管理的前提，水资源归国家所有，国有水资源必须有偿使用，依法取得水权的地区、单位、个人，依据取水许可享有使用权、经营权和有限支配权。从河源到河口的干、支流水量由黄委代表国家行使统一管理权，坚持流域与行政区域管理相结合、水量与水质管理相结合、水资源管理与水资源开发利用相分离原则，确保黄河水资源得到有效管理和监督。

8. 优化配置

建立健全水权制度，必须坚持水资源优化配置原则。按照总量控制和定额管理双控制要求配置水资源。根据区域行业定额、人口经济布局和发展规划、生态环境状况及发展目标预定区域用水总量，在以流域为单元对水资源可配置量和水环境状况进行综合平衡后，最终确定区域用水总量。区域根据区域总量控制的要求，按照用水次序和行业用水定额，通过取水许可制度实施，对取用水户进行水权分配；水权分配要留有余地，考虑救灾、医疗、公共安全，以及其他突发事件的用水要求和地区经济社会发展的潜在要求。国家可根据经济社会发展，宏观调配区域用水总量，区域也要根据技术经济发展状况和当地可利用水量，及时调整行业用水定额。国家要建立水权流转制度，促进水资源的优化配置。

9. 权、责、义统一

建立健全水权制度，必须清晰界定政府权力、责任以及用水户的权利、义务。权利、责任、义务统一是国家通过水权配置，实现用水权利社会化、水权流转成功与否的前提。

三、水权交易

黄河水资源供需矛盾突出，随着沿黄地区经济发展，工农业、居民生活用水急剧增长，不少地区农业灌溉仍实行大水漫灌，渠系不配套、年久失修、没有衬砌，渠系水利用系数偏低。在黄河可供水量一定的前提下，只能靠节约用水、提高用水效率，这就要求黄河水权制度结构中要有促进节水的激励机制。根据经济利益最大化原则，用水主体只有在节水效益大于节水成本时才会主动采取节水措施。目前，黄河水价普遍低于供水成本，农业灌溉用水水价更低，如不进行水权交易，节水收益就仅表现在节水所省的水费上，较低水价对节水刺激作用十分有限。水权交易是水资源供需矛盾加剧的结果，是可持续发展的需求，是供需双方水资源使用权、经营权的买卖行为，市场分配模式能够引导水资源流向效率高的地区、部门、用水户。建立可交易水权制度，实行配水价格、交易价格差别化管理，可加大对用水主体节约用水的刺激力度，有效提高黄河水资源需求价格弹性，引导用水主体采用节水技术措施，达到节约用水、提高黄河水资源利用效率的目的。

1. 交易形式

《水权交易管理暂行办法》(水政法〔2016〕156 号)第三条规定："按照确权类型、交易主体和范围划分，水权交易主要包括以下形式：(一)区域水权交易：以县级以上地方人民政府或者其授权的部门、单位为主体，以用水总量控制指标和江河水量分配指标范围内结余水量为标的，在位于同一流域或者位于不同流域但具备调水条件的行政区域之间开展的水权交易。(二)取水权交易：获得取水权的单位或者个人(包括除城镇公共供水企业外的工业、农业、服务业取水权人)，通过调整产品和产业结构、改革工艺、节水等措施节约水资源的，在取水许可有效期和取水限额内向符合条件的其他单位或者个人有偿转让相应取水权的水权交易。(三)灌溉用水户水权交易：已明确用水权益的灌溉用水户或者用水组织之间的水权交易。通过交易转让水权的一方称转让方，取得水权的一方称受让方。"

2. 交易部门

《水权交易管理暂行办法》(水政法〔2016〕156 号)第十三条规定："取水权交易在取水权人之间进行，或者在取水权人与符合申请领取取水许可证条件的单位或者个人之间进行。"

3. 交易情形

《黄河水权转让管理实施办法》(黄水调〔2009〕51 号)第三条规定："出现下列情形之一的，应进行水权转让：(一)引黄耗水量连续两年超过年度水量调度分配指标，且超出幅度在 5%以内的省(区)，需新增项目用水的；(二)与黄河可供水量分配方案相比，取水许可无余留水量指标的省(区)，需新增项目用水的；(三)与省(区)人民政府批准的黄河取水许可总量控制指标细化方案相比，市(地、盟)无余留水量指标的行政区域，需新增项目用水的。"

4. 交易原则

《水权交易管理暂行办法》(水政法〔2016〕156 号)第五条规定："水权交易应当坚持积极稳妥、因地制宜、公正有序，实行政府调控与市场调节相结合，符合最严格水资源管理制度要求，有利于水资源高效利用与节约保护，不得影响公共利益或者利害关系人合法权益。”

《黄河水权转让管理实施办法》（黄水调〔2009〕51号）第七条规定：“黄河水权转让应遵循以下原则：（一）总量控制原则。黄河水权转让必须在国务院批准的黄河可供水量分配方案确定的耗水量指标内进行。（二）水权明晰原则。实施水权转让的省（区）应制定黄河取水许可总量控制指标细化方案，将黄河耗水量指标分配到各市（地、盟）及黄河干支流，经黄委审核同意后，由省（区）人民政府批准；需要调整省（区）黄河取水许可总量控制指标细化方案，应经原程序审核批准。（三）统一调度原则。实施黄河水权转让的省（区）必须严格执行黄河水量调度指令，确保省（区）际断面下泄流量和水量符合水量调度要求。水权转让双方应严格按照批准的年度计划取水。（四）可持续利用原则。黄河水权转让应有利于黄河水资源的合理配置、高效利用、有效保护和节水型社会的建设。（五）政府监管和市场调节相结合的原则。黄委和地方各级人民政府水行政主管部门应按照公开、公平、公正的原则，加强黄河水权转让的监督管理，切实保障水权转让所涉及的第三方的合法权益，保护生态环境，发挥市场机制在资源配置中的作用，实行水权有偿转让，引导黄河水资源向低耗水、低污染、高效益、高效率行业转移。”

5. 交易要求

水权交易涉及水政治、水安全、水环境、水经济多个方面，是水资源调剂，也是权利、利益再分配，可通过市场、非市场手段解决；水权转让必须建立在水量科学分配的基础上，水资源是动态的，水资源配置方案要在技术、经济、政治上可行，必须贯彻执行保护环境基本国策，实施经济体制、经济增长方式转变与实施科教兴国、可持续发展战略方针相一致，规范水权交易市场行为，适当调节水权交易价格，确保水权交易市场良性运作。

《黄河水权转让管理实施办法》（黄水调〔2009〕51号）第十八条规定：“农业节水转让要采用输水渠道节水与田间节水相结合，常规方式节水与高新技术节水相结合，以工程措施节水为主，鼓励发展设施农业，推行灌溉方式改变、种植结构调整等节水措施。”第十九条规定：“工业节水转让要采用节能与减排相结合，推行先进的用水工艺，主要用水指标应符合国家或地区的行业用水指标，退水水质应达到国家规定的行业标准。”

《水权交易管理暂行办法》（水政法〔2016〕156号）第六条规定：“开展水权交易，用以交易的水权应当已经通过水量分配方案、取水许可、县级以上地方人民政府或者其授权的水行政主管部门确认，并具备相应的工程条件和计量监测能力。”

《黄河水权转让管理实施办法》（黄水调〔2009〕51号）第四条规定：“实施水权转让的省（区）应编制黄河水权转让总体规划。”第十七条规定：“省（区）黄河水权转让总体规划应包括下列内容：（一）本省（区）引黄用水现状及用水合理性分析；（二）规划期主要行业用水定额及供需分析；（三）本省（区）引黄用水节水潜力及可转让水量分析，可转让的水量应控制在本省（区）引黄用水节水潜力范围之内；（四）按照黄河可供水量分配方案，现状引黄耗水量超过国务院分配指标的，应提出本省（区）通过节水措施可节约水量及可转让水量指标；（五）经批准的黄河取水许可总量控制指标细化方案；（六）提出节约水量及可转让水量的地区分布、受让水权建设项目的总体布局及分阶段实施意见；（七）水权转让的组织实施与监督管理。”

6. 交易申请

《水权交易管理暂行办法》(水政法〔2016〕156号)第十四条规定:“取水权交易转让方应当向其原取水审批机关提出申请。申请材料应当包括取水许可证副本、交易水量、交易期限、转让方采取措施节约水资源情况、已有和拟建计量监测设施、对公共利益和利害关系人合法权益的影响及其补偿措施。”

7. 交易审查

《水权交易管理暂行办法》(水政法〔2016〕156号)第十五条规定:“原取水审批机关应当及时对转让方提出的转让申请报告进行审查,组织对转让方节水措施的真实性和有效性进行现场检查,在20个工作日内决定是否批准,并书面告知申请人。”

8. 交易平台

《水权交易管理暂行办法》(水政法〔2016〕156号)第七条规定:“水权交易一般应当通过水权交易平台进行,也可以在转让方与受让方之间直接进行。区域水权交易或者交易量较大的取水权交易,应当通过水权交易平台进行。本办法所称水权交易平台,是指依法设立,为水权交易各方提供相关交易服务的场所或者机构。”

9. 交易协议

《水权交易管理暂行办法》(水政法〔2016〕156号)第十六条规定:“转让申请经原取水审批机关批准后,转让方可以与受让方通过水权交易平台或者直接签订取水权交易协议,交易量较大的应当通过水权交易平台签订协议。协议内容应当包括交易量、交易期限、受让方取水地点和取水用途、交易价格、违约责任、争议解决办法等。交易价格根据补偿节约水资源成本、合理收益的原则,综合考虑节水投资、计量监测设施费用等因素确定。”第十七条规定:“交易完成后,转让方和受让方依法办理取水许可证或者取水许可变更手续。”

10. 监督管理

《水权交易管理暂行办法》(水政法〔2016〕156号)第四条规定:“国务院水行政主管部门负责全国水权交易的监督管理,其所属流域管理机构依照法律法规和国务院水行政主管部门授权,负责所管辖范围内水权交易的监督管理。县级以上地方人民政府水行政主管部门负责本行政区域内水权交易的监督管理。”

《关于水权转让的若干意见》(水政法〔2005〕11号)明确规定:“水行政主管部门或流域管理机构应对水权转让进行引导、服务、管理和监督,积极向社会提供信息,组织进行可行性研究和相关论证,对转让双方达成的协议及时向社会公示。对涉及公共利益、生态环境或第三方利益的,水行政主管部门或流域管理机构应当向社会公告并举行听证。对有多个受让申请的转让,水行政主管部门或流域管理机构可组织招标、拍卖等形式。灌区的基层组织、农民用水户协会和农民用水户间的水交易，在征得上一级管理组织同意后，可简化程序实施。”

11. 转让费用

水权转让费用包括节水工程建设费用、节水工程和计量设施运行维护费用、节水工程更新改造费用，工业供水因保证率较高致使农业损失的补偿、必要的经济利益补偿和生态补偿。水权转让节水工程运行维护费实行预交制，每次预交期为1～2年，其他费用由省(区)水行政主管部门制定办法并监督落实。黄河水权转让申请批准后，水权受让方按规定缴纳一定比例保证金，建设项目核准后，节水工程建设资金按期到位；建设项目未通过核准的，保证金及利息一并退回受让方。

运用市场机制，合理确定水权转让费是进行水权转让的基础。水权转让费应在水行政主管部门或流域管理机构引导下，经各方平等协商确定。《关于水权转让的若干意见》(水政法〔2005〕11号)首次明确水权转让费："水权转让费是指所转让水权的价格和相关补偿。水权转让费的确定应考虑相关工程建设、更新改造和运行维护，提高供水保障率成本补偿，生态环境和第三方利益的补偿，转让年限，供水工程水价以及相关费用等多种因素，其最低限额不低于对占用的等量水源和相关工程设施进行等效替代的费用。水权转让费由受让方承担。”

《黄河水权转让管理实施办法》(黄水调〔2009〕51号)第二十四条规定："水权转让总费用应包括：(一)节水工程建设费用，包括节水工艺技术改造、节水主体工程及配套工程、量水设施等建设费用；(二)节水工程和量水设施的运行维护费用(按国家有关规定执行)；(三)节水工程的更新改造费用(指节水工程的设计使用期限短于水权转让期限时需重新建设的费用)；(四)工业供水因保证率较高致使农业损失的补偿；(五)必要的经济利益补偿和生态补偿，经济利益补偿和生态补偿可参照有关标准或由双方协商确定，生态补偿费用应包括对灌区地下水及生态环境监测评估和必要的生态补偿及修复等费用；(六)依照国家规定的其他费用。”第二十七条规定："水权转让申请经批准后，水权受让方应按照规定缴纳一定比例的保证金。”

12. 转让程序

黄河水权转让双方需联合向所在省(区)水利厅提出水权转让申请，并附黄河水权转让可行性研究报告；由黄委审查批复的水权转让项目，省(区)水利厅统一编制黄河水权转让总体规划，并在收到水权转让申请后20个工作日内提出初审意见，连同全部申请材料一并报送黄委；按照水权转让审查批复权限，由黄委或省(区)水利厅组织审查；由黄委组织审查的项目，应在45个工作日内完成审查，并出具书面审查意见，对符合条件的予以批复；省(区)水利厅应根据黄委批复，组织水权转让双方正式签订水权转让协议，并制定水权转让实施方案。《黄河水权转让管理实施办法》(黄水调〔2009〕51号)第十条规定："纳入总体规划中的水权转让项目，考虑轻重缓急，分期分批安排。水权转让总体规划实施期较长或国家产业政策有变化时，经原程序审批可对总体规划作适当调整。”第十一条规定："黄河水权转让双方需联合向所在省(区)水利厅提出水权转让申请，并附具下列材料：

(一)水权出让方的取水许可证复印件;(二)水权转让双方签订的意向性水权转让协议;(三)受让方建设项目水资源论证报告书;(四)水权转让可行性研究报告;(五)水权出让方当地人民政府的承诺意见;(六)其他与水权转让有关的文件或资料。"第十六条规定:"水权转让申请经批准后,省(区)水利厅应组织水权转让双方正式签订水权转让协议,并制定水权转让实施方案。水权转让协议和水权转让实施方案应报黄委备案。水权转让协议应包括出让方和受让方名称、转让水量、期限、费用及支付方式、双方的权利与义务、违约责任、双方法人代表或主要负责人签名、双方签章及其他需要说明的事项。"

13. 转让内容

实施有偿转让的主体必须是依法申请领取取水许可证并缴纳水资源费、取得取水权的单位和个人;转让的水资源必须是通过调整产品和产业结构、改革工艺、节水等措施节约的水资源;在取水许可有效期和取水限额内;应当经原取水审批机关批准,并办理取水权变更手续,更换取水许可证;可以依法有偿转让。

可转换水量指灌区在完成渠道防渗衬砌、节水改造措施,偿还超用水指标条件下,分配给灌区的初始水权与规划水平年需水量之差。

14. 审批权限

《黄河水权转让管理实施办法》(黄水调〔2009〕51 号)第八条规定:"水权转让项目双方或有一方取水属于黄委取水许可管理权限的,由所在省(区)水利厅初审后报黄委审批:其他水权转让项目由所在省(区)水利厅审批,审查批复意见应在三十日内报黄委备案。"第九条规定:"省(区)黄河水权转让总体规划,由省(区)水利厅编制,报黄委审批后实施。"第十四条规定:"黄委自接到省(区)水利厅报送的水权转让申请及书面初审意见和有关材料之日起四十五个工作日内完成审查,并出具书面审查意见,对符合条件的予以批复。技术报告修改和现场勘察所需时间不计算在审查批复时限之内。"第十五条规定:"黄河水权转让可行性研究报告按照水权转让的审查批复权限由黄委或省(区)水利厅组织审查。建设项目水资源论证报告书和黄河水权转让可行性研究报告的审查意见是水权转让项目审查批复和办理取水许可申请的技术依据。"

15. 转让年限

水权转让年限要与国家、省(区)国民经济、社会发展规划相适应,综合考虑节水工程设施使用年限、受水工程设施运行年限,兼顾供求双方利益,合理确定水权转换年限;水权转让年限一般确定为 20 年,黄河水权转让期限最长不超过 25 年。

《关于水权转让的若干意见》(水政法〔2005〕11 号)明确规定:"水行政主管部门或流域管理机构要根据水资源管理和配置的要求,综合考虑与水权转让相关的水工程使用年限和需水项目的使用年限,兼顾供求双方利益,对水权转让年限提出要求,并依据取水许可管理的有关规定,进行审查复核。"

《水权交易管理暂行办法》(水政法〔2016〕156 号)第十八条规定:"转让方与受让方约定的交易期限超出取水许可证有效期的,审批受让方取水申请的取水审批机关应当会同原取水审批机关予以核定，并在批准文件中载明。在核定的交易期限内，对受让方取水许可证优先予以延续，但受让方未依法提出延续申请的除外。”

16. 转让实施

《黄河水权转让管理实施办法》(黄水调〔2009〕51号)第二十六条规定：“黄委审批的水权转让项目，由省(区)水利厅具体负责组织实施。”第十六条规定：“水权转让申请经批准后，省(区)水利厅应组织水权转让双方正式签订水权转让协议，并制定水权转让实施方案。水权转让协议和水权转让实施方案应报黄委备案。水权转让协议应包括出让方和受让方名称、转让水量、期限、费用及支付方式、双方的权利与义务、违约责任、双方法人代表或主要负责人签名、双方签章及其他需要说明的事项。”

2000年水利部提出水权和水市场理论，部分省(自治区、直辖市)开展水权转让试点。2004年5月，水利部下发《关于内蒙古宁夏黄河干流水权转换试点工作的指导意见》(水资源〔2004〕159号)，并随即下发《关于水权转让的若干意见》和《关于印发水权制度建设框架的通知》，但水权转让的真正规范实施，需要水利部在总结试点经验的基础上，制定具体办法。

四、建立水权转让制度体系

1. 合理规范水市场

水市场是通过出售水、买卖水，用经济杠杆推动和促进水资源优化配置的交易场所，是水资源使用权市场交易、转让、买卖的载体，利用市场机制对水资源进行二次分配；水使用权确定后，对水权进行交易和转让，形成水市场。由于水的特殊性质，水市场是一个准市场。因此，要求加强水市场监督管理，规范市场秩序，确保水权转让公平、公开、合理、合规，防止市场垄断行为，打击不正当竞争；严格水权转让程序，规范水权转让行为，公开水权转让过程，公示水权转让结果，接受社会监督。培育、发展水市场，以价格制度、保障市场运作的法律制度为基础，建立合理水资源分配、市场交易经济管理模式，促使水的利用从低效益向高效益的经济利益转化，提高水的利用效益和效率。

2. 制定水价政策和机制

价格是市场变化趋势的温度计，是资源配置的直接动因，水市场运作需要解决商品水价；水价构成需反映水资源稀缺程度、反映用水全部机会成本。在价格杠杆作用下，水资源总是由利用率低向利用率高、低收益向高收益方向转化，大部分已被分配占用的水资源通过销售、转让重新配置，以市场交易解决不同行业、部门间的水权转让，交易双方利益增加，水资源效益得以充分体现。根据供、需双方实际情况，结合当地经济条件，制定水权转让标准，确定不同用途(生态、生活、工业、农业)、不同区域、不同河段(上、中、下游)、不同季节(丰水、枯水)、不同水源(地表水、地下水、跨流域调水)水价标准，研究制定水价政策、水价动态调整机制。

3. 构建市场监管体系

建立从流域到行政区域、自上而下、权威高效、运转协调的水资源统一管理机构，建立水市场准入、水权用途管制、水权保护、交易风险防范制度；实现黄河水权初始配置规划、协调、管理，解决水权矛盾，构建市场监管体系，完善交易秩序，规范交易主体、交易数量、交易价格等行为，处理、协调水权纠纷，保障水权交易顺利实施。

《水权交易管理暂行办法》(水政法〔2016〕156号)第二十六条规定："县级以上地方人民政府水行政主管部门或者流域管理机构应当加强对水权交易实施情况的跟踪检查，完善计量监测设施，适时组织水权交易后评估工作。"第二十五条规定："交易各方应当建设计量监测设施，完善计量监测措施，将水权交易实施后水资源水环境变化情况及时报送有关地方人民政府水行政主管部门。省级人民政府水行政主管部门应当于每年1月31日前向国务院水行政主管部门和有关流域管理机构报送本行政区域上一年度水权交易情况。流域管理机构应当于每年1月31日前向国务院水行政主管部门报送其批准的上一年度水权交易情况，并同时抄送有关省级人民政府水行政主管部门。"

4. 完善水权转让制度

中华人民共和国成立前，黄河水资源利用基本是开放型获取，无须缴纳任何费用；中华人民共和国成立后，各地相继建设大量引水工程，造成水资源相对短缺。1987年至今，黄河水权制度已由非正式约束转变为正式约束为主，逐步形成以《水法》为基础，以取水许可制度为核心，以《黄河可供水量分配方案》《黄河可供水量年度及干流水量调度方案》《黄河水量调度管理办法》为全流域水量分配依据，以行政计划配水为水资源主要配置形式，以统一管理与分级管理相结合为水行政管理制度的现行黄河水权制度。制度建立为黄河流域水资源统一管理、全流域配水和水行政管理提供法制化、规范化制度依据，一定程度上提高了黄河水资源利用和配置效率；但因涉及流域各省区、各行业、上下游的利益协调，运行效率低、成本高。

水权转让涉及法律、经济、社会、环境、水利等多个学科领域，积极组织多学科攻关，积极稳妥推进水权转让。要积极开展试点，认真总结水权转让经验，加快建立完善行政管理与市场机制相结合的水权转让制度。健全水权转让政策法规，加强对水权转让的引导、服务和监督管理，注意协调各方面的利益关系，注重保护公共利益、涉及水权转让的第三方利益、水生态和水环境，推动水权制度健康有序发展。

水权制度是界定、配置、调整、保护和行使水权，明确政府之间、政府和用水户之间以及用水户之间权、责、利关系的规则，从法制、体制、机制等方面规范和保障水权；水权制度体系由水资源所有权制度、水资源使用权制度、水权流转制度三部分组成。水权制度有利于水资源合理开发、高效利用，使有限水资源通过市场机制投向最有效的用途，合理调控水资源供求变化，避免争水、抢水、非法用水；有利于实现水资源优化配置，在政府宏观调控水资源的使用权后，发挥经济手段在水资源管理中的作用，最大程度实现水资源的优化配置，实现政府宏观调控和市场机制配置相结合；有利于流域管理机构改变管理模式，加强以流域为单元的水资源统一管理，强化流域管理机构代表国家对流域水资源进行统一管理的职能，加强监督、监测和控制；有利于改变水资源利用的传统观念和方式，树立节水、惜水、保护水资源的意识，形成良性节水机制，促进节约用水和水资源保护。

五、水权制度与取水许可制度关系

1. 内涵

水权，即水资源产权，包括所有权、使用权、处置权、经营权、收益权，是指调节水资源开发、治理、保护、利用和管理过程中个人、区域、部门之间及个人、集体、国家之间使用水资源的一套规范规则，是指某一区域、用水户所有权和使用权的多年平均；水权制度注重用水者之间的平等协商，对优化水资源配置、提高利用效率，合理划分、明确水资源权属非常必要。水资源所有权、使用权分离是水资源转让的前提，水资源所有权不能转让，水权转让的实质是转让水资源的使用权及派生权。

取水许可制度是《水法》明确的内容，是实施水资源权属管理的重要手段，是水资源使用权的重要依据，是取得用水资格的法律制度。通过取水许可依法赋予特定相对人利用水工程、机械提水设施直接从江河或地下取水权利的行为，实现水资源使用权向持证者转让，运用行政管理机制，强化水资源统一管理、开发、利用、保护。随着《取水许可和水资源费征收管理条例》颁布，尤其是水资源费改税后，取水许可制度对遏制地下水开采、抑制用水需求的效果明显。

2. 区别

(1) 设计目的不同。取水许可制度是为维护水环境公益、保障人民基本生活，实现社会最低公正、维持正常社会生活秩序设计；水权制度是为实现水资源利用效率，达到水资源使用权、水权最大效益设计。(2) 法律地位不同。取水许可制度中，国家是社会生活管理者，水行政主管部门作为其代表，行使水资源管理权；水权制度中，国家作为特殊民事主体，进行民事活动，行使水资源所有权，获得收益，水行政主管部门并不当然作为水资源所有者的代表。(3) 性质不同。取水许可是水权的一种形式，是一种行政管理方式，为公共权力性质；水权是依法对地表水、地下水取得使用、收益的权利，为具有公权性的私权。取水许可是指使用权，是水资源所有者行使所有权的具体方式，是国家行使水资源所有权的具体体现，发挥着水资源配置功能，一般指河道外工农业用水；水权内涵丰富，首指所有权，同时涵盖使用权、处置权、经营权，在总量控制、生态用水等方面界定更详细、明确，可依法直接取得、依申请取得，先明晰水权，再通过取水许可获得使用权。(4) 获取方式不同。水权通过国家分配或协商、达成转让协议后经批准取得，无需申请；取水许可经水资源论证，由水行政主管部门或流域机构批准获得，需要申请。(5) 属性不同。水权相对稳定，没有时间限制；具有经济属性，可通过转让获得收益。取水许可证有效期 5 年，到期需重新申请；取水许可不具备经济属性，取水许可证不能转让，不能获得收益。(6) 管理手段不同。取水许可以行政手段为主，以行政类法律为主要依据；水行政主管部门权利、职责分别是水资源分配、调度与取水许可论证。水权制度注重用水户平等、协商，以行政手段为辅,以民事法律为主要依据,强调用水户之间相互尊重、制约,水行政管理部门以仲裁者、技术管理角色参与管理,减少政府对相应水事管理的介入,充分调动用水户管理积极性。(7) 水量调度方式不同。取水许可制度优先保证居民生活用水,因行政手段约束,增加了调度的不确定性;干旱时期应急用水,政府协调力度更大,用水户无法预知供水情况。水权制度下的水量调度与水权优先级别密切相关,水权建立过程中,充分考虑用水调度预案,遇到干旱年份,通过水权拥有者协商解决,可准确预知水资源保障程度。(8) 公众参与方式不同。取水许可制度强调行政管理,公众被动参与;水权制度清晰界定水行政主管部门与用水户之间、用水户与用水户之间的权利和义务,公众主动参与。(9) 涵盖范围不同。水权包括行政区域,也可指某个用水户,初始水权仅针对行政区域;取水许可是水权的细化、具体化,只针对具体用水户。水权一般指多年平均情况下的所有权和使用权,取水许可是取水者取水的最大能力和多年平均水量。

3. 联系

水权制度与取水许可制度是水资源管理的重要手段,两者联系密切。水权制度是取水许可制度实施的基础,是取水许可审批的基础和依据;取水许可制度是水权制度的具体实施手段,是取得水权的主要方式。

建设节水型社会是解决水资源短缺问题最根本、最有效的战略举措,是促进经济增长方式转变的重要手段和基本途径,是解决经济发展中水资源供需矛盾的根本措施。水权制度是建立节水型社会的核心,建立总量控制与定额管理相结合的用水管理制度,建立以水权、水市场理论为基础的水资源管理体制,形成以经济手段为主的节水机制,建立自律式发展节水模式,不断提高水资源利用效率和效益,促进经济、资源、环境协调发展。经济社会发展、政府职能转变、实施水资源合理配置需要取水许可向水权转变,这是适应市场经济要求的水资源管理途径。

水权转让要与取水许可紧密结合,进一步研究水权转让形式,建立水市场,鼓励用水户通过调整产品、产业结构,改革工艺、节水等措施节约水资源,在取水许可有效期、取水限额内,经原审批机关批准,依法有偿转让节约的水资源;重视建立节水工程运行的长效机制,强化对利益受损方的补偿,研究、完善相关体制、机制。

六、水权交易实践

2000 年 11 月 24 日,浙江东阳-义乌进行了我国首例水权转让,东阳将 0.5 亿 m^3 水资源永久使用权转让给义乌,并实施取水许可变更,这标志着市场经济对水资源配置的变革,对全国水权转让起到示范作用;有利于水权拥有者依法维护水权、管理者依法管理水权,有利于运用市场优化配置水资源,为跨流域、跨区域调水探索市场协调机制。黄委自 2000 年起对流域取水实行总量控制,黄河流域农业用水占全部引黄水量的 79%,宁夏、内蒙古这一占比高达 97%,黄河流域灌溉水利用系数 0.3~0.4,农业节水潜力大。为积极探索利用市场手段优化配置黄河水资源的途径,支持经济社会发展,促进节水型社会建设,引导有限水资源向高效益、高效率行业转移,2003 年在无剩余黄河分水指标、严重缺水的宁夏、内蒙古开展黄河水权转让试点工作，明确水权转让原则、可转让水量、转让期限、费用核算等具体指标，规范审批程序，逐步构建黄河水权转换管理体系、技术体系和监测体系。管理体系规范地方政府、水权出让方、水权受让方水权转换行为，技术体系为水权转换提供技术支持，监测体系为水权计量、监督和管理提供依据。主要思路是投资节水、转让水权，即：新增工业用水项目投资农业节水，减少农业灌溉输水损失水量，将节省下的水量有偿转让给工业用水项目，实现不新增引黄指标满足新建工业项目用水需求。政府引导、规范、监督农业用水向工业用水项目有偿转让，促使水权实践逐步走向规范化、法制化。2004 年水利部下发《关于内蒙古宁夏黄河干流水权转换试点工作的指导意见》（水资源〔2004〕159 号），内蒙古开展跨盟市水权交易，从巴彦淖尔市河套灌区沈乌灌域一期项目节水 2.348 9 亿 m^3，向鄂尔多斯市、阿拉善盟转让水量 1.2 亿 m^3；2017 年启动内蒙古跨盟市水权转让二期工程。2005 年黄委批复宁夏、内蒙古水权转让总体规划，到 2015 年，宁夏、内蒙古引黄灌区渠系水利用系数由现状 0.44、0.42 提高到 0.58、0.62，不再超用黄河水量。2010 年宁夏、内蒙古农业采取工程节水措施后，分别向工业转换水量 3.3 亿 m^3、2.71 亿 m^3。2014 年 6 月 30 日，水利部印发《关于开展水权试点工作的通知》（水资源〔2014〕222 号），在宁夏、江西、湖北、内蒙古、河南、甘肃和广东 7 个省（自治区）开展水权试点，试点内容包括水资源使用权确权登记、水权交易流转和开展水权制度建设，试点时间为 2～3 年。2015 年 3 月 16 日，河南省水利厅、省发改委、省财政厅、省南水北调办联合出台《河南省南水北调水量交易管理办法（试行）》（豫水政资〔2015〕6 号），开展南水北调中线水量交易，平顶山市每年拿出 2 200 万 m^3 水量转让给新密市使用。在全国开展的农业水价综合改革 80 个试点县中，很多地方探索农业水权交易，包括农民用水户协会内部用水户间水权交易、协会间水权交易、灌区间水权交易。

水权转换涉及各级政府、水行政主管部门、灌区管理单位、工业企业、灌区群众等诸多方面，具体操作复杂，要积极稳妥，先试点再推广；水权出让方和受让方协商、自愿、初步达成水权转换协议。点对点水权转换模式，让工业项目出资方明晰投资规模与节水量的关系，让灌区群众切身感受到水权转换实惠，得益于干、支、斗、农渠全面改造，灌区灌溉时间缩短、灌溉引水量减少、灌区农作物丰收、水费支出减少、灌溉时间节省，水权转换获得了灌区群众的认可。点对点模式，即一个工业用水项目对应一块出让水权的灌域，水权对应关系清晰，但易形成节水工程插花分布，影响整体节水效果；面对点模式，即在一个大灌区统一规划安排节水工程，2009 年鄂尔多斯市水权转让二期、2011 年包头市水权转让一期、2014 年内蒙古沈乌灌域跨盟（市）水权转让试点工程均采用面对点模式，实现节水效益最大化。黄河水权试点呈现多赢局面，为拟建项目提供生产用水，赢得企业发展空间、区域经济快速发展，且没有增加黄河取水总量；拓展水利融资渠道，灌区节水工程状况得以改善，水资源利用效率、效益得以提高，水资源得以优化配置；保护农民合法用水权益，输水损失减少，水费支出下降，为农民赢得了经济效益。

黄河水权转换是政府宏观调控、监管的准市场，需要政府宏观调控管理到位，市场调节发挥市场配置作用，需要严格区分政府行为、市场行为，切忌政府过多干预市场。水权转换涉及企业、水管单位、农民用水户、生态环境等，其中企业作为水权受让方是承担有关补偿责任的主体，水管单位、农民用水户、生态环境作为水权出让方和受影响第三者属于被补偿主体，要求加强利益相关方补偿机制研究，保障黄河水权转换持续发展，扶持引导跨地区水权转换，实现更大范围水权转换探索和实践。

七、水权转让成效

水权转让取得明显成效，在不增加用水指标的前提下，保障经济社会发展用水需求，探索出缺水地区破解水资源瓶颈的有效途径，有效提高水资源优化配置和用水效率，水资源时空分布不均问题得到有效缓解。在地区间、行业间和用水户间，有效促进水资源节约保护和高效利用，如：农业用水向工业用水转让，促进农业节水；农户间水票交易，提高农民节水内生动力；吸引社会资本参与水利工程建设和更新改造。对水资源有偿出让进行有益探索，有效维护水资源所有权人权益，实现水资源可持续利用、经济社会可持续发展双赢；但仍需进一步培育水权买卖双方，建立水权交易一级市场，完善社会中介服务，促进竞价交易，正确划分政府、市场、社会的界限，健全水市场监管体系，加强水权交易基础支撑。

第六节　水费收缴

一、水费与水资源费异同

水资源是国家基础性自然资源和战略性经济资源，是实现经济社会可持续发展的重要物质基础，党中央、国务院高度重视水资源问题和水价改革，把建设节水型社会作为解决干旱缺水问题最根本的战略举措。2004 年 4 月，国务院办公厅出台《关于推进水价改革促进节约用水保护水资源的通知》(国办发〔2004〕36 号)，要求各地要充分发挥市场机制和价格杠杆在水资源配置、水需求调节和水污染防治等方面的作用，推进水价改革，促进节约用水，提高用水效率，努力建设节水型社会，促进水资源可持续利用。时任国务院总理温家宝在 2009 年《政府工作报告》中指出：积极推进水价改革，逐步提高水利工程供非农业用水价格，完善水资源费征收管理体制。

1. 概述

商品水价包含水资源费、水利工程水价和污水处理费三部分内容，水资源(水权)费实际上是资源水价，出售的是使用水的权利；工程水价是生产成本和产权收益，出售的是一定质与量的水体；污水处理费即环境水价，出售的是环境容量。从水资源最终使用、价值转移看，资源水价、环境水价由流域机构向沿黄省(区)收取，沿黄省(区)向工程取用水单位收取，工程取用水单位向用水户收取，工程水价包括资源水价、环境水价及生产成本；从工程水价看，黄河水利工程供水水价征收起初主要依据《水利工程水费核订、计收和管理办法》(国发〔1985〕94 号)、《黄河下游引黄渠首工程水费收交和管理办法(试行)》(水财

〔1989〕1 号)，当时的水价是计划经济体制下的低成本核算，水费被列为行政事业性收费，长期得不到有效调整，供水水价严重偏离成本。2000 年 8 月原国家计委对黄河下游引黄渠首水价做了较大调整，仍是政策水价(行政定价)，明确水费为营利性收费，2005 年、2013 年又对引黄渠首水价进行调整，延续至今。

水资源费和水利工程水价是水价的组成部分，这是它们的相同点。水利工程水费是指使用水利工程提供的水而向水利工程管理单位支付的费用，是水利部门通过拦、蓄、引、提等工程措施向用水户提供用水过程中耗费的价值补偿，是水利供水产业的价格表现，是使用供水单位供应水的用水单位和个人，按照有权机关核定或供用水双方协商议定的供水价格和用水量，向供水单位缴纳的用水费用，其价格构成为工程的运行管理费、直接材料费、修理费、固定资产折旧费、应交税金和合理收益；依据工程水价标准计收水费，主要用于补偿成本及合理收益，遵循国家发展改革委、水利部《水利工程供水价格管理办法》(国家发展改革委、水利部令第 4 号)、《关于调整黄河下游引黄渠首工程供水价格的通知》(计价格〔2000〕2055 号)、《关于调整黄河下游引黄渠首工程和岳城水库供水价格的通知》(发改价格〔2013〕540 号)等一系列延续文件。水资源费是指取水单位和个人因消耗水资源而向国家缴纳的资源费用，是水行政主管部门或流域管理机构代表水资源所有权人——国家，向直接从江河、湖泊或者地下取用水资源的单位和个人(或称持证人、取水权人)征收的资源地租，是法律规定的、政府对直接取用水资源者征收的一种行政费用，主要用于水资源恢复与管理，水资源费标准征收须遵循《取水许可与水资源费征收管理条例》(国务院第 460 号令)。水资源费是行政性收费，征收水资源费是水行政主管部门代表国家对水资源进行权属管理的体现；水行政主管部门与取水户(从地下取水或从江河、湖泊直接取水的取水户)的关系是行政管理人与被管理人的关系，拒不缴纳、拖延、欠缴水资源费是行政违法行为，属《水法》及其配套法规、规章的调整范围，水行政主管部门应当依法予以处罚，因征收水资源费引起的诉讼属行政诉讼。《水资源费征收使用管理办法》(财综〔2008〕79 号)第二条规定："水资源费属于政府非税收入，全额纳入财政预算管理。"

2. 区别与联系

水费与水资源费联系：水费中包含有水资源费。二者的区别体现在以下 7 个方面。(1) 性质不同：水费所体现的是商品属性；水资源费具有行政强制性。(2) 征收主体不同：水费收取范围是工业、农业和其他一切用水户，凡使用供水工程供水的，必须依法按规定标准、方法、数量、期限等，向供水单位缴纳水费，水费由供水单位计收；水资源费由水行政主管部门或者流域管理机构征收，直接从江河、湖泊或地下取用水资源的单位和个人，按照取水许可制度和水资源有偿使用制度规定，向水行政主管部门或流域管理机构申请领取取水许可证，并缴纳水资源费，取得取水权。(3) 直接义务主体不同：水费由使用供水单位供应水的用水单位和个人缴纳；水资源费由经许可直接从江河、湖泊或地下取用水资源的单位和个人缴纳。(4) 客体不同：水利工程供应的水，从经济意义讲不是天然状态水资源，是投入活劳动、物化劳动加工后的水，具有价值，具有商品属性，水费对应经过加工处理后的原水，即商品水，水费基本属性是商品交换，按价计费，是供水单位经营性收费，受国家指令计划、政策制约，与一般商品价格不同；水资源是自然资源，不是商品，水资源费对应江河、湖泊或地下天然水资源，即原水，是用水者对水资源主管部门提供服务的补偿，包括开发利用前水行政主管部门和其他有关部门对水资源进行的调整、勘测、评价和研究等劳动支出，以及开发利用后许多附加劳动支出，如对地下水补源、回灌和保护等，这些劳动消耗补偿构成水资源费的基础，不同于水费、税收，是水资源开发、利用特性决定的附加费支出，属间接成本性质，是对自然资源实行有偿使用的行政性收费。(5) 使用管理不同：水费由供水单位按有关财务制度用于供水设施的建设、维护和运行；水资源费纳入财政预算管理，作为水资源管理和保护专项资金，由国有水资源产权代表水行政主管部门统一征收，交财政部门专户储存，主要用于水资源调查评价、规划、节约、保护、管理、水资源合理开发等。(6) 法律关系不同：水费制度中供、需双方法律地位平等；水资源费制度中双方地位不同、不平等，水资源主管部门是管理者，需水方是被管理者，体现为行政法律关系。(7) 案件处理方式不同：水费案件的处理主要是通过协调解决，当事人不愿意协商调解或调解达不成协议的，需依法进行裁决；水资源费案件处理可通过行政复议、行政诉讼解决。

水利工程供水之所以是商品水，是因为水利部门为向用水户提供用水，修建了各类水利工程设施，改变了水的时空分布与分配；建造过程中，要对工程进行维修养护与更新改造，支付管理人员工资及其他费用；这些费用应从产品水的价格中予以回收，以对耗费的物化劳动和活劳动进行补偿，使供水生产持续进行；用水户必须按照国家规定，及时向水利工程供水管理单位缴纳水费。

水资源有偿使用制度是《水法》明确提出的，其实现形式实际是指对用水者征收水资源费，广义的水资源有偿使用不仅仅是水资源费的一种，应该包括：水资源费（资源水价）、水费（工程水价）、水资源保护费（环境水价）或水污染防治法规定的排污费和超标排污费、城市征收的居民污水处理费、保护水资源和恢复生态环境补偿费（水利产业政策）、购买水权的费用等几种。《水法》第四十八条规定："直接从江河、湖泊或者地下取用水资源的单位和个人，应当按照国家取水许可制度和水资源有偿使用制度的规定，向水行政主管部门或者流域管理机构申请领取取水许可证，并缴纳水资源费，取得取水权。"

水资源费收取依据级差地租理论。级差地租是一个相对绝对地租的概念，是指耕种土地优劣等级不同形成不同地租，即等量资本投资等面积不同等级土地产生利润不同，所支付地租也不同，这样的差别地租就是级差地租，其本意是指生产条件较好或中等土地所出现的超额利润；级差地租分为因土地肥力和位置不同而产生的级差地租Ⅰ和因投资生产率不同而产生的级差地租Ⅱ。级差地租最早论述是"在农业生产中一切同类产品的价格取决于生产中使用劳动量最多的产品的价格"，即按劣等条件土地产品的个别价格去调控确定土地产品的社会一般价格。马克思把少数利用瀑布作动力企业和多数利用蒸汽作动力企业相对比，说明级差地租形成过程。水资源开发利用也适合级差地租理论，自然资源优等、开发条件好的地区与自然资源劣势、开发条件差的地区相比，相同投入、相同经营条件下，效益差距较大，这种差距来源于水资源本身品位、开发条件，需要比自然资源劣势、开发条件差的地区缴纳超额利润，这是由自然资源劣势、开发条件差的地区成本决定水资源开发平均成本决定的，两者之间的这种差别导致的额外级差收益应收归国家所有，可采用向自然资源开发者收取资源费的方式，将收取的资源费上交国家，使开发优等资源与开发劣等资源的单位机会均等。水资源费要考虑利用公共水源与自备水源用户间的级差效益。

水资源费征收制度是水资源管理的法律制度，是水资源国家所有权收益的主要体现，可补偿水资源规划、配置、管理、节约、保护及观测、勘探、研究所支出的直接、间接费用，体现水资源的有偿使用，对正常开展水资源管理、促进节约用水等相关工作非常有利。

附件：水资源费、水费与水价

水资源费是直接取水的单位和个人因消耗水资源（水量、水质、水温、水能等）向国家缴纳的费用，主要用于水资源恢复与管理。水费是使用水利工程供应的水而向水利工程管理单位支付的费用，是供水经营者从事供水生产取得的经营收入，依据价格管理部门批复的水价标准和实际计量水量收取，主要用来弥补供水经营者供水消耗、补偿成本及合理收益，为水利工程良性运行奠定基础。水价是使用水工程供应的天然水价格，即单位水所缴水费标准。

二、用水性质界定及水价

1. 用水性质界定

黄河下游渠首工程供水分农业用水和非农业用水，只要不是农业用水就是非农业用水，比较容易混淆的是生态用水的类别，生态用水没有单独定价，属于非农业用水。即便是在较早的《黄河下游引黄渠首工程水费收交和管理办法（试行）》（水财〔1989〕1 号），水利部也只界定了农业用水、工业用水及城市用水。

《水利工程供水价格管理办法》（国家发展和改革委员会令第 54 号）第九条规定：“水利工程供水实行分类定价，按供水对象分为农业用水价格和非农业用水价格。农业用水是指由水利工程直接供应的粮食作物、经济作物和水产养殖等用水；非农业用水是指由水利工程直接供应的除农业用水外的其他用水，其中供水力发电用水和生态用水价格由供需双方协商确定，生态用水价格参考供水成本协商。《山东省水利工程供水价格管理实施办法》（鲁政办发〔2006〕90 号）第六条规定：“根据国家经济政策及用水户的承受能力，水利工程供水实行分类定价。水利工程供水价格按供水对象分为农业用水价格和非农业用水价格。农业用水是指由水利工程直接供应的粮食作物、经济作物、林果、水产养殖和农村自来水用水；非农业用水是指由水利工程直接供应的工业、城市自来水厂、水力发电、旅游及其他用水。”

2. 水价沿革

水价经历过 5 个阶段：公益性无偿供水阶段（1949—1965 年）；政策性有偿供水阶段（1965—1985 年）；水价改革起步阶段（1985—1995 年）；水价改革发展阶段（1995—2003 年）；水价调整与综合改革阶段（2003 年至今）。水利为社会提供具有公共物品或准公共物品性质的产品或服务，水利工程大多由政府投资兴建，水利工程供水具有经济目标、政治目标，具有自然垄断属性，由政府定价。

1965 年全国水利工作会议明确指出，凡有兴利效益的工程，要通过合理征收水费和积极组织生产，达到管理经费自给自余。1982 年 6 月，原水利电力部颁发《黄河下游引黄渠首工程水费收缴和管理暂行办法》，从此开始计收水费。1983—1989 年，山东引黄供水价格执行原水利电力部《黄河下游引黄渠首工程水费收缴和管理暂行办法》，水价标准为：农业用水 4—6 月份1 厘/m^3，其他月份 0.3 厘/m^3；工业用水 4—6 月份 4 厘/m^3，其他月份 2.5 厘/m^3。

1985 年 7 月，国务院发布《水利工程水费核订、计收和管理办法》(国发〔1985〕94 号)，黄委根据国家按成本核定水费标准原则，制定黄河下游引黄渠首工程水价标准。1988 年 11 月 24 日，山东黄河河务局《关于加强引黄渠首工程水费收交工作的函》(黄管发〔1988〕55 号)提出：自 1989 年起实行按上年水费收交率调配引黄水量，分配当年引水计划；黄河枯水季节引水供需矛盾突出时，优先供给全额交纳水费的单位，适当压缩不按规定交纳水费的单位的供水量；实行预签水票、预交水费、凭票供水、按时结清制度；用水单位每次办理用水签票时，向渠首管理单位预交签票水量不低于 30%的水费，其余水费，农业用水按夏秋两季收交，工业及城镇生活用水每月或季结清一次，逾期不缴加收滞纳金；对不预交或不按时结清水费的用水单位，根据《山东省水利工程水费计收和管理办法》(鲁政发〔1987〕61 号)，渠首管理单位有权停止供水。1989 年，水利部颁布《黄河下游引黄渠首工程水费收交和管理办法(试行)》(水财〔1989〕1 号)，规定不同月份、不同用途的水费价格标准。1990 年 3 月，国务院办公厅发布《关于贯彻执行〈水利工程水费核订、计收和管理办法〉的通知》(国办发〔1990〕10 号)，要求各省(自治区、直辖市)颁布具体标准、改进水费计收办法、及时交付水费；明确农业水费可采取以实物计价、货币结算或计收实物的做法。1990 年，山东引黄供水价格执行水利部以粮定价、货币结算的规定。《黄河下游引黄渠首工程水费收交和管理办法(试行)》(水财〔1989〕1 号)第五条规定：“引黄渠首工程的水费标准：(一)直接或经由黄河主管部门管理的引黄渠首工程供水的：1. 农业用水：四、五、六月份枯水季节，每万立方米收中等小麦 44.44 公斤；其他月份每立方米收中等小麦 33.34 公斤。2. 工业及城市用水：由引黄渠首工程直接供水的，四、五、六月份枯水季节，每立方米 4.5 厘，其他月份每立方米 2.5 厘。通过灌区供水的，由地方水利部门根据灌区承担的输水任务，核算成本，加收水费，加收部分由灌区留用；在水源紧张，为保工业和城市用水，而限制或停止农业用水时，工业及城市用水加倍收费。(二)由用水单位自建自管的引黄渠首工程引水的，按上述标准减半收费。”第六条规定：“黄河主管部门管理的黄河支流上的引水渠首工程的水费标准，按第五条相应情况的规定减半收费。”按照山东省小麦合同订购价格，农业用水 4—6 月份折合人民币 22.93 元，其他月份折合人民币 17.2 元。第七条规定：“要严格执行用水计划，对超出批准的用水计划的引水量实行加价收费，超计划 20%以内的加价 50%，超计划 20%以上的加价 100%。”

1990 年，山东引黄供水价格执行水利部“以粮定价、货币结算”规定，山东黄河河务局下发《关于执行水利部〈黄河下游引黄渠首工程水费收交和管理办法(试行)〉的通知》(黄管发〔1990〕第 7 号)规定，经由黄河主管部门管理的引黄渠首工程供水的，按水利部水财〔1989〕1 号文规定，农业用水：四、五、六月份，每万 m^3 水费，按山东省现行小麦合同定购价格，折合人民币 22.93 元；其他月份每万 m^3 水费，折合人民币 17.20 元。今后随小麦合同定购价作相应变动。工业及城市用水：四、五、六月份按 4.5 厘/m^3，其他月份按 2.5 厘/m^3计收水费。用水单位投资兴建黄河部门管理的引黄渠首工程，按上述规定的 75% 收费；用水单位自建自管的引黄渠首工程（包括提水站、船），按上述规定减半收费；北金堤、大清河堤上的引水渠首工程，按上述相应情况的规定标准减半收费。

1992 年 3 月 24 日，山东黄河河务局、山东省物价局联合下发《关于调整引黄渠首农业用水价格的通知》（黄管发〔1992〕10 号），根据水利部《黄河下游引黄渠首工程水费收交和管理办法（试行）》（水财〔1989〕1 号）规定，按照山东省物价局、粮食局《关于提高粮食定购价格的通知》（鲁价农字〔1992〕52 号）规定，中等小麦定购价格为每 50 千克 32 元，以此计算，农业用水核定为四、五、六月份每万 m^3 水费，折合人民币由现行的 22.93 元调整为 28.44 元；其他月份折合人民币由现行的 17.20 元调整为 21.34 元。工业及城市用水价格不变。

1995 年 5 月，山东省人民政府《会议纪要》（〔95〕第 35 号）明确规定："关于引黄渠首工程水费价格问题，实行分步到位的办法解决。从今年 7 月 1 日起水费增至 3 厘/m^3，1996 年 1 月 1 日起全部到位（即 4 至 6 月份为 4.8 厘/m^3，其他月份为 3.6 厘/m^3；工业用水价格未进行调整）。"1996 年 8 月，山东黄河河务局《关于进一步做好引黄渠首工程水费计收工作的通知》（鲁黄管发〔1996〕28 号）要求："在国家出台新的水费标准以前，各单位要严格执行水利部《黄河下游引黄渠首工程水费收交和管理办法（试行）》（水财〔1989〕1 号）规定，足额计收引黄渠首工程水费；根据山东省人民政府《关于做好春季引黄供水工作的紧急通知》要求，今年暂按省政府《会议纪要》（〔95〕第 35 号）规定执行。"

1998 年，山东黄河河务局转发省物价局《关于调整引黄渠首工程供水价格的通知》，调整后农业用水价格 4—6 月份为 6.49 厘/m^3，其他月份为 4.87 厘/m^3；工业用水价格未进行调整。自 1998 年 6 月 1 日起执行。

2000 年，原国家计委《关于调整黄河下游引黄渠首工程供水价格的通知》（计价格〔2000〕2055 号）规定：根据国务院关于利用价格杠杆促进节约用水的精神，为保护和合理利用水资源，满足山东、河南省工农业和居民生活用水需要，决定适当调整黄河下游引黄渠首工程供水价格。具体水平为：农业用水价格，4—6 月份为 1.2 分/m^3，其他月份为 1 分/m^3；工业及城市生活用水价格，4—6 月份为 4.6 分/m^3，其他月份为 3.9 分/m^3。自 2000 年 12 月 1 日起执行。2001 年 11 月，山东省物价局、山东黄河河务局、山东省水利厅《关于在引黄供水中加收东平湖水库移民扶助金的通知》（鲁价格发〔2001〕361 号）指出：为妥善解决东平湖水库移民遗留问题，2000 年 11 月 10 日第 55 次省长办公会议确定，建立东平湖水库移民扶助金，从适当提高引黄工程供水价格中解决。具体意见：在省下达的引黄工程供水价格基础上，农业用水每立方米增加 2 厘，城市及工业用水每立方米增加 3 厘，作为东平湖水库移民扶助金。东平湖水库移民扶助金由黄河河务系统代收，按引黄工程实际引水量计收，考虑到沿途水量损失因素，具体征收标准为：农业用水为 1.4 厘/m^3，城市及工业用水为 1.8 厘/m^3。

2005 年 4 月，国家发展改革委《关于调整黄河下游引黄渠首工程供水价格的通知》（发改价格〔2005〕582 号）明确规定：根据国务院办公厅《关于推进水价改革促进节约用水保护水资源的通知》（国办发〔2004〕36 号）精神和《水利工程供水价格管理办法》（国家发展改革委、水利部令2003年第4号)有关规定,经商水利部,决定自2005年7月1日起调整黄河下游引黄渠首工程供工业和城市生活用水价格,2005年7月1日至2006年6月30日,4—6月份为6.9分/m³,其他月份为6.2分/m³;2006年7月1日以后,每年4—6月份为9.2分/m³,其他月份为8.5分/m³。供农业用水价格暂不作调整。东平湖水库移民扶助金仍按山东省物价局、山东黄河河务局、省水利厅《关于在引黄供水中加收东平湖水库移民扶助金的通知》(鲁价格发〔2001〕361号)规定执行。

2006年9月,山东省物价局下发《关于停止收取东平湖水库移民扶助金的通知》:根据国务院《关于完善大中型水库移民后期扶持政策的意见》(国发〔2006〕17号),决定自2006年10月1日起,山东省引黄工程供水价格中加收的东平湖水库移民扶助金停止收取;山东省物价局、山东黄河河务局、省水利厅《关于在引黄供水中加收东平湖水库移民扶助金的通知》(鲁价格发〔2001〕361号)同时废止;此前山东黄河河务部门已经收取的东平湖水库移民扶助金,应尽快足额缴到省水利厅。

2013年3月,国家发展改革委《关于调整黄河下游引黄渠首工程和岳城水库供水价格的通知》(发改价格〔2013〕540号)规定:黄河下游引黄渠首工程供水价格类型分为农业用水价格和非农业用水价格。工程供非农业用水价格,自2013年4月1日起,4—6月份调整为0.14元/m³,其他月份调整为0.12元/m³。供农业用水价格暂不作调整,仍维持4—6月份0.012元/m³,其他月份0.01元/m³。为扭转黄河下游水价长期偏低的不合理局面,促进水价尽快达到合理水平,建立合理水价形成机制和水价调整长效机制,在水利部、国家发展改革委有关司局大力支持下,黄委积极组织开展水价调整工作,先后完成供水价格测算、成本监审工作,形成水价调整意见;这次水价调整把黄河供水明确为农业和非农业两类,有利于水费界定和黄河水资源节约保护、改进供水服务质量、加强水费支出管理,确保水利工程水费取之于水、用之于水;新水价标准执行后,将对节约保护黄河水资源、缓解黄河下游水资源供需矛盾、发展壮大水利基础设施发挥深远影响。

三、水价核定

1. 核定原则

《水法》第五十五条规定:"供水价格应当按照补偿成本、合理收益、优质优价、公平负担的原则确定。"《取水许可和水资源费征收管理条例》(国务院令第460号)第二十九条规定:"制定水资源费征收标准,应当遵循下列原则:(一)促进水资源的合理开发、利用、节约和保护;(二)与当地水资源条件和经济社会发展水平相适应;(三)统筹地表水和地下水的合理开发利用,防止地下水过量开采;(四)充分考虑不同产业和行业的差别。"

《水利工程供水价格管理办法》(国家发展和改革委员会令第54号)第七条规定:水利工程供水价格以准许收入为基础核定,具体根据工程情况分类确定。政府投入实行保本或微利,社会资本投入收益率适当高一些。少数国家重大水利工程根据实际情况,供水价格可按照保障工程正常运行和满足还贷需要制定。

2. 供水成本

《水利工程供水价格管理办法》(国家发展和改革委员会令第54号)第十条规定:供水经营者供水业务的准许收入由准许成本、准许收益和税金构成。其中,按满足运行还贷需要制定水价的工程,准许收入原则上按照补偿工程运行维护费用和贷款本息确定。

《水利工程供水定价成本监审办法》(国家发展和改革委员会令第55号)第三条规定:"本办法所称水利工程供水定价成本,是指供水经营者通过拦、蓄、引、提等水利工程设施提供天然水过程中发生的合理费用支出。"第九条规定:"水利工程供水定价成本包括固定资产折旧费、无形资产摊销费、运行维护费和纳入定价成本的相关税金。其中,运行维护费包括:材料费、修理费、大修理费、职工薪酬、管理费用、销售费用、其他运行维护费,以及供水经营者为保障本区域供水服务购入原水的费用。"第十条规定:"固定资产折旧费指与水利工程供水相关的可计提折旧的固定资产按照规定的折旧年限和方法计提的费用。"第十一条规定:"无形资产摊销费指供水经营者持有的与水利工程供水相关的无形资产按照规定的年限和方法计提的费用。"第十八条规定:"纳入定价成本的相关税金包括车船使用税、房产税、土地使用税和印花税。"

3. 水费标准核定

(1) 水利工程水费

原《水利产业政策实施细则》(水政法〔1999〕311号)第二十三条规定:"水利工程供水价格按照成本补偿、合理收益、优质优价、公平负担的原则制定,其构成为供水生产成本、费用、税金和利润。农业用水价格:粮食作物用水价格按照供水成本、费用核定;经济作物和水产养殖用水按照供水成本、费用加微利核定。工业用水价格:消耗用水价格按照成本、费用、税金加合理利润核定。贯流水、循环水用水价格,按消耗用水价格的20%~50%核定,贯流水价格应高于循环水价格。生活用水价格:按照供水成本、费用、税金和合理利润核定,其利润水平略低于工业消耗用水。贷款兴建的供水工程水价,按照成本、费用、税金、合理利润以及还本付息的要求核定。"

原《水利工程水费核订、计收和管理办法》(国发〔1985〕94号)第五条规定:"各类用水水费标准的核定:1. 农业水费。粮食作物按供水成本核定水费标准;经济作物可略高于供水成本。农业水费所依据的供水成本内,不包括农民投劳折资部分的固定资产折旧。2. 工业水费。消耗水,按供水部分全部投资(包括农民投劳折资)计算的供水成本加供水投资4%~6%的盈余核定水费标准。水资源短缺地区的水费可略高于以上标准。贯流水(用后进入原供水系统,水质符合标准并结合用于灌溉或其他水利的)和循环水(用后返回水库内,水质符合标准的),按采用贯流水、循环水后所产生的经济效益由供水单位和用水户分享的原则,核定水费标准。3. 城镇生活用水水费。由水利工程提供城镇自来水厂水源并用于居民生活的水费,一般按供水成本或略加盈余核定,其标准可低于工业水费。4. 水力发电用水水费。结合其他用水的,一般按水电站售电电价的12%或电网平均售电电价的8%计收水费。不结合其他用水的,其水费根据水资源的状况,按结合用水水费的二至三倍计收。利用同一水利工程调节水量的梯级水电站用水,第一级按上述标准计收水费;第二级以下各级,应低于第一级的标准。小水电(即单机六千千瓦、总装机一万二千千瓦以下)用水水费可低于上述标准,对农民新兴办的小水电站用水水费还可予以优惠。抽水蓄能发电用水,以保证下游(或上游)调节池等工程运行管理、大修理等费用计收水费。5. 为改善环境和公共卫生等用水水费,可参照农业水费标准确定。6. 由水利设施专门供水进行养殖、种植,其水费标准可参照农业经济作物的水费标准确定。在制定工农业用水及其他各类水费标准时,要同时确定供水计量点。水源工程与灌渠工程分设独立核算管理机构的,应按上述规定分别确定水源工程和灌渠工程的水费标准。"

(2) 水资源费

制定合理的水资源费标准,有利于提高政府对水资源的宏观调控作用和培育水权市场形成机制,促进水资源可持续利用和经济社会可持续发展。制定具体的水资源费征收标准,水资源费征收制度才能全面贯彻落实。

《取水许可和水资源费征收管理条例》(国务院令第 460 号)第二十八条规定:"由流域管理机构审批取水的中央直属和跨省、自治区、直辖市水利工程的水资源费征收标准,由国务院价格主管部门会同国务院财政部门、水行政主管部门制定。"《水利工程供水价格管理办法》(国家发展和改革委员会令第 54 号)第四条规定:中央直属及跨省(自治区、直辖市)水利工程供水价格原则上实行政府定价,由国务院价格主管部门制定和调整。鼓励有条件的水利工程由供需双方协商确定价格,或通过招投标等公开公平竞争形成价格。

4. 水价组成

(1) 水利工程供水价格

《水利工程供水价格管理办法》(国家发展和改革委员会令第 54 号)第十条规定:供水经营者供水业务的准许收入由准许成本、准许收益和税金构成。其中,按满足运行还贷需要制定水价的工程,准许收入原则上按照补偿工程运行维护费用和贷款本息确定。第十一条规定:准许成本包括固定资产折旧费、无形资产摊销费和运行维护费等,由国务院价格主管部门按照《政府制定价格成本监审办法》《水利工程供水定价成本监审办法》等通过成本监审核定。第十二条规定:准许收益按可计提收益的供水有效资产乘以准许收益率计算确定。(一)可计提收益的供水有效资产为成本监审核定的由供水经营者投入且与供水业务相关的允许计提投资回报的资产,包括固定资产净值、无形资产净值和营运资本。(二)准许收益率按权益资本收益率和债务资本收益率加权平均确定。计算公式为:准许收益率=权益资本收益率×(1-资产负债率)+债务资本收益率×资产负债率。区分社会资本投入和政府资本金注入形成的供水有效资产,分别确定权益资本收益率。社会资本投入形成的供水有效资产,权益资本收益率综合考虑工程运行状况、供水结构、下游用户承受能力等因素,按监管周期初始年前一年国家 10 年期国债平均收益率加不超过 4 个百分点确定;政府资本金注入形成的供水有效资产,权益资本收益率按不超过监管周期初始年前一年国家 10 年期国债平均收益率确定。债务资本收益率参考供水经营者实际融资结构,如实际贷款利率高于监管周期初始年前一年贷款(5 年期以上)市场报价利率(LPR),按照市场报价利率核定;如实际贷款利率低于市场报价利率,按照实际贷款利率加二者差额的 50%核定。资产负债率参照监管周期初始年前 5 年供水经营者实际资产负债率平均值核定，首次核定价格的，以开展成本监审时的前一年度财务数据核定。第十三条规定：税金包括所得税、城市维护建设税、教育费附加，依据国家现行相关税法规定核定。

《水利工程供水价格管理办法》（国家发展和改革委员会令第 54 号）第十五条规定：国务院价格主管部门综合考虑供水成本、市场供求状况、国民经济与社会发展要求以及用户承受能力等，合理制定水利工程供水价格。价格调整幅度较大时，可分步调整到位。第十七条规定：新建水利工程运行初期的供水价格，由国务院价格主管部门依据经批复的可行性研究报告、初步设计的成本参数及设计供水量确定，保障工程正常运行；可行性研究报告、初步设计的成本参数与成本监审有关规定不一致的，按成本监审有关规定进行调整。具备成本监审条件后，由国务院价格主管部门开展成本监审，制定供水价格。

（2）水资源费标准制定

水资源价值内涵主要体现在稀缺性和资源产权管理、开发、保护等，水资源价值中必然含有一部分劳动价值。资源价值由两部分组成，一部分是天然水资源价格，即地租本金化价格，是天然水资源价值及水资源所有权的综合体现；二是水资源管理投入的补偿费用，包括水资源勘测、开发、保护费用，水资源再生产费用和损失补偿费用。

水资源费征收标准分省制定的地方水资源费标准、国家制定的水资源费标准两类，国务院、省（自治区、直辖市）两级政府价格主管部门和同级财政、水行政主管部门制定水资源费征收标准。省级主管部门制定水资源费标准后需报本级政府批准，报国务院价格主管部门、财政部门、水行政主管部门备案；未经省级人民政府批准不具有法律效力，备案是一种监督审查。省级以下政府主管部门无权制定水资源费标准。

国家发展改革委、财政部、水利部《关于水资源费征收标准有关问题的通知》（发改价格〔2013〕29 号）提出：明确水资源费征收标准制定原则、规范水资源费标准分类、合理确定水资源费征收标准调整目标、严格控制地下水过量开采、支持农业生产和农民生活合理取用水、鼓励水资源回收利用、合理制定水力发电用水征收标准、对超计划或者超定额取水制定惩罚性征收标准。

5. 水价制度

《水利工程供水价格管理办法》（国家发展和改革委员会令第 54 号）第十八条规定：新建重大水利工程实行基本水价和计量水价相结合的两部制水价，原有工程具备条件的可实行两部制水价。基本水价按照适当补偿工程基本运行维护费用、合理偿还贷款本息的原则核定，原则上不超过综合水价的 50%。第十九条：供水水源受季节影响较大的水利工程，供水价格可实行季节水价。

6. 成本分摊

《水利工程供水价格管理办法》（国家发展和改革委员会令第 54 号）第五条规定：制定和调整水利工程供水价格应遵用户公平负担原则。区分供水经营者类别和性质，科学归集和分摊不同功能类型和供水类别的成本，统筹考虑用户承受能力，兼顾其他公共政策目标，确定供水价格。《水利工程供水定价成本监审办法》（国家发展和改革委员会令第 55

号)第二十九条规定:水利工程供水成本分类归集,不能直接归集的,按照要求在各类业务之间进行分摊。长距离引调水水利工程成本按照“受益者分摊”的原则,分区段或口门归集分摊。第三十条规定:供水经营者应当采取合理方法分别核定经营性业务成本和公益性业务成本。供水经营者单独核算公益性业务和经营性业务且相关成本费用核算分摊合理的,按照供水经营者核算值确定公益性和经营性业务成本;未单独核算或者成本费用分摊不合理的,按照库容量等对总成本进行分摊,并核定公益性成本(防洪、排涝等)和经营性成本。其中,总成本是指核定的未剔除政府补助部分的总成本,包含公共基础设施计提折旧。

四、供水

1. 供水方式

《山东黄河河务局供水局引黄供水生产管理办法(试行)》(鲁黄供水调〔2015〕1号)第七条规定:“山东黄河引黄供水采取以两水分供为主、两水分计为辅的供水方式。”第八条规定:“原则上引黄供水都要采取两水分供的供水方式,以便加强引水用途管理,充分发挥平原水库的调蓄作用,解决引用黄河水季节不均衡的问题,支持农业生产。用水户引水量采取渠首计量方式。”第九条规定:“对不具备两水分供条件的要采取两水分计的供水方式,由供水分局提出申请,经供水局批准后实施。非农业用户引水量采取入库(户)水量加渠道损耗水量的计量方式。渠道损耗率由供水分局和用水单位根据输水距离、渗漏、蒸发等因素协商或比测确定,并报供水局批准。非农业用户引水量通过山东黄河供水远程实时监测系统入库(户)计量设施计量测算。非农业渠首水量=入库(户)水量/(1-渠道损耗率)。”

2. 供水协议

《关于印发山东黄河引黄供水协议书的通知》(鲁黄水调〔2003〕9号)要求:引黄供水实行签订协议书制度,由引黄渠首管理单位与用水单位在放水前签订,明确城乡生活、工业和农业用水水量、水价、水费额,并报山东黄河河务局备案。

《山东黄河河务局供水局引黄供水生产管理办法(试行)》(鲁黄供水调〔2015〕1号)第十一条规定:“引黄供水坚持先签订协议后供水的原则,用水单位用水申请经水行政部门批准后,要向有关供水单位提前签订供水协议。省内引黄供水一般由供水局委托供水分局与用水单位签订供水协议,跨区引黄供水由供水局与用水单位签订或委托供水分局签订供水协议。”第十二条规定:“供水协议不允许一次签订延续使用或一次签订长年累计。供水协议应明确以下基本内容:(一)供水性质、用途、水量、价格;(二)供水方式(两水分计的应明确渠道损耗率);(三)供水起止时间、水费收交期限;(四)用水单位配合各级供水单位监督检查、保障监测系统正常运行的承诺及违约责任;(五)其他违约责任。”

3. 水量计量

严格按照批复的引水计划引水,严格按照规范进行水沙测验,落实引水计量岗位责任、持证上岗和测流测沙签名制，供、需双方互测或同测流量，确保水沙测验资料真实、准确、完整；每天将水沙测验数据上报水闸主管部门、水调部门，并录入山东黄河水量调度系统，实现原始资料数据统一；严格水量管控，强化实时调度；引水结束后填报取水口、用水户取水统计表，及时进行水量结算单确认，实现供、需双方及水调部门用水总量的统一。

《水法》第四十九条规定："用水应当计量，并按照批准的用水计划用水。"山东黄河河务局《关于执行水利部〈黄河下游引黄渠首工程水费收交和管理办法(试行)〉的通知》(黄管发〔1990〕第7号)明确规定：由黄河主管部门管理的渠首工程，由黄河工程管理单位进行水量测算，作为计收水费的依据；由地方和油田管理的引黄涵闸、提水站(船)，由黄河部门派员配合闸站管理人员测算渠首工程引水量，作为计收水费的依据。

4. 计量监督

对取用水计量实行监督管理是保证计划用水、节约用水有效实施，促进取水许可科学化、制度化和规范化运行管理的根本措施。

(1) 促进节约用水

对用水户实施计量用水监督管理，可增强用水户节水意识，有效控制"跑冒滴漏"现象发生，明白用水交费、用得多交得多的道理；对用水户用水合理性进行考核，通过用水户用水能力、节约用水情况分析比较，帮助用水户提高用水能力，通过用水计量、用水环节分析，找出浪费水的原因，促进计划用水、节约用水开展，提出节约用水具体措施和途径。

(2) 制定用水定额

实施计量用水监督管理，可为地方用水定额修订和水中长期规划制定提供科学依据；水利部门了解、控制取水户用水量，才能制定、实施用水计划，建立节水制度，实施节约用水措施。

(3) 水资源费收缴

实行计量收费，为水资源费足额征收提供基本数据和可靠依据，对超计划、超定额部分实施累进征收水资源费制。

五、水费收缴

1. 征(计)收主体

(1) 水资源费

根据国家法律、法规规定和部门职责分工，水行政主管部门主要负责水资源费征收和按计划使用水资源费，财政主管部门主要负责水资源费收支管理和监督，价格主管部门主要负责水资源费标准制定和执行。

水资源费征收主体为县级以上地方人民政府水行政主管部门，其他任何单位或者个人不能成为水资源费征收主体。

《取水许可和水资源费征收管理条例》(国务院令第460号)第三十一条规定："水资源费由取水审批机关负责征收；其中，流域管理机构审批的，水资源费由取水口所在地省、自治区、直辖市人民政府水行政主管部门代为征收。”

《水资源费征收使用管理办法》(财综〔2008〕79号)第五条规定:“水资源费由县级以上地方水行政主管部门按照取水审批权限负责征收。其中,由流域管理机构审批取水的,水资源费由取水口所在地省、自治区、直辖市水行政主管部门代为征收。”第七条规定:“上级水行政主管部门可以委托下级水行政主管部门征收水资源费。委托征收应当以书面形式授权。流域管理机构审批取水并由省、自治区、直辖市水行政主管部门代为征收水资源费的,不得再委托下级水行政主管部门征收。”

水资源费实行谁审批、谁征收原则,流域管理机构审批的取水许可作为特例,法律授权由省(区)人民政府水行政主管部门代为征收。代收水资源费,既是取水口所在地省(区)人民政府水行政主管部门的权利,也是必须履行的法定义务,能够充分发挥地方现有水资源征收管理体制和机构的作用,有利于提高水资源费征收行政效率、节约行政管理成本,有利于流域管理机构将更多精力集中在总量控制等流域水资源管理事务上,有利于方便水资源费征收行政相对人,中央收益权可通过水资源费分别解缴中央和地方国库的分成比例予以体现。

(2) 水利工程水费

《水利工程供水价格管理办法》(国家发展和改革委员会令第54号)第二十五条规定:水利工程供水应当实行价格公示制度。水利工程供水经营者必须严格执行国家水价政策,并向社会公开供水价格。

《山东黄河河务局供水局引黄供水生产管理办法(试行)》(鲁黄供水调〔2015〕1号)第十三条规定:“供水分局是辖区引黄供水水费收交责任主体,水费收交按照供水局有关水费收交拨付管理办法执行。”第十四条规定:“用水单位水费欠交超过协议约定时间的,在足额交纳上次水费前,供水单位不再与其签订新的供水协议,并提请水行政部门采取相应措施。”

2. 征(计)收依据

水利工程水费依据工程水价标准计收,遵循原《水利工程供水价格管理办法》(国家发展改革委、水利部令第4号)、《关于调整黄河下游引黄渠首工程和岳城水库供水价格的通知》(发改价格〔2013〕540号);水资源费依据水资源费标准征收,遵循《取水许可和水资源费征收管理条例》(国务院令第460号)、《水资源费征收使用管理办法》(财综〔2008〕79号)。

3. 征(计)收范围

(1) 水资源费

原《水利产业政策》(国发〔1997〕35号)第十七条规定:“国家实行水资源有偿使用制度,对直接从地下或江河、湖泊取水的单位依法征收水资源费。……收取的水资源费要作为专项资金,纳入预算管理,专款专用。”

《水资源费征收使用管理办法》(财综〔2008〕79号)第四条规定:“直接从江河、湖泊或者地下取用水资源的单位(包括中央直属水电厂和火电厂)和个人,除按《条例》第四条规定不需要申领取水许可证的情形外，均应按照本办法规定缴纳水资源费。对从事农业生产取水征收水资源费，按照《条例》有关规定执行。”

(2) 水利工程水费

《水利工程供水价格管理办法》(国家发展和改革委员会令第 54 号)第十八条规定：新建工程的基本水费按设计供水量收取，原有工程按核定售水量收取；计量水费按计价点的实际售水量收取。

《水利工程供水价格管理办法》(国家发展和改革委员会令第 54 号)第二十七条规定：用户应当按照规定的计量标准和水价标准按期交纳水费。用户逾期不交纳水费的，应当按照约定支付违约金。《山东省水利工程供水价格管理实施办法》(鲁政办发〔2006〕90号)第二十六条规定：凡使用水利工程供水的农业、工业、自来水厂和其他用水户，应当按照国家有关规定和当事人的约定，向供水单位及时交付水费。

凡使用水利工程供应的水，用水户应按国家及各省(区、市)相关规定缴纳水费。

4. 缴纳标准

(1) 价格标准

《水资源费征收使用管理办法》(财综〔2008〕79 号)第八条规定：“水资源费征收标准，由各省、自治区、直辖市价格主管部门会同同级财政部门、水行政主管部门制定，报本级人民政府批准，并报国家发展改革委、财政部和水利部备案。其中，由流域管理机构审批取水的中央直属和跨省、自治区、直辖市水利工程的水资源费征收标准，由国家发展改革委会同财政部、水利部制定。”

引黄渠首工程水费依据《关于调整黄河下游引黄渠首工程和岳城水库供水价格的通知》(发改价格〔2013〕540 号)执行。

(2) 数量标准

《水资源费征收使用管理办法》(财综〔2008〕79 号)第九条规定：“水资源费缴纳数额根据取水口所在地水资源费征收标准和实际取水量确定。”第十条规定：“所有取水单位和个人均应安装取水计量设施。因取水单位和个人原因未安装取水计量设施或者计量设施不能准确计量取水量的，由水行政主管部门按照其最大取水能力核定取水量，并按核定的取水量确定水资源费征收数额。”

引黄渠首工程水量按照渠首引黄闸实际引水量确定。

5. 缴纳单位

《水资源费征收使用管理办法》(财综〔2008〕79 号)第十二条规定：“水资源费按月征收。取水单位和个人应按月向负责征收水资源费的水行政主管部门报送取水量(或发电量)。负责征收水资源费的水行政主管部门按照核定的取水量(或发电量)和规定的征收标准，确定水资源费征收数额，并按月向取水单位和个人送达水资源费缴纳通知单。缴纳通知单应载明缴费标准、取水量(或发电量)、缴费数额、缴费时间和地点等事项。其中，流域管理机构审批取水的，取水量(或发电量)由取水口所在地省、自治区、直辖市水行政主管部门商流域管理机构核定。”

原《黄河下游引黄渠首工程水费收交和管理办法（试行）》（水财〔1989〕1号）第八条规定："直接或经由黄河主管部门管理的渠首供水的由用水单位直接向黄河主管部门交付水费。通过灌区向灌区以外送水的，用水单位向灌区管理单位交费，再由灌区管理单位向黄河主管部门交付水费。用水单位直接由自建自管的渠首工程引水的，由渠首工程管理单位，向工程所在河段的黄河主管部门交付水费。"

《关于执行水利部〈黄河下游引黄渠首工程水费收交和管理办法（试行）〉的通知》（黄管发〔1990〕第7号）规定：由黄河主管部门管理的渠首直接供水的，用水单位要直接向黄河渠首管理部门交付水费；通过灌区向灌区外送水的，由灌区管理单位或委托的用水单位，向黄河渠首管理部门交付水费；自建自管的闸站引水，由用水单位向工程所在河段的黄河修防（管理）段交付水费。

6. 水费缴纳

《水法》第四十九条规定："用水实行计量收费和超定额累进加价制度。"第五十五条规定："使用水工程供应的水，应当按照国家规定向供水单位缴纳水费。"

（1）水资源费

《取水许可和水资源费征收管理条例》（国务院令第460号）第三十一条规定："水资源费由取水审批机关负责征收；其中，流域管理机构审批的，水资源费由取水口所在地省、自治区、直辖市人民政府水行政主管部门代为征收。"第三十二条规定："水资源费缴纳数额根据取水口所在地水资源费征收标准和实际取水量确定。"第三十三条规定："取水审批机关确定水资源费缴纳数额后，应当向取水单位或者个人送达水资源费缴纳通知单，取水单位或者个人应当自收到缴纳通知单之日起7日内办理缴纳手续。……取用供水工程的水从事农业生产的，由用水单位或者个人按照实际用水量向供水工程单位缴纳水费，由供水工程单位统一缴纳水资源费；水资源费计入供水成本。为了公共利益需要，按照国家批准的跨行政区域水量分配方案实施的临时应急调水，由调入区域的取用水的单位或者个人，根据所在地水资源费征收标准和实际取水量缴纳水资源费。"

《水资源费征收使用管理办法》（财综〔2008〕79号）第六条规定："按照国务院或其授权部门批准的跨省、自治区、直辖市水量分配方案调度的水资源，由调入区域水行政主管部门按照取水审批权限负责征收水资源费。"

征收水资源费执行取水口所在地水资源费标准，跨行政区域应急调水水资源费执行调入区标准，前者属于普遍性规定，后者是特例。跨行政区域调水中临时应急调水、正常性调水界定取决于调水线路长短、受益范围大小、临时还是经常，对于长距离、大范围、经常性调水，不能界定为临时应急调水。如南水北调工程是长距离调水，受益范围涉及几个省较大区域，需要按既定调水计划实施经常性调水，虽不应列入临时应急调水，但理论上也应参照《取水许可和水资源费征收管理条例》（国务院令第460号）第三十三条，执行调入区取水口所在地水资源费标准。对调水线路较短、受益范围较小的一般行政区域调水，存在因公共利益需要临时应急调水情况，应当执行调入区水资源费标准，如根据黄河水量分配方案实施的引黄济津应急调水，根据首都水资源规划实施的河北、山西向北京应急调水，不是经常性调水，应由调入区域取用水单位或个人办理取水许可，并根据所在地水资源费征收标准和实际取水量缴纳水资源费。

国家发展改革委、财政部、水利部《关于中央直属和跨省水利工程水资源费征收标准及有关问题的通知》(发改价格〔2009〕1779号)明确制定水资源费征收标准的基本原则:促进水资源合理开发、利用、节约和保护;与水资源条件和经济社会发展水平相适应,并充分考虑不同产业和行业的差别;保持同类性质用水水资源费征收标准的统一性,维护公平的市场环境。由流域管理机构审批取水的中央直属和跨省、自治区、直辖市水利工程的水资源费征收标准,由国家发展改革委会同财政部、水利部制定和调整,其标准为:供农业生产用水暂免征收水资源费;供非农业用水(不含供水力发电用水)暂按取水口所在地现行标准执行。中央直属和跨省、自治区、直辖市水利工程单位(企业)缴纳的水资源费计入生产成本。

(2) 水利工程水费

《水利工程供水价格管理办法》(国家发展和改革委员会令第54号)第二十六条规定:水利工程供水实行按量计价,一般以产权分界点或交水断面的计量售水量作为计价点售水量。

《关于印发引黄供水水费管理办法的通知》(黄财务〔2016〕13号)第九条规定:"各级河务单位应严格区分农业和非农业供水,与用水户签订供水合同(协议),准确计量引黄供水水量。原则上每季度计收(或预收)一次水费,确保水费准确、及时、足额计收。"

7. 征(计)收方式

(1) 水费计收

《山东省水利工程供水价格管理实施办法》(鲁政办发〔2006〕90号)第二十四条规定:"供水单位应当严格执行国家水价政策,按规定的水价计收水费,不得擅自变更水价,不得在水价以外加收其他费用。水费由供水单位或其委托的单位、个人计收,其他单位或个人无权收取水费。代收水费的,由供水单位按实收水费3%至5%的比例付给手续费。"

用水单位根据上级批准的用水计划,参照《关于执行水利部〈黄河下游引黄渠首工程水费收交和管理办法(试行)〉的通知》(黄管发〔1990〕第7号)有关规定,逐次与黄河渠首管理单位签订用水协议,同时预交不低于本次用水量30%的水费。

(2) 水资源费征收

《取水许可和水资源费征收管理条例》(国务院令第460号)对水资源费征收设立一种方式、两个特例。一种方式是水资源费由取水许可审批机关负责征收;两个特例,一是流域管理机构审批的,水资源费由取水口所在地省级水行政主管部门代为征收,二是取用供水工程的水从事农业生产的,由用水单位或个人按照实际用水量向供水工程单位缴纳水费,由供水工程单位统一缴纳水资源费。

《取水许可和水资源费征收管理条例》(国务院令第460号)第三十三条规定:"为了公共利益需要,按照国家批准的跨行政区域水量分配方案实施的临时应急调水,由调入区域的取用水的单位或者个人,根据所在地水资源费征收标准和实际取水量缴纳水资源费。"

8. 缓缴水资源费

《取水许可和水资源费征收管理条例》(国务院令第460号)第三十四条规定:"取水单

位或者个人因特殊困难不能按期缴纳水资源费的，可以自收到水资源费缴纳通知单之日起7日内向发出缴纳通知单的水行政主管部门申请缓缴；发出缴纳通知单的水行政主管部门应当自收到缓缴申请之日起5个工作日内作出书面决定并通知申请人；期满未作决定的，视为同意。水资源费的缓缴期限最长不得超过90日。”

水资源费征收部门不同意缓交水资源费的，取用水户应当在接到水资源费征收单位不同意缓缴水资源费书面决定之日起7日内缴纳水资源费；水资源费征收部门同意缓交水资源费的，取用水户应当在缓交期限内缴纳水资源费。

一般供水协议对水利工程水费缴纳有明确界定的，需水方要按协议约定及时足额交纳水费；逾期不交的，拖欠部分按每天0.5‰向供水方交纳滞纳金。拖欠水费越多、时间越长，需要交纳的滞纳金越多。

9. 无证取水水资源费

无证取水分两种情况：一是经取水许可审批，项目建成试运行期间取水，但还未领取取水许可证；二是未经取水许可审批，擅自取水。这两种情况都应缴纳水资源费。根据计量用水要求，建设项目竣工时完成计量设施安装。项目建成试运行期间，工程未经验收取水，根据实际计量水量缴纳水资源费。工程施工期用水，往往不具备计量条件，只能按批准施工期临时取用水量计收水资源费。

10. 监督管理

取水许可和水资源费征收监督管理主要分取水许可监督管理机关对取用水单位或个人从事取水许可和水资源费缴纳情况的监督管理，上级行政机关对下级水行政机关实施取水许可和水资源费征收活动的监督管理，财政、物价、监察、审计等外部门对水行政主管部门水资源费征收和使用情况的监督管理，行政管理机关和取水权人用水行为应当接受社会监督四个类型。监督管理是取水许可和水资源费征收行政行为的重要组成部分，需遵循经常与广泛、民主与服务、客观与公开、确定与有效、便民与高效原则。

(1) 对征收主体监管

水行政主管部门代表国家向取用水户征收水资源费，其行为代表国家形象；水资源费征收工作量大，管理人员相对较少，在实际工作中，很多单位委托下属事业单位收缴水资源费，受委托单位必须是具有行政管理职能的事业单位，委托没有行政管理职能的组织或企业征收水资源费是不合法的。水资源征收部门必须到物价部门办理水资源费收费许可证，注明收费费种、标准等，实行持证收费。征收水资源费带有强制性，但不同于国家税费征缴。足额收取水资源费是水行政主管部门的法定职责，各级水行政主管部门应加强水资源费征收监督管理，严肃处理协议收费、擅自降低标准少收费、抬高标准乱收费的行为，依法依规制止拒不缴纳、拖延缴纳、拖欠水资源费的行为。

(2) 征收监管

加强水资源费票据管理，各省(直辖市、自治区)水利厅、财政厅统一印制水资源费专用发票，全面掌握水资源费征收真实情况，加强票据使用督查，是防止坐支、截留、挪用水资源费的关键和有效方法；设立水资源费收入收缴专用账户，监督检查少收费、协议收费和收费未入账、延迟入账情况，重点抽查欠缴、少缴水资源费的单位；监督检查基层单位水资源费解缴情况，强化水资源费上缴规范管理，制止少上缴、不上缴行为。

（3）使用管理

① 水资源费使用管理

《取水许可和水资源费征收管理条例》（国务院令第460号）第三十六条规定："征收的水资源费应当全额纳入财政预算，由财政部门按照批准的部门财政预算统筹安排，主要用于水资源的节约、保护和管理，也可以用于水资源的合理开发。"

据了解，各地水资源费使用存在不按规定用途使用、随意挪用等问题，影响正常工作的开展。水资源开发经费数额较大，征收的水资源费应优先满足水资源管理经费，其次用于水资源工程建设补助；建立水资源费使用申报制度，未经申报不得擅自用于水资源工程建设。水资源费属于政府收支预算管理资金，审计机关重点审计监督水资源费的使用和管理，促进水资源费在水资源合理开发、利用、节约、保护和管理中发挥更好的作用。

② 水费使用管理

供水经营者与用水户根据国家有关法律、法规和水价政策，签订供用水合同，以加强水费计收。水费使用管理按国务院财政主管部门和水行政主管部门有关财务会计制度执行。

（4）取用水户监督管理

取水许可仅是一种法制形式，关键是对用水户取用水情况进行监督管理，如果水行政主管部门仅负责发放取水许可证和征收水资源费，对取水情况不能进行有效监督管理，取水许可证就会流于形式；建立健全各项管理制度、提高监督管理水平、加强日常检查、及时总结经验教训是搞好取水许可监督管理的重要保证。

（5）层级监督管理

按照层级管理原则，水行政主管部门、流域管理机构监管本级取水许可和水资源费征收，监督检查辖区内下级水行政主管部门、流域管理机构取水许可和水资源费征收。

建立健全巡查制度，不定期巡查，及时纠正问题；编制专题报告，总结先进经验，提出解决问题办法，提升取水许可和水资源费征收管理能力。

（6）社会监督

水行政主管部门要动员社会力量积极参与取水许可和水资源费征收监督管理，强化社会监督，提高依法行政水平。《取水许可和水资源费征收管理条例》（国务院令第460号）第十八条规定："审批机关认为取水涉及社会公共利益需要听证的，应当向社会公告，并举行听证。"

通过听证，接受社会监督；采取多种手段，广泛宣传，提高执法自觉性，让更多社会力量参与取水许可监督管理。

11．处罚措施

《水法》第七十条规定："拒不缴纳、拖延缴纳或者拖欠水资源费的，由县级以上人民政府水行政主管部门或者流域管理机构依据职权，责令限期缴纳；逾期不缴纳的，从滞纳之日起按日加收滞纳部分千分之二的滞纳金，并处应缴或者补缴水资源费一倍以上五倍以下的罚款。"

《山东省水利工程水费计收和管理办法》(鲁政发〔1987〕61 号)第十八条规定:“用水单位必须在规定期限内交纳水费。逾期不交的,按拖欠额计算,每逾期一天,加收 1‰的滞纳金,并视情况限制供水,直至停止供水。农民灌溉用水,因遭受严重自然灾害,生产受到重大损失,无力如期交纳水费的,由用水户提出申请,报经水利工程管理单位核实,由水利主管部门和财政部门批准后,可酌情缓交部分或全部水费,但缓交期限最长不得超过两年。在缓交期限内免计滞纳金。”

《取水许可和水资源费征收管理条例》(国务院令第 460 号)第五十条规定:“申请人隐瞒有关情况或者提供虚假材料骗取取水申请批准文件或者取水许可证的,取水申请批准文件或者取水许可证无效,对申请人给予警告,责令其限期补缴应当缴纳的水资源费,处 2 万元以上 10 万元以下罚款;构成犯罪的,依法追究刑事责任。”第五十三条规定:“未安装计量设施的,责令限期安装,并按照日最大取水能力计算的取水量和水资源费征收标准计征水资源费,处 5 000 元以上 2 万元以下罚款;情节严重的,吊销取水许可证。计量设施不合格或者运行不正常的,责令限期更换或者修复;逾期不更换或者不修复的,按照日最大取水能力计算的取水量和水资源费征收标准计征水资源费,可以处 1 万元以下罚款;情节严重的,吊销取水许可证。”第五十四条规定:“取水单位或者个人拒不缴纳、拖延缴纳或者拖欠水资源费的,依照《中华人民共和国水法》第七十条规定处罚。”

未经取水许可审批,擅自取水,按照《取水许可和水资源费征收管理条例》(国务院令第 460 号)第五十条、第五十三条规定,除按取水设备最大取水能力补缴水资源费外,还应按《水法》第六十九条或《取水许可和水资源费征收管理条例》(国务院令第 460 号)第五十条规定,处 2 万元以上 10 万元以下罚款,并限定其立即停止违法行为。

法律责任具有惩罚性,行政主体必须严格遵守,以免影响其具体行为的法律效力。

六、收缴要求

《山东省水利工程供水价格管理实施办法》(鲁政办发〔2006〕90 号)第二十四条规定:“供水单位应当严格执行国家水价政策,按规定的水价计收水费,不得擅自变更水价,不得在水价以外加收其他费用。水费由供水单位或其委托的单位、个人计收,其他单位或个人无权收取水费。代收水费的,由供水单位按实收水费 3%至 5%的比例付给手续费。”

《关于水资源费征收标准有关问题的通知》(发改价格〔2013〕29 号)明确规定:“各级水资源费征收部门不得重复征收水资源费,不得擅自扩大征收范围、提高征收标准、超越权限收费。要采取切实措施,加大地下水自备水源水资源费征收力度,不得擅自降低征收标准,不得擅自减免、缓征或停征水资源费,确保应征尽征,防止地下水过量开采。”

七、水费使用

1. 水资源费

水资源费作为行政收费,是国家财政收入的重要组成部分,是与政府收支有关的行政事业性规费。为保证各项支出真正用于与水资源节约、保护和管理有关的各项活动，征收的水资源费必须纳入财政预算进行统一管理，不允许存在财政预算之外的支出活动。水资源费使用应理解为小范围补助性质的费用，适用于国家和省（自治区、直辖市）确定的水资源配置工程前期工作、具有公益性重要水源工程建设资金补助、地下水水源井封闭及水源置换工程建设资金补助、水生态保护补水工程建设资金补助等。

《取水许可和水资源费征收管理条例》（国务院令第460号）第三十六条规定："征收的水资源费应当全额纳入财政预算，由财政部门按照批准的部门财政预算统筹安排，主要用于水资源的节约、保护和管理，也可以用于水资源的合理开发。"第三十七条规定："任何单位和个人不得截留、侵占或者挪用水资源费。"

财政部、国家发展改革委、水利部《水资源费征收使用管理办法》（财综〔2008〕79号）第二十一条规定："水资源费专项用于水资源的节约、保护和管理，也可以用于水资源的合理开发。任何单位和个人不得平调、截留或挪作他用。使用范围包括：（一）水资源调查评价、规划、分配及相关标准制定；（二）取水许可的监督实施和水资源调度；（三）江河湖库及水源地保护和管理；（四）水资源管理信息系统建设和水资源信息采集与发布；（五）节约用水的政策法规、标准体系建设以及科研、新技术和产品开发推广；（六）节水示范项目和推广应用试点工程的拨款补助和贷款贴息；（七）水资源应急事件处置工作补助；（八）节约、保护水资源的宣传和奖励；（九）水资源的合理开发。"

《关于水资源费征收标准有关问题的通知》（发改价格〔2013〕29号）明确规定："要严格落实《水资源费征收使用管理办法》（财综〔2008〕79号）的规定，确保将水资源费专项用于水资源节约、保护和管理，也可以用于水资源的合理开发，任何单位和个人不得平调、截留或挪作他用。"

2. 水利工程水费

原《水利工程水费核订、计收和管理办法》（国发〔1985〕94号）第八条规定："水利供水工程所需的运行管理费、大修费和更新改造费由所收水费解决。"第九条规定："水费收入是水利工程管理单位的主要经费来源。由水利部门商请财政部门核定抵作供水成本和事业费拨款的，视为预算收入，免交能源交通重点建设基金。结余资金可以连年结转，继续使用，但不得用于水利管理以外的开支。其他任何部门不得截取或挪用水费。"

原《山东省水利工程水费计收和管理办法》（鲁政发〔1987〕61号）第二十条规定："水费收入是维持供水工程设施再生产能力的生产性资金，由水利工程管理单位按规定专项用于支渠以上工程设施的运行管理、大修和更新改造。除本办法另有规定的以外，其他任何部门和个人，都不准截留、分成和挪作他用。水费应视为预算收入，抵作生产成本和事业费的定（差）额补贴，免交各项税金和能源交通重点建设基金。"第二十二条规定："水利主管部门对所属水利工程管理单位的水费收入，可根据水源条件、工程状况和水费收入情况，分别实行'盈余定额上交，超收留用''定额补贴，超亏不补，限期扭亏''以收抵支，盈余不交，亏损不补'等办法，适当调剂余缺。水利工程管理单位当年的水费盈余，可建立生产发展基金、以丰补歉基金，职工福利基金和奖励基金。"

原《黄河下游引黄渠首工程水费收交和管理办法（试行）》（水财〔1989〕1号）第十一条

规定:“水费收入是引黄渠首工程管理单位的主要经济来源,按财政部、水利部《水利工程管理单位财务管理办法》(〔81〕财农19)规定进行管理,主要是抵顶供水成本,用于渠首工程的运行管理、养护维修、清淤检查、大修更新和工程改建等方面的费用,视为预算内收入,免交能源交通重点建设基金,结余资金可以连年结转使用,但不得用于工程管理以外的开支。”

《关于调整黄河下游引黄渠首工程供水价格的通知》(发改价格〔2005〕582号)明确规定:“引黄渠首工程管理单位要将提价收入主要用于水利工程的建设和维护,改进供水服务质量,加强水费支出管理,确保水利工程水费取之于水、用之于水。”

《关于调整黄河下游引黄渠首工程和岳城水库供水价格的通知》(发改价格〔2013〕540号)规定:“黄河下游引黄渠首工程、岳城水库供用水单位要严格执行国家规定的供水价格,受水区价格主管部门要加强对供水价格政策执行情况的监督检查。供水单位要将水费收入主要用于水利工程的运行维护,改进供水服务质量,加强水费支出管理,确保水利工程水费取之于水、用之于水。”

《关于印发引黄供水水费管理办法的通知》(黄财务〔2016〕13号)第七条规定:“水费主要用于供水生产、组织、协调、管理等发生的设施设备运行维护、人员薪酬、材料、燃料动力、机械使用、设备购置、大修理和水文信息服务等成本费用。”第十条规定:“水费不得用于买卖期货、股票,购买各类债券、投资基金和其他任何形式的金融衍生品或进行任何形式的金融风险投资,不得用于对外担保、借款。”

八、山东黄河水费管理

1986年,山东黄河引黄供水水费征收与管理执行1982年原水利电力部《黄河下游引黄渠首工程水费收交和管理暂行办法》(水电水管字第53号),由供水单位按引黄水量和规定价格向用水单位、灌区或当地水利部门征收,单位取得水费收入抵顶预算支出。

1998年,山东黄河河务局把引黄供水作为一个完整核算体系,制定《山东黄河河务局引黄供水财务管理与会计核算暂行办法》,规定引黄供水由山东黄河河务局统一核算,对供水固定资产进行划分、对人员进行调整,将引黄供水成本费用分为制造费用、期间费用、管理费用和财务费用,按规定计提资产折旧。每年各市局编制引黄供水收支预算,收入上交山东黄河河务局,支出按批准的预算进行核拨。

依据投资渠道、管理方式、取水口位置的不同,实行按规定水价标准不同比例征收水费。1990—2005年,黄河干流上由国家投资和管理的涵闸按规定水价标准100%征收;由地方投资、黄河部门管理的涵闸,按规定水价标准75%征收;全部由地方投资、管理的涵闸,按规定水价标准50%征收。黄河支流水费相应减半。

第三章　流域水资源

第一节　流域水资源管理

一、流域管理

水作为一种自然资源和环境要素，其形成和运动具有明显的地理特征，它以流域为单元构成一个统一体。随着水文地理学、生态学等的不断发展，逐步形成以流域为单元对水资源实行综合管理，顺应水资源自然运移规律和经济社会特性，使流域水资源整体功能得以充分发挥。流域是指某一封闭地形单元，该单元内有溪流（沟道）或河川排泄某一断面以上全部面积的径流，是地表水及地下水分水线包围集水区域的总称，一般称为地表水集水区域，常被作为一个生态经济系统进行经营管理。流域是具有层次结构和整体功能的复合系统，流域水循环构成经济社会发展资源的基础，是生态环境控制因素，是诸多水问题、生态问题共同症结所在。

流域管理又称流域治理、流域经营、集水区经营，能够充分发挥水土资源及其他自然资源的生态效益、经济效益、社会效益；考虑水的自然属性、自然水循环的流域整体性，以流域为单元，在全面规划的基础上，合理安排农、林、牧、副各业用地，因地制宜布设综合治理措施，对水土及其他自然资源进行保护、改良与合理利用。

严重水资源短缺和水环境恶化造成的水危机已成为制约我国可持续发展的瓶颈。从资源与环境管理方面看，水危机出现的主要原因是不合理的水资源利用与环境管理模式。水危机表面上看是资源危机，实质是治水制度危机，是水管理制度长期滞后于水治理需求的累积结果。受水循环规律制约，大气降水以分水岭为界，按流域从高地势逐步向低地势汇集成地表径流和地下径流，在流域主干河流出口将流域内接纳并汇集的水量注入海洋、湖泊等，以维持蒸发、降水、径流之间的水量动态循环平衡，因此水资源的开发、利用、保护必须关注汇集水资源流域。

水资源管理体制主要有以行政区域管理为主、以流域管理为主、流域管理与行政区域管理相结合三种。《水法》第十二条规定:“国家对水资源实行流域管理与行政区域管理相结合的管理体制。……国务院水行政主管部门在国家确定的重要江河、湖泊设立的流域管理机构(以下简称“流域管理机构”),在所管辖范围内行使法律、行政法规规定的和国务院水行政主管部门授予的水资源管理和监督职责。”《水法》明确了按流域管理水资源是国家对水资源进行统一管理的重要方式,流域管理机构依法受权管理流域水资源,行政区域在水资源统一管理的前提下行使行政区域水资源管理,流域管理与行政区域管理相结合,统一管理与分散管理相结合,根据管理权限行使水资源管理、监督职责。《水法》将流域管理机构的法定管理范围确定为:参与流域综合规划和行政区域综合规划编制;审查并管理流域内水工程建设;参与拟定水功能区划,监测水功能区水质状况;审查流域内排污设施;参与制定水量分配方案和旱情紧急情况下水量调度预案;审批在边界河流上建设水资源开发、利用项目;制定年度水量分配方案和调度计划;参与取水许可管理;监督、检查、处理违法行为,等等。

《水法》确立了“水资源流域管理与行政区域管理相结合,监督管理与具体管理相分离”的管理体制,一方面是对水资源流域自然属性的认识与尊重,体现资源立法中生态观念的提升;另一方面是对政府管制中出现的部门利益驱动、代理人代理权异化、公共权力恶性竞争、设租与寻租等“政府失灵”问题的克服与纠正,体现行政权力制约与管理科学化、民主化的公共管理理念。

二、管理制度

流域作为从源头到河口的天然集水单元,其水资源管理是将上下游、左右岸、干支流、水量与水质、地表水与地下水,以及治理、开发、保护等看作一个完整系统,兴利与除害相结合,运用行政、法律、经济、技术和教育手段,进行水资源的统一协调管理。流域水资源管理要统筹各地区、各部门用水需求,保证流域生态系统优化平衡,全面考虑流域经济、社会和环境效益。流域水资源管理要建立一套适应水资源自然流域特性和多功能统一性的管理制度,使有限水资源实现优化配置和发挥最大综合效益,保障和促进经济社会可持续发展。

流域管理机构代表水利部行使流域管理职责作用不可替代,为促进流域经济发展和社会进步做出重要贡献。随着经济社会发展、市场经济体制逐步建立,传统水利向现代水利、可持续发展水利转变,水资源开发利用投资体制和利益格局多元化,给流域水资源统一管理带来机遇,也产生一些新问题、新矛盾。流域水资源管理法制建设、经济运行机制、权属管理、技术手段等亟须按照市场经济体制的要求进行改革和完善。

流域水资源系统是一个动态、多变、非平衡、开放耗散的非结构化、半结构化系统,涉及水的自然生态系统,与经济社会、人文法规等密切联系,需进一步研究、探索、发展和完善流域水资源管理。

三、管理机构

1. 管理职责

职能是知识、技能、行为、态度的组合，是水行政主管部门职责、职权应起的作用。黄河流域管理机构的主要职能是水资源开发利用、管理、监督、保护、指导和协调，重点抓好流域内全局性的、省际间的、地方难办的事情，为流域内各省（自治区、直辖市）搞好服务。

《水法》明确规定流域管理机构的管理权限来源于国家法律、行政法规和国务院水行政主管部门的授权，负责水利部授权事务，突出流域管理，重点强化流域水资源统一管理、保护职能。

根据《水利部职能配置、内设机构和人员编制规定》（国办发〔1998〕87号）、《关于印发〈水利部派出的流域管理机构的主要职责、机构设置和人员编制调整方案〉的通知》（中央编办发〔2002〕39号）、《水利部主要职责、内设机构和人员编制规定》（国办发〔2008〕75号）精神及国家有关法律、法规，规定黄委为水利部派出的流域管理机构，在黄河流域和新疆、青海、甘肃、内蒙古内陆河区域内依法行使水行政管理职责，为具有行政职能的事业单位。具体职责：负责保障流域水资源合理开发利用；负责流域水资源管理和监督，统筹协调流域生活、生产和生态用水；负责流域水资源保护工作；负责防治流域内水旱灾害，承担流域防汛抗旱总指挥部的具体工作；指导流域内水文工作；指导流域内农村水利及农村水能资源开发有关工作。2018年7月30日中共中央办公厅、国务院办公厅颁布的《水利部职能配置、内设机构和人员编制规定》（厅字〔2018〕7号）开始施行，其中明确规定流域管理机构在所管辖的范围内依法行使水行政管理职责。

2. 机构设置

流域机构是流域管理体制综合、高层次机构，站在流域统一管理的高度，对行政区域水资源进行宏观调配，起到承上启下的纽带作用。流域机构除自身组织外，根据需要设置直属单位，包括防洪、水资源管理、水资源保护、水文、勘测、规划、设计、工程管理等，形成政、事、企三位一体管理组织。黄委在山东、河南设置省、市、县三级河务局，在山西、陕西设置二级河务局，在陕西设置黄河上中游管理局，在甘肃省设置黑河流域管理局，黄委具有水行政管理职能，依法行使水行政管理职责，协调行政区域间水事纠纷。

3. 管理模式

《水法》第十二条规定："国家对水资源实行流域管理与行政区域管理相结合的管理体制。"流域水行政管理必须统筹协调有关地区、部门，理顺各方关系，加强流域水资源的有效管理；流域管理实行宏观与微观、直接与间接相结合的管理模式，积极沟通地方水行政主管部门，充分发挥地方水行政主管部门的优势作用，相互配合、相辅相成，不能片面理解为是相互替代的关系。

4. 事权划分

水资源管理一般经历由行政区域向流域、由分散向综合管理发展趋势，逐步由防灾向开发利用、水污染防治、水环境治理、综合管理转变，统筹兼顾开发利用、节约保护、环境治理。流域管理要确立流域管理体制，核心是流域管理机构设置、职权范围划分。流域管理实施战略规划职能，属高层次管理，考虑全局性水资源开发、利用、保护；行政区域管理实施战术计划职能，属中层次管理，考虑战略规划实施。二者职能层次不同，要各司其职、各尽其责，明确制度、方便操作。流域水资源管理在全国、流域、地方三个层次中非常重要、不可或缺，划分流域与行政区域管理事权，明确流域机构宏观、直管职能，逐步建立管理层次分明、职责明确、各负其责的流域和行政区域管理机构，充分体现流域机构的水资源管理作用，实现流域管理与行政区域管理有机结合。

黄河流域地域广、涉及省份多，水事活动复杂，水资源时空分布不均。流域管理机构代表流域整体利益，协调、处理涉及流域省（区）利益的水行政事务，着重流域水资源规划、水功能区划、标准制定、水资源检测、监督实施等，侧重宏观、控制性、省际协调、监督管理；重点抓好水资源管理具体实施，管理好行政区域水资源，明晰职能分工，各负其责、相互协作，行政区域参与流域管理重大事项决策，充分体现民主协商，为实现流域水资源的统一管理奠定基础、提供保障。

坚持流域水资源统一管理、行政区域规划服从流域规划，流域管理与行政区域管理相结合，流域性问题由流域机构负责，行政区域性问题由地方负责。实际工作中，由于流域管理、行政区域管理界限不够清晰、机制不够完善，流域机构、地方政府、用水户间缺乏及时沟通，缺乏群众、舆论监督，监督体系不健全，流域管理机构协调难度大，缺乏权威、有效的管理手段，导致流域管理效率降低。

5. 流域管理与行业管理

行业管理服从流域管理，部门专用性管理服从流域水资源综合管理，对行业进行区域分类管理，鼓励高新技术产业发展，促进形成生态农业、生态工业，以水资源可持续利用促进经济社会可持续发展，促进生态环境改善。林业、环保、水电等涉及水资源开发利用的部门，是流域管理事权的延伸，按权限履职尽责、相互配合，与流域机构是管理与被管理的关系，必须向流域机构或水行政主管部门申请水资源使用权后从事水资源开发利用管理，按规定缴纳补偿费用，接受流域机构或水行政主管部门的监督管理，共同搞好水资源管理与开发利用。

四、管理要素

1. 管理对象

流域内水、水域、水工程，流域内取水单位、个人、行业，流域内地方水行政主管部门等。

2. 管理内容

流域综合规划、水量、水质管理,河道、湖泊、河口、滩涂管理,水政策、水土保持、水资源综合开发、控制性水工程、水事纠纷管理等。流域机构重点抓好流域内全局性的、省际间的、地方难办的事情,为流域各省(区)搞好服务。

3. 管理方式

法律、行政、经济、工程、技术手段等。

4. 管理主体

国家水行政主管部门、流域管理机构、地方水行政主管部门。

5. 管理核心

规划、监督、协调、控制、服务,即统一规划、统一配置、统一调度、统一监测。

6. 管理目标

合理开发利用流域水资源、防治水害,协调流域经济社会发展与水资源开发利用关系,协调处理流域内地区、部门之间的用水矛盾,最大限度地满足合理的用水需求;监督限制不合理的开发利用活动、污染危害水资源的行为,加强水资源保护,控制水污染发展趋势,实行水量与水质并重、资源与环境一体化管理;统筹规划,合理分配流域内水资源;监督、调度流域内控制性骨干水利枢纽,确保流域内重要河流的安全。

五、存在问题

社会进步、可持续发展对水资源管理提出更高、更新的要求,流域管理面临顺应经济社会可持续发展的压力,需要不断解决流域水资源管理存在的问题。

1. 传统水利不适应社会经济发展

水资源分布不均,南北悬殊,年内差异较大,流域面积大、跨度长,涉及省份多,经济发展水平不一致,利益追求差别大,制约因素、问题不尽相同;水的流动性、流域性等自然属性使处于同一流域的各行政区域用水、排污、防洪等必须得到统筹考虑、综合治理、统一协调,各行政区域管理重点、难点不同,要保持各行政区域协同发展,就要考虑流域整体性、各区段差异性,这也对流域管理提出更高的要求。

传统治水思路以满足人的生存与发展要求为导向,为抗御洪涝灾害的侵扰,运用不同工程手段扩大防洪保护范围,提高保护标准与供水保障标准,增强水资源调控能力,改变时空分布,为社会经济的发展奠定了基础。但单纯依靠工程手段与自然相对抗,忽视水资源的自然规律,将会形成一系列恶性循环,如筑堤防洪超过一定限度,就会水涨堤高,接着堤高水涨;水库过量拦截径流,导致下游河道干涸、排洪能力萎缩等。

2. 流域规划缺乏系统性

《水法》对水资源管理体制，特别是对流域管理与行政区域管理制度作出明确规定，实行流域管理与行政区域管理相结合、流域范围内行政区域规划应当服从流域规划；流域管理具有整体性，涉及流域内生态、环境、资源、经济和社会等相互影响、相互依赖、密切联系的因素。以往流域规划注重水资源利用规划和水利规划，对于生态、环境和资源问题考虑不够，表现为：流域开发社会经济问题是相关部门各自规划的简单组合，表面上是流域统一规划，实际是拼凑而成的，缺乏对防洪、发电、灌溉、航运、供水和生态环境等要素进行综合效益研究，缺乏系统性；相应地，制度上缺乏流域管理与行政区域管理的协调、统一，缺乏有效的调控手段，在流域管理与行政区域管理发生矛盾时，依法管理难以协调、有效、有力。

3. 市场机制不完善

水资源开发投入大、周期长，水利工程往往要承担防洪等公益任务，水价、电价受国家政策调控，不能完全依靠市场；农业、生活、工业等用水福利性低水价政策，使水价格长期与价值严重背离，造成水资源短缺与水资源浪费并存。这些与节约水资源、水环境保护和统一调配水资源的目标相违背，使得水资源合理配置难以实现，水利项目难以通过资本积累实现可持续发展。

4. 管理能力有待进一步提高

水资源承载能力刚性约束作用尚未得到充分发挥，部分地区用水总量逼近甚至超过阶段控制目标，"三条红线"对经济发展转方式、调结构的倒逼作用尚未充分显现；流域内水资源配置工程体系尚不完善，工程建设滞后局面一时难以扭转；水资源管理基础能力较为薄弱，水资源计量监控覆盖率不高，难以为水资源管理考核提供全面技术支撑；节水型社会建设内在动力不足，节水市场机制不健全，全社会共同参与意识不够充分；水资源管理法律法规体系不健全，依法管水、用水、护水法律意识有待增强；流域管理与行政区域管理相结合的水资源管理体制机制有待进一步完善。

六、管理手段

流域水资源管理分行政、经济、法律、技术、宣传教育等手段，不同管理方式各有特点，依法治水是根本，行政措施是保障，经济调节是核心，技术创新是关键，宣传教育是基础。

1. 行政手段

行政手段指各级水行政管理机关依据国家行政机关职能配置、行政法规赋予的组织和指挥权力，对水资源及其环境管理制定方针、政策，建立法规，颁布标准，进行监督协调，实施行政决策和管理，为水资源管理提供体制、组织行为保障，通过有效的行政管理保障水资源管理目标实现。依靠行政权威，运用行政命令、指令，直接指挥下级工作，行政干预具有强制性、权威性、直接性；为搞好水资源管理、开发利用、监督管理，协调各方用水矛盾，果断处理水事纠纷，在尊重水资源客观规律、符合当地实际的前提下，采取强有力的行政手段、发挥政府权威，对水资源管理、开发利用实施有效管理、指导、控制极为重要，效率高、实效鲜明，有利于水资源的统一管理和调度。

《黄河水量调度条例》(国务院令第 472 号)对流域机构、地方政府及部门、水工程管理单位权力、义务、责任给予清晰界定，黄河水量调度计划、调度方案、调度指令的执行，实行地方人民政府行政首长负责制、黄委及其所属管理部门以及水库主管部门(单位主要领导)负责制；实行水文断面流量控制制度，有关省(区)、水库管理单位负责有关重要水文断面下泄流量指标控制。黄委水调局、水文局、水保局、上中游管理局、三门峡管理局和山东、河南黄河河务局等单位、部门参与水量调度管理，形成省、市、县三级水资源管理体系。尽最大可能兼顾各方利益，体现公开、公平、公正，加强沟通、协调，及时通报来水、供需情况，共商对策措施。

2. 经济手段

水资源是重要的自然资源、经济资源，水资源管理是国家实施水资源可持续利用、保障经济社会可持续发展战略方针下的水事管理，具有自然、生态、经济、社会等多重属性，其中经济措施是管好和用好水资源的重要手段。适应市场经济规律，以经济为杠杆，采取多种手段调节水资源分配，促进水资源开发、利用、保护活动合理有序进行，促进合理用水、节约用水，实现水资源、经济、社会、环境协调持续发展的目的。

经过几次调整后的引黄渠首工程水价，整体价格仍低于供水成本，大水漫灌现象普遍存在，循环水利用程度不高，节水工程相对较少、节水意识不强，用水需求增长过快，水资源利用效率偏低。利用经济手段，充分发挥经济机制、市场机制作用，制定合理用水价格，增强用水户节水意识，减少用水规模，抑制用水过快增长，促进水资源优化配置、合理利用和有效保护，征收水费、水资源费、排污费是一种行之有效的水资源管理措施。

3. 法律手段

法律手段是管理水资源和涉水事务的强制性手段，依法管理水资源，维护水资源开发利用秩序，优化配置水资源，消除和防治水害，保障水资源可持续利用，保护自然、生态系统平衡。把水资源开发利用、管理保护的法律作为水资源管理活动的准绳，水资源管理部门主动运用法律武器管理水资源，通过贯彻执行水资源法律法规，调整公众在开发利用、保护水资源过程中的社会关系和活动，依法管理水资源、规范水事行为，实现水资源可持续利用。

法律是国家制定、认可，由国家强制力保证实现的一种社会规范，具有严肃性、准确性、权威性、规范性、强制性、稳定性、平等性，任何组织、个人须无条件服从。《水法》的颁布实施是依法治水、依法管水的重要标志，使水资源管理取得法律保障，弥补行政措施、经济手段的不足，对维护水资源开发利用秩序、强化水资源管理、协调处理水事纠纷、保障水资源管理制度和管理方法的有效实施具有重要作用。正确运用法律手段，保障水资源管理秩序，加强管理系统稳定，有效调节各管理因素的关系，不断提高管理水平和法制观念，真正形成依法管水、依法用水的大环境，促进经济社会可持续发展。

4. 技术手段

技术手段是运用先进技术提高生产率、提高水资源开发利用率、减少水资源消耗、减少水环境损害、减少水污染等，达到有效管理水资源的目的。科技水平决定水资源可持续利用管理目标的实现程度，因此要以科教兴国战略为指导，采用新理论、新技术、新方法，提升水资源管理水平，实现水资源管理现代化。

5. 宣传教育

宣传教育是水资源管理的基础和重要手段，水资源管理、保护与人类活动密切相关。要充分利用各种宣传工具、教育形式，使人们认识到水资源管理的重要性、必要性、紧迫性，通过思想教育途径，增强公众的水资源管理意识，促使公众行为与水资源管理目标相一致。通过宣传教育，让公众了解水资源分布、开发利用现状、开发利用程序、存在问题、计划用水、节约用水等，通过水资源法规、政策的宣传，让公众牢固树立水资源可持续利用的思想观念，从思想上、行动上重视水资源保护，规范水资源开发利用行为。思想教育方法复杂多样，必须采取正确原则、灵活方法，紧密联系实际，以事实说服教育，以情、理结合增强教育效果，采取生动活泼、灵活多样的方式，多层次、多渠道广泛持久地开展思想教育活动，使公众了解水资源管理的重要意义和内容。

6. 管理方法

改革水资源管理机制，进一步理顺流域管理、行政区域管理及相关部门关系，逐步建立权属统一、权责清晰、监管配套、协调有力的水资源管理体系，以流域管理与行政区域管理相结合、水资源权属与开发利用权属相分离为原则，实现水资源统一管理。用水需求管理是水资源开发利用规划和管理的首要环节，综合利用行政、制度、经济、政策等管理手段规范人的行为，目的是控制用水增长速度，核心是改变水资源管理模式，使水资源管理由以供给管理为主的“开发利用型管理”转向以需求管理为主的“节约效率型管理”。随着经济社会发展，用水需求管理仍是解决水资源短缺的长期策略，用水需求管理重点应放在全面推行用水定额、严控用水指标，调整产业结构、限制高耗水产业，推广节水改造、提高用水效率，用经济杠杆促进节约用水、建立节水型社会。合理调配多水源、多用户，从水源区保护、水量分配、水权转让、产业互补方面建立长期、全方位的区域合作机制，完善政策、制度保障，利用行政、工程、技术手段，管好水、用好水，达到合理开发、利用和保护水资源的目的，促进水资源的高效利用。

七、管理措施

十八大以来，习近平总书记提出“节水优先、空间均衡、系统治理、两手发力”新时期水利工作方针，党中央、国务院作出一系列水利改革发展重大决策。水利部围绕中央水利改革发展战略部署，2016 年单独或联合其他部委制定出台水资源消耗总量和强度双控行动方案、水资源用途管制指导意见、全民节水行动计划、水效领跑者引领行动实施方案、水流产权确权试点方案、水权交易管理暂行办法等一系列重要文件，强化和完善最严格水资源管理制度考核，组织开展水资源承载能力评价和监测预警机制建设，加快推进江河水量分配工作和水生态文明建设；加强水资源安全风险防控，加快构建有利于提高水资源配置效率和效益的机制，充分发挥水资源管理红线的刚性约束作用，以用水方式转变倒逼产业结构调整和区域经济布局优化，推动循环经济、绿色经济和低碳经济发展。

1. 向现代水利、可持续发展水利转变

2018年水利部认真贯彻落实习近平总书记提出的“节水优先、空间均衡、系统治理、两手发力”的治水新思路，深入分析当前治水新问题，提出当今治水主要矛盾已从人民对除水害、兴水利的需求与水利工程能力不足之间的矛盾转化为人民对水资源、水生态、水环境的需求与水利行业监管能力不足之间的矛盾，明确“水利工程补短板、水利行业强监管”的水利改革发展新思路，指明水利行业职能调整、体制机制改革的大方向，是解决水资源短缺、水生态损害、水环境污染问题的重要抓手。黄委立足黄河实际，提出并不断践行、完善“治河为民、人水和谐”的治河理念、“维护黄河健康生命、促进流域人水和谐”的治河思路和“规范管理、加快发展”的总体要求，明确实现黄河治理体系和治理能力现代化的奋斗目标。加快发展现代水利、全面推进从传统水利向现代水利、可持续发展水利转变，是党中央、国务院关于西部大开发战略部署要求，也是对东部沿海地区提出率先实现现代化的新要求。改变以往人定胜天、与自然相对抗的治水思路，遵循自然规律，做到人与自然和谐共处、水利与生态共建，强调与河流共存、与洪水共存的理念；以供定需，水利与社会经济发展紧密联系、相互协调；保障社会经济发展，建设综合防洪安全保障体系，完善风险补偿机制；水资源开发、利用和治理注重配置、节约和保护；研究流域管理多层次、多要素的复杂系统特性，注重社会、经济、宣传教育手段与工程性管理多元化结合。

2. 建立统一管理机构

由条块分割管理方式逐步过渡到以流域为单元的水资源统一管理体制，把行政区划分块管理转变为以流域为单元的综合防治和管理，建立流域水资源利用和保护统一管理的权威机构势在必行。流域管理机构应具有明确的法律地位，政、事、企分开，拥有行政管理权、财政专门经费，具有统一管理职能，着眼水资源系统性，充分考虑水资源各要素之间、利益集团之间的复杂关系，从利益团体职能及各子系统自身功能出发，把各子系统关键要素有机组织起来，在此基础上进行决策，并控制系统运行，以达到决策目标。

3. 注重流域规划系统性

流域规划是联系流域管理思想、相关法律法规以及各种流域具体开发、治理和保护行为的纽带，具有多层次、多要素性。多层次即流域宏观层次、区域中观层次和地方微观层次；多要素即水资源开发治理规划、水资源综合利用规划以及与水资源部门规划相结合的规划群。流域规划统一是流域水资源统一管理的基础，流域规划既不能分散规划、互相拼凑，也不能忽视行政区域和部门利益，关键是协调流域内各部门、行政区域之间的关系，形成既有竞争、又有协作的一体化规划。鉴于流域规划是影响流域可持续发展的重要因素，

应赋予流域规划法律效力，违反流域规划应负法律责任。

4. 完善评价体系

评价一般侧重工程技术评价，较为欠缺对流域的系统综合评价。流域管理是动态过程，要实现流域可持续发展就要实行全过程控制，对各个环节实施可持续性评价。通过研究流域战略政策、流域管理活动与流域发展状况之间的关系，研究评价方法和指标，遵循多层次、全过程、综合性原则，建立流域可持续发展评价体系，包括从机构体制评价、战略和政策评价、规划方案和管理工具有效性评价到管理综合效益评价等，对复杂评价对象进行综合评价。

流域水资源管理是为科学、有效地开发、保护、利用水资源而建立的、适应流域自然特性的一系列管理制度，流域水资源管理目标是追求水资源可持续利用，以流域为单元实行一体化管理，合理配置、调整和平衡不同层次利益主体的水环境资源利益和社会经济利益。

5. 提升管理水平

根据《国家节水行动方案》和《实行最严格水资源管理制度考核办法》相关要求，为持续实施水资源消耗总量和强度双控行动，2022 年 3 月 16 日，水利部、国家发展改革委联合发布《关于印发“十四五”用水总量和强度双控目标的通知》(水节约〔2022〕13 号)，明确各省、自治区、直辖市“十四五”用水总量和强度双控目标，首次将非常规水源最低利用量作为控制目标分解下达到各省、自治区、直辖市，确保到 2025 年，全国非常规水源利用量超过 170 亿立方米，预计比 2020 年增加 33%，这对促进非常规水源开发利用，缓解水资源供需矛盾具有重要意义。各省、自治区、直辖市为落实最严格水资源管理制度考核要求，推动建立符合各自实际的水资源刚性约束指标体系，相继出台“十四五”用水总量和强度双控目标通知(方案)，明确 2025 年用水总量和强度双控目标，并将 2025 年用水总量和强度双控目标进一步分解，加快建立区域水资源刚性约束指标体系，落实“十四五”用水总量和强度双控管理要求。

第二节　流域取水许可管理

取水许可是水行政主管部门按照水量分配方案、水资源规划对水资源进行再分配的行为，是调控水资源供求关系的基本手段，将有限水资源宏观调度并将分配方案落实到各个取水口。我国实行流域管理与行政区域管理相结合的取水许可管理体制，流域机构、县级以上水行政主管部门按照授权、分级管理权限，负责取水许可制度的组织实施和监督管理。取水许可制度是水资源管理的基本制度和重要手段，是水量分配方案和用水计划落实的重要抓手，是水资源管理的核心，流域水资源管理由水利部、流域机构、地方水行政主管部门三级管理；流域机构行使水利部授予的本流域部分水行政管理职能，发挥规划、管理、监督、协调、服务作用。搞好流域取水许可管理，建立适应流域水资源管理特点、流域经济发展状况的监督管理制度，加强用水计划管理、申报、审批，促进节约用水快速发展；强化退水水质管理，严控省际断面、重要水文断面流量，重点监控节点取水工程取用水总量，确保维持黄河健康生命水量。坚持地表水与地下水统筹考虑、开源与节流相结合、节约优先原则，实行总量控制和定额管理相结合的制度，搞好用水总量控制和退水水质管理。取水许可监督管理机关应定期现场检查取水单位或个人取、退水情况，重点检查用水计划落实、水调指令执行、批准水量与实际引水、量水设施和节水设施的安装使用、取水月报表统计上报及退水水质等情况。流域取水许可管理是水资源管理、取水许可制度实施的核心，贯穿水资源调查、评价、规划、开发、利用、保护和监测全过程，有利于实现水资源良性循环状态下的合理开发、高效利用、有效保护、强化管理。流域取水许可管理的主要对象是总量控制、重要河段、重要取水工程，主要内容是计划用水、节约用水、退水水质管理。流域取水许可管理主要包括总量控制、计划用水、节约用水、取水许可动态、退水管理等。

一、管理权限

流域一级取水许可管理权限包括指定河段限额以上取水、流域取水许可总量控制两方面，地方各级水行政主管部门取水许可管理权限是除流域管理机构负责取水外的其他取水，对区域用水实行总量控制，具体分级权限由省（区）政府规定。

省（区）取水许可制度对各级取水许可权限进行规定，一般实行省、市、县三级管理，具体管理限额由省（区）根据本省（区）水资源状况确定。

二、计划用水管理

水资源合理配置是人类可持续开发和利用水资源的有效调控措施之一，计划用水是实行流域水资源总量控制、合理配置的基本途径，是实施取水许可制度的主要目标之一。水资源优化配置的原则是公平、效益、协调。公平是指保障全民用水权利；效益是指提高用水效率，充分发挥水资源功能；协调是指保护水资源和生态系统，使人与自然和谐共生。水资源优化配置的目标是兼顾水资源开发利用当前利益与长远利益、不同地区与部门之间的利益、水资源开发利用社会、经济和环境利益，兼顾效益在不同受益者之间的公平分配。实行用水总量控制，是加快推进生态文明建设的迫切需要，是落实最严格水资源管理制度的关键措施。根据流域水资源开发利用、供水情况及流域内各省（区）、各部门、各行业用水需求，在“八七”分水方案和调度年水量分配方案的指导下，编制科学、合理的用水计划，通过计划审批、实施，达到统筹调配水资源、保障和促进水资源可持续利用、维护和协调流域用水的目的。

1. 用水规范化

计划用水管理是指用水计划建议、核定、下达、调整及相关管理活动，作为用水需求和用水过程管理的重要手段，其地位和作用非常重要。严格计划用水管理，出台、完善配套办法，科学制订用水计划，严控追加、考核用水计划，加大工作力度，完善各个环节，实行精细化管理，促进水资源优化配置。(1) 流域用水计划制订以总量控制、以供定需为原则，加大流域节水力度，严格管控流域水资源，严格控制流域用水需求增长态势，保证流域社会、经济、生态环境可持续发展；保持维护黄河下游冲沙、排污、生态环境用水量，维持黄河健康生命；上下游、左右岸统筹兼顾，优先保证居民生活用水，兼顾农业、工业、生态环境用水需求。(2) 流域年度用水计划由当地县级水利部门上报县河务局，自下而上，逐级上报市河务局、省河务局、黄委，由黄委汇总流域用水计划；黄委根据下年度来水预测、水库蓄水、上报的用水计划，制定调度年水量分配方案，报经水利部批准后分配到各省(区)；黄委、省河务局、市河务局实时调度，按期、逐级下达月、旬调度计划，并抄送当地水利部门。严格审核、控制用水户用水计划上报、审批、实施，旬控制月、月控制年，严格总量控制、定额管理，科学、合理利用上级下达的水量分配计划，确保水资源的有效利用。(3) 取用水户根据下达的月、旬用水计划指标，结合灌区旱情、降雨、地势、水库蓄水等安排具体引水时间、引水流量、引水总量；取水许可监督管理部门、供水管理单位不定期监督检查用水户用水计划落实、取水用途情况，深入现场、查看数据资料，确保计划、批复、水量、用途一致；从月、旬水量控制入手，从每次引水开始，加强引水计划、引水过程控制，严控本区域用水总量，逐步扩大至本省(区)、黄河流域用水总量不超过取水许可分配指标，做到计划用水、规范用水。

2. 计划编制

黄河流域取水许可审批水量依据国务院"八七"分水方案、正常来水年份可供水的最大水量，由于黄河来水丰枯交替不定，每个调度年取水量根据黄河来水量实行丰增枯减调度，水利部根据黄河来水年份不同下达黄河可供水量分配方案；取水许可管理部门可根据黄河年度水量分配方案控制取用水户年度用水计划、用水户用水计划总量，按照总量控制要求控制取水计划总量不超过年度许可总量，保障流域冲沙、生态水量及重要断面、省际断面流量。

流域用水计划是根据用水户用水需求、由流域各级管理部门逐级汇总上报数量，用水户用水计划要符合当地用水实际、满足用水定额要求、根据多年用水实际制定，每个用水户用水总量不得超过年、月、旬用水控制指标，逐级控制本行政区域、本部门用水总量，进而达到流域用水总量控制目标。

以流域、行政区域用水总量控制为前提，根据来水预测和生产、生活用水变化，结合用水实际、水平衡测试、用水定额编制用水计划，提高用水计划的科学性、合理性。

3. 计划落实

为保证按照取水许可计划落实水量，从源头控制流域用水总量，黄委根据年度水量分配方案，对照省(区)水量分配计划，下达各月用水计划，将省内重要断面和省界控制性断面作为流量控制断面，各控制断面流量不小于规定断面流量，才能确保取水许可计划真正落到实处。控制省(区)用水总量、断面下泄流量两项指标，基本能够控制省(区)用水总量不超过取水许可总量。

根据每个调度年批复水量分配方案，按照流域统筹兼顾、以供定需原则，制定不同来水年份，尤其是枯水年份，各省（区）各月水量分配方案、具体分配计划；黄委水调局、防办根据年度水量分配方案及上中游水库蓄水、下泄、上中游省份用水、下游省份需水情况，确定年度各省（区）重要断面、省界控制性断面流量，在满足防洪、防凌前提下，优先满足城乡居民生活用水，兼顾农业、工业、生态环境用水以及航运等需要，统一调度水资源，确保取水许可计划的落实。

4．枯水年份水量调整

取水许可水量是黄河正常来水年份分配给各省（区）的水量，山东省又将水量分配到相应市，取水许可水量按照丰增枯减原则进行调整。通常情况下，取水户用水量根据年降雨量进行调整，调整幅度不大，用水量相对固定；遇到枯水年份，需调减取水许可水量，取水户取水量也要相应核减，因此建立枯水年份取水量调整、核减、限制机制非常重要；《黄河水量调度管理办法》（计地区〔1998〕2520 号）第二十八条规定："当黄河流域或某河段出现特别严重旱情，沿河城镇及农村生活和重要工矿企业用水出现极度紧张缺水状况时，由黄河水利委员会提出报告，水利部在 10 天内报国务院批准后，可确定全河或部分河段进入水量非常调度期。"

流域管理机构统一调度全河干支流大型水库，对照调度年水量分配计划，结合降雨情况，按月计划、旬调节方式分配月、旬水量，下达月、旬水量分配计划；调水调沙等特殊时期，及时上报 5 日滚动引水计划，按日调度黄河水量；建立枯水期用水调整、核减和限制机制，灌区根据水闸引水流量，结合枯水年份水量调整情况，采取轮流供水、分时段配水措施，对用水量进行调整，确保关键时段、关键环节用水安全，发挥枯水年份水资源最大效益。

三、节约用水

水资源是国家发展三大战略资源之一，水资源短缺已成为经济、社会发展的严重制约因素，《国民经济和社会发展第十四个五年规划和 2035 年远景目标纲要》明确指出，立足流域整体和水资源空间均衡配置，坚持节水优先，完善水资源配置体系，建设水资源配置骨干项目，实施国家节水行动，建立水资源刚性约束制度，强化农业节水增效、工业节水减排和城镇节水降损，鼓励再生水利用，单位 GDP 用水量下降 16%左右，降低水资源开发利用强度。节约用水是由水资源自身特点、开发利用状况决定的，正常年份黄河可供水量 370 亿立方米，近年来黄河水量偏枯，多数年份分配水量小于正常年份，无法满足用水需求，甚至无法达到取水许可水量；因黄河流量较小，水闸引水困难，无法满足作物生长期用水需求，只能利用其他水源。要实现水资源可持续利用，必须采取工程措施和非工程措施节水，加大投入、加快节约用水进程，实行用水总量和强度双控，促进节约用水工作顺利开展，满足经济社会发展对水资源需求。《取水许可管理办法》（水利部令第 34 号）第二十一条明确，取水审批机关决定批准取水申请的，应当签发取水申请批准文件，取水申请批准文件应当包括用水定额及有关节水要求。

1. 节水目标

水资源紧缺地区以减少水资源无效消耗量，提高水资源利用效率、水的生产效率、供水保证率和水资源承载能力为目标，缺水地区应限制高用水行业发展；水资源丰沛地区以减少污水排放量、减少治污投入、提高水资源利用效率为目标，节水重点对象是用水大户、污染大户。

农业节水发展应与农业产业结构调整、农村小城镇建设及生态建设相协调，依据水资源条件，按不同水平年分地区实行用水总量控制，提出不同水平年节水型农业用水定额指标体系和用水效率控制指标，制定节水方案，落实节水措施；节水重点对象是大型灌区续建配套与节水改造，加大节水目标规划管理和协调，按节水目标规划发展。工业节水以提高工业用水重复利用率和改造高用水工艺设备为重点，提出不同水平年节水型工业用水定额指标体系和用水效率控制指标，节水重点对象是大型企业、污染大户。城镇生活节水要与城市发展和人民生活水平相适应，考虑人口、习惯、资源条件，适当限制水资源需求和供给，节水重点在城市，逐步由城市向城镇推进。通过建设、推广节水设施，逐步控制用水定额，逐步降低用水增长率。

2. 制定节约用水规划

编制节约用水规划的目的是通过节约用水提高水资源利用效率，改进水资源利用方式，减少污染，充分发挥水资源经济、社会和生态效益。根据流域水资源状况、产业结构，结合流域可供水现状和存在的问题，对现状用水水平进行分析评价，调查了解流域各省区、各部门、各行业节水潜力，提出流域供水发展预测、节水措施选用及经济效益论证，制定节水规划总体布局、实施计划。节约用水的核心是提高水资源利用效率，突出节流优先，通过公众参与达到节约资源、珍惜资源、保护环境、高效利用的目的。节约用水规划是水资源综合规划的重要组成部分，制定节水规划、行业节水规范，强调协调发展原则，明确各地区、各行业节水潜力和目标，协调各区域、各部门、局部与全局、近期与远期的关系，根据节水特点编制专项规划，提出切实可行的节水措施和要求。

3. 强化审批与监管

审批建设项目时，把节水作为审查的重要条件，重点审查新、改、扩建取水工程水资源论证报告书中的节水要求，查看其配套节水工程、节水技术等内容；已建项目通过计划用水、计量管理、年度审验等环节，提出节水技术改造、降低用水指标和不同年度节水要求，核定不同许可取水量；农业用水户，通过灌区续建配套和节水改造，提高渠系水利用系数；工业行业取水户，要加大节水投入，水资源重复利用率应高于同行业平均水平。取水单位或个人根据国家技术标准对用水情况进行水平衡测试，改进用水工艺、方法，提高水的重复利用率和再生水回用率。强化取水许可审批、监督管理，全面推进节约用水。

4. 发挥水价杠杆作用

制定合理水价形成机制，探索建立与市场经济相适应的水价，加快由供给水向商品水转变，促进合理用水、节约用水，保护消费者利益；供水水量要按不同行业用水定额合理确定，合理控制用水总量，实行超计划用水累进加价制度。合理调整供水价格，充分利用水价经济杠杆作用，促进节约用水。

流域是一个具有水力联系的系统单元，上游用水对下游具有单一的外部性；易获取水资源的上游地区，用水效率一般较低，而下游平原地区社会经济活动更加集中，水资源供需矛盾愈发突出。如果上下游之间存在节水利益补偿机制，下游地区拿出部分经济补偿与上游节水潜力供给相交换，上游地区利用下游补偿进行节水投资，会使上下游总受益增加。同一地区内部也面临同样问题，水资源投资、受益主体分离，如缺乏相应节水激励体制，某种程度导致水资源开发利用"公地悲剧"的发生。

《水法》第四十九条规定："用水实行计量收费和超定额累进加价制度。"《水利工程供水价格管理办法》（国家发展和改革委员会令第 54 号）第二十条："除向水力发电、生态用水、城乡供水企业供水以外，水利工程向终端用水户直接供水的，应当实行定额管理，超定额用水实行累进加价。"《山东省水利工程供水价格管理实施办法》（鲁政办发〔2006〕90 号）第十六条规定："各类用水均应实行定额管理，对超计划用水实行累进加价。超计划用水在 30%（含 30%）以下的，超出部分按规定水价的 1.5 倍收取水费；在 30%至 50%（含 50%）之间的，超出部分按规定水价的 2 倍收取水费；在 50%以上的，超出部分按规定水价的 3 倍收取水费。如遇严重干旱，农作物需增加灌溉次数时，供水单位应根据水源情况和农业用水户要求，增加供水计划，不得作为超计划用水处理。"

《山东省超计划（定额）用水累进加价征收水资源费暂行办法》（鲁价费发〔2011〕179 号）第十一条规定："超计划（定额）累进加价征收水资源费按照下列标准执行：超计划 10%以内（含）部分，按照当地水资源费标准 1 倍加收；超计划 10%至 30%（含）部分，按照当地水资源费标准 2 倍加收；超计划 30%以上部分，按照当地水资源费标准 3 倍加收。"

水利部《关于加强重点监控用水单位监督管理工作的通知》（水资源〔2016〕1 号）要求："地方各级水行政主管部门要将重点监控用水单位管理纳入最严格水资源管理制度考核。加强用水定额和计划管理，按照先进用水定额标准核定用水计划，定期检查用水计划执行情况，对超定额超计划的用水单位实施水平衡测试，严格落实超定额超计划用水累进加价制度。"

5. 加强许可管理

实行用水总量控制，新、改、扩建工程进行水资源论证时，要明确取水水源、取水总量，审批机关审查取水许可申请时，要严格掌握用水总量不超过"八七"分水方案的分配水量；实际用水过程中，制定农业节水、工业循环水利用措施，增加农业节水灌溉设施，提高工业化水平、"中水"利用效率，合理调配生态用水，及时安装计量设施，强化取水许可管理，采取多种措施，确保用水总量不超过取水许可总量。

四、加强水质管理

《取水许可管理办法》（水利部令第 34 号）第二十条、第二十一条规定：退水中所含主要污染物浓度超过国家或者地方规定的污染物排放标准、退水可能使排入水域达不到水功能区水质标准、退水不符合排入水域限制排污总量控制要求、退水不符合地下水回补要求的，不予批准办理取水许可；取水申请批准文件包括退水地点、退水量和退水水质要求。

严格控制用水流量、用水总量，坚持水量、水质的统一管理，取水许可水质管理要以退水水质监管为重点，不能忽视对退水水质的控制，退水水质统一管理也是取水许可的一项重要内容；取水许可水质管理对污染物浓度、排放标准、水功能区水质、排污总量等进行严格限制，加强退水水质管控，根据监测站网数据，开展退水水质监测、控制；严格控制排污口数量，严格审查审批新、改、扩建取水工程排污口，对退水水质不达标的不予审批，强化污染物排放总量控制。严格退水水质监管，严格审查、核验退水水质数据，不合格的责令取水户限期整改；以退水水质监管为重点，加强取水许可水质管理。

第三节　总量控制与定额管理

我国水资源极为短缺，用水缺乏量化标准和科学合理的定额体系，无节制用水、无管理标准、无分配原则，难以有效遏制水资源的浪费，水资源供需矛盾加剧。2001 年 10 月，时任水利部部长汪恕诚提出我国水资源管理实施总量控制和定额管理相结合的新制度。总量控制与定额管理相结合是水资源管理的重要制度，是节水型社会建设的重要内容、途径和手段，是实施最严格水资源管理制度的重点措施，是落实“三条红线”的具体行动。市、县两级水资源管理“三条红线”控制指标是全面落实最严格水资源管理制度的基础和根本。总量控制落实开发利用红线，从源头控制总用水量，量水而行，实现从供水管理向需水管理转变，根据当地水资源条件、承载能力，合理确定区域经济发展方式、产业结构、城镇规模；定额管理落实用水效率红线，效率优先，是强制性管理措施，从需水角度将总量控制目标细化，为用水总量提供监督和约束；两者从宏观、微观角度把握用水行为，将宏观水量控制与微观效率考核有机结合，实现双线控制。总量控制与定额管理相结合制度是一种自上而下、自下而上、上下互动的管理制度，探索总量控制与定额管理相结合制度的思路、方法和经验，实现用水总量零增长或负增长。

一、概述

水资源总量指标体系用来明确流域、行政区域、部门、行业、单位、企业、灌区水资源使用权指标，宏观上实现行政区域发展与水资源、水环境承载能力相适应；总量控制从用水源头上控制，调控对象是用水分配和取水许可，在充分考虑水资源条件、承载能力、水环境容量等自然条件限制下，从源头上控制不同层次、不同行业用水规模，保证用水总量不超标。采取规划管理、水资源论证、水量分配、取水许可、水资源有偿使用、地下水管理和保护、水资源统一调度等措施，严控总量、管住增量、优化存量，切实保障水资源开发利用控制红线目标实现。

1. 总量控制

总量控制是对用水定量化的宏观管理，根据流域经济发展和水资源特点，确定流域、行政区域用水总量控制指标，协调行政区域用水定额指标，实行流域用水总量控制和定额管理相结合的水资源管理制度。用水总量控制目的是通过提高水资源利用效率，促进水资源的合理开发、优化配置、全面节约，缓解水资源的供需矛盾。用水总量控制是从取用水规模上对水资源开发实行宏观调控，是确保水资源开发利用规模与水资源承载能力、环境承载能力相适应的关键，是实行最严格水资源管理制度、落实水资源“三条红线”的核心。以《全国水资源综合规划》和已有水量分配方案为基础，在确保2015年、2020年和2030年全国用水总量控制在6 350亿m^3、6 700亿m^3和7 000亿m^3以内总体目标的要求下，综合协调不同规划水平年之间、流域之间、行政区域之间用水总量控制指标进行总量分解。用水总量控制指标测算方法主要采取规划指标法和综合平衡法。到2020年，全国用水总量控制红线是，基本建立较为完善的水资源管理制度和监督管理体系，水资源得到合理配置，节水型社会格局基本形成，用水效率和效益显著提高。

将取水许可指标落实到各用水户，按照取水许可水量引水，严格控制用水规模，确保取水许可审批水量不超过黄河最大供水能力，将水资源开发、利用限制在可承载范围内，实现流域经济、社会、环境可持续发展。《取水许可和水资源费征收管理条例》(国务院令第460号)第五条规定：取水许可应当首先满足城乡居民生活用水，并兼顾农业、工业、生态与环境用水以及航运等需要。第六条规定：实施取水许可必须符合水资源综合规划、流域综合规划、水中长期供求规划和水功能区划，遵守依照《中华人民共和国水法》规定批准的水量分配方案；尚未制定水量分配方案的，应当遵守有关地方人民政府间签订的协议。第七条规定：实施取水许可应当坚持地表水与地下水统筹考虑，开源与节流相结合、节流优先的原则，实行总量控制与定额管理相结合。流域内批准取水的总耗水量不得超过本流域水资源可利用量。行政区域内批准取水的总水量，不得超过流域管理机构或者上一级水行政主管部门下达的可供本行政区域取用的水量；其中，批准取用地下水的总水量，不得超过本行政区域地下水可开采量，并应当符合地下水开发利用规划的要求。制定地下水开发利用规划应当征求国土资源主管部门的意见。

以《黄河可供水量分配方案》为依据，以省(区)细化指标为控制，以最严格水资源管理制度为保障，贯彻落实“节水优先、空间均衡、系统治理、两手发力”的治水方针和“水利工程补短板、水利行业强监管”的总基调，围绕“管控总量、调整结构、提高效率、保障生态”的目标，搞好水资源配置。水利部《关于加强黄河取水许可管理的通知》(水资源〔1999〕520号)明确提出，加强黄河取水总量控制管理，按批准的黄河可供水量分配方案实行总量控制。随着引黄用水量不断增加，2002年起在黄河流域率先实施取水许可审批总量控制，即许可各省(区)耗水总量不得超过国务院分水指标，黄委出台的《黄河取水许可总量控制管理办法(试行)》(黄水调〔2002〕19号)，是我国首个规范取水许可总量控制管理的流域性文件，可有效控制引黄规模，保障水量分配方案落实；《黄河取水许可总量控制管理办法(试行)》(黄水调〔2002〕19号)规定，黄委和引黄省(区)各级水行政主管部门审批的黄河取水许可水量之和扣除直接回排到黄河干支流水量后的耗水量，不得超过“八七”分水方案分配给该省(区)的耗水量指标,这是黄河取水许可总量控制的基本要求,黄委负责实行监督管理。2002 年修订的《水法》第四十七条规定,国家对用水实行总量控制和定额管理相结合的制度,2006 年公布的《取水许可和水资源费征收管理条例》(国务院令第 460 号)落实《水法》总量控制和定额管理要求,通过实施取水许可实现国家对用水实施总量控制和定额管理相结合的制度。2011 年,黄委建立水资源管理台账和对接机制,逐年核算各省(区)黄河分水指标剩余情况,对无余留水量指标或用水超红线地区进行预警,实行新增取水区域限制。

《山东省用水总量控制管理办法》(2010 年 10 月 19 日山东省人民政府令第 227 号公布,2018 年 1 月 24 日山东省人民政府令第 311 号修订)第四条规定:"实行用水总量控制制度,应当遵循全面规划、科学配置、统筹兼顾、以供定需的原则,统筹利用区域外调入水、地表水、地下水,合理安排生活、生产和生态用水,促进地下水采补平衡,保障水资源可持续利用。"第八条规定:"用水总量控制实行规划期用水控制指标与年度用水控制指标管理相结合的制度。年度用水控制指标不得超过规划期用水控制指标。"

2. 定额管理

水利部《关于加强用水定额编制和管理的通知》(水资源〔1999〕519 号)首次在全国范围内系统、全面部署开展各行业用水定额编制和管理,2003 年开展全国农业用水灌溉定额调研。定额管理制度体系、措施、实施保障、实施效果评价得到不断补充,分级管理、用水指标、用水报表、超定额加价等制度得到不断完善,政策、经济、技术、体制与科技创新保障定额管理措施得到不断落实。

实现总量控制目标的关键是定额管理,根据行政区域地形地貌、气候条件、经济发展水平,结合种植结构、节水灌溉技术、工业改造水平,制定本行政区域用水定额,如 2015 年、2019 年《山东省主要农作物灌溉定额》,对山东省范围内农作物灌溉定额进行界定,对不同地区进行农业水利分区。定额管理是强制性管理措施,强力推进用水定额管理,对超计划、超定额用水,采取致函提醒、核减水量、限制取水、超量加价等调控手段,抑制不合理用水需求,促进用水定额在农业、工业用水领域广泛实施。

用水定额是指在一定技术条件、管理水平下,为合理利用用水资源而核定的水消耗、占用标准,是单位时间内单位产品、单位面积或人均生活所需用水量。随着科技发展、社会进步、生活水平提高,工业、农业节水技术不断进步,用水定额也会逐渐降低,但生活用水定额将会有所增长;丰水年、干旱年交替变换,不同地区、不同年份、不同季节、不同作物、不同土壤、不同节水技术条件下农业用水定额有所不同。制定不同行业、不同生产工艺用水定额,细化各地区对不同行业、不同工艺再生水重复利用率,以便分析建设项目用水是否合理、水循环利用率是否满足行业要求。

编制用水定额遵循完整性、系统性、先进性、节水性原则,用水定额涉及农业、工业、生活等各行业,需逐步细化到具体用水对象。工业用水定额是为完成单位数量产品必须消耗的水量,需根据产业结构、需水特点、节水工艺、节水措施、节水设施、回水利用等确定产品用水定额;生活用水定额是指居民日常生活每天消耗的水量;灌溉用水定额是作物在全生育期内单位面积灌溉用水量,体现水资源利用、管理水平及用水过程的合理性、先进性,需根据降雨量、灌溉方式、作物需水特点确定作物用水定额。

3. 总量控制、定额管理联系

用水总量控制和定额管理是宏观层次管理与微观层次管理的关系，两者相辅相成、不可分割，共同促进水资源的统一管理。用水总量控制是水资源管理的目标，定额管理是实现用水总量控制的手段和保证，为用水总量控制服务。黄河流域各地区、行业、部门用水定额是测算流域用水总量的基础，是进行可供水量指标分配进而实现总量控制的手段。总量控制调控对象是水权分配和取水许可，定额调控对象是用水方式和用水效率，两者是水资源宏观管理和微观控制的关键性指标，是实现水资源优化配置、计划用水和节约用水的基本依据和指标，是建立节水型社会的主要调控手段。用水总量控制是对用水定量化的宏观管理，主要根据流域经济发展和水资源特点，确定流域和行政区域用水总量控制指标，协调行政区域用水定额指标，实行流域用水总量控制和定额管理相结合的水资源管理制度；总量控制要求用水分配、取用水总量在控制范围内，控制和指导用水合理分配、取水许可证颁发和执行；定额管理要求各层次、各行业使用高效率的用水方式，满足节水型社会的节水目标。总量控制是用水源头控制，以自然为本，充分考虑水资源条件、承载能力和水环境容量，对不同地区实行不同总量控制；定额管理是用水过程控制，以人为本，考虑经济收入水平、生活习惯、灌溉方式等人为因素，制定各层次、各行业用水定额。

取水许可是联系总量控制与定额管理的桥梁，起着重要的协调作用，自上而下约束总量配置，自下而上约束从定额到总量分配的过程，总量中考虑定额影响，定额中考虑总量约束，做到总量控制、定额管理，取水许可同步性、一致性，实现总量配置、总量管理，定额编制、定额管理各环节相互衔接，从制度、技术、管理层面为节水型社会提供支撑。

“十四五”期间，以用水总量和强度双控为目标，实施深度节水控水行动，降低水资源开发利用强度，提升水资源优化配置和水旱灾害防御能力。实施农业节水灌溉、提升工业用水循环利用效率、合理利用再生水，以定额管理为核心，严格控制用水总量、用水强度，促进节水目标实现。

二、总量控制实施

1. 总量控制依据

取水许可总量控制依据，对地下水而言是行政区域内地下水最大可开采量，对地表水而言是江河流域水量分配方案。《黄河取水许可总量控制管理办法（试行）》（黄水调〔2002〕19号）规定，黄河取水许可总量控制是黄委、引黄省（区）各级水行政主管部门审批的黄河取水许可水量之和，扣除直接排到黄河干支流水量后的耗水量，不得超过国务院批准的黄河可供水量分配方案分配给各省（区）的耗水量指标。黄河取水许可总量控制依据水资源规划、中长期供水规划和“八七”分水方案，确定取水许可总量指标；各省（区）取水许可指标是考虑黄河天然生态用水、汛期河道冲沙用水、河道自然蒸发渗漏水量、重要控制断面下泄水量后，可用于国民经济发展的耗水量，不得超过“八七”分水方案分配给各省

（区）取水许可水量指标。

2. 总量控制体系

黄河是七大江河中第一个制定并实施水量分配方案和总量控制的流域。1987年，国务院批准实施《黄河可供水量分配方案》，将黄河多年平均可供最大耗水量370亿 m^3 分配到各省（区），逐步形成以取水许可为主要手段，计划配水、分级管理、分级负责、多层次、多口径总量控制体系。

各用水户必须按照《黄河可供水量分配方案》分配水量，实行取水许可审批总量控制、年度用水总量控制，综合考虑取水许可水量、实际用水量以及当地发展要求，以用水定额为依据，编报年、月、旬用水计划需求，从各个时间段控制用水总量；黄河可供水量分配方案是考虑输沙用水、生态用水后制定的流域总量控制指标，流域相关各省（区）要严格控制用水总量，以供定需，以用水总量、取水用途、断面流量监管为重点，严格用水计划和取水用途管理，严格控制年度引水总量在计划分配指标以内。

总量控制体系分为两个方面、四个层次。两个方面，即取水许可审批总量控制、年度用水总量控制。四个层次：按照流域水资源承载能力确定可供国民经济各部门分配的供水总量，即先扣除流域生态用水后确定全流域总量控制目标；根据供水总量，考虑现状用水情况、发展潜力对流域各行政区域分配初始水权，以用水定额为基础测算需水量、进行供需平衡分析，确定省（区）使用权、取水许可总量；省（区）根据初始水权分配进行二次、多次分配；根据用水户申请、用水定额测算分解到各取水单位，直接分配给用水户，确定各用水户许可水量、年度用水计划。

总量控制指标体系分为目标性指标、动态指标和考核指标，目标性指标是取水许可总量，动态指标是总量控制实施过程、效果监控性指标，考核指标是定额管理在流域和区域层面的反映，多以产品或实物量定额为主，类似节水指标，有别于用水定额标准。

3. 总量控制对象、范围、目标

控制对象包括主控对象、辅控对象。主控对象为在多年平均来水条件下取水户年度最大许可水量（取水许可证明确的许可水量），辅控对象包括水资源可利用量和耗水量。控制范围为纳入取水许可发证范围内的取用水户，即取用黄河干流、支流地表水及河道范围内地下水用水户，对其生活、生产、生态环境取水总量予以控制。控制目标为在流域水资源综合规划和水量分配方案基础上，提高水资源利用效率和效益，通过协调、平衡，拟定流域和省市两级总量控制指标体系；以用水总量控制为核心，加强用水计量、用水统计和农业节水补偿制度建设，形成流域水资源统一管理制度体系；建立政府调控、市场引导、公众参与的节水型社会管理体制，建立流域水资源统一管理与行政区域城乡水务一体化水资源管理体制，保障水资源的有效管理。

4. 总量控制权限

黄委在黄河流域内行使水行政主管部门的职责，负责黄河取水许可制度的组织实施、监督管理，对引黄省（区）取用黄河水实行总量控制；委属有关管理机构，按照管理权限，负责辖区取水许可总量控制的审核。黄委负责河北、天津取水许可总量控制;引黄省(区)水行政主管部门根据管理权限,负责辖区取水许可总量控制管理,接受黄委的监督管理。

5. 总量控制指标分解

用水总量控制指标制定遵循可持续利用、现状优先、生活生态基本用水优先保证,以及统筹协调、民主协商、经济合理原则,目的是贯彻落实科学发展观,以水资源管理方式转变引导经济结构调整及产业布局优化,协调区域用水关系,建立水资源配置、节约、保护、绩效监督和评价体系,保障城乡生活、生产、生态用水安全。

流域总量包括流域干、支流地表水量和流域范围内地下水量,按照流域可供水量,根据“八七”分水方案对流域用水总量进行逐级分解。流域管理机构分解到流域各省(区),各省(区)统筹考虑地表水、地下水、生活用水、工业用水、农业用水、新建项目取水等需求,再分解到各行政区域,分级指标可低于上级下达指标,不得突破取用水总量控制指标;根据落实最严格水资源管理制度和统筹协调、综合平衡、留有余地原则,流域管理机构、省级水行政主管部门可预留部分水量,作为应急用水。

6. 新增许可总量控制

实行年度增量控制指标审批,新增农业用水不批、新增工业用水按微增长控制、新增生活用水按刚性微增长控制,依据区域水量分配方案、用水协议、建设项目水资源论证、水资源费征收等,考虑水资源、水环境承载能力及社会发展需求,鼓励通过节水挖潜和水权转换实现用水结构调整,严格控制不合理增长。

实行取水许可备案、公告制度,流域管理机构和省级水行政主管部门审批的取水许可不得超过流域取水许可总量;流域管理机构年初核定省(区)取水许可总量和余量指标,征求取水工程所在省级水行政主管部门意见后审批取水许可。省级水行政主管部门年初核定下级行政区域取水许可总量和余量指标,无取水许可余留指标的省(区),不得新批取水许可;省级水行政主管部门审批取水许可时要经流域机构审核,审批的取水许可总量不得超过各行政区分配的取水许可总量;下级水行政主管部门审批的取水许可应向上级备案,省级水行政主管部门应向流域管理机构备案,流域管理机构、省级水行政主管部门对审批的取水许可进行公告。

7. 年度许可总量控制

根据取水工程年取水计划编制本行政区域年度取水计划,逐级汇总报送至流域管理机构;流域管理机构根据流域降水、来水预测、水库蓄水情况,结合各地上报的年度需水量,按照流域水量分配方案平衡后,上报年度水量分配方案,经水利部批准后,下达各省年度用水计划指标,经过逐级分解,下达至各用水户;各用水户根据下达的用水计划安排年度引水计划;未按规定办理取水许可申请的建设项目,不得分配引水指标。

8. 总量控制方案

《山东黄河水资源管理总量控制工作方案》(鲁黄水调〔2017〕9 号)要求:(1)加强源头

管控。各市、县(区)河务(管理)局是黄河取水许可监督管理的责任主体,必须严格按取水许可规定进行水量分配和调度,严禁无证取水。一是加强源头管控,以取水许可为依据,保障持证用水户的合法权益,无证取水申请不予审批;二是加强取水许可事中事后监督检查,严肃查处无证取水、超许可取水以及擅自改变取水用途等行为;三是加强重点用水户水量监控,达到或接近许可水量时,采取措施限制其引水。(2)强化用水计划管理。一是严格执行《黄河水量调度条例》等规定,落实各级调度责任。要进一步加强用水计划建议审核工作,科学核算用水户上报的用水计划,提高用水计划建议申报精度;根据年度用水计划和月旬调度方案,及时把水量分配到各用水户;统筹考虑全年用水计划,特别是加强汛期用水计划管理,为非汛期和用水关键期留余指标,为年度用水总量控制打好基础;落实各级监督管理职责,加大对用水计划执行情况的监督检查力度,切实维护水量调度计划严肃性;市、县(区)河务(管理)局要结合实际情况,制定总量控制具体措施,细化至取水口、用水户。二是加强用水过程监管,提高用水计划执行力度。加强用水水量统计分析,建立用水户用水台账,根据实际用水量及时向用水户及当地政府通报年度指标余留情况,超过年度计划70%时,市局向相关县(区)政府及用水户致函提示,超过年度计划90%时,省局向相关市政府致函提示;对用水总量接近或超过年度计划的用水户,严格限制引水或停止供水。三是加强用水计划定额管理。一方面督促用水户特别是用水量较大的大型灌区上报用水计划时,要以定额水量为依据,防止出现随意夸大用水需求,用水计划与实际用水脱节的现象;另一方面要利用定额核算用水户用水量,对实际用水与定额水量相差过大的用水户,对同一地区不同灌区用水量有较大差异、不同地区相似灌区用水量有较大差异的要加强跟踪分析,严查偷水、漏水、农水工用等违规引水行为。(3)做好实时调度。提高调度精准度,及时准确掌握黄河水情和所辖范围内的雨情、旱情、土壤墒情等信息,根据大河水情分析涵闸引水能力,随雨情、旱情动态发展及时调整引水流量,实现精准调度;提高用水申报预见性,每周二、周五进行引水流量调整,市、县(区)河务(管理)局要加强用水户用水申请的审核、把关,其他时间一般不予调整;提高调度时效性,严格遵守水量调度值班纪律,保证信息畅通,根据调度指令及时调整各取水口引水流量;提高调度指令执行力,水量达到设计指标额度时及时关闭闸门,根据黄河水情及时调整闸门开启高度,引水流量不得超过控制流量的±5%。(4)强化监督检查。各单位按所辖范围开展水量调度监督检查,采取"飞检"、专项检查和驻守督查等方式进行;增加"飞检"频次,坚决查处无证取水、擅自改变取水用途和"跑冒滴漏"等行为,并作为今后工作的重点全力推进;各市、县(区)河务(管理)局要按照省局"飞检"制度要求实现全覆盖,对重点用水户实行全程跟踪检查;要加强测流测沙、调度指令执行情况等工作的检查,严肃水调工作纪律,强化痕迹化管理,做好"飞检"督查活动记录,对发现的问题及时下达整改通知。

附件:

"飞检"是针对部分单项工作开展检查,主要采用"四不两直"方式,即对检查对象不发通知、不打招呼、不用陪同接待、不听汇报,直奔基层、直赴现场。

《计划用水管理办法》(水资源〔2014〕360号)第十九条规定:"用水单位月实际用水量超过月计划用水量10%的,管理机关应当给予警示。用水单位月实际用水量超过月计划用水量50%以上,或者年实际用水量超过年计划用水总量30%以上的,管理机关应当督促、指导其开展水平衡测试，查找超量原因，制定节约用水方案和措施。”

《山东省用水总量控制管理办法》(2010 年 10 月 19 日山东省人民政府令第 227 号公布，2018 年 1 月 24 日山东省人民政府令第 311 号修订)第十四条规定：“设区的市、县(市、区)的万元国内生产总值取水量、万元工业增加值取水量及农业节水灌溉率等指标未达到国家和省考核标准的，应当相应核减其下一年的年度用水控制指标。”

三、定额管理实施

水资源定额指标体系用来规定单位产品或服务用水量指标，通过控制用水方式、提高水资源利用效率和效益，达到节水目标；定额管理是用水过程控制，实施对象是用水方式和用水效率，考虑现状经济收入、生活习惯、灌溉方式等人为因素，严格约束用水环节，制定各层次、各行业用水定额，使用效率较高的用水方式，满足节水型社会建设目标。

1. 制定用水定额

编制用水定额、加强用水定额管理是水资源管理的基础性工作。1999 年以来，各地开展用水定额编制实践，各省(区)相继出台用水定额标准，有效促进水资源管理和节水型社会建设工作开展。从实践来看，用水定额编制和管理工作不够紧密，普遍存在体系不完整、数据偏差大、标准“一刀切”、可操作性不强、更新不及时等问题，如 2007 年出台《用水定额编制技术导则(试行)》，2016 年才进行了修订。各级水行政主管部门要根据本地区技术经济条件和水资源状况，参照国家有关技术标准和技术导则要求，制定行业综合用水定额或产品用水定额，经省级政府批准下发；行业综合用水定额或产品用水定额不得超过国家标准，并不断更新完善。

2. 加大审查力度

用水合理性分析是通过建设项目用水工艺、水平衡和用水指标分析，评判建设项目用水水平，分析建设项目节水潜力，提出有针对性和可操作性的节水措施和建议。取水许可审批时，要加强对取水工程用水工艺、用水合理性的审查，用水定额不得超过当地省级定额标准，逐步向先进地区或行业用水定额标准靠近。

3. 监管审查

水利部《关于严格用水定额管理的通知》(水资源〔2013〕268 号)明确规定：“各级水行政主管部门要将用水定额作为节水评价考核的重要依据，鼓励企业内部按照先进用水定额进行考核管理。”在取水许可监督管理和年审时，对超过用水定额的用水大户，监督管理机关应会同有关部门责令其限期改正、改进；逾期未达标的，核减其用水量。

4. 调整用水定额

强化用水定额动态管理，随着国民经济和社会的发展，要及时修订、调整用水定额；各级各部门要加大科技投入力度，增大用水科技含量，提高用水效率，降低用水总量，逐步向节水型社会迈进。

四、总量控制措施

1. 制定水量分配方案

根据“八七”分水方案，优化行政区域水量分配方案，作为取水许可总量控制的依据；根据当地多年用水情况、水资源规划，结合黄河年度可供水量分配方案，及时调整本行政区域水量分配方案。

2. 许可总量控制

加强取水许可动态管理，定期公告流域、本行政区域取水许可情况，强化计划上报、审批，严格控制引水流量、引水总量，注重引水过程监管，严格控制取水许可总量。黄委在2005年换发取水许可证时，首次按照总量控制管理办法、近5年各省(区)实际引黄水量，实行总量控制动态管理，重新确定各省(区)引黄总量控制指标，核定取水许可水量。

3. 严控许可审批权

黄委审批黄河干流，省级水行政主管部门审批黄河支流取水许可，审批取水许可总量不超过“八七”分水方案分配给各省的许可总量。取水许可审批过程中，尤其是水资源供需矛盾突出的流域、行政区域，要严格取水许可审批权，严禁乱批滥发取水许可证；取水许可审批权限集中在流域管理机构、省级水行政主管部门，流域派出管理机构、省级以下水行政主管部门仅实施监督管理，不实施取水许可审批。

4. 严禁超指标引水

水量调度中，严格按照年度水量分配方案控制，按时上报用水计划，根据审批的用水计划引水，严格控制引水流量、引水时段、引水总量。当实际用水量超过一定比例时，发函提醒、限制引水；实际耗水量超过分配指标的省(区)，立即停止引水。

5. 处罚措施

严控无证引水、农水工用，严禁超指标引水；对没有余留水量指标、连续两年实际耗水量超过年度可供水量分配指标，超分配指标审批、越权审批、发证的，核减下年度分水指标，暂停受理、审批取水许可、发放新取水许可证，暂停新、改、扩建涉及取用黄河水的建设项目审查、上报立项；暂停新增取水许可申请、审批。

近年来，通过采取节水措施、利用非常规水源和水权转让方式解决项目用水问题，成为黄委审批取水项目新常态。严控总量、管住增量、优化存量、动态管理，让最严格水资源管理之风吹遍大河上下。

第四节　金堤河水资源

一、金堤河概况

1. 概述

金堤河是黄河下游左岸的一条重要支流，属平原坡水河道，是河南省东北部一条重要的排涝河道，也是豫、鲁两省边界河道，发源于河南省新乡县荆张村排水沟口，上游先后为大沙河、西柳青河、红旗总干渠。干流起自河南省安阳市滑县耿庄，流经河南省新乡、鹤壁、安阳、濮阳和山东省聊城等5市12县（延津、封丘、新乡、卫辉、浚县、长垣、滑县、濮阳、范县、台前、莘县、阳谷），在河南省台前县张庄入黄河，是历史上的黄河故道。由于黄河多次决口改道，洪水漫滩，形成岗洼相间地形，坡洼、沙岗较多，河道宽浅，排水不畅。五爷庙以上多为坡洼，主要有大沙河、道滑坡、宋庄坡、白马坡、金堤二节及卫南坡等；五爷庙以下，多为宽浅黄泛冲沟及自然坡洼。河源至河口高差近30 m，平均比降1/5 000，下游河段坡度平缓，为1/10 000～1/15 000；张秋至张庄闸10 km河道呈1/4 000倒比降，洪涝水集中在北金堤滞洪区末端。金堤河是北金堤和临黄堤之间唯一一条排涝河道，从滑县耿庄到台前县张庄为金堤河干流河道，年均流量8.9 m^3/s，年均径流量2.81亿m^3，干流全长158.6 km，其中：高堤口以上至耿庄78.6 km均在河南境内；下游高堤口至张庄闸河长约80 km，20 km在河南境内，60 km在山东聊城境内。金堤河南岸筑有南小堤，北临北金堤，流经河南范县、台前和山东莘县、阳谷4县，沿岸豫、鲁两省土地穿插交错，形成省际、县区间和上、下游矛盾与水事纠纷，灌溉用水、防洪排涝等无法得到统筹安排，生产管理不便，影响金堤河规划和治理。

中华人民共和国成立前，金堤河很少得到治理，唯在下游有引水工程；1885年（清光绪十一年）张秋建闸，引金堤河水以济运河。中华人民共和国成立后，为防御黄河特大洪水，1951年将流域中下游辟为北金堤滞洪区，1958—1960年间建成竹节式平原水库，最大蓄水量为0.82亿m^3，蓄水后问题较多，1962年废除，1963年恢复金堤河自然流势。

2. 历史变迁

金堤河并非古河道，由历史上黄河迁徙、决泛产生。据史料记载，北金堤以南原有河道，在多次黄河决泛中，有的被侵占，有的被淤塞，成为洼淀，一遇大水，由于北金堤阻挡，水流沿北金堤向东北流，久而久之形成泛道。公元1453年（明景泰四年），徐有贞开挖广济梁，自张秋至北河口引水济会通河，成为金堤河的基础。1855年（清咸丰五年）黄河铜瓦厢决口北徙后，30年未修新黄河堤，有汛必左溢，汛期黄河洪水沿北金堤向东北流，从陶城铺入黄河，水大溜急，冲刷力强，遂成坡水河道。由于沿河逐年取土修筑北金堤，加深了坡水河槽，形成金堤河前身。1938年，黄河决花园口夺淮入海后，金堤河成为排涝河道，黄河以北的坡水上自长垣、封丘、延津，逐渐向金堤河集中，形成黄河下游较大的一条支流，因平行北金堤下泄黄河故道，故称金堤河。

20世纪50年代初，黄河下游堤防防御标准为陕州（今河南省三门峡）站流量18 000 m^3/s为目标；1951年4月30日，原中央人民政府政务院决定：在中游水库未建成之前，在北金堤以南地区、东平湖区分别修建滞洪工程，以削减洪峰，保障安全。

1960年三门峡水库建成后，一度停止使用北金堤滞洪区，工程曾遭到不同程度破坏。1963年11月，国务院决定：当花园口超过22 000 m^3/s洪峰时，要向北金堤滞洪区分滞洪水，以控制孙口流量最大不超过17 000 m^3/s，同时决定大力整修加固金堤，自此恢复北金堤滞洪区。

1975年8月，北金堤滞洪区进行改造，修建濮阳南关渠村分洪闸，废除石头庄溢洪堰；1978年建成渠村分洪闸，56孔，设计分洪流量为10 000 m^3/s，采取闸门控制分洪。在金堤河汇入黄河处，建有张庄入黄闸，设计泄洪流量为620 m^3/s、设计滞洪退水和倒灌分洪能力均为1 000 m^3/s。1974—2010年，金堤河每隔三四年发生一次较大洪水，防洪、排涝成为金堤河主要问题，频繁发生洪涝灾害是地域间产生矛盾的根源。

二、水文气象

金堤河流域地处中原，气候温和，土地肥沃，属暖温带季风型气候，受季风环流影响，四季分明。若用干湿季划分，每年10月至翌年5月为干季，7至8月为湿季，6、9月为干、湿过渡月份。年平均气温为13.7℃，最高为42.6℃，最低为－19.9℃，年温差为29.5℃，无霜期210天，光照相当充足，全年日照时间为2 500～2 600小时；多年平均降雨量为606.4 mm，多年平均蒸发量为1 109 mm（E601蒸发皿），蒸发量年际变化不大、年内变化较大，最大月蒸发量多出现在5—6月份，干旱持续时间较长；适宜耕作，为重要粮棉产区，主要作物为小麦、玉米、棉花。

降雨特性：时空分布不均，旱涝交替出现。从地域分布看，上游降雨比下游降雨略为充沛；从年际分配看，同一测站年降雨量一般相差2.5倍以上，特殊时期相差近5倍，如最大年降雨量为1 158 mm（五爷庙站，1963年），最小年降雨量为199.3 mm（白道口站，1978年），最大降雨量为最小的5.8倍；从年内分配看，降雨分配更不均匀，69.5%～71.7%（部分年份高达93.5%）降雨集中在6—9月四个月份，多年平均降雨量为370.1～412.0 mm，而7、8两个月又占这四个月份的70%左右，最多达76%，常以暴雨形式出现，往往集中在一次特大暴雨或几次较大暴雨中，最大24 h点雨量为310.6 mm（五爷庙站，1963年8月），相当于流域平均降雨量的一半，占该年该站降雨量的26.8%。每年洪水大多是由主汛期几次降水形成的。

金堤河流域夏季受西太平洋副热带高压控制，水气充沛，冷热气团交替出现，雨量较多且集中，多锋面雨和气旋雨。冬季、春季受西伯利亚冷高压控制，雨雪稀少，风多干冷，空气干燥，干旱持续时间较长，造成流域冬春少雨雪，汛期多暴雨，春旱、夏涝、秋又旱，旱、涝、大风、暴雨、霜冻和干热风等气象灾害频繁交替出现。长期以来，流域缺乏治理，地势起伏不平，水系紊乱，洪水漫流，面上排水工程不配套，极易形成洪涝灾害，多年平均涝灾面积为 34.7 万亩①;流域旱情较为严重,多年平均干旱指数为 2.14,秋季为 1.34,麦季为 3.89,麦季干旱尤为严重。多年平均旱灾面积为 90.4 万亩,1986 年旱灾面积达到 198.1 万亩。遇特殊丰水年(1963 年)和连续丰水年(1961—1964 年),或遇特殊干旱年(1978 年)和连续干旱年(1975—1978 年),则旱、涝威胁更为严重。常年主导风向是南风、北风,年平均风速为 2.7 m/s,汛期多年平均最大风速为 11.57 m/s。

三、金堤河干流分段

根据河道自然特点,金堤河干流大致分为 4 段。

1. 耿庄至五爷庙

河段长 27.7 km,区间流域面积为 1 855 km^2,连同耿庄以上累计流域面积为 1 105 km^2,共计 2 960 km^2。本段汇入的最大支流为黄庄河、贾公河和分洪道,其中:黄庄河(包括柳青河)流域面积为1 300 km^2,贾公河和分洪道流域面积也在 100 km^2 以上。该段河道河槽浅小,淤积严重,排水不畅,是有名的白马坡老碱地。

2. 五爷庙至高堤口

河段长 50.1 km,区间流域面积为 1 270 km^2,高堤口以上累计流域面积为 4 230 km^2。近期工程实施后,河道断面宽度为 75~105 m,河道比降为 1/11 000。本段干流河道大部分靠近北金堤,支流较多,均从右岸汇入,状如木梳。流域面积最大的是回木沟,为 205 km^2;流域面积 100 km^2 以上的还有三里店沟、五星沟、水屯沟、董楼沟、胡状沟、房刘庄沟、青碱沟等。该段河道由于引黄灌溉等,河道淤积严重、排水不畅。

3. 高堤口至古城

河段长 31.8 km,区间流域面积为 474 km^2,古城以上累计流域面积为 4 704 km^2。该段河道宽浅,河槽不明显或呈浅沟状,滩地宽度为 500~1 000 m,近期工程实施后,河道断面宽度为 75 m,河道比降为 1/9 356。区间最大支流为孟楼河,流域面积 349 km^2,东西贯穿范县;流域面积 100 km^2 以上的还有濮城干沟、总干排。高堤口以下河道南岸修有南小堤,北岸明堤至贾垓有北小堤。

4. 古城至张庄

河段长 49.0 km,其中:河南境内长 12 km,山东境内长 37 km,区间流域面积 343 km^2,张庄以上累计流域面积为 5 047 km^2。近期工程实施后,古城至梁庙间河道底宽为 65~90 m,梁庙至张庄河槽底宽为 10~65 m,河道比降为 1/16 480。本段河道干流以南至临黄大堤之间的三角地带内支沟较多,均从右岸汇入,规模相对较小,流域面积均在 100 km^2 以下,较大的有张庄沟、刘子鱼沟、梁庙沟、庙口沟等。该段河道受黄河顶托,

① 1 亩合 666.7 m^2。

淤积严重。黄河逐渐淤高，金堤河水被顶托的机会越来越多，回水长度日益增加，三角地带洪涝水受南小堤和闸门控制，发生较大洪涝水时干流水位高，三角地带洪涝水在滞洪时暂不能排入金堤河。

四、金堤河洪水

金堤河洪水一般发生在6—10月，范县站是金堤河最后一个水文站，其20年一遇设计洪峰流量为780 m^3/s。1963—1986年间，范县水文站年最大流量超过200 m^3/s的，分别为1963年608 m^3/s、1967年258 m^3/s、1969年374 m^3/s、1970年227 m^3/s、1974年452 m^3/s、1975年231 m^3/s。1986—1992年金堤河流域降雨偏小，未形成超过200 m^3/s的洪水。1993年以来典型洪水情况如下。

1. 1993年洪水

6月下旬至8月上旬，金堤河流域连续降雨，金堤河范县站出现3次洪峰，洪峰流量分别为7月3日66 m^3/s、7月16日68.7 m^3/s、8月9日81 m^3/s，7月1日至8月19日范县站径流量为1.48亿 m^3，68%的堤身偎水，偎堤水深2～4 m、最大5.8 m，42.00 m以上水位持续39天。

2. 1994年洪水

1994年7月范县站接连出现4次洪峰，流量分别为85、105、110、105 m^3/s，6月27日—7月26日范县站径流量1.6亿 m^3，其中：最大洪峰出现在7月18日；偎堤长59.2 km，占堤防总长的71%，偎堤水深2～4.5 m。7月16日明堤闸、张庄闸、张秋闸、道口闸、东池闸先后开启，至8月31日累计排水1.4亿 m^3。

3. 2000年洪水

7月4日至7日金堤河流域连降中到大雨，局部大暴雨，平均降雨量为177 mm，上官村站最大点降雨量为270 mm；7月7日20时范县站最大洪峰流量为276 m^3/s，54 h内河水暴涨2.33 m，水位比1974年最高水位45.47 m(相应流量452 m^3/s)高0.35 m，7月5日至19日范县站径流量为1.54亿 m^3。7月12日8时，张庄闸最大排水流量253 m^3/s，至7月27日泄水入黄1.07亿 m^3。洪水期间，金堤河水面宽300～500 m，66.7%的堤身偎水，水深一般为1.5～3.8 m、最深为5.5 m。

4. 2003年洪水

8月下旬、10月中旬，金堤河流域普降大到暴雨，金堤河发生2次较大洪水。范县站8月29日洪峰流量为110 m^3/s，10月13日20时为143 m^3/s，北金堤41.3 km堤防偎水，偎堤水深一般为1.5～3.15 m、最大为5.0 m。

5. 2005年洪水

受台风“海棠”影响，7月下旬金堤河流域出现强降雨，最大点降雨量为412.7 mm，金堤河水位急剧抬高、流量迅猛增加。金堤河范县站水位从23日的42.94 m上升到26日的45.30 m，水位升高2.36 m；流量从23日35.2 m^3/s增至25日285 m^3/s；7月24日10时金堤河范县十字坡断面出现288 m^3/s洪峰，上游大量客水急速下泄，滞存金堤河末端，北金堤54.87 km堤防偎水，偎堤水深一般为1.10～2.61 m、最大为4.73 m，洪水持续在高水位下运行。7月25日张庄闸开启，排水入黄，至8月15日关闸，累计排水1.78亿m^3。

6. 2010年洪水

进入8月份，金堤河流域连降大到暴雨，8月1日至9月10日流域平均降雨量为460.8 mm，范县站最大为524.5 mm，其中：9月7日金堤河流域降暴雨，濮阳、濮城、上官村、孔村各站日降雨量均在100 mm以上，上官村达160.5 mm。上游降雨使金堤河水位急剧上涨，流量迅猛增加。9月10日2时金堤河范县站最大流量为359 m^3/s，为1974年以来最大值（1974年452 m^3/s）；北金堤偎水长53.82 km，占总长度的65%，最大偎堤水深为3.8 m。

7. 2021年洪水

9月2日金堤河水位上涨迅猛，范县站流量为110 m^3/s，9月28日4时达280 m^3/s，为2010年以来最大值。9月26日10时至10月1日16时，200 m^3/s以上洪水持续近6天，10月4日12时范县站水位回落至警戒水位以下。54.1%的堤身偎水，险工靠水时间长，9月15日起6座涵闸（道口、仲子庙、明堤、赵升白、八里庙、张秋）陆续开启泄洪、最大泄洪流量为67 m^3/s，9月19日至10月26日张庄闸泄水1.39亿m^3、张庄提排站1.99亿m^3、6座涵闸0.35亿m^3。

五、暴雨洪水特性

1. 暴雨特性

金堤河流域主要成灾暴雨天气系统大多为锋面雨（南北向切变线）和台风雨，雨区面积较大。金堤河降雨量年际变化大，年内分配不均。暴雨多发生在6—9月，特点是强度大，历时短，雨区面积较大，分布不均匀，暴雨中心偏于上游，下游有时也会同时出现暴雨中心区。暴雨历时特点：降雨历时一般为3天，连续2次降雨达7天，历时最长的一次连续降雨（1963年7月31日至8月8日）长达9天。根据1953—2010年降雨资料统计：流域内1天最大点降雨量为310.6 mm（1963年8月五爷庙站），3天最大点降雨量为354.6 mm（1963年），7天最大降雨量为450 mm。一般1天降水量约占3天雨量的60%以上，个别点可达85%左右（1969年）。3天最大降水量出现在7天雨量中、前部的各占统计雨次的40%左右，位于后部的仅占20%，均属较大暴雨。暴雨空间分布特点：流域内一般为同时降雨，但雨量分布极不均匀，较大降水中心雨区多偏于上游，约占统计雨次的83%。

根据实测资料，金堤河一般洪涝水（3～5年一遇）的洪峰流量为一次暴雨（3天）所形成；较大洪涝水（10 年一遇），且流域面积大于 2 000 km^2时，为两次连续暴雨（7 天）所形成。从暴雨过程看，一般洪涝水对应的 3 天最大暴雨多在 7 天最大暴雨前部，较大洪涝水对应的 3 天最大暴雨多在 7 天最大暴雨后部。

2. 洪水特性

金堤河流域为狭长的三角地带，上宽下窄，地势平缓，河道较宽，低洼地较多，支流源短而干流较长，对洪水有较大滞蓄作用。上述暴雨特性和汇流条件，导致洪水演进至下游所形成的洪水过程较为肥胖，金堤河洪水过程线为肥胖型。一次洪水历时一般在 8 天以上，遇两次连续降雨组成的双峰型洪水过程，历时可达 13 天左右，1963 年 7 月 31 日至 8 月 8 日连续暴雨所形成的洪水过程，张庄闸站洪峰流量为 735 m^3/s，洪水总量为 6.5 亿 m^3，历时长达 22 天。金堤河发生洪水时，12 天洪量平均为 0.679 亿 m^3，黄河无大水；花园口站发生千年一遇洪水时，金堤河 12 天洪量为 1.04 亿 m^3；花园口站发生百年一遇洪水时，金堤河12 天洪量只有 0.85 亿 m^3。根据范县水文站资料分析，1963—2007 年多年平均径流量为1.77亿 m^3。径流年内分配不均，汛期平均径流量为 1.35 亿 m^3，占全年的 76%，其中汛期径流量大于 1.5 亿 m^3的 14 个年份，占 31%，为丰水年；1 亿～1.5 亿 m^3的 10 个年份，占 22%，为次丰水年；0.5 亿～1 亿 m^3的 10 个年份，占 22%，为平水年；小于 0.5 亿 m^3的 11 个年份，占 25%，为枯水年。分析洪峰流量过程，时段平均洪峰流量大于 50 m^3/s，一年内超过 3 次（含）的年份 1 年，占 2%；2 次的年份 9 年，占 20%；1 次的年份 14 年，占 31%。时段平均洪峰流量 20～50 m^3/s之间的年份 9 年，占 20%；小于 20 m^3/s的年份 12 年，占 27%。根据以上分析，金堤河丰水年、平水年水量丰沛，水质较好，时段洪峰流量多大于 50 m^3/s，次洪峰过程为10 天左右。

根据实测洪涝水资料分析，濮阳至范县区间，流域面积增加 944 km^2，占范县以上累积流域面积 4 343 km^2的 21.7%，而洪峰流量值一般仅占范县的 10%左右；主要是濮阳至范县河段，区间虽有流量加入，但支流源短，干流河段较长，不易遭遇各支流产生的洪峰流量，同时，该段河道宽浅，具有较大的槽蓄削峰作用，故下游范县站洪峰流量增加较少。

六、聊城水资源特点

1. 水资源总量特征

据 1956—2009 年间降雨实测资料分析，聊城多年平均降水量为 553.0 mm，折合水量为 47.50 亿 m^3，其中：形成地表径流 2.63 亿 m^3，入渗补源 9.27 亿 m^3，水资源可利用总量为 10.80 亿 m^3；多年平均当地淡水资源总量为 11.864 7 亿 m^3，人均当地水资源量为 214 m^3，为全国人均占有量的 8.3%，远小于国际公认的维持一个地区经济社会发展所必须的 1 000 m^3临界值，属于人均占有量小于 500 m^3的严重缺水地区。亩均水资源占有量为 144 m^3，仅为全国平均亩均占有量的 8%。聊城当地水资源总量不足，人均、亩均水资源占有量偏低，水资源供需矛盾十分突出。以 2000 年水资源供需平衡分析为例，保证率为

50%、75%时，全市缺水分别为14.83亿 m^3、16.64亿 m^3，缺水率分别为53.36%、49.16%。

由于严重缺水，不得不过度超采地下水，2003年6月1日全市地下水埋深大于6 m的漏斗面积已达4 430 km^2，占全市面积的一半，漏斗中心地下水位最大埋深达24 m，带来的生态环境问题不容忽视。

2. 水资源分布特征

聊城水资源分布具有明显区域性特征，降水量、径流量和水资源量差别较大，分布极不均匀。东南部东阿、茌平、阳谷三县(区)降水量、地表径流量、降水入渗补给量、水资源总量均较大，地表径流系数高于全市平均值18%～32%，产水系数为0.285～0.304，高于全市平均值15%～23%；单位面积产水量达16.1万～18.1万 m^3/km^2，高于全市平均值16%～31%。西部、西北部冠县、莘县、临清市降水量、地表径流量、降水入渗补给量、水资源总量均较小，地表径流系数低于全市平均值14%～44%，产水系数0.180～0.223，低于全市平均值10%～27%；单位面积产水量9.8万～11.8万 m^3/km^2，低于全市平均值14%～29%，是缺水最严重的区域。

3. 年际年内分布特征

聊城降水量、水资源量年际、年内变化很大，与金堤河流域基本一致。全市多年平均降水量为559.3 mm，1964年降水量为928 mm，1992年降水量为317 mm，最大年降水量为最小年降水量的3倍。年内降雨75%集中在汛期，往往是由几次暴雨形成的，开发利用难度较大。

4. 黄河水是重要客水资源

黄河水资源开发利用，在聊城市经济和社会发展中发挥巨大作用，受流域降雨丰枯变化影响，黄河来水呈逐年减少趋势，黄河可供水量减少，引黄用水逐年增加，水资源供需矛盾日渐突出。聊城当地水资源匮乏，引黄水量日趋减少，开发利用金堤河洪涝水非常必要。

七、引水工程和供水范围

1. 引水工程

聊城北金堤有高堤口、东池、道口、仲子庙、明堤、赵升白、八里庙、张秋8座水闸，其中高堤口闸为引黄入鲁工程进入聊城的口门，其余7座水闸为金堤河排涝闸。道口闸通过道口干渠与彭楼引黄干渠相连，其灌溉控制范围为莘县徒骇河上游和莘县、冠县马颊河以西地区。其他水闸分别通过仲子庙干渠、明堤东支渠、赵王河、八里庙支渠和小运河与徒骇河相连，灌溉范围主要是徒骇河流域。在金堤河干流道口闸下游建设拦河闸，增加金堤河调蓄能力，扩建引水渠道，利用彭楼干渠及其他河流向马颊河以西的莘县、冠县和临清供水。

2. 供水范围

聊城是水资源严重缺乏地区，缺水最严重的为降水量最少、利用黄河水条件最差的马颊河西部区域，金堤河水资源供水范围主要是向马颊河以西的林地、农田供水，进行生态补源，马颊河以东区域及徒骇河流域根据情况相机引水。

八、金堤河洪涝水利用风险

金堤河实测径流：干流五爷庙站多年平均径流量为 1.108 亿 m^3，濮阳站为 1.64 亿 m^3，范县站为 2.22 亿 m^3，支流孔村站为 0.405 亿 m^3。根据《黄河流域（片）水资源规划》中 1956—2000 年系列计算分析成果，金堤河和天然文岩渠天然径流量为 4.53 亿 m^3，扣除天然文岩渠后金堤河天然径流量为 2.5 亿 m^3。另据金堤河范县水文站实测资料分析，金堤河多年平均径流量为 1.891 5 亿 m^3，其中：1—5 月径流量为 0.267 4 亿 m^3，6—9 月径流量为 1.415 0 亿 m^3，10—12 月径流量为 0.209 1 亿 m^3。径流量年际变化较大，濮阳站年最大径流量为 7.044 亿 m^3，年最小径流量为 0.131 3 亿 m^3，两者相差 53.6 倍；范县站最大年径流量（1976 年）为 5.028 0 亿 m^3，最小年径流量（1997 年）为 0.045 6 亿 m^3，最大为最小的 110 倍。径流年内分配不均匀，汛期（7—10 月）濮阳站占全年比重 68.3%，范县站 75%；从各月流量看，濮阳站 1956—1987 年除 8、9 月份外，其余 10 个月径流偏小，个别年份如 1957、1959、1979、1981 年有 3 个月出现全月流量为零的情况，范县站 1979 年出现 3 个月全月流量为零的情况。金堤河径流量与聊城年降水量相关图显示，金堤河径流量与聊城降水量的相关系数为 0.49，低于其降水量之间的相关性。

金堤河雨洪水水量丰枯与聊城不同步，最优条件是两区域降水量反相关。从年降水量、汛期降水量相关分析结果看，其相关系数大于 0.7，与雨洪利用理想情况偏差较大。但金堤河径流量与聊城年降水量相关系数为 0.49，说明 50%以上年份，金堤河径流量与聊城降水量不同步，一部分金堤河丰水年雨洪资源可以被聊城利用，雨洪资源利用存在可行性。

通过对金堤河流域和聊城 1957—2007 年降雨资料进行分析，可以得出两个流域降雨相关系数为0.7，同时局部降大暴雨的几率非常大，但同时普降暴雨的几率较小。尽管汛期跨省、跨流域调水会产生一定风险，但通过科学合理的调度，可将风险降到最低。

1. 徒骇河、马颊河泄洪能力强

徒骇河、马颊河为聊城两条骨干行洪排涝河道，设计行洪标准为“61 年雨型”，根据 1953—2007 年河道实测资料分析，徒骇河四河头经过的最大流量为 280 m^3/s，仅为设计行洪流量的 56%，马颊河王铺经过的最大流量 112 m^3/s，为设计行洪流量的 23%，徒骇河、马颊河可以承接部分金堤河洪涝水进行调蓄。

2. 洪涝灾害少

金堤河洪涝水主要供给马颊河以西区域，此为黄河故道，多为沙质土壤，透水性强，过度超采导致地下水埋深较大，即使大量引用金堤河雨洪水，与当地降雨遭遇，形成洪涝灾害的可能性也很小。

3. 科技导航

随着科技水平的不断提高，长、短期天气预报较为准确，通信传递非常迅速、及时，通过科学合理调度，金堤河洪涝水资源利用风险可降到最低甚至可以避免。

4. 效益显著

实施金堤河洪涝水资源利用是一项跨省、跨流域，以改善生态环境为主要目的的调水工程，能够减轻金堤河下游洪涝灾害及北金堤防守压力，缓解聊城水资源紧缺状况，尤其是马颊河以西地区日益恶化的状况，实施后社会效益、生态环境效益、经济效益显著。金堤河洪水利用主要是汛期进行生态补水，为社会公益事业，经济效益不易计量，投入成本不易回收，需要建立以政府为主导，水利、林业、工业等部门配合，广大群众参与的运作模式，共同完成减灾增效、改善环境、造福子孙后代的利民工程。

九、存在问题

1. 水资源没有得到有效管理

金堤河水资源尚处于初级管理阶段，没有得到有效管理，与国家实施最严格管理要求差距较大。

2. 水资源管理难度大

防汛方面，河道归地方水利部门管理，北金堤由黄河部门管理；水资源管理方面，金堤河干流水量包含在黄河干流水量中，由黄委统一管理、调度。从兴利避害角度讲，引水为“兴利”，防汛为“避害”，管理各方权责利不统一、不协调，不利于各方积极性的发挥。金堤河水是流经区域重要的农业用水来源，也是生态用水的重要来源之一，金堤河季节性较强，存在一定污染，水资源计量难度大，管理相对落后，严格落实水资源管理制度存在困难。

3. 北金堤水闸管理难度大

北金堤涉及6个管理段、8座水闸，有2套移动测流设备，无闸管所；管理段人员少，没有专职测流人员，部分水闸距离管理段较远，测流不便；测流设备少，车辆不足，无法及时测流；金堤河水量不稳，灌溉时可能无水，汛期涝水排不出，且环保有水质要求，无法正常实施测流；北金堤水闸有取水许可指标，平时很难上报水量，管理较为困难，很难在短时间内解决水闸引水、计量、收费、管理等一系列问题。

十、金堤河水资源利用

引调金堤河雨洪水进入聊城，可减轻金堤河流域防洪压力，缓解受水区水资源供求矛盾。受水区规划基准年20%保证率丰水年可受水量为0.85亿m^3,50%保证率平水年可受水量为1.76亿m^3,75%保证率枯水年可受水量为3.26亿m^3,存在足够受水空间。金堤河5%保证率丰水年调水期可引水量为1.90亿m^3,20%保证率丰水年调水期可引水量为1.11亿m^3,50%保证率平水年引水期可选择在8～10月份。金堤河来水年际、年内相差较大,可尝试在金堤河末端修建平原水库,利用平原水库蓄水,达到丰蓄枯用、以丰补枯的目的。

1. 建设平原水库必要性

依托北金堤下游防洪工程修建平原水库是必要的,金堤河水源充足,每年来水达上亿m^3,大部分存于金堤河下游,造成大量土地淹没,经济损失严重;金堤河下游地区水资源紧缺,多数地区引用黄河水或利用地下水,黄河水资源不足时大量开采地下水,造成地下水位下降、污水入渗,水质变差。

附件:金堤河水库

1958年8月,原范县河网化司令部组织修建金堤河水库,水库上起高堤口,下至古城,横断金堤河修筑4道隔堤,利用高堤口至古城段金堤河河槽、河滩地,由北金堤、南小堤及四条隔堤建成竹节式平原水库,水库长31.86 km,南北堤距600 m左右,设计水深4～6 m,最大蓄水量为0.82亿m^3,设计灌溉面积为40万亩;在北金堤葛楼、樱桃园、六郎庄修建引水涵闸3座,设计引水流量为53 m^3/s,1958年12月水库建成。1959年7月,黄河防总下发《关于制订北金堤滞洪区内金堤水库堤线以及影响泄洪较大的渠堤破除方案的通知》,指出:金堤水库及大小渠堤,滞洪后严重影响洪水下泄,甚至威胁北金堤安全;要求河南省、山东省防指拟定水库隔堤、顺堤和渠堤破除方案,原则上在确定滞洪后,库堤、渠堤应与分洪口门同时破除。因长期蓄水,北金堤风波坍塌严重,影响防洪安全和金堤河来水下泄,且被1962年汛期大水冲垮,水库废弃;1963年大汛,水库各隔堤均被冲毁,恢复金堤河自然流势。

2. 下游及周边水资源不足

金堤河下游主要涉及山东阳谷和莘县、河南范县和台前,水资源主要来自引黄灌溉,其他客水资源十分匮乏;该地区多年平均降水量为606.4 mm,年蒸发量为2 100 mm,为降水量的3.5倍。降水时空分布不均,旱涝交替。根据用水规模、用水定额测算,2000年聊城市需水量为33.68亿m^3,缺水11.98亿m^3;2020年需水量为40.64亿m^3,缺水18.94亿m^3。随着区域经济发展,缺口逐年加大;水资源不足,区内降雨偏少,加之黄河水资源短缺,地表水资源严重不足,导致地下水位急剧下降,地下水水位降落漏斗面积扩大至3 899 km^2,大量污水入侵,部分地下水遭到严重污染;435万亩农作物减产、绝产,给人民生产生活带来严重困难。

3. 建设平原水库可行性

一方面,金堤河下游大量积水无法尽快排出,长期淹没大面积耕地,造成较大经济损失;另一方面,沿金堤河下游水资源短缺,工农业生产、生活受到严重影响。金堤河上、中游来水能够满足金堤河下游平原水库蓄水要求，来水条件较好；北金堤和南小堤经过加固后可作为水库围护工程，引金水闸经改建后可作为兴利工程，张庄闸可作为排泄工程，利用现有工程可节约大量建设投资，可在需水季节保持 1 亿 m^3 水量供应金堤河下游需水地区，缓解金堤河下游用水紧张局面。

（1）上、中游来水满足蓄水要求

根据多年实测径流，干流五爷庙站多年平均径流量为 1.108 亿 m^3，濮阳站为 1.64 亿 m^3，范县站为 2.22 亿 m^3，金堤河来水量可以满足金堤河下游蓄水 1 亿 m^3 的要求。详见表 3-1。

表 3-1　金堤河部分站点实测年径流特征值

站名	流域面积（km^2）	统计系列（年）	多年平均		最大径流量		最小径流量		最大/最小
			径流量（亿 m^3）	径流深（mm）	亿 m^3	年份	亿 m^3	年份	
濮阳	3 399	1963—1974 1976—2010	1.49	43.8	7.044	1963	0.131	1966	53.8
范县	4 343	1964—1967 1969—2010	1.93	44.4	5.85	2010	0.05	1997	117
孔村	629	1965—1984	0.405	65.2	0.923	1969	0.026	1966	35.5

（2）槽蓄水量

北金堤 104＋000 以下河道长 20 km，平均宽 550 m，积水面积 11 km^2，平均水深5 m，可利用金堤河下游河槽蓄水 1.1 亿 m^3，仅金堤河下游河槽就能满足蓄水要求，无需占用耕地。若按水深 2.5 m 建设平原水库，可节约土地资源 3 600 亩。

（3）蓄水与排涝

黄河干流大洪水与金堤河大洪水一般不会遭遇，中小洪水遭遇时金堤河水量不大；随着黄河河床不断淤高，张庄闸出流受黄河水顶托，出流条件日益困难，张庄闸后黄河滩面高程 43 m，比金堤河张秋段河床高 5 m；1999 年张庄闸改建，闸底板高程从 37 m 抬高到 40 m，比金堤河下游河床高 3 m。从近年来金堤河洪水情况看，金堤河末端洪水滞留时间明显延长，2000 年金堤河出现较大洪水，在张庄闸提闸排水情况下，末端洪水仍滞留 6 个多月。

金堤河下游蓄水全部为上、中游涝水，金堤河下游地势低洼。1999 年金堤河干流治理后，洪水汇流速度快，滞洪区末端高水位持续时间延长。按排涝 3 年一遇标准，张庄闸处水位 43.22 m，104＋400 以下偎堤水深 4 m 左右；按 20 年一遇防洪标准，张庄闸处水位 45.6 m，偎堤水深 6.5 m。金堤河末端是一个自然积水洼地，不影响金堤河内涝水排出。

4. 对防洪影响

金堤河末端洪水资源化，不影响黄河、金堤河防洪安全。金堤河流域为狭长三角地带，上宽下窄，地势平缓，河道较宽，低洼地较多，支流源短而干流较长，对洪水有较大滞蓄作用；金堤河流域暴雨特性和汇流条件导致洪水演进至下游所形成的洪水过程较为肥胖，金堤河洪水过程线为肥胖型。

经分析，当花园口站发生千年一遇洪水时，金堤河相应 12 天洪量为 1.04 亿 m^3，略大于张庄站三年一遇设计 3 天暴雨洪量为 1.01 亿 m^3；当花园口站发生百年一遇洪水时，金堤河相应 12 天洪量为 0.85 亿 m^3，小于张庄站三年一遇设计 3 天暴雨洪量。如黄河上、中游发生特大洪水，一方面视黄河水情利用张庄闸适时向黄河排水，一方面开启张秋闸等向京杭运河、徒骇河排水。北金堤滞洪区调洪演算时计入金堤河水为 7 亿 m^3，现仅蓄 1 亿 m^3，远小于调洪演算水量。北金堤末端还建有张庄电排站，设计排水流量为 104 m^3/s，金堤河末端蓄水不会影响防洪安全。

5. 结论

依托金堤河下游防洪工程建设平原水库是必要的、可行的。金堤河来水能够满足水库蓄水要求，张庄闸闸底板高程抬高，大量内涝水长期滞留在金堤河末端，淹没大量耕地，造成较大经济损失，水资源不能充分发挥应有作用；周边地区水资源十分匮乏，需水量较大，单靠引黄很难满足用水需求；金堤河一期治理、金堤河干流河道治理（黄委管辖）工程实施后，许多经加固后的防洪工程可以利用，减少建设投资，也为防御黄河特大洪水奠定物质基础；依托金堤河下游建设平原水库，对黄河防洪没有影响，对金堤河排涝影响不大；经加固后水库围护、现有兴利工程能够满足建设平原水库的需要。依托金堤河下游河道修建平原水库的经济效益、社会效益较大，利国利民，但要解决好金堤河污染和省际间水事纠纷；要加强平原水库建设与管理，依法依规利用金堤河水资源，与黄河水资源协调利用，更好地造福当地经济、社会发展。

第四章 聊城水资源

第一节 水资源概述

一、地貌

聊城地处山东西部，北纬 35°14′—37°03′，东经 115°16′—116°30′，地势平坦，自西南向东北倾斜，平均坡降约 1/7500，海拔高度 27.5～49.0 m，除东阿县沿黄一带有十余座剥蚀残山外，皆为黄河冲积平原；历史上黄河多次泛滥，沉积不均，聊城因此形成岗、坡、洼相间地貌。

二、水系

聊城境内河流除黄河、金堤河外，均属海河流域，主要有徒骇河、马颊河、卫运河、京杭运河。京杭运河自东南向西北贯穿全市中部，其他河流均自西南流向东北。黄河、卫运河常年有水，其他为季节性间歇河流，年内水量变化较大，雨季（7 月—8 月）河水暴涨（一般年份出现 2～3 次），甚至漫溢成灾；枯水期（11 月—翌年 3 月）先后断流干涸。

三、水文气象

聊城属于暖温带季风气候区，春季干旱多风，夏季炎热多雨，晚秋易旱，冬季干寒，具有显著季节变化和季风气候特征，属半干旱大陆性气候。多年平均蒸发量 1 218 mm，多年平均气温 12.8～13.4℃（1957 年—1985 年），月平均气温以 1 月份最低，为－2.2～－3.3℃，7 月份最高，为 26.7～26.9℃；极端最低气温－22.7℃（莘县 1971 年 12 月 27 日），极端最高气温 41.9℃（阳谷县 1960 年 6 月 21 日），平均无霜期 199 d。

全市多年平均降雨量 566.7 mm，降水年际丰、枯悬殊，年内分布极不平衡，最大年降雨量 913.8 mm(1961 年)，最少 373.1 mm(1968 年)，折合水量 47.9 亿 m^3，当地水资源总量 11.39 亿 m^3。其中地表水资源量 3.125 亿 m^3，地下水资源量 8.263 亿 m^3。当地水资源可利用量 7.074 亿 m^3，水资源人均占有量 202 m^3，亩均占有量 137 m^3，为全省人均占有量的 60%，全国人均占有量的 8.3%，是世界人均占有量的 2%，且水资源区域分布不均，东多西少，南多北少；降雨量年际变率大，年内分配不均，雨量丰枯悬殊，季节差异较大；春旱严重、历时长，7、8 月份暴雨集中，秋季偏旱，旱涝交替，经常发生连旱、连涝、旱涝相间的情况，对农业生产影响较大。2013 年 7 月 26 日，聊城城区雨量站最大 6 h 降雨量 219.5 mm，为建国以来第三位(1985 年 314.9 mm、2010 年 225.5 mm)；2013 年 8 月 12 日 20 时至 23 时 30 分，聊城城区遭遇大暴雨，降雨量 152 mm。

四、水资源情况

聊城当地水资源多年平均 11.39 亿 m^3，人均 202 m^3(全省 334 m^3，按 2000 年末统计人口数计算)，亩均耕地占有量 137 m^3(全省 263 m^3，按 2000 年末全省耕地面积计算)，低于全省平均占有水平，属于人均占有量小于 500 m^3 的水资源危机地区。从全市来看，水资源严重不足。黄河、金堤河、卫运河等过境客水年径流量 450.57 亿 m^3，多年平均实际引水量 8.5 亿 m^3。随着灌区渠道衬砌、节水灌溉发展，渠系水利用系数不断提高，亩均灌溉用水量日益减少。合理开发利用水资源，是振兴聊城经济的重要条件。随着经济和城市建设的快速发展、产业结构调整以及生态环境保护力度不断加大，水资源需求量不断增加，水资源供应量不足部分主要依靠引黄补充，对黄河水依赖程度越来越高。20 世纪 90 年代以来，黄河来水量逐渐减少，生产、生活、生态环境等非农业用水大幅提升，需求不断增长，境内降雨季节性非常明显，每年 3 月—6 月春灌用水高峰期降水偏少，往往发生春旱，农业用水很大程度上依赖引黄灌溉。既要保障基本农业用水需求，保证粮食生产安全，又要满足日益增长的城乡居民生活、工业生产和生态用水，上级分配的年引黄指标 7.92亿 m^3 与用水需求相差较大，供需矛盾日渐突出。当地水资源和客水资源不能满足城市用水需求，水资源供需矛盾已成为制约当地经济发展的重要因素。

五、土地资源

聊城地处鲁西平原，黄河北岸，冀鲁豫三省交界处，辖一市(临清市)五区(东昌府区、茌平、聊城经济技术开发区、江北水城旅游度假区、高新技术产业开发区)，五县(冠县、莘县、阳谷、东阿、高唐)，面积 8 720.7 km^2，人口 595.21 万(2020 年 11 月)，140 个乡(镇、办事处)，6 486 个村委会，城区面积 69.97 km^2。土地面积 1 288.5 万亩，其中：已利用耕地面积 851.9 万亩，占总面积的 66.1%；林地 90.8 万亩，占 7%；果园 23 万亩，占 1.8%；荒沙盐碱地 33 万亩，占 2.6%；非农业用地 289.8 万亩，占 22.5%。人均占有耕地 1.83 亩，与全省平均占有水平相当，是一个以生产粮、棉、菜为主的农业大市，也是一个当地水资源严重缺乏的地市。

六、依法调度水资源，服务地方经济发展

多年来，坚持依法有序进行水资源管理与调度，落实最严格水资源管理制度，主动适应黄河水资源管理调度新常态，充分利用“世界水日”“中国水周”“防汛宣传月”活动，大力宣传水资源管理政策、法规，建立健全水资源监督管理常态机制。严格实行用水指标控制，认真执行上级调水指令，加强水资源优化调度，充分发挥黄河水资源最大效益，精心服务当地工农业用水和跨流域调水，为当地工农业发展和天津、河北等地社会和经济发展做出应有贡献。

1. 为当地提供充足水源

聊城地处黄河下游，属水资源贫乏地区，黄河是主要客水资源，对国民经济和社会发展举足轻重、影响深远；黄河水资源已由单纯的农业灌溉发展成为生活、生产、生态等多功能供水格局，成为沿黄及相关地区可持续发展的压舱石、生态文明建设的定盘星。辖区内有陶城铺、陶城铺东（未启用）、位山、郭口 4 座引黄闸，设计引黄流量 415 m^3/s，对应陶城铺、位山、郭口 3 个引黄灌区，设计灌溉面积 691.3 万亩。其中位山灌区位列全国六个特大灌区第五位，也是黄河中下游最大的引黄灌区，承担着聊城 10 个县（市、区）、90 多个乡（镇）农田灌溉任务，同时补充地下水资源，保持地下水位基本稳定。通过引用黄河水，聊城引黄灌区已经成为重要商品粮基地，进入 90 年代以来，年增产效益由 6～7 亿元增加到 12～14 亿元，折合单方水创效益 1 元以上，增速明显。农业灌溉得到满足，地下水源得到补充，改良盐碱地，改善农业用水条件，提高粮食生产能力，保障全市农业丰产丰收；黄河水对聊城农业发展起到极大地促进作用，2015 年，聊城市城镇居民人均可支配收入21 570元，农村居民人均可支配收入 10 512 元，全市生产总值 2 663.62 亿元，其中：第一产业增加值 316.39 亿元，第二产业增加值 1 360.25亿元，第三产业增加值 986.98 亿元。

2. 为外流域提供水源支撑

位山灌区自 1981 年以来，先后多次承担“引黄济津”“引黄济淀”“引黄入冀”等跨流域调水任务，应急调水时间紧、任务重，调水时段多在冬四月，正值凌汛期，水量调度难度较大。广大干部群众团结协作，从大局出发，克服重重困难，采取各类防范措施，多措并举，千方百计确保黄河输水安全，圆满完成“引黄济津”“引黄济淀”“引黄入冀”等跨流域应急调水任务，向津、冀两地送去友情之水、救命之水，有效缓解当地工农业生产和人畜饮水困难状况，改善白洋淀生态环境。

3. 促进城市发展，环境改善

随着工业及城市规模扩大，“江北水城”品牌进一步擦亮，黄河水源开始向工业及城市生态用水扩展，聊城发电厂、聊城热电有限公司等大型企业充分利用黄河水源促进生产，扩大生产规模。东昌湖水域面积 5.0 km^2，黄河水是其主要水源，可靠水源给东昌湖带来

灵气、带来生机、带来活力。工业、生态用水保障大型企业、城市生活、生态环境，促进旅游业发展，推进全市经济快速发展，为塑造“江北水城”形象做出突出贡献。

第二节　水闸工程

水闸工程作为水资源优化配置基础和防洪工程体系重要组成部分，在水资源利用与防洪减灾中有着特殊地位，其防洪、灌溉、排涝、供水、养殖、生态保护与改善环境等综合效益显得尤为重要。山东黄河所辖各类水闸129座，其中防洪闸66座，引黄闸63座，多建于20世纪50年代至80年代，对山东沿黄经济建设和抵御自然灾害起到举足轻重的作用。但大部分水闸建设年代久远，建筑物及金属结构等接近或超过使用寿命，由于各种原因，不少水闸存在标准低、建设质量差、老化失修严重、工程管理落后、配套设施不全等一系列问题，导致水闸安全隐患较大，病险水闸数量较多。除险加固是消除水闸病害、恢复水闸原有设计功能的重要手段，水闸安全鉴定是这一手段的基础。据统计，截至2008年底，山东黄河水闸运行年限超过20年的76座，超过30年的30座，超过40年的8座；达到三类、四类病险水闸的62座。病险问题已成为水闸运行的主要问题，直接影响防洪、引水安全，制约沿黄社会经济可持续发展。

一、水闸概览

1. 概况

聊城河段临黄堤、北金堤水闸12座，设计流量567.53 m^3/s，其中临黄堤4座、设计流量415 m^3/s，北金堤8座、设计流量152.53 m^3/s，详见表4-1。

表4-1　聊城水闸工程统计表

涵闸名称	桩号	工程规模								闸底板高程/m	防洪水位/m		修(改)建竣工日期	闸型
		孔数	孔宽/m	孔高/m	洞身长/m	设计流量/(m^3/s)	加大流量/(m^3/s)	设计灌溉流量/(m^3/s)	设计灌溉面积/万亩		设计	校核		
临黄堤						415			983.5					
陶城铺	4+051	4	3	3	80	50	70		114.3	37.42	48.61	49.61	1987.9	涵洞式
陶城铺东	4+115	8	3	3	81	100	150		400	37.66	49.21	50.21	1996.11	涵洞式
位山	8+040	8	7.7	3	20	240	600		432	37.12	48.32	49.32	1983.10	开敞式
郭口	37+635	3	2.6	2.8	80	25	50		37.2	33.90	46.41	47.41	1984.8	涵洞式
北金堤						152.53			191.6					
高堤口	40+110	3	2.6	3	48	50		50	63	45.20	50.68	51.68	2020.12	涵洞式
东池	40+552	1	2.8	2.6	55	10	15	10	20	42.60	50.56		2017.1	涵洞式

续表

涵闸名称	桩号	工程规模								闸底板高程/m	防洪水位/m		修(改)建竣工日期	闸型
		孔数	孔宽/m	孔高/m	洞身长/m	设计流量/(m^3/s)	加大流量/(m^3/s)	设计灌溉流量/(m^3/s)	设计灌溉面积/万亩		设计	校核		
道口	55+280	2	2.6	2.8	61	20		20	42.3	40.54	48.64		2015.7	涵洞式
仲子庙	73+146	2	2	2.5	60	10		10	22	38.72	47.50		2016.12	涵洞式
明堤	83+650	2	1.8	2.5	114	10		10	14.8	37.75	48.89		2000.8	涵洞式
赵升白	92+012	2	3	3	61	22.53		22.53	5	39.08	47.79		2014.12	涵洞式
八里庙	101+940	3	3	2	50	15		15	10	38.50	47.40		2016.12	涵洞式
张秋	113+750	1	2	2.4	107.8	15		15	14.5	35.60	48.61		1985.6	涵洞式

2. 性质

《黄河下游水闸工程管理办法(试行)》(黄建管〔2006〕15 号)第三条规定:“黄河下游水闸工程按照承担任务性质分为两类,即纯公益性水闸和准公益性水闸。承担分泄洪或排水任务的水闸,为纯公益性水闸。承担供水、引水灌溉任务的水闸,为准公益性水闸。”

3. 分类

涵闸是指能对渠涵水流量进行控制的闸阀,是涵洞、水闸的简称。涵洞是堤、坝内的泄、引水建筑物,用于水库放水、堤垸引泄水;水闸是修建在河道、堤防上的一种低水头挡水、泄水工程,汛期与河道、堤防、排水、蓄水工程配合,发挥控制水流的作用。

(1) 类型

聊城河段现有临黄堤水闸 4 座,为引黄水闸,其中位山闸为开敞式水闸,陶城铺、陶城铺东、郭口闸为涵洞式水闸;北金堤水闸 8 座,为排涝、灌溉两用闸,以排涝为主,均为涵洞式水闸。

开敞式水闸:闸室上面露天、没有填土,当引水流量较大、渠堤不高时,常采用开敞式水闸。过闸水流表面不受阻挡,泄流能力大。

涵洞式水闸:主要建在渠堤较高、引水流量较小的渠堤之下,闸室后有洞身段,洞身上面填土,多用于小型水闸,根据水力条件不同,分有压、无压两种。

(2) 等级

根据《水闸设计规范》(SL 265—2016),按照平原区水闸的最大过闸流量,聊城水闸等级分为:位山、陶城铺东闸为中型水闸,陶城铺、郭口、高堤口、道口、赵升白为小(1)型水闸,东池、仲子庙、明堤、八里庙、张秋为小(2)型水闸(表 4-2)。水利部《中华人民共和国行业标准水利水电工程等级划分及洪水标准》(SL 252—2017)拦河水闸工程分等指标与《水闸设计规范》(SL 265—2016)一致。

表 4-2　平原区水闸枢纽工程分等指标

工程等别	Ⅰ	Ⅱ	Ⅲ	Ⅳ	Ⅴ
规模	大(1)型	大(2)型	中型	小(1)型	小(2)型
最大过闸流量（m^3/s）	≥5 000	5 000—1 000	1 000—100	100—20	<20
防护对象的重要性	特别重要	重要	中等	一般	

注：当按表列最大过闸流量及防护对象重要性分别确定的等别不同时，工程等别应经综合分析确定。

4. 安全鉴定

根据规定，水闸投入运用后每隔 15～20 年，应进行一次全面安全鉴定；单项工程达到折旧年限，应适时进行安全鉴定；对影响水闸安全运行的单项工程，必须及时进行安全鉴定。安全鉴定范围包括闸室、上下游连接段、闸门、启闭机、电器设备和管理范围内上下游河道。

《水闸安全鉴定管理办法》(水建管〔2008〕214 号)第三条规定："水闸实行定期安全鉴定制度。首次安全鉴定应在竣工验收后 5 年内进行，以后应每隔 10 年进行一次全面安全鉴定。运行中遭遇超标准洪水、强烈地震、增水高度超过校核潮位的风暴潮、工程发生重大事故后，应及时进行安全检查，如出现影响安全的异常现象的，应及时进行安全鉴定。闸门等单项工程达到折旧年限，应按有关规定和规范适时进行单项安全鉴定。"第七条规定："水闸安全类别划分为四类：一类闸：运用指标能达到设计标准，无影响正常运行的缺陷，按常规维修养护即可保证正常运行。二类闸：运用指标基本达到设计标准，工程存在一定损坏，经大修后，可达到正常运行。三类闸：运用指标达不到设计标准，工程存在严重损坏，经除险加固后，才能达到正常运行。四类闸：运用指标无法达到设计标准，工程存在严重安全问题，需降低标准运用或报废重建。"第二十条规定："水闸主管部门及管理单位对鉴定为三类、四类的水闸，应采取除险加固、降低标准运用或报废等相应处理措施，在此之前必须制定保闸安全应急措施，并限制运用，确保工程安全。"

水闸安全鉴定基本程序：工程现状调查分析、现场安全检测、复核计算、安全评价。通过安全鉴定，评定水闸安全类别，直观了解水闸安全状态，有利于防汛调度，便于主管部门按照轻重缓急安排水闸维修计划。

5. 洞身检查

《山东黄河引黄涵闸工程管理检查观测办法(试行)》(鲁黄供水〔2005〕10 号)第八条规定："对涵洞式水闸，每隔 2～3 年进行一次洞身清淤检查，着重检查洞身裂缝、沉陷、止水等设施。"

二、取水口门

聊城河段取水口门 11 处，即除陶城铺东、高堤口闸以外的 10 座水闸和牛屯扬水站。陶城铺东闸作为位山线路引黄入冀备用闸，1996 年建成后，因渠系不配套，至今没有运用。高堤口闸为彭楼引黄入鲁灌溉工程的组成部分，是输水干渠通过北金堤的穿堤建筑物，彭楼引黄灌区自河南省范县彭楼引黄闸引水，经河南省濮西干渠、金堤河倒虹吸、穿北金堤高堤口闸进入聊城境内，彭楼引黄入鲁灌溉工程是补充莘县、冠县水资源不足、缓解水资源紧缺修建的供水工程；高堤口闸引水通过彭楼引黄闸实现，其引水指标划至河南范县彭楼引黄闸，即彭楼引黄闸占用聊城市取水许可指标 0.74 亿 m^3。聊城市取水许可证 11 套，各口门取水许可指标数量见表 4-3。

三、水闸介绍

1. 陶城铺闸

陶城铺闸位于阳谷县阿城镇东铺村，临黄堤桩号 4＋051，Ⅰ级建筑物。1987 年 9 月修建，2 联 4 孔，钢筋砼厢型结构，洞身 8 节、每节长 10 m；钢筋砼平板闸门，孔宽 3.0 m、孔高 3.0 m。设计引水位 39.92 m，最高运用水位 45.81 m。设计防洪水位 48.61 m，校核水位 49.61 m，闸底板高程 37.42 m，设计引水流量 50 m^3/s，加大 70 m^3/s；设计灌溉面积 114.3 万亩，实际灌溉面积 103.5 万亩。2015 年 7 月鉴定为三类闸。

2. 陶城铺东闸

陶城铺东闸位于阳谷县阿城镇东铺村南，临黄堤桩号 4＋115。为提高引黄入卫供水保证率，解决聊城西部水资源供需矛盾，1993 年 10 月，聊城地区编制《山东聊城地区陶城铺引黄北调灌溉供水工程规划》，省局经研究并考虑海委意见，同意陶城铺引黄闸扩建为 150 m^3/s。1994 年黄委批复同意扩建 1 座设计引水流量 100 m^3/s 的引黄闸。1995 年 11 月兴建，1996 年 11 月竣工，3 联 8 孔，钢筋砼厢式涵洞，孔宽 3.0 m、孔高 3.0 m，洞身长 81 m，设计防洪水位 49.21 m，校核水位 50.21 m，闸底板高程 37.66 m，设计引水流量 100 m^3/s，按 150 m^3/s 设计消能设施。钢筋砼平面闸门，启闭设备 8 台。2017 年 9 月鉴定为三类闸。

3. 位山闸

位山闸位于东阿县刘集镇位山村，临黄堤桩号 8＋040，Ⅰ级建筑物，闸址坐落在位山村西南距离黄河大堤约 200 m 的小马山岩基上，1958 年 5 月动工，同年 10 月竣工放水，总投资 295.3 万元；1981 年 10 月在原闸基上改建，1983 年 10 月完工，总投资 524.4 万元。改建后闸型不变，由 10 孔变为 8 孔（封堵两边孔），闸底板高程由 35.12 m 抬高至 37.12 m，孔宽 7.7 m、孔高 3.0 m，钢结构弧形闸门；设计引水流量 240 m^3/s，加大流量 600 m^3/s，设计灌溉面积 432 万亩，实有灌溉面积 540 万亩；设计防洪水位由 43.62 m 抬高到 48.32 m，校核防洪水位 49.32 m，相应下游水位 37.12 m。2017 年 10 月鉴定为四类闸。

4. 郭口闸

郭口引黄闸位于东阿县大桥镇郭口村西南，临黄堤桩号 37＋635，1984 年 2 月拆除原

表 4-3　2015—2020 年聊城黄河取水许可批复情况一览表

单位:万 m^3

序号	市	取水许可证编号	取水权人名称	监督管理机关	法定代表人	取水工程名称	水源类型	取水用途	取水许可总量			
									总量	工业	农业	生态
	合计								133 800	1 500	106 600	25 700
1	聊城	取水(国黄)字[2015]第 811048 号	山东黄河河务局供水局聊城供水分局陶城铺闸管所	阳谷黄河河务局	秦涛	陶城铺引黄闸	黄河干流地表水	农业	8 100		8 100	
2	聊城河北	取水(国黄)字[2015]第 811049 号	山东黄河河务局供水局聊城供水分局位山闸管所	聊城黄河河务局	李恩同	位山引黄闸	黄河干流地表水	工业、农业、生态	118 000	1 500	90 800	25 700
3	聊城	取水(国黄)字[2015]第 811050 号	山东黄河河务局供水局聊城供水分局位山闸管所	东阿黄河河务局	李恩同	郭口引黄闸	黄河干流地表水	农业	4 500		4 500	
4	聊城	取水(国黄)字[2015]第 811051 号	东阿县刘集镇牛屯村委会	东阿黄河河务局		牛屯扬水站	黄河干流地表水	农业	7		7	
5	聊城	取水(国黄)字[2015]第 811052 号	聊城黄河河务局莘县黄河河务局	聊城黄河河务局	刘兴燕	东池闸	金堤河地表水	农业	200		200	
6	聊城	取水(国黄)字[2015]第 811053 号	聊城黄河河务局莘县黄河河务局	聊城黄河河务局	刘兴燕	仲子庙闸	金堤河地表水	农业	133		133	
7	聊城	取水(国黄)字[2015]第 811054 号	聊城黄河河务局莘县黄河河务局	聊城黄河河务局	刘兴燕	道口闸	金堤河地表水	农业	1 000		1 000	
8	聊城	取水(国黄)字[2015]第 811055 号	聊城黄河河务局阳谷黄河河务局	聊城黄河河务局	冯特立	明堤闸	金堤河地表水	农业	550		550	
9	聊城	取水(国黄)字[2015]第 811056 号	聊城黄河河务局阳谷黄河河务局	聊城黄河河务局	冯特立	赵升白闸	金堤河地表水	农业	180		180	
10	聊城	取水(国黄)字[2015]第 811057 号	聊城黄河河务局阳谷黄河河务局	聊城黄河河务局	冯特立	八里庙闸	金堤河地表水	农业	180		180	
11	聊城	取水(国黄)字[2015]第 811058 号	聊城黄河河务局阳谷黄河河务局	聊城黄河河务局	冯特立	张秋闸	金堤河地表水	农业	950		950	

注:位山闸许可水量中包括河北 62 000，其中生态 25 500、农业 36 500。

郭口虹吸改建为引黄闸，同年 8 月竣工，为钢筋砼箱式结构，1 联 3 孔，孔宽 2.6 m、孔高 2.8 m，洞身(含闸室)长 80 m，钢筋砼平板闸门。闸底板高程 33.90 m，设计引水位闸上 36.00 m、闸下 35.75 m，最高运用水位闸上 43.31 m、闸下 35.67 m，设计防洪水位 46.41 m，校核防洪水位 47.41 m，设计引水流量 25 m^3/s，加大流量 50 m^3/s。设计灌溉面积 37.2 万亩，实际灌溉面积 33 万亩。2013 年 4 月鉴定为三类闸。

5. 牛屯扬水站

牛屯扬水站坐落于东阿县刘集镇牛屯村，临黄堤桩号 7+800。牛屯扬水站始建于 1986 年 3 月，设计流量 0.42 m^3/s，设计灌溉面积 0.1 万亩，有效灌溉面积 0.2 万亩。有干渠 1 条、长 2 km，引水口 3 个；支渠 15 条、长 3 km，引水口 12 个。该扬水站控制着牛屯村全部耕地，为促进牛屯村经济持续发展奠定基础。

6. 东池闸

东池闸位于莘县古云镇东池村，北金堤桩号 40+552，1971 年始建，1979 年改建。为单孔钢筋砼箱式涵洞，洞身长 55 m，净宽 2.8 m，净高 2.6 m，Ⅰ级建筑物，设计流量 10 m^3/s，加大流量 15 m^3/s，设计防洪水位 50.56 m，闸底板高程 42.60 m，上游设计水位 44.80 m，下游设计水位 44.60 m，设计灌溉面积 20 万亩。

7. 道口闸

道口闸位于莘县樱桃园镇道口村，北金堤桩号 55+255，1966 年 9 月始建，1979 年 2 月改建，2014 年 8 月在原址改建，2015 年 6 月竣工验收。改建后为 2 孔钢筋砼箱式涵洞，每孔净宽 2.6 m、净高 2.8 m，闸室及洞身长 61 m，设计灌溉流量 20 m^3/s，加大流量 30 m^3/s，Ⅰ级建筑物，设计防洪水位 48.64 m，最高引水位 44.88 m，设计引水位 43.59 m，相应下游水位 43.34 m，闸底板高程 40.54 m。设计灌溉面积 42.3 万亩，实际灌溉面积 20 万亩。

8. 仲子庙闸

仲子庙闸位于莘县古城镇北寨村，北金堤桩号 73+146，于 1960 年 1 月兴建，1972 年 9 月改建，2016 年重建。重建后总体为 2 孔箱涵，孔宽 2.0 m、孔高 2.5 m，闸室段 10 m，闸后涵洞洞身 5 节、每节 10 m，设计防洪水位 47.5 m，闸前设计水位 40.52 m，闸底板高程 38.72 m，设计流量 10 m^3/s。设计灌溉面积 22 万亩，现有控制灌溉面积 15 万亩。

9. 明堤闸

明堤闸位于阳谷县李台乡明堤村西，北金堤桩号 83+650，1958 年 11 月始建，后分别于 1971 年 9 月、1999 年 11 月改建，改建后为钢筋砼箱式结构，1 联 2 孔，每孔净宽1.8 m、净高2.5 m，涵洞长 114 m，闸底板高程 37.75 m，设计防洪水位 48.89 m，设计引水位 40.10 m，设计流量 10 m^3/s，消能按原设计加大流量 20 m^3/s 计算，平面钢筋砼闸门，电动启闭机启闭。设计灌溉面积 14.8 万亩，实际灌溉面积 17.5 万亩。

10. 赵升白闸

赵升白闸位于阳谷县寿张镇赵升白村南，北金堤桩号 92＋012，1960 年 5 月始建，2014 年 7 月改建，2015 年 11 月竣工；为双孔钢筋砼箱式涵洞，孔宽 2.0 m、孔高 2.0 m，洞身长 61 m，设计流量 22.53 m^3/s，加大流量 26.84 m^3/s，Ⅰ级建筑物，设计防洪水位 47.79 m，闸底板高程 39.08 m，设计灌溉面积 5 万亩。

11. 八里庙闸

八里庙闸位于阳谷县十五里元镇八里庙村东，北金堤桩号 101＋940，1959 年始建，2016 年改建，2 孔箱式涵洞，每孔净宽 2 m、净高 3 m，闸室段 10 m，闸后涵洞洞身 4 节、每节长 10 m，设计防洪水位 47.4 m，设计上游水位 41.43 m，闸底板高程 38.5 m，设计引水流量 15 m^3/s，设计灌溉面积 10 万亩。

12. 张秋闸

张秋闸位于阳谷县张秋镇东南，北金堤桩号 113＋750，1955 年 7 月始建，1963 年 1 月、1984 年 11 月改建，为Ⅰ级建筑物，单孔钢筋砼箱式涵洞，宽 2.0 m、高 2.4 m，洞身长 107.8 m，闸底板高程 35.70 m，设计泄流能力 15 m^3/s，加大流量 26 m^3/s，设计防洪水位 48.61 m。设计灌溉面积 14.5 万亩，实际灌溉面积 14.5 万亩。钢筋砼平面闸门，30 t 手摇电动两用卷扬式启闭机。

四、计量设施安装

聊城取水口门 11 处，正常使用计量设施 4 套，安装率 36%。4 套计量设施具体情况：陶城铺闸为 BR・ELQ－2 型全自动缆道测流系统，2019 年 8 月安装使用；牛屯扬水站利用变压器度数换算取水量；位山闸测流设施为 EKL－3 型全自动水文缆道测流系统，2015 年 3 月安装使用；郭口闸为便桥式流速仪测流，流速仪型号 LS25－3A，2005 年 6 月安装使用。

2012 年 4 月 2 日，省局供水局在聊城中华电厂水库、谭庄水库安装 SSJ－6 型引水计量监测系统，计量方式为自动远程实时监测，河务部门通过"山东黄河供水远程实时监测系统"实时监测；计量设备维护不到位，计量不准确，人为因素影响较大，基本处于报废状态。

五、取水许可换证

1990 年，聊城修防处成立水政监察处，修防段成立水政监察所，1993 年 12 月更名为水政水资源处(所)，负责水资源管理；2002 年以前，聊城黄河水政科具体负责聊城市黄河河道内及金堤河取水许可制度实施，此后由防汛办公室具体负责。

按照 1994 年水利部《取水许可申请审批程序规定》(水利部令第 4 号)，取水许可证有效期最长不超过5年。取水许可证期满前90天内,取水许可持证人应持取水许可证等有关文件到原批准发放取水许可证的审批机关办理更换取水许可证手续,否则取水许可证期满后自行失效。

黄委先后于2000年、2005年、2010年、2015年、2020年组织换发取水许可证,2016年黄委换发新证时,重新批复北金堤7处引水口门的取水许可证,维持2010年换证时的状态。

六、引黄供水

20世纪50年代,引黄供水主要用于农业灌溉和放淤改土;随着国家经济建设发展,城乡生活、工业生产用水需求不断增加,引黄供水由单纯农业灌溉发展成为多目标供水,主要包括生活、农业、工业、生态环境、地下水补给、跨流域和跨区域调水等。

1. 签票供水

为控制引水量、节约用水、明确责任、促进管理、杜绝乱指挥和过量引水,实行按量收费,实施用水签票制度。1981年8月13日,水利部发《关于引黄灌区试行"用水签票"的通知》,决定从1981年小麦播前灌水开始试行引黄灌区用水签票制度;1981年山东河务局和省水利厅联合发出《关于引黄灌区试行"用水签票"的通知》,决定自1982年春灌开始试行用水签票制度,即放水前两天,用水单位填写用水签票(送修防处、段),申请开闸放水,河务部门(修防处、段)通知引黄闸放水,记录水量、结算。

2. 协议供水

1993年7月1日废止用水签票制度,实行供水协议书制度,即用水单位与引黄涵闸管理单位签订协议,实行计划引水;因制度不健全,协议书没有约束力,1999年水量统一调度前,协议书基本流于形式;2003年对制度进行修订,重申双方责任、权利,各用水单位引水前必须与引黄闸管理单位签订供水协议书,明确城乡生活、工业、农业用水量、水价、水费额,并报省局备案;对签订生活及工业用水协议的单位,水量调度优先给予安排,超计划用水实行加价收费。

3. 订单供水

2001年11月6日,黄委制定《黄河下游订单供水调度管理办法》(黄水调〔2001〕14号),将年计划、月调整改为月计划、旬调整,引黄涵闸管理部门根据供水区用水需求分别于每月3日、13日、23日向所属市黄河河务局申报下一旬订单,市黄河河务、省黄河河务局汇总、审核后1个工作日内逐级上报;黄委根据年度水量分配调度方案及省局汇总上报的旬订单水量,考虑来水预报、水库蓄水、前期引水、河道水量损失和利津断面最小流量要求等,按照最大限度满足用水需求的原则进行河段配水,确定水库下泄流量,并于每月6日、16日、26日对省黄河河务局下一旬引水订单做出审批;省黄河河务局在每月8日、18日、28日将辖区各市引黄涵闸、大型泵站配水量上报黄委备案;黄委在每月8日、18

日、28日向省局和三门峡、小浪底水库下达下旬调度指令。

2003年开始，山东黄河水量调度指令以电话通知改为通知单形式，网上公开发布，正式实行水量调度通知单制度，保证水量调度工作公开、公平、公正。

4. 两水分供

2002年省黄河河务局供水分局成立后，为最大限度地发挥引黄供水效益，提出两水分供的供水模式，即在现有闸、渠等引黄设施不进行改造情况下，按照农业、非农业生产用水规律，对农业、非农业用水在同一条渠道中实行错时分供，农灌时期集中供应农业用水，其他时段发挥平原水库调蓄作用引蓄黄河水供应非农业用水。农业用水、非农业用水同渠道运行，农非混供、农非合用，农非计量大多按供需双方商定比例区分，不科学、也不合理，非农业用水大量挤占农业用水，造成农灌不足和水资源大量流失；两水分供改变了只管渠首、不管渠道、只管放水、不管用途的管理模式，供水单位参与非农业用水管理，杜绝改变用水性质、供水用途现象发生。两水分供直接涉及供需双方利益，供水部门要深入用水户、灌区、渠道，调查了解需水量、用水性质、需水潜力、尾水存储与利用、灌区供水能力、发展趋势，切实掌握第一手资料，确保供水性质可靠。调整传统管理模式，实现供水管理由口到线、到片延伸，完善供水监督检查制度，坚持昼夜监督检查，跟踪检查农业用水去向，落实农业用水有无迂回、尾水转存改变用途情况，重点检查非农分水口有无开启、偷水、漏水情况，杜绝跑冒滴漏、农水工用现象发生。实施两水分供，可优化水资源配置，即能保证农业灌溉高峰期用水，有利于稳定沿黄地区农业生产，提高用水效益，又能保证工业、城市生活用水，有利于节约用水，解决水资源短缺、工农业用水矛盾，引起各级地方政府和社会各界广泛关注。

2016年，黄委下发《关于对山东河务局、河南河务局供水局所属供水分局成建制划转的通知》(黄人劳〔2016〕80号)，省黄河河务局下发《关于山东黄河河务局供水局所属供水分局更名的通知》(鲁黄人劳函〔2016〕34号)，将供水分局、闸管所成建制划转到市局；目前，引黄供水一直实行订单供水，有条件的涵闸实行两水分供，条件不具备的实行两水分计。

(1) 两水分供

“两水”是指农业用水和非农业用水。农业用水主要包括种植、养殖和农村饮水等。非农业用水是指农业用水以外的用水，主要包括工业、生活和生态景观用水等。“分供”是指在同一条引黄渠系中，农业用水和非农业用水分时段单独集中供应。一般是在农灌峰期优先集中供应农业用水，其他时间集中供应非农业用水，两水不再混供。

两水分供是针对现有闸、渠等引黄设施现状，在不进行投资改造情况下，按照农业和非农业生产用水规律，对农业用水和非农业用水实行错时分供，农灌时期集中供应农业用水，其他时间发挥水库调蓄、调节作用，供给工业用水，实现供水结构优化配置。

两水分供从源头上控制水的去向，通过分时段供水，压缩农业供水时间，促进灌溉方式、配套设施改善，提高利用效率；加强非农业用水管理，严格界定用水性质，精确计量，合理配置有限黄河水资源，防止农水非用，解决水资源紧张时段工、农业用水矛盾，打破“只管渠首，不管渠道；只管放水，不管用途”的传统做法，有效调整供水结构，此方法的经济效益与社会效益显著。

（2）两水分计

两水分计是对利用同一条渠道同时供应的农业、非农业用水，通过改进计量方法和完善管理措施，科学、清晰界定农业用水和非农业用水，采取分开、准确计量，区别收费。一般情况下，优先计量非农业用水，用渠首水量减去非农业用水量即为农业用水量。

第三节　引黄灌溉

一、发展历程

1. 引黄工程创始

中华人民共和国成立前，黄河下游有害无利，历史上虽有不少兴利主张，但均未实现；民国期间，随着西方水利新技术引进，不少有志于黄河治理之人，曾提出引黄兴利，但限于当时社会政治经济条件，没有很大发展。1930 年，山东省建设厅工程师曹瑞芝倡议在黄河沿岸兴修虹吸工程引黄淤田；1933 年，山东省建设厅拟定引黄淤田计划，拟建历城王家梨行、齐东青城交界（今高青县）的马扎子、齐河红庙、蒲台（今博兴县）王旺庄等虹吸工程，计划淤田 21.5 万亩，需建设费用 3.1 万元。1933 年 11 月 18 日，王家梨行虹吸工程建成，试水成功，实际引水 0.5 m^3/s，是山东第一处引黄虹吸工程，其他三处陆续于 1934 年建成，工程效益比较显著。据当时建设厅报告：在设计之初，原拟放淤数次，始有成效可睹，当马扎子验收工程之际，仅放淤十日，其附近淤成之地，已达千余亩，淤厚平均 7 cm，此段田地，昔为卑湿碱卤不毛之地，今淤成之后，可变沃壤。由此可见，沿黄两岸全部虹吸淤灌工程之利益，确为救济农村之大计矣。淤田计划呈请当时国民政府内政部转呈行政院准予拨款，但拖了二年多，未获结果，终因经费无着，整个淤田计划未能实现。

2. 兴办虹吸引黄

1950 年春，山东省黄河河务局设计修建的利津县綦家咀第一座引黄放淤闸仅引水 1 m^3/s，当年建成引水淤填背河洼地坑潭，加固堤防，改造部分盐碱地为良田，解决利津、沾化两县二十多万人的吃水问题，发挥较好效益，推动引黄工程发展。1953 年黄委召集河南、山东两省黄河河务局、省水利厅研究提出，在济南杨庄、历城王家梨行新建两处引黄虹吸工程，小范围试办，效果良好。随着农业合作化运动蓬勃发展，沿黄群众迫切要求引黄灌溉，以提高单位面积产量。1956 年 1 月，山东省人民委员会第十一次会议通过河务局《关于举办虹吸引黄灌溉工程的报告》，决定大力发展虹吸引黄灌溉工程，确定修建虹吸工程 34 处，安装虹吸管 165 条，可引水 150～200 m^3/s，灌田 450 万～500 万亩。分两期施工，第一期 24 处、135 条管，1956 年汛前建成；第二期 3 处、21 条管，于 1957、1958 年完成，同时完成灌区干、支、斗渠建设。聊城 1956 年修建牛屯、井圈两处虹吸，经过 70 年代大发展，规模最大时 1981 年有虹吸 10 处、51 条管，设计引水流量 41.68 m^3/s，灌溉面积

49.92 万亩;1988 年拆除刘营虹吸,虹吸完成历史使命,全部被引黄涵闸所取代。

虹吸引黄属于小型农田水利工程,采取“民办公助”办法,渠道土方及小建筑物由群众自办,渠首和较大建筑物国家给予经济补助和技术指导,从而调动群众积极性。省、县(区)、乡建立专门班子,负责工程施工和灌区管理。兴办虹吸引黄工程投资小,见效快,深受沿黄群众欢迎。

3. 引黄大发展到停灌

1958 年以后,在“大跃进”形势影响下,沿黄掀起大办水利热潮,各地反映虹吸规模小,引水少,不能满足农业生产发展需要,要求修建涵闸取代虹吸。1956 年修建打渔张引黄闸,接着先后修建黄寨、位山、刘庄、陈垓、苏泗庄、盖家沟、韩家墩、马扎子、刘春家等引黄涵闸,到 1960 年,涵闸、虹吸设计引水能力达到 1 600 m^3/s,设计灌溉面积 4 800 万亩。1959—1961 年期间,沿黄地区旱情严重,引黄灌溉对农业增产起到一定作用,但对黄河冲积平原旱涝碱自然规律认识不足,在以蓄为主的治水方针指导下,片面强调灌、忽视排,灌排工程不配套却到处大引、大蓄、大灌,有的截堵排水河道蓄水。如 1959 年引水 32.7 亿 m^3,仅浇地 409 万亩,亩耗水量 800 m^3;1960 年引水 40 亿 m^3,浇地 650 万亩,每亩耗水 600 m^3。灌水量大,引起地下水位急剧上升,加之耕作粗放,肥料不足,土地盐碱化迅速发展。据统计,1949 年菏泽、聊城、德州、惠民四地区盐碱地 547.7 万亩,1962 年发展到 1 175.6万亩,增加一倍多,对农业生产造成严重危害。

1962 年 3 月 17 日,国务院副总理谭震林在山东范县主持召开会议,研究引黄灌溉问题,水电部钱正英副部长、黄委韩培诚副主任、山东省委周兴书记、省水利厅江国栋厅长及有关地委书记等参加会议。会议对引黄问题提出:三年引黄造成一灌、二堵、三淤、四涝、五碱化的结果;在冀鲁豫三省范围内,占地 1 000 万亩,碱化 2 000 万亩,造成严重灾害;今后十年、二十年不要再希望引黄。会议确定:引黄大水漫灌,有灌无排,引起大面积土地碱化,根本措施是停止引黄,不经水电部批准不得开闸;必须把阻水工程彻底拆除,恢复水的自然流向,降低地下水位;积极采取排水措施。

根据会议决定,山东 13 处引黄涵闸自 1962 年 3 月停止引水;4 月 9 日,省水利厅召开平原地区排涝改碱会议,根据范县会议精神确定:停止引黄灌溉后,除打渔张、位山、刘庄北干渠、济阳沟阳家虹吸灌区渠道保留外,其他不再利用的废渠还耕;工程废除后腾出的土地原则上分给生产队耕种;引黄涵闸保留,交河务局管理,其他停用的渠道建筑物可以废除。

4. 复灌到发展提高

1964 年济南地区为改造沿黄涝洼地,恢复运用虹吸管,引黄河水改种水稻,把一些不毛之地改造为良田。这一经验在沿黄推广后,到 1965 年全河共恢复运用虹吸管 147 条,稻改面积 36.1 万亩,大部分生产良好,一般亩产 200 kg 左右,高产地达 350～500 kg,为恢复引黄铺开道路。1965 年,沿黄地区干旱严重,抗旱缺乏水源,各地纷纷要求恢复引黄灌溉,山东省人民委员会召开会议,专题研究恢复引黄灌溉问题,同意恢复灌溉,山东省委向水电部报送《关于恢复和发展引黄灌溉的报告》,1966 年 3 月水电部经过调查研究,函复省委同意复灌，指出要积极慎重，所有引黄灌区均应编制规划设计，做好灌排和田间工程配套，防止再次发生盐碱化。引黄灌溉在山东重新发展起来。

恢复引黄后，各级贯彻积极慎重原则，截止 1985 年，山东黄河建成运用的涵闸 41 座，虹吸管 24 处、74 条，设计引水能力 1 900 m^3/s，开辟万亩以上引黄灌区 62 处，分布菏泽、聊城、德州、济南、惠民、东营 6 市、49 县(市、区)，设计灌溉面积 2 134 万亩，近十年来平均年引水量 64 亿 m^3，最大引水量 81 亿 m^3，浇地 2 000 万亩，发挥了较好效益。

引黄灌溉发展过程中，不同时期有不同的认识和争论。1950 年代初期，引黄试办成功后，引黄有利无害，有黄河水就能增产，提倡大力发展；实施过程中，不注意科学用水，大引、大蓄、大灌，引起土壤碱化，认为黄河水不好，引黄碱地有害无利，1962 年被迫停灌，废渠还耕，是引黄史上一次失误和挫折。

1965 年复灌后，总结引黄经验教训，认为黄河水质好、水量大，条件好的地方能自流灌溉，提水灌溉扬程也不高，浇地成本低；过去引起碱化，主要是排水不畅、用水不当造成的，认为引黄地区地下水并不十分丰富，井灌水量小、扬程高、成本大，应以发展引黄为主。也有人认为，只有远离黄河、地下水源缺乏、水质不好的滨海地区才宜于引黄。认识不一致，一段时间内，缺乏统一思想指导，工作受到一定损失。

通过多年反复实践，逐步统一思想，一致认为，黄河是鲁西北地区唯一可靠水资源，发展农业生产必须发展引黄；为吸取过去碱化教训，一定要积极慎重，搞好工程配套，加强排水设施，科学管理。地下水丰富地区，地上水、地下水并用，井渠并举，排灌结合；地下水缺乏地区，引黄补源。充分发挥黄河水资源优势，扩大灌溉面积，为农业增产服务。

二、引黄渠首工程

1. 虹吸管

山东黄河沿岸多险工，临黄堤常年靠水，且背河地面一般低于黄河水位，有利于采用虹吸管引水灌溉两岸农田。从 1955 年试办到 1958 年上半年，共建成 34 处、162 条管，对促进当时农业生产发挥重要作用。随着农业生产发展需要，有的虹吸改建为涵闸，但有些小灌区，虹吸仍发挥着作用，到 1985 年，尚存虹吸管 24 处、72 条管。

修建虹吸管不必深挖大堤，施工容易；虹吸引表面水多，含泥沙少且颗粒较细，便于放淤改土；工程规模小，投资少，适用于小型引黄灌区。但管道易锈蚀，维修任务大，管理困难，易形成堤防隐患。

2. 涵闸

山东引黄涵闸建设是试办小型虹吸引黄工程取得经验的基础上逐步发展起来的，1956 年，为开发滨海地区资源，在苏联专家帮助下，修建打渔张引黄灌溉工程，渠首闸设计流量 120 m^3/s，设计灌溉面积 169 万亩，是山东省试办大型引黄工程的开端；后陆续修建刘庄、位山、盖家沟、韩家墩 4 座大闸，设计流量分别为 260、400、320、120 m^3/s，均按照有拦河枢纽控制情况兴建，规划指导方向是大灌区、少口门，集中引水，规模较大。枢纽工程下马后，改为无坝引水，1962 年停止引黄后，除打渔张闸留着试验外，其余全部关闭。

引黄复灌后，为有利于沉沙和管理，改小灌区、多口门、分散引水，调整建闸规模，除原建大闸“小用”外，1966 年修建韩刘、葛家店、土城、睦里、胜利、宫家等闸，单闸设计流量 10～20 m^3/s，各地普遍反映偏小，要求扩大，1970 年后，新建并改建潘庄、李家岸、邢家渡、簸箕李等一批涵闸，设计流量增加到 50～100 m^3/s，涵闸规模基本稳定。截至 1985 年，全河共建引黄涵闸 41 座（包括放淤闸），设计引水流量 1 820 m^3/s，投资 5 768.97 万元。

1970 年前建闸采用的防洪标准较低，1981 年后把新建涵闸设计标准提高到 30 年水平，如位山、打渔张闸改建时，防洪水位每年按抬高 0.126 m 预留 30 年，工程一次性投资多，但节省改建、临时围堰费用，减轻汛期防守负担，经济上较为合理。截至 1985 年，改建 15 座。

3. 扬水站

稻改育苗、插秧正值黄河枯水期，因供水不及时受到影响。1965 年在虹吸管口处修建扬水站，提水以降低尾水位，使背河水位低于黄河枯水位，有利于引水、扬水沉沙，起到加固堤防作用。1970 年前后是山东黄河大兴扬水站时期，到 1974 年，全河在虹吸管、涵闸出口处建扬水站 49 座，设计提水能力 219 m^3/s，建站投资 1 000 万元。

建站十余年来，除济南市所属站、惠民归仁站发挥效益较好外，其他多数因配套不全，扬水费用负担、电力供应不足等问题很少发挥作用。到 1985 年，全河尚留存扬水站 32 处，设计提水能力 146.7 m^3/s。

黄河滩区，全河建有固定扬水站 193 座，设计提水能力 142.6 m^3/s，由地方或群众筹建、自管，从黄河提水灌溉滩区土地，效益较好。也有多级扬水站，把黄河水远引到山区，如平阴田山扬水站，设计提水能力 24 m^3/s，扬程 56.0 m，设计灌溉面积 37.1 万亩；运用以来，正常灌溉面积十余万亩，对改变山区严重缺水、生产长期落后面貌发挥较好效益。

三、引黄灌区

聊城现有陶城铺、位山、郭口、彭楼（聊城）4 个灌区，彭楼（聊城）灌区渠首彭楼闸占用聊城取水许可指标 0.74 亿 m^3，高堤口闸作为彭楼灌区引黄入鲁进水闸，2003—2020 年平均引水量 0.45 亿 m^3；其余 3 个灌区设计灌溉面积 691.3 万亩，2003—2020 年平均引水量 6.73 亿 m^3，以农业用水为主，位山灌区非农业取水许可水量 0.17 亿 m^3，2003—2020 年聊城引黄水量见表 4-4。

表 4-4　2003—2020 年聊城引黄水量统计表

单位：万 m^3

年份	陶城铺闸	位山闸	郭口闸	高堤口闸	合计
2003	9 568	25 966	4 104	3 004	42 642
2004	4 876	29 009	2 672	7 305	43 862

续表

年份	陶城铺闸	位山闸	郭口闸	高堤口闸	合计
2005	12 623	45 530	6 994	6 682	71 829
2006	13 752	67 882	7 700	6 740	96 074
2007	11 908	47 977	7 376	6 061	73 322
2008	9 231	28 320	7 434	6 946	51 931
2009	14 217	49 580	7 014	8 945	79 756
2010	15 913	56 061	7 541	6 033	85 548
2011	12 740	54 767	9 606	2 388	79 501
2012	10 598	60 166	8 493	5 185	84 442
2013	10 909	44 691	8 355	2 248	66 203
2014	10 909	50 906	7 871	2 799	72 485
2015	11 126	54 097	6 062	4 958	76 243
2016	8 638	44 293	5 113	2 917	60 961
2017	9 196	51 647	4 055	2 587	67 485
2018	7 313	50 859	4 380	2 990	65 542
2019	10 849	81 122	5 501	1 477	98 949
2020	8 100	61 515	4 371	1 872	75 858
合计	192 466	904 388	114 642	81 137	1 292 633
年均	10 693	50 244	6 369	4 508	71 813

(一) 陶城铺灌区

1. 概述

陶城铺灌区位于山东省阳谷县境内,1988 年利用世界银行贷款投资兴建,1989 年开始边运行边建设,1996 年基本建成,灌区工程投资 7 147 万元,由阳谷县灌溉处负责管理。灌区渠首陶城铺引黄闸设计流量 50 m^3/s,加大流量 70 m^3/s,设计灌溉面积 114.3 万亩,实际灌溉面积 103.5 万亩(含井渠结合灌溉面积 29.2 万亩),取水许可编号为"取水(国黄)字〔2015〕第 811048 号",许可水量 8 100 万 m^3。灌区受益范围涉及阳谷县金斗营、西湖、李台、高庙王、大布、寿张、博济桥、桥润、狮子楼、石佛、十五里元、闫楼、定水镇、张秋、郭屯、阿城、七级、安镇 18 个乡(镇、办事处);莘县朝城、徐庄、十八里铺 3 个乡(镇)。灌区配套工程有水渠、三级沉沙池、南北干渠及 62 条支渠,沉沙池占地 1.5 万亩,干渠长 91.94 km,支渠长 254.27 km,斗以下渠道 562 条、3 468 km;灌区设南徐、骆驼巷 2 处大型泵站,总装机容量 3 340 kW,提水能力 41.76 m^3/s。灌区有各类建筑物 2 005 座,工程设施及运营状况良好。引用黄河水主要用于农业灌溉、补充地下水源,2003—2020 年年均引用黄河水1.07亿 m^3,粮食产量 43.13 万 t,经济作物产量 104.52 万 t,农民人均年收入 3 739 元,其中:种植业收入 1 403 元。

2. 用水情况

生活用水：沿黄城镇及农村常年利用地下水，不直接引用黄河水；灌区居民 17.02 万人，城镇人均日用水量 150 kg，农村人均日用水量 100 kg。

农业用水：灌区年均自然降雨量 582.6 mm，蒸发量 1 265 mm，引用黄河水主要用于农业生产，灌区农作物种植以小麦、玉米为主，间作棉花、豆类、蔬菜，其中粮食作物占全县播种面积的 73%，林地及其他占 6%，灌区复种指数 198%。灌区仍采用传统“水漫金山寺”的漫灌模式，节水灌溉推广较慢，水资源浪费严重；加强干、支渠渠道硬化，积极发展节水灌溉，促进灌区持续、稳定发展意义重大，经济、社会和生态效益显著。

农业灌溉时间主要是 3 月—9 月，灌区灌溉定额 170 m^3/亩，灌溉水利用系数 0.61，渠系水利用系数 0.76，田间水利用系数 0.53。农业灌溉用水高峰期，严控取水用途，精心调度，灌区水资源供需矛盾得到有效缓解，给灌区发展提供长期、可靠水源保障，对改善农业生产条件、改善田间小气候，缓解和消除旱灾，具有显著经济、社会和生态效益，极大促进经济社会可持续发展。

工业用水：灌区地处欠发达的鲁西平原，无大型工矿企业，工业用水量较少。但随着经济发展，新建平原水库、电厂等，工农业生产发展潜力巨大，用水量将会明显增加。

3. 管理现状

灌区实行“分级管理，专管与群管相结合”的管理模式，因彭楼灌区开发，陶城铺灌区仅对阳谷 18 个乡（镇）供水，经过近几年县财政投入和群众投资投劳，大规模开展陶城铺灌区北展工程，灌区不断完善田间配套设施，较好发挥灌区整体效益。

阳谷县排灌处为灌区专管机构，阳谷县成立灌区管理委员会及基层群众管理组织。阳谷县排灌处负责骨干工程建管、灌溉用水计划制订、执行、水量调配及灌区内 5 个分灌区专管机构的行政业务指导，具体行使灌区运行经营权；灌区管理委员会由县政府有关部门负责人组成，灌区管委会主任由分管水利的副县长担任，水利局局长、灌区管理处主任担任副主任，各有关受益乡（镇）长担任委员，职责是监督专管机构的工作，汇报灌区决策、灌区改革发展重大事项、制定管理政策等；基层群众管理组织以聘任护堤员、闸管员、放水员等形式，灌区沿渠群众参与管理，近年来试点发展 12 个农民用水协会，进一步强化群众组织建设，提高工程完好率，发挥工程整体效益。

（二）位山灌区

1. 概述

位山灌区始建于 1958 年，1958 年位山枢纽工程开始兴建，经过 1962 年停灌，1970 年复灌，1981—1983 年引黄济津，1993—1995 年引黄入卫，1998—2015 年续建配套节水改造，历尽曲折，不断完善，由位山灌区管理处管理。灌区渠首位山引黄闸设计引水流量 240 m^3/s，加大流量 600 m^3/s，设计灌溉面积 432 万亩，取水许可编号为取水（国黄）字〔2015〕第 811049 号，许可水量 118 000 万 m^3，其中河北省 62 000 万 m^3。灌区地处鲁西北黄泛平原，承担着聊城市65%以上耕地的灌溉任务，涉及东昌府区、临清、茌平、高唐、东阿、冠县、阳谷及经济开发区、高新区、旅游度假区10个县(市、区)、89个乡(镇)绝大部分耕地，控制面积5 380 km²，耕地面积569万亩；复灌后经过多次调整，灌溉面积扩大到540万亩，实际灌面积460.5万亩，是黄河下游最大的引黄灌区，位列全国六个特大灌区的第五位，规模宏大，作用重要；灌区1981年以来，先后承担引黄济津、引黄入卫、引黄济淀、引黄入冀等跨流域调水任务，为保障河北、天津的城市及生态用水安全，促进区域经济和社会发展发挥着极其重要作用。灌区内有谭庄、聊城发电厂、茌平信源、临清城南、高唐南王等水库，设计库容5 987万m³。

陶城铺东引黄闸作为位山闸引黄补水工程，始建于1996年，旨在缓解位山西渠引水系统供水能力不足和灌区清淤、送水矛盾，提高引黄机动性。工程包括设计引水能力100 m³/s的陶城铺东引黄闸、输沙渠、沉沙池、输水干渠和入位山灌区三干渠崔庄枢纽等建筑物。

灌区工程布局按照骨干工程灌排分设、田间工程灌排合一原则布置。灌区设东、西2条输沙渠，东输沙渠长14.5 km，设计流量80 m³/s；西输沙渠长15 km，设计流量160 m³/s。东、西沉沙区2片，9条沉沙池。三条输水干渠，一干渠控制灌区东部东阿、茌平、高唐三县和徒骇河以东区域，长63.06 km，设计引水流量72 m³/s，设计灌溉面积130万亩；二干渠控制灌区中北部徒骇河、四新河以西和马颊河、小运河以东东昌府区、茌平、高唐三县区部分面积，长92 km，设计引水流量75 m³/s，设计灌溉面积130万亩；三干渠控制灌区西部马颊河、小运河以西阳谷、东昌府区、冠县、临清四县区全部或部分面积，长78.74 km，设计引水流量73.5 m³/s，设计灌溉面积138万亩，现控制灌溉面积280万亩。分干渠53条、长961 km，支渠825条、长2 176.6 km，其中流量大于1 m³/s的支渠393条、长2 100 km；支渠以上(含支渠)包括渡槽、涵洞、闸门等各类水工建筑物5 000余座。2003—2020年年均工农业引水量5.02亿m³。灌区内有徒骇河、马颊河两大骨干排涝河道，流域面积大于100 km²的支流32条，各类建筑物近3 000座。

灌区建成后、特别是复灌52年来，位山灌区始终坚持引黄补源、以井保丰原则，满足灌区农业灌溉用水，补充地下水源，改良盐碱土地，为聊城工业、居民生活及环境用水提供大量优质水源，直接经济效益137亿元，对聊城农业增产发挥重要作用，极大支援河北省和天津市经济建设，维护社会稳定。

2. 社会经济发展情况

灌区居民357.37万人，农业在灌区国民经济构成和解决群众生活来源、提高群众生活水平方面占有重要地位。

灌区地处暖温带半干旱大陆性季风气候区，光、热资源充足，年无霜期较长，地势平坦、土层深厚，质地均匀，具有传统农业种植习惯，是重要粮棉生产大区。灌区农业经济构成中，种植业占绝对优势，种植业产值占农业产值的70%左右。农作物以小麦、玉米为主，间作棉花、豆类、蔬菜，复种指数1.89。随着国家经济结构调整，灌区蔬菜种植发展较快，棉花种植面积有所萎缩。复灌以来，实灌面积由不足400万亩扩大到430万亩，最高达460万亩，年增产效益10亿元，年粮食总产量保持7.8%的增长态势，为实现粮食十八连增奠定坚实基础。

3. 管理模式

灌区按照“分级管理，专管与群管相结合”原则，20 世纪 80 年代先后成立市、县两级管理机构和灌区委员会、基层群众管理组织。位山灌区管理处作为市级专管机构，负责跨县（市、区）骨干工程建管、灌溉用水计划制订、执行、水量调配及下级专管机构业务指导，各县（市、区）专管机构的职能与之相似。

灌区管理委员会（简称“管委会”）由同级政府有关部门负责人组成。市管委会主任由分管水利的副市长担任，市水利局局长、政府副秘书长、灌溉处主任担任副主任，市有关部门负责人和受益县（市、区）分管水利的副县（市、区）长为委员，职责是监督专管机构的工作，代表灌区群众决策灌区改革和发展等重大事项，制订管理政策；各县（市、区）管委会人员组成、职能与市管委会一致。

基层群众管理组织以聘任护堤员为主，组织沿渠群众参与管理，其任务是管护堤防及附属设施、林木等，弥补专管人员不足，促进灌区管理水平提高，发挥专管机构与受益群众之间桥梁、纽带作用。

4. 运营机构

按照分级管理原则，灌区实行计划用水、计量供水、分级配水的管理方式。市灌区管理处负责干渠即从水源（位山闸）到各支渠进水口之间的水量调配和计量，主要任务是根据水源、工程和土壤情况及各县（市、区）用水需求，确定引水时间、引水流量、引水总量，根据用水计划、实际用水情况，确定各县（市、区）用水分配指标。县（市、区）排灌处负责支渠级水量调配，对各乡（镇）用水情况进行计量。乡（镇）水利站负责斗渠级的用水管理。浇地一般为农户单独进行，以提灌为主，部分区域自流灌溉。

5. 用水管理

根据灌区“十年九旱”“春旱接夏旱，夏旱连秋旱，涝灾大部分出现在夏末秋初”的自然特点，用水一年大致分 3 个阶段：每年 2 中旬至 5 月中旬为春灌，6 月为初夏灌，9 月下旬至 10 月上旬为秋灌时节，基本满足小麦、棉花和玉米等主要农作物规律性干旱用水。春灌主要是小麦返青、拔节、灌浆及春播作物造墒用水，用水量大、时间长，是用水关键期；初夏灌主要为夏播作物造墒、春作物拔节保苗用水，为避免遭遇强降雨，尽可能速灌速停；秋灌用于小麦播前造墒，不易延迟供水。复灌以来，位山灌区春灌引水量占全年引水量的 68.1%，夏灌占 16.2%，秋灌占 15.7%。

为高效利用、优化配置黄河水资源，节约用水，提高灌溉综合效益，灌区加强用水管理，统筹水情、墒情，动态调整计划，科学调度水量，最大限度提高水资源利用效率和综合效益。根据引水指标，结合各县（市、区）灌溉面积、用水需求，科学制定用水计划和调水方案，规范用水程序，严格调水指令；推行“以供定需、流量包段、责任到所”的管理模式，加强输水督察巡查，严格控制分水口门启闭权，确保水量统一调度；全面实现计量供水、按量收费到乡（镇），位山灌区水费实收率 100%，有效保证灌区良性运行；探索、实施科学输水模式，实行浮动价格，推行超前灌溉蓄水价格优惠、超计划用水累进加价制度；合理选择引水时机，采取高水位、大流量、速灌速停的方式，坚持轮灌、续灌结合，缩短灌溉周期，促进均衡用水、远距离输沙、分散沉沙，尽最大努力向下游、边远、高亢地区供水，促进灌区均衡受益；井渠结合，优化配置水源；扎实推进用水户参与灌溉管理，设置用水户协会试点，积极探索新型灌溉管理模式。

6. 灌区引水变化

自小浪底水库投入运行和黄河实施水量统一调度以来，在流域来水持续偏枯情况下，黄委通过统一调度和科学配置，实现黄河不断流，提高灌区引水保证率，灌区城乡环境和工农业生产供水安全得到加强，取得显著社会、生态和经济效益。灌区引水出现下列明显变化。

(1) 年引水量减少

据统计，灌区引黄水量由 2000 年前的 8 亿～10 亿 m^3减少到近几年的 4 亿～7 亿 m^3。引水量减少主要原因是：灌区加强用水管理和工程续建配套，节约用水取得长足进步；渠首闸引水能力降低，黄河可供水量无法满足作物生长期内用水需求，需要其他水源补充；灌区秋季降雨偏多，秋灌引水减少 1 亿～2 亿 m^3。

(2) 引水含沙量降低

小浪底水库蓄水拦沙功能运用后，灌区引沙条件发生显著改变，引水平均含沙量由 10 kg/m^3减小为 3.5 kg/m^3，引沙总量大幅减少，对灌区泥沙处理非常有利。

(3) 非农业用水量增加

随着经济不断发展，工业生产、城市环境对水资源需求越来越大，水资源已不能满足当地用水需求，通过节水改造农业灌溉用水，更多向工业、生态转移。

7. 面临的主要困难

(1) 水资源供需矛盾突出

灌区地处暖湿带季风气候区，降水时空分布不均，人均占有水资源量 206 m^3，不足全国人均占有量的 1/10，远低于国际公认的人均占有水资源量 1 000 m^3的临界值，属于水资源贫乏地区。灌区可利用水资源包括：客水资源、当地地表水资源和地下水资源，可用水资源总量 14.12 亿 m^3，其中：客水资源主要是黄河水，分配指标 7.92 亿 m^3；根据灌区实际需求，亩均灌溉用水 178.55 m^3，农业用水年需求量 9.72 亿 m^3，综合灌区内林业、畜牧业以及工业、群众生活和环境用水，年需水总量 17.68 亿 m^3。近年来，灌溉可用水量总体呈下降趋势，灌区来水量减少、灌溉用水“农转非”比例增高；农灌用水远超定额，分配水量远小于灌溉需求，导致水量严重不足，加剧灌溉用水紧张局势，引黄工、农业生产受到较大影响，制约灌区正常发展。

(2) 引水能力下降

2002—2015 年，经过 14 年、17 次调水调沙，黄河河道冲刷严重，河道冲刷成效显著，河槽泄洪能力增大，有利于黄河防洪；但河床降低、主溜归槽，同流量下水位表现偏低，水闸引水能力下降，引水偏少，尤其是春灌用水高峰期，引黄水量远不能满足灌溉需求，影响正常灌溉和供水。灌区控制范围大，上中下游用水时段比较集中，长时间小流量供水，灌区用水管理措施难以落实，上游中南部引水条件便利、引水多，下游县(市)及离干渠较远的乡(镇)引水困难，用水不均衡、比例失调，实灌面积由460多万亩回落到430多万亩。

(3) 蓄水能力不足

提前蓄水是缓解用水高峰期供需矛盾的有效措施，但灌区内坑塘蓄水能力只有2 440万m^3，田间沟渠蓄水能力不足1 300万m^3。目前，各县(市)引黄水库、南水北调配套水库陆续建设，蓄水能力不断增强，但已建成运用的水库较少，调蓄能力依然不足。

(4) 泥沙处理困难

复灌至今，灌区累计引沙3亿m^3，泥沙通过清淤堆积在沉沙池和渠道两侧，占地5万亩，其中：4～7 m沙质高地2.5万亩；涉及东阿、阳谷、东昌府3个县(区)6个乡(镇)，人均耕地由1.8亩减少到0.7亩，土质严重沙化，生态环境日益恶化，居民生产生活受到很大影响，人均收入仅为灌区人均收入的1/3，成为新的贫困区；跨流域调水过程中，引进的泥沙几乎全部沉积在灌区内，沉沙池、渠道淤积速度加快，挤占大量有限的沉沙库容，缩短沉沙池寿命，加重灌区负担。

(5) 供水价格偏低

灌区供水价格偏低，不利于灌区节水，限制灌区自身发展；低收入造成低支出、低运行，根据较低运行费用再核算成本，容易形成恶性循环；国家现行水价政策是农业水价只能保本微利，只能维持简单再生产，更新改造费用依靠国家投入，灌区自身较难解决。

(6) 工程配套差

灌区复灌以来，长期未被国家立项，地方财力不足，建设标准低，再加上亏本运行，致使工程"先天不足、后天失修、带病运行、未老先衰"。灌区骨干工程体系不完善，干渠配套率95%，支渠配套率50%，田间末级渠系配套率20%～30%；干渠以下工程配套率低，支渠以下缺乏调控建筑物，渠渠相通，沟沟相连，一渠引水，沟沟有水，不能合理控制和调配水量，跑水、漏水现象随处可见，直接影响配水调度和节水工作开展。灌区工程设施建设标准不高，量测水设施不配套。

8. 引黄成就

灌区在长期引黄供水服务中，形成以农业供水为主，兼顾工业、城市生活、生态环境、跨流域调水多元化供水结构。农业生产方面，设计灌溉面积432万亩，后扩大至540万亩，占全市总耕地面积的65%，承担着全市大部分耕地灌溉任务。近年来，引黄供水及时到位，粮食生产实现连年丰收。工业生产方面，承担着为聊城发电厂、聊城热电厂、信发集团、泉林纸业等大型工业、企业供水任务，为发展新型工业化城市提供水源保障。城市生活方面，通过向高唐南王、临清城南等水库供水，解决城乡居民生活用水处理成本高、地下水资源不足问题。生态环境方面，通过引黄入河、引黄入湖，有效保障古运河、徒骇河、二干渠、东昌湖、铃铛湖、莲湖等水利风景区景观用水，为打造"江北水城"城市名片提供水源支持。向茌平金牛湖、高唐鱼丘湖等县管湖泊供水，改善当地县域生态环境。积极开展引黄补源，保持全市地下水位稳定，维持良好地下水环境。通过引黄入冀、引黄济津，解决河北省、天津市干旱缺水问题，为当地经济社会发展提供帮助。位山灌区已成为聊城粮食生产重要基地、区域经济发展重要支撑和生态环境保护重要依托。

（三）郭口灌区

1. 概述

郭口灌区位于东阿县东北部，西至官路沟，南临黄河，北界赵牛河，东与齐河县相邻。灌区渠首郭口引黄闸设计流量25 m^3/s，设计灌溉面积37.2万亩，有效灌溉面积33万亩，取水许可编号为“取水(国黄)字〔2015〕第811050号”，许可水量4 500万 m^3，受益区为东阿县；灌区1984年兴建，世界银行贷款扶持项目，工程投资5 187万元，1986年运行并发挥效益，灌区面积354.33 km^2，占东阿县总面积的45%，涉及大桥、牛店、铜城、高集、姚寨、陈集、新城、工业园开发区8个乡(镇)、260个自然村，居民人口18.59万人。灌区1986年开始引黄灌溉，2003—2020年平均农业引水量0.64亿 m^3，粮食产量15.88万t，经济作物产量0.45万t，居民人均收入2 242元。

灌区是在原虹吸引黄灌区基础上，于1984年2月拆除原虹吸后改建郭口闸，利用位山旧城干渠下段建成引黄灌区。灌区配套工程分4级渠系，设输沙干渠4条，包括：总干渠1条、长36.6 km，输水干渠3条(东干渠、西干渠、新西干渠)、长97.76 km，支渠14条、长65.35 km，斗渠92条、长96.6 km，农渠979条、长757.76 km。沉沙池2个，东沉沙池南起巴公河，北至中心河，西起大高公路，东到工井村，南北长3 800 m，东西宽1 600 m，设7个沉沙条池；西沉沙池南起巴公河，北至中心河，东起大高公路，西止西干渠入口，东西长4 200 m，南北宽2 400 m，设8个沉沙条池。东干渠控制灌区东部的姚寨、牛角店2个乡(镇)，设计灌溉面积12.6万亩，干渠长7.3 km，设计引水流量5.6 m^3/s；西干渠控制灌区西北部区域，设计灌溉面积8.1万亩，干渠长9.9 km，设计引水流量3.645 m^3/s；新西干渠控制灌区中西部的部分区域，设计灌溉面积12.4万亩，干渠长15.1 km，设计引水流量12 m^3/s。配套建筑物248座，骨干输水工程及配套建筑物配套率90%，工程完好率76%。灌区内桥梁109座，闸涵68座，渡槽15座，建设投资0.35亿元，形成固定资产0.5亿元。

2. 灌区管理

郭口灌区实行专管和群管相结合的管理模式，由东阿县水利局排灌工程管理处直接管理，下设郭口引黄灌区管理所和各乡(镇)水利站。排灌工程管理处负责灌区内干渠、建筑物管理、维修和养护，用水计划制定、申报、执行和水量调配，负责对基层管理组织进行业务指导及水费征收工作；1986年灌区运用之初，便实行计量供水、按方收费的计费方式，测水、量水专用建筑物配备齐全，具备科学管理灌区的物质、技术基础。

基层群众管理组织以聘用测水观测员及护堤员为主，组织灌区群众参与管理，其任务是计量用水、管理堤防及其附属设施、附着树木等，对弥补专业人员不足，促进灌区管理水平提高，发挥专管机构及收益群众之间的桥梁、纽带起到极大促进作用。按照“政府引导、农民自愿、依法登记、规范运作”原则，培育以村组集体管理为主的农民用水自治组织，承担项目区全部衬砌灌溉工程和建筑物维修、使用和管理职责；灌区建设村组集体管理组织260个，每个村组织管理本村节水灌溉工程和建筑物维修、使用和管理。

3. 用水管理

1986年郭口引黄灌区运行至今，实行计划用水、计量供水到乡（镇），按方收费的管理方式。灌区引水采取“高水位、大流量、速灌速停”方式，尽量缩短用水周期；按照“集中水权、分级配水、科学调度、节约用水”原则供水。灌区春冬干旱，夏秋雨多，引黄灌溉集中在春冬季节。根据水源、工程状况，结合作物种植比例、降雨及田间需水情况，确定需水量、引水时间，制订用水计划，排灌处与各乡（镇）签订用水协议书；根据用水总量、分时段用水量，及时申报用水计划。灌溉时，本着先下游、后上游的原则，对各乡（镇）用水进行计量、分配和调配；排灌处在干渠、分干渠设置控制各乡（镇）用水量测流点，流速仪测流，按方计量，负责引黄干渠、分干渠用水控制，乡（镇）水利站负责支、斗渠用水管理。灌区各级渠首设有12个测水点、6个测沙点，灌区以提水灌溉为主，大桥镇、陈集乡部分区域能自流灌溉。灌区灌溉定额186 m^3/亩，灌溉水利用系数0.58，渠系水利用系数0.56，田间水利用系数0.9。水费收缴前，逐级上报县、市减负办审批；县政府根据审批数额分配到乡（镇），委托乡（镇）政府代收，水费收缴率98%以上。根据灌区统计，2003—2016年平均实际用水比例见表4-5。

表4-5　郭口灌区农业2003—2016年平均逐月实际用水比例表

月份	1	2	3	4	5	6	7	8	9	10	11	12
比例(%)	1.1	14	22.9	15.4	12.5	21.8	7	1.7	0.9	2.1	0.2	0.6

4. 社会经济发展情况

灌区人口21.5万人，其中：劳动力10.79万人。灌区以种植小麦、玉米为主，棉花、蔬菜等经济作物为辅，种植业占农业产值的70%左右；自2004年起，粮食连年增产，灌区夏粮连续丰产丰收，玉米、大豆和棉花连年增产，近五年来，以2%～20%的产量递增，取得可喜成绩。

（四）彭楼引黄入鲁灌区

1. 灌区概述

聊城西部莘县、冠县、临清降雨量少，地表水极其匮乏，地势较高，土地沙化严重，为改善水资源条件，当地政府带领广大群众于1959年规划建设彭楼引黄灌区；灌区由山东水利勘测设计院设计，由当时合署办公的范县、莘县共同兴建，设计灌溉面积191万亩；灌区建成后，1960—1961年曾实现全灌区灌溉受益，1962年因涝碱问题停灌，为解决金堤河流域发生的洪涝灾害和边界水事问题，1964年国务院决定调整鲁豫两省行政区划，原属山东的彭楼引黄闸和金堤河以南的寿张、范县划归河南省，金堤以北并入山东莘县，彭楼引黄灌区成为跨省工程，因边界水事纠纷，彭楼引黄闸不再向莘县供给黄河水，山东境内灌区土地被迫停灌。金堤北灌区长期得不到引黄水源，造成灌区长期干旱缺水，严重制约经济发展。20世纪60年代后期，聊城西部年降水量明显减少，河道断流、沟渠干涸，地表水严重匮乏，生态环境日趋恶化，地下水严重超采，形成区域性漏斗，农村饮水困难，严重制约工农业生产发展，急需引水灌溉、补源；国家农业综合开发办、水利部和鲁、豫两省经多年协商，决定恢复金堤北灌区。彭楼灌区主要任务是为河南范县和山东聊城提供农业用水，缓解沿线地区农业缺水及地下水超采状况，促进当地农业发展。为尽早恢复彭楼引黄灌区正常灌溉，发挥工程应有效益，20 世纪 80 年代，山东省提出“在满足范县 30 万亩耕地用水前提下，通过彭楼闸扩建，向山东送水 80～100 m^3/s 规模”的意见，在水利部、黄委大力协调下，山东、河南两省及聊城、濮阳两市自 1980 年起，对引黄工程规模、入鲁引水流量等进行多次磋商。1993 年 5 月 7 日，水利部和豫、鲁两省政府共同提出《金堤河干流近期治理工程和彭楼引黄入鲁灌溉工程项目建议书》(水农发〔1993〕60 号)，报送国家农业综合开发办公室审批，请求立项；1993 年 9 月 20 日，国家农业综合开发办公室以〔1993〕国农综字第 146 号文批复同意立项。根据国家计委(1991)1969 号《关于报批项目建议书统称报批可行性研究报告的通知》和〔1993〕国农综字第 146 号文批复意见，水利部要求黄委设计院重新编制金堤河干流近期治理和彭楼引黄入鲁灌溉工程可行性研究报告，上报国家农业综合开发办公室和水利部审定。黄委及时安排《金堤河干流近期治理工程和彭楼引黄入鲁灌溉工程可行性研究报告》编制工作，1994 年 12 月 15 日，水利部向国家农业综合开发办公室报送上述《可研报告》及审查意见(水规计〔1994〕543 号)，国家农业综合开发办公室以国农综字〔1995〕4 号文对水规计〔1994〕543 号文进行批复。经过长期不懈努力，本着团结治水、互惠互利原则，1994 年彭楼引黄灌区复灌工程获国家批复立项，工程建设由黄委负责协调，山东负责实施，1998 年 5 月开工，2000 年 12 月建成。灌区开发建设总投资 1.844 6 亿元，其中：北金堤以南河南省境内投资 0.58 亿元，全部由国家投入(中央农发资金 0.49 亿元、水利贷款 0.09 亿元)；北金堤以北山东省境内工程投资 1.244 6亿元，全部由山东省自筹解决。

彭楼引黄入鲁北金堤以南工程 1995 年 12 月开工建设，按照国家农发办批复精神，黄委为该工程主管单位，金堤河管理局为整个工程建设单位。工程开工建设同时，金堤河管理局继续协调签订彭楼引黄入鲁供水协议；1998 年 10 月 20 日三方在供水协议上签字，金堤河水事协调取得新突破，为彭楼引黄入鲁工程全面开工创造条件。

彭楼(聊城)引黄入鲁灌区 1998 年开工实施，2000 年底试通水，2001 年 9 月正式建成，恢复通水。黄河水进入山东莘县境内，2001 年底灌区骨干工程基本建成，黄河水进入冠县境内。山东境内工程有：输沙渠 4.72 km，沉沙区 6.74 km^2、长 6 km；输水连接渠 7.95 km，输水干渠 72.4 km，跨越徒骇河、马颊河。彭楼引黄入鲁灌区设樱桃园、张寨、张庄、斜店 4 个基层管理所，其中樱桃园、张寨、张庄管理所位于莘县樱桃园镇、张寨乡、张鲁镇，斜店管理所位于冠县斜店乡。

2. 彭楼闸、高堤口闸

彭楼引黄入鲁渠首为彭楼引黄闸，位于河南省范县境内临黄左堤彭楼险工处，1958 年始建，因河床淤积，洪水位相应升高，不能满足防洪要求，1984 年废除旧闸，在其下游 116 m 处新建该闸，1986 年竣工，设计引水流量 50 m^3/s，设计灌溉面积 200 万亩。灌区自河南省范县彭楼引黄闸引水，经河南省濮西干渠、金堤河倒虹吸、穿北金堤高堤口闸进入山东境内。

为搞好彭楼引黄入鲁灌溉工程建设，党和国家高度重视，1989年成立黄委会金堤河管理局筹备组，1991年1月3日黄委成立金堤河管理局，由金堤河管理局组织协调金堤河地区两省水事工作，本着求大同、存小异、团结治水精神，两省意见逐渐趋同；高堤口闸(桩号40+110)由金堤河管理局投资兴建，省局设计院设计、莘县局组织施工，1995年12月开工建设，1996年10月竣工，1999年6月26日黄委与金堤河管理局组织验收，设计入鲁流量30 m^3/s，2003—2020年实际年均入鲁水量0.45亿 m^3，设计灌溉面积63万亩，补源灌溉面积137万亩，涉及莘县、冠县28个乡(镇)、1 074个自然村，人口104.53万人。2002年5月8日黄委办公室印发会议纪要(〔2002〕21号)，"研究关于金堤河管理局移交、接收的有关问题"，自2002年4月28日起，"按照机构改革方案，金堤河管理局撤销后，人、财、物整体并入河南河务局管理，河南局即日起接收金堤河管理局"，金堤河管理局直管工程按照属地管理原则，2002年7月高堤口闸(含倒虹吸)移交莘县河务局管理，并要求高堤口闸(含倒虹吸)的有关资料一并移交山东局；工程移交后，有关工程资料一直未移交。会议纪要(〔2002〕21号)明确，为统一做好供水，避免多头收费，引黄入鲁的收费工作由河南局负责统一协调处理；河南局从收取的高堤口闸(含倒虹吸)供水水费及协调费中划出50%交山东局，用于高堤口闸(含倒虹吸)的运行、管理。

自彭楼引黄闸开始，输水干渠长108.6 km，其中：河南省境内长17.52 km，灌溉面积30万亩，山东境内长91.08 km。2011—2015年完成11条输水干、支渠衬砌、清淤225.89 km，配套建筑物193座，管理道路87.86 km。

为满足彭楼(聊城)灌区供水需要，增加水闸过流能力，为灌区农业发展创造条件，根据《彭楼灌区改扩建工程规划同意书》(黄河水建规字〔2017〕8号)改造聊城市彭楼灌区，扩建后濮西干渠底宽16.40 m，设计流量30 m^3/s，加大流量50 m^3/s；高堤口闸拆除，在原址重建，5孔涵洞，孔宽2.6 m、孔高3.0 m，设计防洪水位50.68 m，设计引水流量50 m^3/s，闸底板高程45.20 m，采用彭楼灌区渠道引水位，设计引水位47.48 m，上下游水位差0.28 m，闸前水深2.28 m，2020年4月23日开工，2020年12月25日完成通水验收。

3. 灌区社会经济发展情况

莘县、冠县、临清属暖温带大陆型季风气候区，多年平均降水量531 mm，年降水量的70%集中在7、8月份，地势高，沙化重，地表水匮乏，人均水资源量156 m^3，不足全省1/2，不足全国1/10，远低于国际公认维持一个地区经济社会发展所必须的人均1 000 m^3临界值，属人均小于500 m^3极度缺水地区；降水年内年际分配极不均匀，丰枯悬殊，降水主要集中在6～9月份，灌区平均气温13.3℃，历史最高气温41.5℃，最低气温−22.7℃。区域工业基础薄弱，灌区内莘县、冠县、临清以农业种植为主，主要农作物有小麦、玉米、棉花和蔬菜等，是山东省粮食、蔬菜主产区(2015年粮食产量莘县72万t、冠县68万t、临清58万t)，属经济欠发达区，引黄灌溉对农业生产起着积极作用，取得社会效益、经济效益双赢。

4. 灌区改建

长期以来，当地地表水资源十分匮乏，为维持工农业生产及城乡生活用水需求，当地群众不得不长期大量开采地下水，区域浅层地下水面临枯竭，深层地下水超采严重，已形成莘县、冠县、临清集中连片地下水漏斗区，面积达 3 010 km^2，占三县总面积的 85%以上，漏斗区最大埋深 25.99 m，并呈逐年扩大趋势，水资源已成为制约当地经济社会发展和群众脱贫致富的短板。

为改善区内群众生产生活用水条件，解决生态环境问题，在历届山东省委、省政府坚强领导和国家有关部委大力支持下，当地政府带领广大群众大兴水利，1959 年规划建设彭楼引黄灌区，供给范县、莘县 130 万亩农田灌溉用水，灌区兴建为改善当地生产生活条件、实现粮食增产奠定坚实基础。

受多种因素影响，彭楼闸引水能力不足，进入聊城的引黄水量难以满足冠县、莘县、临清等贫困地区灌溉需要，严重制约当地经济发展。原彭楼引黄闸设计条件为：当黄河来水流量 450 m^3/s 时可引水 50 m^3/s；自 2000 年小浪底水库运行、2002 年调水调沙以来，黄河下游河道冲刷下切严重，近些年，当黄河来水 500 m^3/s 时，渠首闸仅能引水 7 m^3/s。彭楼灌区 2001 年复灌以来，多年平均实际年引水量 9 066.84 万 m^3，除去范县境内用水，实际引至聊城境内黄河水量 4 508 万 m^3，加上灌溉水利用系数较低，严重限制山东彭楼灌区农业灌溉用水。水资源已成为整个灌区国民经济发展、群众生活水平提高与生活质量改善的重要制约因素。为解决莘县、冠县、临清用水问题，结合聊城扶贫攻坚战略部署，计划实施彭楼灌区改扩建工程；彭楼灌区改扩建工程实施后，位山灌区三干渠以西冠县、临清西部二级扬水站以上灌溉面积将调整到彭楼灌区。

5. 许可指标调整

2010 年彭楼引黄闸取水许可证（取水〈国黄〉字〔2010〕第 71073 号）批准水量明确，15 700万 m^{3}农业、生活用水中包含向山东聊城送水 8 000 万 m^3。经与市水利局沟通，彭楼灌区许可指标调减 600 万 m^3，由 8 000 万 m^{3}调整为 7 400 万 m^3，陶城铺灌区调增 600 万 m^3，由 7 500 万 m^{3}调整为 8 100 万 m^3；通过逐级上报，2015 年取水许可证（取水〈国黄〉字〔2015〕第 811048 号）显示，陶城铺闸许可农业水量 8 100 万 m^3。

为启动彭楼灌区改扩建工程，扩大灌区引黄调蓄能力，拟将入鲁规模由 30 m^3/s 增加至 50 m^3/s，2017 年 3 月 9 日市水利局、河务局联合向省水利厅、河务局报送《关于重新分配我市各引黄灌区黄河水量指标的请示》（聊水资字〔2017〕9 号），经过逐级申报，2017 年 11 月 7 日黄委下达准予行政许可决定书（黄许可〔2017〕107 号），彭楼灌区指标调增至 10 619万 m^3，净增 3 219 万 m^3，从聊城取水许可指标 7.92 亿 m^{3}中调剂（位山灌区减少 3 000万 m^3、陶城铺灌区减少 219 万 m^3），扩大引黄入鲁部分灌溉面积。

彭楼灌区改扩建工程从河南省范县彭楼控导工程渠首闸取水，修建涵闸穿越黄河左岸大堤，经濮西干渠进入山东省聊城市境内，包括：渠首闸 1 座、穿堤闸 1 座、泵闸站 1 座、枢纽闸 2 座（辛杨、濮东）、节制闸 4 座（毕庄、文早、高庄、路庄）、分水闸 1 座、倒虹吸 1 座、渠道 15.7 km。

山东聊城市彭楼灌区改扩建工程主要建设任务有：对北金堤以南、以北聊城段彭楼干渠进行清淤、扩挖和全断面衬砌，配套建设沿渠建筑物，将黄河水输送至三干渠。干渠引水规模 50 m^3/s，工程建设规模：渠道工程 119.8 km、泄水闸 1 座、倒虹吸 1 座、高堤口穿堤闸1座、节制闸8座、涵闸28座、渡槽2座。

四、灌区管理

引黄开始阶段，管理工作比较混乱，体制不够健全，缺乏必要的规章制度；对编制灌区规划设计、报批手续、施工管理等工作缺乏严格规定和要求。1966年水电部批示，凡灌区在20万亩以上的应报国家计委或水电部审批，特别重大工程要报国务院审批，并规定规划设计文件由省农办会同黄河河务局编制，省委审查后报部审批。审批权限不许层层下放，工程完成后要按基建程序组织验收。新建涵闸由河务局编制设计，报黄委审批；大、中型灌区工程由地、县编制设计，报省水利厅设计院审批，引黄管理工作逐步趋向正规。

针对"文革"期间不按基建程序办事、渠首工程未经批准擅自开工、乱扒乱堵渠道浇地、引黄未经沉沙利用河道输水等问题，水电部于1979年派出工作组深入灌区调查，1980年召开豫、鲁两省引黄工作会议，作了17条关于加强引黄管理工作暂行规定，重点是实行分级管理、承包责任制、用水签票、征收水费等制度，引黄管理工作很快得到加强。

五、节水灌溉

1. 节水灌溉建设进程

在开发兴建引黄工程时，时间紧迫，限于财力，除渠首工程、大型输水工程根据规划设计修建配套比较完善外，大多数灌区灌排渠系和建筑物配套不全，田间配水渠系、水量调控工程更少，加上工程长期使用，维修改造不及时，老化失修严重，导致灌区水量得不到有效控制，灌溉水利用系数偏低，多在0.4～0.5；随着城乡生活、生产用水增多，引黄供需矛盾日趋尖锐，水资源短缺成为制约当地经济、社会发展的瓶颈，实行计划用水、节约用水、向节水要效益、以节水求发展是解决供需矛盾的关键措施。

1965年后，聊城进入少雨干旱周期，加之农业生产发展，水浇地增产日益深入人心，用水量大幅度增加，水资源供需矛盾日益紧张，节水、节能、省工、省地、省时的灌溉新技术应运而生。20世纪60年代中后期，结合农田基本建设，大力推广平整土地、畦田灌溉技术，采用黏土衬里、推草把等措施进行渠道防渗处理；进入70年代，旱情日益严重，1976年在荣城召开山东省喷灌会议，聊城在冠县定寨乡薛阎村开始喷灌试点，当时多为半固定式喷灌，喷灌机从出水池中吸水，以人工移动、自动喷洒形式完成喷灌作业，试验成功后，随即发展成为喷灌面积720亩的作业区。为改进喷灌机具，1978年在薛阎村试制双臂移动式喷灌车，控制宽度单边25 m、总宽50 m，因技术、设备不过关而下马；1982年，各县普遍开始试点、推广喷灌工作，如阳谷县石门宋乡桑坑村，莘县大张乡前石楼，东阿县黄屯乡芦庄，冠县刘屯、大曲村、店子，高唐县旧城，临清市营子，茌平县城关，东昌府区沙镇等，喷灌机具达到65台，控制面积发展到3 000亩，机具设备也有进步，喷灌机由原单喷头发展成多喷头，地下输水管道由单一的水泥管，逐步发展为PVC管、铝合金管、水泥土管、水泥炉碴管等多种形式，但机具灌水均匀度较差，作物适应性有一定局限，节水、费能、大量推广比较困难，喷灌暂处停顿状态。

聊城最早管道输水多源于半固定式喷灌工程，喷灌工程下马后，输水管道部分直接输水入田，便是聊城地区早期低压管道输水工程。1978年后，管灌工程逐渐兴起，管材多为混凝土管、水泥土管，后又试制推广水泥炉碴管，管径一般为20～25 cm。80年代初，西部干旱地区开始用塑料软管地面输水灌溉，软管多为白色，充水鼓圆后在田间蜿蜒铺放，形同龙蛇舞动，俗称“小白龙”。小白龙的效益非常显著，比地上明渠灌溉节水30%以上，节地1.5%以上，供水强度大，受地形和地界制约较小，可大幅度提高浇地速度，扩大浇地面积，投资较少，深受农民群众青睐，管灌得到迅猛发展；据1985年统计，全区小白龙长达400万m，小白龙输水灌溉大大改善水浇条件，促进灌溉事业发展，保证农业稳产高产，但小白龙也存在一些缺点，如铺放时易被刺破，收放麻烦，易被损毁，存放期内易遭鼠咬、虫蛀，增加群众经济负担。

1986年推出水浸密实灰土地埋塑料软管输水成套技术，揭开聊城地区管道灌溉节水技术新篇章，有力促进聊城地区乃至我国北方地区管灌事业发展；水浸密实灰土地埋塑料软管输水技术结构原理是：借助内水压力，在软管外包以3∶7或2∶8灰土，采用水浸密实结构筑成，内衬塑料软管、外包灰土材料，内有塑料软管防渗减阻、外有灰土材料增加强度，管道处于地面以下80～100 cm处，能够防冻、避免鼠害，结构独特，构思巧妙，赢得科技界和生产实践认可。至1990年底，全区建成地下管道73.5万m，其中混凝土管道29 885 m、水泥土管道24 580 m、水泥炉碴管道45 600 m、水泥硫酸碴管道1 000 m、聚氯乙烯硬塑料管道2 350 m、水浸密实灰土地埋塑料软管63万m，地下管道输水灌溉面积达到19.3万亩。

平地整畦灌溉，古时仅局限于菜园，中华人民共和国成立后，党和政府领导农民发展生产，平地改土，修筑畦田，成为常规农田基本建设项目。60年代后期，开始学习石家庄经验，大力推广长畦改短畦、宽畦改窄畦节水灌溉经验。常见畦田规格：井灌区畦田较窄较短，宽2～5 m，长30 m至百余米不等，河灌区畦田较宽、较长。推广联产承包责任制后，土地分割种植，促进精耕细作，平地整畦标准又有提高。

为探讨新的节水灌溉技术，寻求科学合理的畦田规格，冠县水利局从1987年开始对小麦畦灌技术进行调查研究，开展不同畦宽、畦长用水量和小麦产量对比试验，找出最佳灌溉畦田尺寸数据，即长30～50 m，宽2～3 m。

2. 农业节水成效显著

聊城属农业市，农业是用水大户，节约用水工程从农业灌溉开始兴建，获得可喜成果。灌区节水改造和续建配套工程初见成效，位山灌区续建配套和节水改造工程连续7年被国家发展改革委、水利部列入全国重点大型灌区续建配套和节水改造计划，累计投资1.86亿元，其中国家投资0.71亿元，地方配套1.15亿元；郭口灌区完成节水改造投资1 250万元，其中国家投资500万元，地方配套750万元；陶城铺灌区完成节水改造投资550万元，其中国家投资200万元，地方配套350万元。

目前，位山灌区节水改造已完成骨干渠道衬砌82.8 km，支渠衬砌7.6 km，新建、改建建筑物147座，高地平整造田6 250亩。灌区1998—2015年，连续18年被列入大型灌区续建配套与节水改造计划，投入资金 9.5 亿元，实现“年年在计划、连年有投资”，开展22 期大规模节水改造与续建配套工程建设，衬砌改造干渠 143.8 km、分干支渠 276 km。东输沙渠是灌区节水改造衬砌距离最长渠段，从 1998 年衬砌前与 2000 年衬砌后实测数对比来看，衬砌后输水损失系数由 0.003 8 减少至 0.000 64，减少 83.2%，1998—2006 年累计节水 18 684 万 m^3；加大骨干渠道衬砌，减少渠系水损失，节约水量优先供给工业、生态，工业产值提高、生态环境改善、农灌面积扩大、改良盐碱地，节水总效益 25 552 万元。渠道衬砌后，粗糙率减小 22.2%～25%，单位流量流速增加 30%～37.4%，挟沙能力提高1 倍，减少泥沙处理费用 2 014 万元。加大渠系衬砌力度，抓好田间配套工程建设，提高田间用水管理水平，改变泥沙分布规律，达到分散泥沙和泥沙远送目的，缓解上游泥沙处理压力。项目实施后，灌区骨干渠系水利用系数由 0.481 提高到 0.576，灌溉水有效利用系数由 0.397 提高到 0.473，灌水周期平均缩短 3～5 d，运行维护成本不同程度降低。《全国大中型灌区续建配套节水改造实施方案（2016—2020 年）》（发改农经〔2017〕889 号）提出，到 2020 年完成 341 处灌排骨干工程改造，骨干渠系水利用系数达到 0.64，灌溉水利用系数达到 0.49 以上。1998 年—2015 年连续 18 年续建配套与节水改造，修建建筑物1 616座，道路282 km，改造基层管理设施 8 处，建设灌溉试验站和四河头倒虹吸等大型枢纽工程；建立信息采集处理系统、通信及计算机网络系统、闸门远程控制系统等，进一步提高灌区科学决策和精细化管理水平。经过多年续建配套与节水改造，骨干工程输配水能力与效率大幅提高，农业生产条件得到有效改善，在灌溉用水总量基本不变情况下，灌区实灌率由 82%提高至 90%。建立水源可靠、灌排设施完善的工程体系，对增强水旱灾害防控能力、水资源配置保障能力和管理服务能力至关重要。

大力兴建测水、量水设施。市政府转发市水利局《关于搞好冬春灌区测水量水设施建设的意见》（聊政办发〔2003〕121 号）明确，2004 年 6 月底全市完成测水量水到乡（镇）任务。市、县总投资 1 145 万元，完成新建和维修配套测水量水设施 390 座，其中：测流桥246 座，节制闸 144 座，购置测流仪 130 套，8 个县（市、区）、127 个乡（镇）实现计量供水，按方收费，初步建立科学引黄调水管理体系。

兴建高标准灌区节水示范项目。先后实施节水增产重点县，高标准国家级和省级节水增效示范项目及聊城市国家大型优质小麦生产基地等一大批节水示范项目建设。通过抓高标准节水灌溉技术推广应用，全市已兴建各类节水灌溉工程 50 余处，发展节水灌溉面积 433.24 万亩，其中：低压管道输水灌溉面积 55.56 万亩，大田喷灌面积 4.05 万亩，微灌面积 1.05 万亩，渠道衬砌灌溉面积 47.58 万亩，移动式“小白龙”灌溉面积 325 万亩，每年可节水 4.2 亿 m^3，节地 7.8 万亩，增产 5.2 亿 kg。

3. 工业实现节水增效

聊城市工业基础较为薄弱，工业用水量较小，工业节水工作开展较晚。1990 年代以来，随着经济发展，一批电力、化工、造纸、保健品等工业企业崛起，工业用水量大幅增加，加剧水资源供需矛盾，加大企业运行成本。随着《山东省节约用水办法》（2003 年省政府160 号令，2018 年山东省政府令第 311 号第二次修订）实施，水资源统一管理力度不断加强，计划用水、节约用水工作不断深入，工业节水工作全面开展。

全面实行取水计划申报审批制度。根据山东省水利厅要求，取水单位按照生产经营情况申请用水计划，市、县水行政主管部门根据取水单位上年用水情况及本年生产安排、发展计划及用水定额，在区域水资源总量控制下，审批各取水单位年度用水计划，制定取水限额，审议通过后，下达到各取水单位。

增强服务意识。节水投资不断增加，水资源利用率不断提高。充分利用自身优势，对企业提出跨行业调水、一水多用、循环利用、中水回用的节水方案，通过节水工程实施，提高利用率，降低企业生产成本，节约水资源。通过节水项目实施，水重复利用率从70%提高到95%。

4. 做法与经验

(1) 领导支持、群众理解

加强领导，加大宣传力度，提高广大群众节水意识，领导支持、群众理解是做好节约用水工作的关键。节约用水是社会性的，涉及农业、工业、人民生活等，面广人多，加强领导、统一思想、统一组织非常必要。聊城水资源缺乏，主要依靠客水资源，黄河断流给经济建设带来较大损失，引起各级政府高度重视。通过宣传节水，提高广大群众对水资源现状认识，统一开展节约用水，促进节水工作全面开展。

(2) 编制用水定额

编制用水定额是开展计划用水、节约用水的主要内容。市、县(区)成立用水定额编制工作领导小组，设立专职人员，积极参加用水定额编制培训，按要求完成行业水平衡测试，为广泛开展计划用水、节约用水提供可靠的基础数据；按照“因地制宜、以点带面、全面发展”方针，坚持工程节水和非工程节水并重原则，促进农业结构调整，加快向高效农业发展步伐。如引黄灌区渠道衬砌，完善计量系统；大力推广土地平整、标准畦田建设和小白龙灌溉，高亢地、坡地实行半固定式喷灌，大面积粮棉区实行低压管道灌溉。创造“高水位、大流量、速灌速停”的输水模式，解决远距离输水困难，缩短灌溉周期，减轻渠道淤积压力，有效节约水资源。加强节水项目建设管理，提高项目可操作性。不断提高节水工程技术含量，提高节水效率。

5. 节水优先

水是万物之母、生存之本、文明之源。党的十八大以来，习近平总书记多次就治水发表重要讲话、作出重要指示，明确提出“节水优先、空间均衡、系统治理、两手发力”治水方针，突出强调要从改变自然、征服自然转向调整人的行为、纠正人的错误行为。党的十九大作出我国社会主要矛盾已经转化为人民日益增长的美好生活需要和不平衡不充分发展之间的矛盾的重大论断，把坚持人与自然和谐共生纳入新时代坚持和发展中国特色社会主义基本方略；国务院对实施国家节水行动、统筹山水林田湖草系统治理、加强水利基础设施网络建设等提出明确要求，进一步深化水利工作内涵，指明水利发展方向。

必须清醒认识我国治水主要矛盾已转变为人民群众对水资源、水生态、水环境需求与水利行业监管能力不足的矛盾，按照“水利工程补短板、水利行业强监管”水利工作总基调，加快转变治水思路和方式，把坚持节水优先、强化水资源管理贯穿于治水全过程，融入经济社会发展和生态文明建设各方面，不断提高国家水安全保障能力，以水资源可持续利用促进经济社会可持续发展，为建设美丽中国、实现“两个一百年”奋斗目标奠定坚实基础。

(1) 存在问题

节水意识、节水工作广度和深度不够，节水资金投入不足，节水管理机构不完善，影响节约用水的规范管理。

(2) 节约用水

把节约用水作为水资源开发利用的前提，全面提升水资源利用效率和效益。深入贯彻“节水优先”方针，以实施国家节水行动为抓手，完善节水制度标准，加强节水宣传教育，强化节水监督管理，使节约用水真正成为水资源开发、利用、保护、配置、调度的前提。重点抓好四个“一”：打好一个基础，制定完善节水标准定额体系；建立一项机制，建立节水评价机制；打造一个亮点，实施高校合同节水；树立一个标杆，开展水利行业节水机关建设。

(3) 水与经济发展

处理好水与经济社会发展的关系，落实以水定需，严格控制水资源开发利用上限。坚持以水定城、以水定地、以水定人、以水定产，发挥水资源刚性约束作用，抑制不合理用水需求，倒逼发展规模、发展结构、发展布局优化，推动经济社会发展与水资源水环境承载能力相适应。

(4) 水与生态

处理好水与生态系统中其他要素的关系，统筹推进水生态治理与修复，恢复扩大江河湖泊生态空间。坚持山水林田湖草系统治理，把治水与治山、治林、治田、治湖、治草结合起来，促进生态系统各要素和谐共生。全面推行河长制湖长制，以地方党政领导负责制为核心，集中解决河湖存在的乱占、乱采、乱堆、乱建等突出问题，恢复扩大江河湖泊生态空间。推进地下水超采区综合治理，采取区域内节水、水源置换、种植结构调整等措施，逐步实现地下水采补平衡。

(5) 建议

继续加强节水宣传教育，提高全社会节水意识；各级政府增加节水资金投入，进一步研究、推广节水新技术、新工艺，切实提高水的利用率；制定、完善有利于推行节约用水的政策和办法，不断完善用水定额，科学控制水量，大力推广计划用水、计量收费、超量累进加价，制定完善节约用水激励政策；尽快完善管理机构，切实加强节约用水管理。

第四节　灌区节水改造

灌区节水改造是指对灌溉排水设施和辅助设备进行改建、扩建、完善，对灌区管理体制与运行机制进行改革，以减少水量损失、提高灌溉水利用效率和效益。农业灌溉是保证农业产量的基础，没有灌溉就没有农业；解决粮食问题前提是保证农作物高产，农作物高产前提是保证农业灌溉正常。农业灌溉用水量较大、占比较重，农业节水潜力非常巨大，水资源浪费现象在改造前非常常见，因此采用新技术的灌区节水改造非常重要。

一、概述

1. 指导思想

灌区节水改造要认真贯彻中央战略部署和一系列方针政策，走可持续发展道路，以节水为中心，以水资源合理开发利用、科学配置，加强生态环境保护和建设为重点，建设水资源调度自如的工程体系，建立适合经济体制的水管理体系，实现供水安全、粮食安全和生态安全，为人口、资源和环境协调发展提供支撑和保障。

2. 基本原则

（1）可持续发展原则

过去许多灌区无节制地开发利用水资源，大量占用生态用水，依靠扩大规模实现局部效益；今后依据水资源承载能力，重新核实灌溉面积，确定发展规模。提高农民收入，以保障经济社会可持续发展。

（2）因地制宜、量力而行

灌区发展要优先解决影响灌区发挥效益的关键问题。实事求是、因地制宜、突出重点、量力而行，在注重引进新技术的同时，注意推广投资少、见效快、方便管理的节水灌溉技术，坚持灌区发展与改善生态环境相统一。实行灌区建设与生态环境改善同步，兼顾上下游、左右岸、地区间利益，遏制生态环境恶化趋势，促进经济建没与生态环境协调发展。

（3）灌区改造与农业结构调整相结合

灌区改造为农业结构调整打下坚实基础，结构调整促进农业增效、农民增收，高效农业发展和农民增收又会有大量资金投入到灌区改造，相互促进，共同发展。

3. 总体目标

通过灌区改造，达到水资源合理开发利用、优化配置，缓解并解决重点地区水资源紧缺矛盾，通过全面推广节水灌溉技术和调整农业结构，促进农业增产、农民增收，促进灌区人口、资源和社会协调发展。

二、灌区节水改造

2009 年开始实施小型农田水利（简称“小农水”）项目，2011 年首次实现聊城 8 个县（市、区）项目全覆盖，至 2017 年，聊城成为全省唯一连续 7 年保持项目全覆盖的市。2009 年至 2018 年的 10 年间，聊城市“小农水”项目共发展节水灌溉面积 200 万亩，走在全省前列。2018 年项目总投资 1.89 亿元，计划新发展节水灌溉面积 20.1 万亩，新建泵站 42 座，更新维修机井 2 255 眼，埋设管道 1 243.63 km。

聊城地处黄河下游，主要灌溉水源为黄河水，30 万亩以上大型引黄灌区 4 处，其中位山灌区是黄河下游最大引黄灌区，设计灌溉面积 432 万亩，4 处大型引黄灌区 2017 年总灌溉面积645万亩，占全市有效灌溉面积742万亩的87%。自1998年国家实施大型灌区续建配套与节水改造工程以来，经过20年连续投资建设和运行，灌区管理水平和输水能力逐年提高，灌区输水干渠基本配套完善，为聊城工农业生产、经济建设和生态环境改善提供重要保障。以位山灌区为例，灌区节水改造情况如下。

1. 灌区存在问题

(1) 渠道衬砌率低

经过多年续建配套，干渠大部分已衬砌，渗漏损失大大减少；分干、支渠以下多为土渠，渠道渗漏较为严重，渗漏损失较大，在引黄流量较小情况下，很难将黄河水送入高亢地区，影响灌溉效益发挥。

(2) 农灌用水浪费严重

田间工程标准不高，渠道衬砌率低，工程配套差，农田高低不平；供水价格偏低，不利于灌区节水，直接影响工程维修养护和工程效益发挥，限制灌区自身发展；农灌仍采用大引大排、大水漫灌方式，田间灌溉水利用率低，农灌用水浪费严重。

2. 节水措施

(1) 加大骨干渠道衬砌

渠床渗漏损失是农灌输水主要损失途径。利用大型灌区续建配套与节水改造计划，开展大规模工程建设，衬砌改造干渠、分干支渠；加大骨干渠道衬砌，减少渠系水损失；提高灌区用水管理水平，提升渠系水利用系数。

(2) 合理调配水资源

及时掌握灌区旱情、墒情和黄河水情信息，按照取水许可分配指标，制定年、月、旬引水方案，及时申报用水计划，根据黄河流量，合理选择引水时机和引水次数，力争短时间、大流量、速灌速停，实现水资源优化调度。根据引黄流量大小，本着先远后近、先高亢地区后一般地区原则，在作物生长期内，合理控制灌溉范围，使有限水资源覆盖更大范围。

(3) 大力推广节水农业

灌区农业用水量占全年引水量的90%，每年农灌有春灌、初夏灌和秋灌3个引水灌溉期，春灌引水量占全年引水量的61.29%，夏灌占14.58%，秋灌占14.13%。通过完善供水计量设施、建立农业水权制度、强化用水需求管理等手段，夯实水价改革基础；建立健全合理反映供水成本、水资源稀缺程度、用户承受能力的水价形成机制，实行定额内用水优惠水价、超定额用水累进加价，逐步将供水价格提高到运行维护成本水平、完全成本水平。建立灌溉用水精准补贴和节水奖励机制，提高灌溉用水效率和效益，探索以创新体制机制为核心开展农业节水综合示范。改变大水漫灌方式，大力开展平田、划畦、整地等节水灌溉工程，因地制宜发展低压管道灌溉和喷、滴、微灌技术，推广节水型农业建设；加大宣传力度，增强节水意识和水商品意识，建立健全节水服务体系和灌溉制度，把工程节水和非工程节水措施结合起来，实现节水效益新突破。

(4) 总量控制与定额管理

推行“总量控制、定额管理、配水到户、计量用水”制度，促进节约用水。落实最严格水资源管理制度，严格实行取水许可总量控制，严禁超计划、超指标、超总量引水，用水总量控制目的在于通过提高水资源利用效率，促进水资源合理开发、优化配置、全面节约，缓解水资源供需矛盾。定额管理是实施总量控制目标的关键，是一项强制性管理措施，根据各地区、各行业降雨、种植结构、工艺水平，结合节水要求，制定具体用水定额，当超计划、超定额用水时，采取行政(核减用水量、限制取水)、经济(加收水费、水资源费)手段调控，促进节约用水。建立农业水权制度，根据区域用水总量控制指标和灌溉用水定额，逐级分解农业用水指标，落实具体水源。在满足区域内农业用水前提下，推行节约水量跨区域、跨行业转让。

(5) 减少水资源浪费

水资源作为生态与环境的基本要素，是基础性自然资源和战略性经济资源。灌区节水改造工程是一项以提高灌区水资源利用率，改善灌区农业生产环境和生态环境为目的的利国利民工程。加大科技投入，实现粗放管理向标准化、精细化管理转变；多种水源有机结合，分清先后主次、轻重缓急，合理利用水资源，实现多种水源互补，达到节约用水目的；缩小计量单元，合理调整水价。多措并举，提高水资源利用效率。

三、结语

灌区是农业、农村经济发展重要基础设施，担负着城市和农灌供水重任。通过续建配套与节水改造实施，灌区基础设施得到改善，渠道输水能力大幅提高，跑、冒、滴、漏现象大大减少，渠系水利用系数得以提高，扩大、恢复、改善农灌面积，促进灌区农业结构调整、上下游均衡受益；在用水总量不变前提下，加大节水措施推广应用力度，科学调度、合理调配水资源，节约的水量用于工业、生态环境改善，提高灌区经济、社会效益，促进灌区良性运行、发展。

第五节　水量调度管理

一、责任主体

《黄河水量调度条例》(国务院令第472号)第四条规定："黄河水量调度计划、调度方案和调度指令的执行，实行地方人民政府行政首长负责制和黄河水利委员会及其所属管理机构以及水库主管部门或者单位主要领导负责制。"第十六条规定："河南省、山东省境内黄河干流的水量，分别由河南、山东黄河河务局负责调度，支流的水量，分别由河南省、山东省人民政府水行政主管部门负责调度；调入河北省、天津市的黄河水量，分别由河北省、天津市人民政府水行政主管部门负责调度。市、县级人民政府水行政主管部门和黄河水利委员会所属管理机构，负责所辖范围内分配水量的调度。"

二、调度方式

《黄河水量调度条例》(国务院令第 472 号)第十八条规定:“黄河水量调度实行水文断面流量控制。黄河干流水文断面的流量控制指标,由黄河水利委员会规定;重要支流水文断面及其流量控制指标,由黄河水利委员会会同黄河流域有关省、自治区人民政府水行政主管部门规定。”第十条:“黄河水量调度实行年度水量调度计划与月、旬水量调度方案和实时调度指令相结合的调度方式。黄河水量调度年度为当年 7 月 1 日至翌年 6 月 30 日。”

三、用水普查

根据上级取用水项目普查要求,成立普查组织,制定普查方案,确定普查方式、内容和时间,目的是摸清当地取用水项目取水许可审批情况,掌握水量统一调度以来,尤其是 2015 年黄委换发取水许可证以来的取用水状况,了解未来用水需求。经过技术人员现场普查、资料收集、汇编,初步完成取用水项目普查。普查报告主要包括取水许可证持有情况、取水工程、蓄水工程、不同时段水量统计,进行统计数据分类分析,研究调度措施,提出普查存在问题建议。

四、用水计划申报

《黄河水量调度条例》(国务院令第 472 号)第十六条规定:“实施黄河水量调度,必须遵守经批准的年度水量调度计划和下达的月、旬水量调度方案以及实时调度指令。”《黄河下游订单供水调度管理办法》(黄水调〔2001〕14 号)第三条:“订单实行总量控制,以供定需,逐级审批,分级管理,分级负责的原则。”第二条:“本办法所指订单系指经批准的引黄涵闸及大型泵站的旬引水计划。”

1. 申报主体

《山东黄河水量精准调度管理办法》(鲁黄水调〔2016〕2 号)第七条:“各级河务(管理)局依照调度管理权限负责用水计划的申报与审批。本县(市、区)内的用水通过县(市、区)局申报,跨县(市、区)用水通过市局申报。省局对市局下达用水控制指标,市局负责各水闸及用户的水量分配。”

2. 申报限制条件

《山东黄河水量精准调度管理办法》(鲁黄水调〔2016〕2 号)第五条:“各市、县(市、区)及取用水户年、月、旬取水量不得超过年度水量调度计划和月、旬水量调度方案控制指标。”《黄河下游订单供水调度管理办法》(黄水调〔2001〕14 号)第六条:“引黄涵闸及大型泵站的订单实行逐级申报制度。”

3. 用水户需上报的材料

用水户根据用水范围内旱情、土壤墒情、水库蓄水情况，结合多年平均引水量上报用水计划，将取水流量、用水时段、用水总量、取水用途等正式上报市、县局。《黄河下游订单供水调度管理办法》(黄水调〔2001〕14 号)第七条："订单的内容包括渠首名称、所在河段、旬计划平均引水流量、引水时段、计划引水量、填报人、审核人、各级河务部门审批意见等主要内容。"

4. 取水许可管理部门审核上报

市、县河务局依据用水户上报的用水计划，对取水用途进行调查核实，根据黄河流量、水位、水闸实际引水能力，确定用水户上报的取水流量、用水总量；汇总后，及时上报省黄河河务局。用水关键期，省、市局成立调查组，对用水户上报的取水用途进行走访、调查，实际了解、掌握用水需求；引水过程中，市、县局认真落实水资源管理主体职责，加强取水用途管控，及时对取水流量、取水用途进行督查，坚决查处无证取水、农水工用、跑冒滴漏等违规用水行为。《山东黄河水量精准调度管理办法》(鲁黄水调〔2016〕2 号)第十六条："各级河务(管理)局应依照调度管理权限受理用水户提出的取水申请，逐级审核上报省局。取水申请须按照农业和非农业分别申报引水时间、引水流量、用水地点和取水量。"

5. 上报时间要求

《黄河水量调度管理办法》(计地区〔1998〕2520 号)第十七条规定："黄河水利委员会于每年的 9 月 20 日至 10 月 10 日受理引黄各省(区、市)下年度即 11 月至翌年 6 月用水需求计划申报。每月 25 日前受理下月度用水需求计划申报。"第三十五条规定："各省(区、市)应于每月 5 日前向黄河水利委员会报送上月全省及各取水口引用水量报表，11 月 10 日前报年度引水量报表。"

《黄河水量调度条例实施细则(试行)》(水资源〔2007〕469 号)第六条规定："十一省区市人民政府水行政主管部门和河南、山东黄河河务局以及水库管理单位，应当按下列时间要求向黄河水利委员会申报黄河干、支流的年度和月、旬用水计划建议与水库运行计划建议：(一)每年的 10 月 25 日前申报本调度年度非汛期用水计划建议和水库运行计划建议；(二)每月 25 日前申报下一月用水计划建议和水库运行计划建议；(三)用水高峰期，每月 5 日、15 日、25 日前分别申报下一旬用水计划建议和水库运行计划建议。"

《黄河下游订单供水调度管理办法》(黄水调〔2001〕14 号)第八条规定："引黄涵闸管理部门应根据供水区用水需求分别于每月 3 日、13 日、23 日向所属市黄河河务局申报下一旬订单。"

《山东黄河水量精准调度管理办法》(鲁黄水调〔2016〕2 号)第八条规定："年度用水计划以正式文件依照下列程序报批：(一)取水口对应的用水户依照调度管理权限向相应河务(管理)局申报年度用水计划建议。各级河务(管理)局编制的所辖范围内年度用水计划建议(汛期按实际用水量统计)，商同级水行政主管部门后，于 10 月 20 日前报省局。

(二)省局编制的全省年度用水计划建议,商省级水行政主管部门后,于10月25日前报黄委。(三)省局依照水利部批准的年度水量调度计划,下达相关地区年度水量分配指标,并报黄委备案。(四)市局下达的年度水量分配指标报省局备案。"第十条规定:"月、旬水量调度方案依照下列程序报批:(一)取水口对应的用水户应依照调度管理权限向相应河务(管理)局申报月、旬用水计划建议。申报时应明确取水用途和用水量。(二)市、县局依照调度管理权限和年度水量分配计划,编制所辖范围内月度用水计划建议,商同级水行政主管部门后逐级上报,于每月23日前报省局;用水高峰期,旬用水计划建议于每月3日、13日、23日前报省局。(三)省局编制的月度用水计划建议于每月25日前报黄委;用水高峰期的旬用水计划建议于每月5日、15日、25日前报黄委。"

6. 订单申报

《黄河下游水量调度订单管理办法》(黄水调〔2011〕55号)第五条规定:"月、旬订单由河南、山东黄河河务局按照《黄河水量调度条例实施细则(试行)》(水资源〔2007〕469号)第六条规定的时间要求,向黄河水利委员会申报。其中用水高峰期(3—6月,下同)月、旬订单填报到取水口,其他月份填报到河段和市局。调水调沙期和应急调度期五日订单填报到取水口,由河南、山东黄河河务局提前1天逐日向黄河水利委员会申报。"第六条规定:"河南、山东黄河河务局在编制订单时应当充分考虑土壤墒情、天气预报等信息,在申报的订单中应当简要说明引黄灌区墒情情况。"

7. 计划调整

《山东黄河水量精准调度管理办法》(鲁黄水调〔2016〕2号)第十一条规定:"出现下列情形可提出用水计划调整申请:(一)旱情严重,启动抗旱应急预案;(二)突发有效降水过程;(三)发生特殊情形。"

8. 总量控制

《山东黄河水量精准调度管理办法》(鲁黄水调〔2016〕2号)第十三条规定:"对用水总量接近或超过年度分配计划的,严格控制引水或停止供水。当年度用水总量超过计划70%时,市局应向相关县(市、区)政府及用水户致函提示;当年度用水总量超过计划90%时,省局向相关市政府致函提示。"

五、用水计划审批

1. 审批时间

《黄河水量调度条例实施细则(试行)》(水资源〔2007〕469号)第八条规定:"黄河水利委员会应当于每年10月31日前向水利部报送年度水量调度计划,水利部于11月10日前审批下达。"第十条规定:"黄河水利委员会应当于每月28日前下达下一月水量调度方案;用水高峰期,应当根据需要于每月8日、18日、28日前分别下达下一旬水量调度方案。"《黄河下游水量调度订单管理办法》(黄水调〔2011〕55号)第七条规定:“黄河水利委员会根据年度水量调度计划,综合考虑水情、雨情、旱情、墒情、水库蓄水和用水情况,按照统筹兼顾生活、生产和生态环境用水的原则进行订单审批。月、旬订单下达时间执行《黄河水量调度条例实施细则(试行)》第十条的规定。调水调沙期和应急调度期五日订单,由黄河水利委员会逐日审批下达。”

2. 逐级配水

《黄河下游订单供水调度管理办法》(黄水调〔2001〕14号)第十一条规定:“黄河水利委员会根据年度水量分配调度预案以及省黄河河务局汇总上报的旬订单水量,考虑来水预报、水库蓄水、前期引水、河道水量损失和利津断面最小流量要求等,按照最大限度满足用水需求的原则进行河段配水,确定水库下泄流量,并于每月6日、16日、26日对省黄河河务局下一旬引水订单作出审批,确定下一旬引水量。”第十二条:“省黄河河务局根据黄河水利委员会批复的旬供水量指标,在1个工作日内对辖区进行配水,确定市黄河河务局下一旬引水量。”第十三条:“市黄河河务局根据省黄河河务局分配的旬供水量指标,在1个工作日内对辖区各引黄涵闸和大型泵站进行配水,确定各引黄涵闸和大型泵站的旬订单。”

3. 计划备案

《黄河下游水量调度订单管理办法》(黄水调〔2011〕55号)第八条规定:“河南、山东黄河河务局根据黄河水利委员会审批的订单,对所辖区域及取水口进行配水,并将月、旬配水计划报黄河水利委员会备案,备案时间执行《黄河水量调度条例实施细则(试行)》第十一条的规定。”

《黄河水量调度条例实施细则(试行)》(水资源〔2007〕469号)第十一条规定:“黄河干、支流的年度和月用水计划建议与水库运行计划建议,由十一省区市人民政府水行政主管部门和河南、山东黄河河务局以及水库管理单位,按照调度管理权限和规定的时间向黄河水利委员会申报。河南、山东黄河河务局申报黄河干流的用水计划建议时,应当商河南省、山东省人民政府水行政主管部门。”

4. 审批形式

《黄河下游订单供水调度管理办法》(黄水调〔2001〕14号)第十五条规定:“黄河水利委员会在每月8日、18日、28日向省黄河河务局和三门峡、小浪底水库下达下旬调度指令。”

《山东黄河水量精准调度管理办法》(鲁黄水调〔2016〕2号)第十条规定:“省局依照黄委月、旬水量调度方案,分配月(旬)农业、非农业水量控制指标,其中月计划以省局传真电报下达,旬计划以省局水调通知单下达,市局亦应将细化的分配指标上报省局备案。”第十六条规定:“省局每周二和周五上午十时前集中受理取水申请,下午会商、审定各市局引水控制指标;市局接到省局调度指令后,亦应及时将落实情况在2小时内上报省局。水量实时调度指令通过网络或传真,以水量调度通知单的形式下达。”

六、用水计划落实

1. 计划落实

市局接到省局水量调度通知单后，以传真电报的形式下发，本县范围内引水发至各县局，同时抄送供水局，由县局通知供水局开启闸门；跨县引水，市局直接下发至供水局，同时抄送各县局，以便及时贯彻执行。《山东黄河水量精准调度管理办法》(鲁黄水调〔2016〕2号)第六条规定："各级河务(管理)局是落实最严格水资源管理制度的责任主体；市、县(市、区)河务(管理)局是取水许可监督管理的责任主体，负责所辖范围内水资源管理和水量调度的组织实施。"

2. 计划执行

水量调度通知单下发后，各引黄闸按照调度指令引水，每日8:00、16:00实测流量、含沙量，根据黄河水量、水位变化，实时调整闸门开启高度，确保按计划引水。及时将引水信息录入《山东黄河引黄管理系统》，同时记录纸质资料，市局、供水局各一套，作为水沙资料整编依据。及时通过《山东黄河引黄管理系统》反馈省局水量调度信息，以便了解闸门开启孔数、开启高度，也为再次下达水量调度通知单奠定基础。

3. 资料上报

《黄河水量调度条例实施细则(试行)》(水资源〔2007〕469号)第十三条规定："十一省区市人民政府水行政主管部门和河南、山东黄河河务局应当按照下列时间要求向黄河水利委员会报送所辖范围内取(退)水量报表：(一)每年7月25日前报送上一调度年度逐月取(退)水量报表；(二)每年10月25日前报送7月至10月的取(退)水量报表；(三)每月5日前报送上一月取(退)水量报表；(四)用水高峰期，每月5日、15日、25日前报送上一旬的取(退)水量报表；(五)应急调度期，每日10时前报送前日平均取(退)水量和当日8时取(退)水流量报表。"第十五条："十一省区市人民政府水行政主管部门和河南、山东黄河河务局以及水库管理单位，应当于每年7月25日前向黄河水利委员会报送年度水量调度工作总结；黄河水利委员会应当于8月10日前向水利部报送年度水量调度工作总结。"

《山东黄河水量精准调度管理办法》(鲁黄水调〔2016〕2号)第三十五条规定："市局负责组织实施所辖范围内年度引黄水沙资料整编，整编成果于3月底前报省局。"

4. 用水监督

《黄河水量调度管理办法》(计地区〔1998〕2520号)第三十四条规定："黄河水利委员会及所属单位，应对各引黄省(区、市)黄河水量调度计划执行情况进行不定期巡回检查。水量非常调度期间应派出工作组对重要取水口进行重点监督检查。"

《黄河下游订单供水调度管理办法》(黄水调〔2001〕14号)第二十三条规定："各市河务(管理)局对辖区内非黄河部门直接管理引黄渠首工程(含涵闸、扬水站、扬水船等)，应加强监督和管理，及时掌握并上报引水情况。"第二十四条："调水期间，各级河务部门要对本辖区引水情况进行检查、监督，保证上级调度指令的贯彻实施。省河务局将派出调水巡视组进行随机抽查，发布检查通报。任何单位都应无条件接受调水巡视检查。”

七、实时调度

1. 限制取水

《黄河下游水量调度订单管理办法》（黄水调〔2011〕55 号）第九条规定：“有下列情形之一的，不得获取配水指标和实施取水：(一)不按要求报送订单；(二)依法需要申请领取取水许可而未申领的；(三)申请领取取水许可证但未依照国家技术标准安装计量设施或计量设施未正常运行的。”

《山东黄河水量精准调度管理办法》（鲁黄水调〔2016〕2 号）第二十条规定：“有下列情形应限制或停止取水：(一)不严格执行调度指令，引水流量或引水量超过控制指标；(二)擅自改变取水用途；(三)擅自开闸取水；(四)重要控制断面可能出现预警流量；(五)发生水污染等应急突发事件。”

2. 测流次数

《黄河下游订单供水调度管理办法》（黄水调〔2001〕14 号）第二十一条规定：“所有引黄渠首管理单位要按规定及时、准确填写闸门启闭记录，引水期间每天至少实测一次流量，当引水流量变化时应及时加测，并认真填写原始记录。”

3. 流量调整

《黄河下游水量调度订单管理办法》（黄水调〔2011〕55 号）第十四条规定：“订单一经批准必须严格执行。各级河务部门应当加强订单执行精度的监督管理，在用水高峰期、调水调沙期和应急调度期，订单执行精度按下列规定执行：(一)日均取水流量不得超过批准指标的±10％，其中调水调沙期和应急调度期，日均取水流量不得超过批准指标的±5％。(二)旬均取水流量不得超过批准指标的±5％。”《山东黄河水量精准调度管理办法》（鲁黄水调〔2016〕2 号）第十七条规定：“取水口管理单位应严格执行水量实时调度指令，不得擅自变更取水用途和水量控制指标。并视黄河水情及时调整取水流量，使其不得超过控制指标±5％。”

八、突出精细管理

大胆实践，围绕发挥水资源最大刚性约束作用，敢于探索、勇于实践、科学实践，总结经验、完善机制、拓展成果，围绕科学调度、合理配置、准确计量，打造样板、树立标杆，增强主动性、话语权；创新务实，立足水资源管理新要求，理清新思路、采取新举措、寻求新突破。

以水资源最大刚性约束为核心，以“合理分水、管住用水”为重点，以供水安全体系建设为目标，以“节水优先、生态优先”为前提，进一步提高水资源管理工作精细化、精准化、高效化。重点做好：水资源刚性管理与弹性操作相结合，实现用水总量刚性约束与用水需求有效对接；静态控制与动态调整相结合，根据黄河来水情况、用水需求、用水指标，以静态为基础，实施动态调整；总量管控与过程管理相结合，管控用水总量，补齐过程管理短板，实现水资源全过程管理；计划管理与动态管理相结合，严格执行用水计划，根据实际来水、用水需求、计划执行，适时动态修正水量分配计划；取水许可与用途管制相结合，做好取水许可证换发工作，从源头上解决实际取水与取水许可不匹配问题。

九、引水过程易发生的问题

1. 用水计划上报把关不严

用水户上报用水计划时，往往随意性较大，不按用水定额、面积或产品数量计算用水量，只是粗略估算用水量，然后上报；用水监督管理部门往往对上报的用水计划核实不够，直接同意上报，导致实际用水与计划用水差异较大。

2. 闸门调整不及时

黄河各水文站实测流量为瞬时流量，引水过程中，黄河流量不断变化，各引黄闸闸前水位也会相应变化，因闸门调整不到位，水闸引水流量往往超过控制指标的±5%。

3. 改变取水用途

用水户申报用水计划时，一般能够写清取水用途，但因渠首工程水费价格差异，实际执行过程中，农水工用现象普遍存在，应加大督查、处罚力度。主要表现在两方面。

（1）直接改变取水用途

农业与非农业用水混供情况下，少报多引，即申请的非农业用水量少，实际引用的非农业用水多；申请的非农业取水口门少，实际引用非农业用水的口门多；不申报非农业用水，直接将农业用水引入水库。

（2）间接改变取水用途

个别灌区存在申请农业用水、引够计划水量后或利用跨流域调水渠道尾水，将渠道下游闸门关闭，渠道内滞存的水直接用于水库蓄水或滞存渠道内、流向沉沙池区用于改善生态环境；将灌溉用水渠道与辖区内其他河流某段河道相连接，将农业用水与其混合后，再引水入库；灌区农业用水与跨流域调水混供期间，当跨流域调水收水水量达不到规定收水率时，欠收的水量由灌区承担，跨流域调水中包含农业、非农业用水，而灌区只有农业用水，渠首引水总量可以保持平衡，但因水价差异，水费收入有所减少。

4. 超计划引水

《山东黄河水量精准调度管理办法》（鲁黄水调〔2016〕2 号）第十六条规定：“引水量达到申请额度应及时关闭取水口，并逐级上报省局。”

引水过程中，因种种原因，往往会延长引水时间，超过计划上报水量。个别也存在因降雨等关闭闸门，实际引水小于计划用水的情况。

5. 无证引水

目前，各地新、改、扩建水库越来越多，各县(市)既有引江水库，也有引黄水库，多数引黄水库无黄委颁发的取水许可证；有些水库有多种水源、多个进水口，水系比较复杂，甚至有的水库进水口非常隐蔽；有些水库以当地河道水为水源，但这些河道一般与引黄渠道相连，先把黄河水拦蓄在某段河道内，再引入水库。无证水库违规引水督查难度大，需要摸清引水流路，才能准确判断是否存在无证引水现象。

6. 跑冒滴漏

个别水闸闸后与测流断面之间，有小分水口，正常测流无法测到；更有甚者，闸后流量测得大，报得小；不按规定测流，预估流量。

十、引黄存在的问题与改进建议

1. 供需矛盾依然存在

聊城灌区小麦种植面积500万亩，根据农作物生长需求，春灌高峰期，按120 m^3/亩计算，需水6亿 m^3；灌区灌溉面积不会有太大变化，农业种植结构不会有大的调整，每年实灌面积则与降雨、引黄指标、引水时机、天数、引黄总量有很大关系。黄河可供水量减少，引黄水量不足，2017年春灌结束后，实际引水4.39亿 m^3，实际引水和需水差额1.61亿 m^3。随着经济发展和生活水平不断提高，用水需求日益加大，多元化用水是灌区发展趋势；据调查，当地已建水库多引用黄河水，规划待建水库也将部分引用黄河水，引黄水量大大增加。黄河水资源供给量减小，需求量增加，供需矛盾日益突出。随着科技进步，节水灌溉逐步发展，灌溉水利用系数提高，亩均农业用水量将会逐步减少。

一般年份，年需水量6.5亿 m^3；遇严重干旱或特大干旱年份，年需水量则会大幅提升，可能达10亿 m^3 以上。据了解，近期、远期年引黄水量均为10亿 m^3，不足水量由漳卫河、徒骇河、马颊河调剂，远期则由南水北调东线补充。在保证维持黄河健康生命需水量前提下，尽可能提供更多水资源。

2. 引黄水量无法满足用水需求

近年来，黄河来水量减少，灌区需水关键期，引黄流量、水量无法满足灌区用水需求，导致引黄流量、水量明显减少，农业灌溉用水不足；应加大引黄灌区节水改造力度，强化企业水资源循环利用，节约用水量，缓解供需矛盾。

3. 尽快实施两水分供

灌区农业与非农业用水共用一条渠道，农、非混供，农、非合用，按用水户上报的农业、非农业用水量分别计量或按照供需双方商定比例计量，管理简单粗放，既不科学，也不合理，非农业用水挤占农业用水，改变取水用途，农田灌溉用水不足，对水资源管理与调度影响极大。应尽快实施实行两水分供，根据取水用途，分时段供水。

第六节　水量督查

贯彻实施取水许可和水资源有偿使用制度，必须加强监督管理，才能真正取得实效。随着民主与法制建设日益加强，市场经济不断深入，依法行政将逐步得到加强。水利部下属流域管理机构不属于政府组成部门，也不属于水行政主管部门，但法律授予其有一定的国家行政管理权，能够以自己的名义行使政权、能独立承担法律责任，符合行政主体的必备条件；流域管理机构的个人、内设机构只能以单位名义从事取水许可和水资源费征收监督管理活动；流域管理机构下属单位，可以受委托从事取水许可和水资源费征收监督管理活动，但不具有主体管理资格。

水行政主管部门负责取水许可管理，不仅仅是发放取水许可证，更重要的是要加强对用水户用水情况监督管理，减少水资源浪费和不合理使用。为用水户提供服务，依靠自身业务能力和科学素养，帮助用水户解决用水过程中遇到的技术问题，使有限水资源创造最大经济、社会和环境效益。

一、督查主体

《黄河水量调度条例》(国务院令第472号)第二十八条规定："黄河水利委员会及其所属管理机构和县级以上地方人民政府水行政主管部门应当加强对所辖范围内水量调度执行情况的监督检查。"第三十二条规定："黄河水利委员会及其所属管理机构、县级以上地方人民政府水行政主管部门，应当在各自的职责范围内实施巡回监督检查，在用水高峰时对主要取(退)水口实施重点监督检查，在特殊情况下对有关河段、水库、主要取(退)水口进行驻守监督检查。"

《黄河水资源管理与调度督查办法(试行)》(黄水调〔2010〕50号)第三条规定："黄河水资源管理与调度督查工作，实行分级管理、分级负责。河南黄河河务局、山东黄河河务局、黄河上中游管理局、三门峡水利枢纽管理局、陕西黄河河务局、山西黄河河务局等单位负责管辖范围内黄河水资源管理与调度督查工作。"

《黄河下游订单供水调度管理办法》(黄水调〔2001〕14号)第十七条规定："市黄河河务局按照批复的引水指标，做好辖区内引黄涵闸的调度、监督。"

《山东黄河水量精准调度管理办法》(鲁黄水调〔2016〕2号)第三十七条规定："各级河务(管理)局负责所辖范围内水量调度监督检查，并制定建立相应规章制度。"第四十条规定："供水范围在本县(市、区)的引水口及对应的用水户由市或县局组织'飞检'；供水范围跨县(市、区)的引水口及对应的用水户由市局组织'飞检'。"

二、督查原则、方式和对象

1. 督查原则

《山东黄河水资源管理与调度督查办法(试行)》(鲁黄水调〔2013〕10 号)第三条规定:“山东黄河水资源管理与调度督查工作,遵循分级管理、分级负责的原则。各级河务(管理)局应按规定在所辖范围内组织、协调和实施黄河水资源管理与调度工作的日常督查,可视情开展专项督查。”

2. 督查方式

《黄河水资源管理与调度督查办法(试行)》(黄水调〔2010〕50 号)第四条规定:“黄河水资源管理与调度督查从工作方式上可分为网上督查或现场督查两种方式。现场督查可根据需要采用巡回督查或驻守督查。”

《山东黄河水资源管理与调度督查办法(试行)》(鲁黄水调〔2013〕10 号)第四条规定:“山东黄河水资源管理与调度督查采用远程和现场相结合的方式。”《山东黄河水量精准调度管理办法》(鲁黄水调〔2016〕2 号)第三十八条规定:“监督检查分为日常管理、专项检查、驻守督查和‘飞检’等方式。”《山东黄河河务局取水用途管制“飞检”工作制度》(鲁黄水调〔2015〕6 号)第三条:“本制度所称‘飞检’是指山东黄河河务局对取用水活动以及局属有关单位取水用途管制工作进行的现场突击性、随机性检查行为。”

3. 督查对象

《山东黄河河务局取水用途管制“飞检”工作制度》(鲁黄水调〔2015〕6 号)第六条:“‘飞检’对象包括取水口和引黄调蓄水库、湿地湖泊、景观河道、从灌区渠道内取水直供的非农业用水户和农业用水户以及局属有关单位。”

三、督查实施

《水法》第六十条规定:“县级以上人民政府水行政主管部门、流域管理机构及其水政监督检查人员履行本法规定的监督检查职责时,有权采取下列措施:(一)要求被检查单位提供有关文件、证照、资料;(二)要求被检查单位就执行本法的有关问题作出说明;(三)进入被检查单位的生产场所进行调查;(四)责令被检查单位停止违反本法的行为,履行法定义务。”第六十一条规定:“有关单位或者个人对水政监督检查人员的监督检查工作应当给予配合,不得拒绝或者阻碍水政监督检查人员依法执行职务。”《取水许可和水资源费征收管理条例》(国务院令第 460 号)第四十五条规定:“有关单位和个人对监督检查工作应当给予配合,不得拒绝或者阻碍监督检查人员依法执行公务。”

《黄河水量调度条例》(国务院令第 472 号)第三十三条规定:“黄河水利委员会及其所属管理机构、县级以上地方人民政府水行政主管部门实施监督检查时,有权采取下列措施:(一)要求被检查单位提供有关文件和资料,进行查阅或者复制;(二)要求被检查单位就执行本条例的有关问题进行说明;(三)进入被检查单位生产场所进行现场检查;(四)对取(退)水量进行现场监测;(五)责令被检查单位纠正违反本条例的行为。"第三十四条:"监督检查人员在履行监督检查职责时,应当向被检查单位或者个人出示执法证件,被检查单位或者个人应当接受和配合监督检查工作,不得拒绝或者妨碍监督检查人员依法执行公务。"

《山东黄河河务局取水用途管制"飞检"工作制度》(鲁黄水调〔2015〕6 号)第七条规定:"'飞检'工作依据取水许可管理规定、报批的年、月、旬水量调度方案和上级下达的调度指令进行督导检查。"

四、督查内容和类型

(一)督查内容

1. 督查内容

《山东黄河水量精准调度管理办法》(鲁黄水调〔2016〕2 号)第三十九条规定:"监督检查内容主要包括:(一)用水计划制定和落实情况;(二)水量调度指令执行情况;(三)取水用途管制情况;(四)水沙测验情况;(五)用水协议签订及结算情况;(六)内业资料整理及归档情况。"《山东黄河水资源管理与调度督查办法(试行)》(鲁黄水调〔2013〕10 号)第五条规定:"山东黄河水资源管理与调度督查包括以下主要内容:(一)取水许可监督管理情况;(二)用水计划管理情况;(三)实时调度管理情况;(四)水量调度管理系统管理情况;(五)信息管理情况。"

2. 督查事项

(1) 取水许可

《山东黄河水资源管理与调度督查办法(试行)》(鲁黄水调〔2013〕10 号)第六条规定:"取水许可督查管理情况主要督查取用水户在履行有关规定时是否存在以下行为:(一)未取得取水许可批准文件擅自建设取水工程或者设施;(二)未按批准的取水申请书建设取用水项目;(三)未取得取水许可证擅自取用水;(四)未安装计量设施、计量设施不合格或者运行不正常。"

(2) 用水计划

计划用水是水资源管理的一项基本制度,是实施取水许可过程中的一项重要环节,是对实施取水许可管理的重要补充,通过实施用水计划管理,进一步强化取水许可管理工作。用水计划的严格执行,必须制定计划用水监督管理制度,包括约束计划用水监督单位管理人员的规章制度和约束用水单位相关人员的规章制度。

《山东黄河水资源管理与调度督查办法(试行)》(鲁黄水调〔2013〕10 号)第七条规定:"用水计划管理情况主要督查各级河务(管理)局和取用水户在履行有关规定时是否存在以下行为:(一)未按规定报批用水计划;(二)未按规定申请使用年度计划外用水指标。"

（3）实时调度

《山东黄河水资源管理与调度督查办法(试行)》(鲁黄水调〔2013〕10号)第八条规定:“实时调度管理情况主要是督查各级河务(管理)局和取用水户在履行有关规定时是否存在以下行为:(一)未经批准擅自取水;(二)未按规定受理取水申请;(三)未按规定下达水量实时调度指令;(四)未按批准的控制指标取用水;(五)未按规定调整取水口流量;(六)未按规定落实水量调度值班制度;(七)未按规定实施水沙测验。”

（4）水量调度管理系统

《山东黄河水资源管理与调度督查办法(试行)》(鲁黄水调〔2013〕10号)第九条规定:“水量调度管理系统管理情况主要是督查各级河务(管理)局和供水单位在履行有关规定时是否存在以下行为:(一)未按规定落实管理人员;(二)未按规定开机运行;(三)未按规定应用系统启闭闸门;(四)未按规定应用系统报批用水计划;(五)未按规定应用系统填报水沙测验数据;(六)未按规定落实维护队伍与经费;(七)未按规定进行巡检;(八)未按规定处置系统故障。”

（5）信息管理

《山东黄河水资源管理与调度督查办法(试行)》(鲁黄水调〔2013〕10号)第十条规定:“信息管理情况主要是督查各级河务(管理)局和取用水户在履行有关规定时是否存在以下行为:(一)未按规定编报水资源管理年报、月报;(二)未按规定报送引黄水闸引水能力普查报告和年度水量调度工作总结;(三)未按规定填写水沙测验数据、整理归档原始记录、整编年度水沙资料;(四)未按规定上报重点险工、水闸闸前水位及滩区引水量;(五)未按规定填报《山东黄河水量调度月报表》;(六)未按规定报送水量调度管理系统巡检报告。”

3. 飞检内容

《山东黄河河务局取水用途管制“飞检”工作制度》(鲁黄水调〔2015〕6号)第八条规定:“取水口‘飞检’内容包括取水口取水流量是否符合上级调度指令要求、水沙测验是否符合规范要求、测流设备是否校验、测验数据是否准确、管理人员值守是否符合有关规定等事项。”第九条规定:“引黄调蓄水库、湿地湖泊、景观河道、从灌区渠道内取水直供的非农业用水户用水‘飞检’内容包括是否办理取水许可,取水用途、取用水量、取水时段是否符合报批的用水计划和调度指令要求,分(进)水口是否安装使用取水计量设施,计量设施是否及时校测,水量计量是否准确等事项。”第十条规定:“农业用水户的‘飞检’内容包括是否办理取水许可,取水用途、取用水量、取水时段是否符合报批的用水计划和调度指令要求,是否安装使用取水计量设施,水量计量是否准确,农业灌溉用水管理方式、灌溉范围(行政区划具体到乡镇)、灌溉时间和面积等事项。”第十一条规定:“对所属单位取水用途管制工作‘飞检’内容包括用水计划报批、调度指令执行、人员值守、水量计量等事项。”

4. 引黄供水督查内容

《山东黄河河务局供水局引黄供水生产管理办法(试行)》(鲁黄供水调〔2015〕1号)第二十条规定:“引黄供水工作监督检查内容:(一)具备两水分供条件的引黄供水是否严格实行两水分供;不具备两水分供条件的引黄供水是否报批并按规定计量。(二)是否按规定与用水单位签订供水协议、组织供水生产；有无擅自开闸放水，有无超计划、超协议供水。(三)是否建立落实供水生产值班和引黄供水工作监督检查制度，是否对辖区内用水单位违规引水、擅自改变引水用途失察失管。(四)是否安装使用监测系统，是否建立了监测系统管理责任制，是否对监测系统运行故障及异常情况失察失管。(五)是否在协议期限内及时足额收交水费；对未能交纳水费的用水单位是否采取了相应措施。”

(二) 督查类型

《黄河水资源管理与调度督查办法(试行)》(黄水调〔2010〕50号)第五条规定：“黄河水资源管理与调度督查从工作时机上分为常规督查、用水高峰期督查和突发事件督查三种类型。”

1. 常规督查

《黄河水资源管理与调度督查办法(试行)》(黄水调〔2010〕50号)第六条规定：“常规督查是对黄委取水许可管理权限范围内取水单位或者个人履行取水许可有关规定情况所进行的督查。主要督查内容包括：(一)计划用水和总量控制情况；(二)取水月报统计、上报情况；(三)退水水质情况；(四)计量设施与节水设施的安装及使用情况；(五)无证取水、越权发证、擅自变更取水标的和取水用途的情况；(六)新建取水项目计量设施、节水设施建设和污水处理措施落实情况等。常规督查以现场督查为主。”

2. 用水高峰期督查

《黄河水资源管理与调度督查办法(试行)》(黄水调〔2010〕50号)第七条规定：“用水高峰期督查是在用水高峰期(上游河段4—7月份，中下游河段3—6月份)，针对全河或重点河段进行的水量调度督查。主要督查内容包括：(一)省际及主要水文控制断面和干流骨干水库(水电站)下泄情况；(二)用水计划制定和落实情况；(三)月、旬调度方案及实时调度指令执行情况；(四)取(退)水报表和水库运行情况、报表填报情况；(五)水量调度责任制落实情况。”

3. 突发事件督查

《黄河水资源管理与调度督查办法(试行)》(黄水调〔2010〕50号)第九条规定：“突发事件督查是对黄河水量调度突发事件或流域抗旱响应开展的监督检查。主要督查内容包括：(一)应急调度实施方案制定和落实情况；(二)实时调度指令执行情况；(三)应急处理措施落实情况；(四)应急抗旱组织、抗旱措施落实情况；(五)旱情变化及旱情信息报送情况等。”

五、督查次数

1. 督查

《黄河水资源管理与调度督查办法(试行)》(黄水调〔2010〕50号)第十一条规定：“各

单位要结合常规督查、用水高峰期督查、突发事件督查以及年度取水许可核查，每年应对辖区内黄委颁发取水许可证的取(退)水户现场督查一遍。”

《山东黄河水资源管理与调度督查办法(试行)》(鲁黄水调〔2013〕10 号)第十一条规定：“各级河务(管理)局应负责所辖范围内的取水许可监督管理情况、用水计划管理情况和信息管理情况，每年至少进行一次全面的现场检查，省局可视情抽查。”第十二条规定：“各级河务(管理)局每天应对所辖范围内取水口的取水情况进行远程督查。对取水口连续取水超过 10 天或一次性取水超过 500 万 m^3 的，市局应至少现场督查一次。”第十三条规定：“用水高峰期(3—6 月份)，省局负责对实时调度管理情况每月巡回督查不少于一次，市局每旬不少于一次，各级河务(管理)局应视情派出督查组进行突击督查。”第十四条规定：“各级河务(管理)局应对所辖范围内的黄河水量调度管理系统管理情况随机远程督查，市局负责每年至少组织一次全面的现场督查，省局视情抽查。”

2. 飞检

《山东黄河河务局取水用途管制“飞检”工作制度》(鲁黄水调〔2015〕6 号)第四条规定：“‘飞检’工作时机根据来水情况、用水规模以及用水对象确定，适当增加混合供水口门、单一农业供水口门及对应用水户的‘飞检’频次。”《山东黄河水量精准调度管理办法》(鲁黄水调〔2016〕2 号)第四十条规定：“取水口每次取水不超过 500 万 m^3 的，至少‘飞检’一次，取水超过 500 万 m^3 的至少‘飞检’两次。对跨县(市、区)调水的，每次‘飞检’的用水户不少于用水户总数量的三分之二；对本县(市、区)内引水的，每次‘飞检’全部用水户。”

《山东黄河河务局供水局引黄供水生产管理办法(试行)》(鲁黄供水调〔2015〕1 号)第十八条规定：“供水分局、闸管所放水期间对辖区供水定期巡检、‘飞检’每月不少于 2 次，3—6 月份每月不少于 3 次，必要时可驻守督查。监督检查情况每月末报上一级供水单位。”

六、督查时间

水资源管理责任主体单位要采取专项检查、抽查、蹲守、“飞检”、夜查等方式进行水量督查，督查最佳时间是夜间、周末及节假日。

七、督查记录、报告

督查过程中做好记录，明确督查人、督查内容，照片、影像资料分类收集、整理和保存；主要内容包括：引黄农田设计灌溉面积、有效灌溉面积、种植模式、灌溉规律、涉及乡镇村庄；引黄企业基本情况、用水规模、输水渠道、进水口位置；水库基本情况、设计库容、用水性质、用水规模、输水渠道、进水口位置等。

《山东黄河水资源管理与调度督查办法(试行)》(鲁黄水调〔2013〕10 号)第十七条规定：“各级河务(管理)局可将督查情况在所辖范围内进行通报。市局每年一月底前以正式文件向省局报送上一年度督查工作总结。”

八、处罚措施

《山东黄河水量精准调度管理办法》(鲁黄水调〔2016〕2号)第四十三条规定:“对不认真履行职责,违反有关水调纪律,发生下列等行为,除通报批评、限期整改外,并视情节轻重和危害程度,按照有关规定对相关单位和个人进行问责:(一)不按规定申报用水计划和取水申请;(二)不严格执行调度指令;(三)不按规定签订供水协议;(四)对取水用途和过程监督不力;(五)违反值班规定造成严重影响。”

《山东黄河河务局取水用途管制“飞检”工作制度》(鲁黄水调〔2015〕6号)第十二条规定:“对‘飞检’中发现的违规行为,现场签发水资源管理违规行为整改通知书,要求限期整改。”第十三条:“对不按要求整改的,依据《中华人民共和国水法》《取水许可和水资源费征收管理条例》《黄河水量调度条例》等有关规定处理。”

《山东黄河河务局供水局引黄供水生产管理办法(试行)》(鲁黄供水调〔2015〕1号)第二十一条规定:“供水局、供水分局督查人员对供水生产运行违规问题应及时提出整改要求或下达整改通知书,责令限期整改。”

九、督查要求

《水法》第六十二条规定:“水政监督检查人员在履行监督检查职责时,应当向被检查单位或者个人出示执法证件。”《取水许可和水资源费征收管理条例》(国务院令第460号)第四十五条规定:“监督检查人员在进行监督检查时,应当出示合法有效的行政执法证件。”

《黄河水资源管理与调度督查办法(试行)》(黄水调〔2010〕50号)第十五条、《山东黄河水资源管理与调度督查办法(试行)》(鲁黄水调〔2013〕10号)第十九条规定:“督查人员必须严格遵守廉洁从政的各项规定,严禁滥用职权、玩忽职守、徇私舞弊等违规、违纪行为。”

十、违规引水处理

市、县局发现违规引水后,一般采取关闸停水、限制引水、责令改正等措施,用水户改正往往表现为不情愿、不及时、不长效,当地市、县及水利局领导也出面干预,查处违规引水存在顾虑。在通报批评、限期整改后,如何能够依法、依规处理违规引水,切实加强取水用途管制,逐步走向法制化轨道仍待继续努力。

第七节　不同情况处置办法

按照便利行政执法、推进依法行政要求,针对有关法律责任条款比较简单、不便操作,对违法相对人应当受到处罚的行为、处罚种类及幅度,《取水许可和水资源费征收管理条例》(国务院令第460号)作了具体、完整的规定,充分考虑与《水法》等有关法律的责任衔接。应受处罚的行为包括:未经批准擅自取水,未依照批准的取水许可规定条件取水,擅自建设取水工程或设施,隐瞒有关情况或提供虚假材料骗取取水许可申请批准文件或取水许可证,拒不执行审批机关作出的取水量限制决定,未经批准擅自转让取水权,未安装合格的计量设施,拒不缴纳、拖延缴纳或者拖欠水资源费,伪造、涂改、冒用取水申请批准文件或取水许可证等。

一、取水许可

1. 许可证办理

《取水许可和水资源费征收管理条例》(国务院令第460号)第二条规定:"取用水资源的单位和个人,除本条例第四条规定的情形外,都应当申请领取取水许可证,并缴纳水资源费。"第四条规定:"下列情形不需要申请领取取水许可证:(一)农村集体经济组织及其成员使用本集体经济组织的水塘、水库中的水的;(二)家庭生活和零星散养、圈养畜禽饮用等少量取水的;(三)为保障矿井等地下工程施工安全和生产安全必须进行临时应急取(排)水的;(四)为消除对公共安全或者公共利益的危害临时应急取水的;(五)为农业抗旱和维护生态与环境必须临时应急取水的。"

《取水许可管理办法》(水利部令第34号)第十四条规定:"《取水条例》第四条规定的为保障矿井等地下工程施工安全和生产安全必须进行临时应急取(排)水的以及为消除对公共安全或者公共利益的危害临时应急取水的,取水单位或者个人应当在危险排除或者事后10日内,将取水情况报取水口所在地县级以上地方人民政府水行政主管部门或者流域管理机构备案。"第十五条规定:"《取水条例》第四条规定的为农业抗旱和维护生态与环境必须临时应急取水的,取水单位或者个人应当在开始取水前向取水口所在地县级人民政府水行政主管提出申请,经其同意后方可取水;涉及到跨行政区域的,须经共同的上一级地方人民政府水行政主管部门或者流域管理机构同意后方可取水。"

2. 许可证内容

《取水许可和水资源费征收管理条例》(国务院令第460号)第二十四条规定:"取水许可证应当包括下列内容:(一)取水单位或者个人的名称(姓名);(二)取水期限;(三)取水量和取水用途;(四)水源类型;(五)取水、退水地点及退水方式、退水量。"

3. 变更

取水许可变更是取水权人向原审批机关对已取得取水许可证载明事项(如取水地点、取水量、取水用途、退水地点、退水污染物种类、排放浓度、退水方式、退水量等)进行非实质性重大变更,可变更事项主要是取水人名称或其法定代表人等。原审批机关依法审查取水许可变更申请，变更申请符合法定条件、标准的，依法办理变更手续，并在持证人变更记录中注明。

4. 重新申请

取水许可证有效期内，取水事项有较大变更的，取水权人应重新向原取水许可审批机关提出取水申请，经审批机关批准后，办理取水许可手续；未经批准擅自改变取水许可内容，属未按批准取水许可取水行为。《取水许可管理办法》(水利部令第 34 号)第二十九条、《黄河取水许可管理实施细则》(黄水调〔2009〕12 号)第三十一条规定："在取水许可证有效期限内出现下列情形之一的，取水单位或者个人应当重新提出取水申请：(一)取水量或者取水用途发生改变的(因取水权转让引起的取水量改变的情形除外)；(二)取水水源或者取水地点发生改变的；(三)退水地点、退水量或者退水方式发生改变的；(四)退水中所含主要污染物及污水处理措施发生变化的。"

5. 许可证注销

取水许可证注销的四种情形：连续停止取水满 2 年、取水许可有效期届满未延续、取用水主体消失、因不可抗力导致取水许可行为无法实施。取水许可注销后需向社会公示，自取水许可注销生效之日起，如继续取用水，属于未经批准擅自取水，是违法行为。

《取水许可和水资源费征收管理条例》(国务院令第 460 号)第四十四条规定："连续停止取水满 2 年的，由原审批机关注销取水许可证。由于不可抗力或者进行重大技术改造等原因造成停止取水满 2 年的，经原审批机关同意，可以保留取水许可证。"《取水许可管理办法》(水利部令第 34 号)第二十九条规定："连续停止取水满 2 年的，由原取水审批机关注销取水许可证。由于不可抗力或者进行重大技术改造等原因造成停止取水满 2 年且取水许可证有效期尚未届满的，经原取水审批机关同意，可以保留取水许可证。"《黄河取水许可管理实施细则》(黄水调〔2009〕12 号)第三十二条规定："连续停止取水满 2 年的，由黄河水利委员会注销取水许可证。由于不可抗力或者进行重大技术改造等原因造成停止取水满 2 年且取水许可证有效期尚未届满的，经黄河水利委员会同意，可以保留其取水许可证。"

6. 许可证吊销

吊销取水许可证很大程度上是一种行政处罚措施，吊销分以下两种情况。①连续停止取水满一年的，由水行政主管部门或其授权发放取水许可证的行政主管部门核查后，报县级以上人民政府批准，吊销其取水许可证；国务院水行政主管部门或其授权的流域机构发放的取水许可证，必须经过国务院水行政主管部门批准吊销。但因不可抗力、进行重大技术改造等造成连续停止取水满一年的，经县级以上人民政府批准，不予吊销取水许可证。②取水人出现违法行为。

《取水许可和水资源费征收管理条例》(国务院令第 460 号)第五十一条规定："拒不执行审批机关作出的取水量限制决定，或者未经批准擅自转让取水权的，责令停止违法行为，限期改正，处 2 万元以上 10 万元以下罚款；逾期拒不改正或者情节严重的，吊销取水许可证。”第五十二条规定：“有下列行为之一的，责令停止违法行为，限期改正，处 5 000 元以上 2 万元以下罚款；情节严重的，吊销取水许可证：(一)不按照规定报送年度取水情况的；(二)拒绝接受监督检查或者弄虚作假的；(三)退水水质达不到规定要求的。”

《取水许可管理办法》(水利部令第 34 号)第五十条规定：取水单位或者个人违反本办法规定，有下列行为之一的，由取水审批机关责令其限期改正，并可处 1000 元以下罚款；(一)擅自停止使用节水设施的；(二)擅自停止使用取退水计量设施的；(三)不按规定提供取水、退水计量资料的。

《黄河取水许可管理实施细则》(黄水调〔2009〕12 号)第五十条规定：“取水单位或者个人违反本实施细则规定，有下列行为之一的，取水许可监督管理机关责令其停止违法行为，限期改正；逾期不改正或者情节严重的，黄河水利委员会吊销其取水许可证：(一)拒不执行黄河水量调度指令，未依照批准的取水许可规定条件取水的；(二)连续两年取水超过许可水量的；(三)未经批准擅自通过引黄取水工程向新增建设项目供水的；(四)未经批准擅自退水或者未按批准的退水要求退水的；(五)取水携带的泥沙处理后未经批准回排黄河的。”

《山东省取水许可管理办法》(1996 年省八届人大常委会第 23 次会议通过)第二十七条规定：“有下列情形之一的，由水行政主管部门责令其限期纠正违法行为；情节严重的，报县级以上人民政府批准，吊销其取水许可证：(一)未依照规定取水的；(二)未在规定期限内装置计量设施的；(三)拒绝提供取水量测定数据等有关资料或者提供假资料的；(四)拒不执行水行政主管部门作出的取水量核减或者限制决定的；(五)将依照取水许可证取得的水非法转售的。”

需要强调的是，审批发证机关报县级以上人民政府批准，可以吊销取水许可证；由国务院水行政主管部门或其授权的流域管理机构批准发放的取水许可证，必须经过国务院水行政主管部门批准。

7. 核减、限制引水

黄河可供水资源量有限，与沿黄用水量增长的矛盾日益突出，遇枯水年份，黄河可供水量减少，为保证关键水文断面流量、控制黄河不断流，必须核减、限制沿黄省(区)引水。

《取水许可管理办法》(水利部令第 34 号)第三十八条规定：取水单位或者个人应当严格按照批准的年度取水计划取水。因扩大生产等特殊原因需要调整年度取水计划的，应当报经原取水审批机关同意。第三十九条规定：因取水单位或者个人的责任，致使退水量减少的，取水审批机关应当责令其限期改正；期满无正当理由不改正的，取水审批机关可以根据年度取水计划核定的应当退水量相应核减其取水量。

《山东省取水许可管理办法》(1996 年省八届人大常委会第 23 次会议通过)第二十条规定：“有下列情形之一的，水行政主管部门根据本部门的权限，经同级人民政府批准，可以对取水许可证持有人的取水量予以核减或者限制：(一)由于自然原因等使水源不能满足本地区正常供水的；(二)地下水严重超采或者因地下水开采引起地面沉降等地质灾害的；(三)社会总取水量增加而又无法另得水源的；(四)产品、产量或者生产工艺发生变化使取水量发生变化的；(五)出现需要核减或者限制取水量的其他特殊情况的。”

8. 无证取水责任

未经批准擅自取水的，责令停止违法行为，限期采取补救措施，并处罚款。

《取水许可和水资源费征收管理条例》(国务院令第460号)第四十八条规定："未经批准擅自取水，或者未依照批准的取水许可规定条件取水的，依照《中华人民共和国水法》第六十九条规定处罚；给他人造成妨碍或者损失的，应当排除妨碍、赔偿损失。"

在判断未经批准擅自取水时，取水许可证有效期满、未按规定延续和未经批准受让取水许可证取水两种情况应当按照擅自取水处理。

《水法》第六十九条规定："有下列行为之一的，由县级以上人民政府水行政主管部门或者流域管理机构依据职权，责令停止违法行为，限期采取补救措施，处二万元以上十万元以下的罚款；情节严重的，吊销其取水许可证：(一)未经批准擅自取水的；(二)未依照批准的取水许可规定条件取水的。"

按照依法行政原则，法无明文规定不违法，法无明文规定不处罚，即法律没有规定的，行政主体不能为之。未经批准擅自取水最高罚款10万元，相对人缴纳罚款后仍要追缴水资源费；申领取水许可证、缴纳水资源费是并列法律义务，未申请取水许可、违反取水许可法律责任，不免除缴纳水资源费法律义务。《取水许可和水资源费征收管理条例》(国务院令第460号)第五十条规定："申请人隐瞒有关情况或者提供虚假材料骗取取水申请批准文件或者取水许可证的，取水申请批准文件或者取水许可证无效，对申请人给予警告，责令其限期补缴应当缴纳的水资源费，处2万元以上10万元以下罚款；构成犯罪的，依法追究刑事责任。"

取水申请批准文件、取水许可证无效，属于未经批准擅自取水，应责令限期补缴水资源费。

《关于切实加强山东黄河取水许可管理工作的通知》(鲁黄水调〔2016〕5号)强调："对2015年新换发的取水许可证要尽快送达、发放到取用水户，对未取得黄河取水许可的水库等用水户，禁止签订供水协议，不得以任何理由违规引用黄河水，坚决遏制无证取水现象的发生。"

二、计划引水

1. 计划分类

《计划用水管理办法》(水资源〔2014〕360号)第六条规定："用水单位的用水计划由年计划用水总量、月计划用水量、水源类型和用水用途构成。年计划用水总量、水源类型和用水用途由具有管理权限的水行政主管部门(以下简称管理机关)核定下达，不得擅自变更。月计划用水量由用水单位根据核定下达的年计划用水总量自行确定，并报管理机关备案。纳入取水许可管理的用水单位，其用水计划中水源类型、用水用途应当与取水许可证明确的水源类型、取水用途保持一致；月计划用水量不得超过取水许可登记表明确的月度分配水量。"

2. 计划上报

《山东黄河水量精准调度管理办法》(鲁黄水调〔2016〕2号)第十条规定:“市、县局依照调度管理权限和年度水量分配计划,编制所辖范围内月度用水计划建议,商同级水行政主管部门后逐级上报,于每月23日前报省局;用水高峰期,旬用水计划建议于每月3日、13日、23日前报省局。”

3. 计划核定

《计划用水管理办法》(水资源〔2014〕360号)第九条规定:“管理机关根据本行政区域年度用水总量控制指标、用水定额和用水单位的用水记录,按照统筹协调、综合平衡、留有余地的原则,核定用水单位的用水计划。”

4. 计划下达

《计划用水管理办法》(水资源〔2014〕360号)第十条规定:“管理机关应当于每年1月31日前书面下达所管辖范围内用水单位的本年度用水计划;新增用水单位的用水计划,应当自收到建议之日起20日内下达。逾期不能下达用水计划的,经管理机关负责人批准,可以延长10日,并应当将延长期限的理由告知用水单位。”

5. 计划调整

《计划用水管理办法》(水资源〔2014〕360号)第十三条规定:“用水单位调整年计划用水总量的,应当向管理机关提出用水计划调整建议,并提交计划用水总量增减原因的说明和相关证明材料。用水单位不调整年计划用水总量,仅调整月计划用水量的,应当重新报管理机关备案。”

6. 计划实施

《山东黄河水量精准调度管理办法》(鲁黄水调〔2016〕2号)第十七条规定:“取水口管理单位应严格执行水量实时调度指令,不得擅自变更取水用途和水量控制指标。并视黄河水情及时调整取水流量,使其不得超过控制指标±5%。”

7. 计划核减

《计划用水管理办法》(水资源〔2014〕360号)第十五条规定:“用水单位具有下列情形之一的,管理机关应当核减其年计划用水总量:(一)用水水平未达到用水定额标准的;(二)使用国家明令淘汰的用水技术、工艺、产品或者设备的;(三)具备利用雨水、再生水等非常规水源条件而不利用的。”

8. 超计划处罚

《水法》第七十五条规定:“不同行政区域之间发生水事纠纷,有下列行为之一的,对负有责任的主管人员和其他直接责任人员依法给予行政处分:(一)拒不执行水量分配方案和水量调度预案的；（二）拒不服从水量统一调度的；（三）拒不执行上一级人民政府的裁决的；（四）在水事纠纷解决前，未经各方达成协议或者上一级人民政府批准，单方面违反本法规定改变水的现状的。”

拒不执行审批机关作出的取水量限制决定，责令停止违法行为，限期改正，处 2 万元以上 10 万元以下罚款；逾期不改正或情节严重的，吊销取水许可证。

《山东黄河水量精准调度管理办法》（鲁黄水调〔2016〕2 号）第四十三条规定：“对不认真履行职责，违反有关水调纪律，发生下列等行为，除通报批评、限期整改外，并视情节轻重和危害程度，按照有关规定对相关单位和个人进行问责：（一）不按规定申报用水计划和取水申请；（二）不严格执行调度指令；（三）不按规定签订供水协议；（四）对取水用途和过程监督不力；（五）违反值班规定造成严重影响。”

《计划用水管理办法》（水资源〔2014〕360 号）第二十条规定：“用水单位超计划用水的，对超用部分按季度实行加价收费；有条件的地区，可以按月或者双月实行加价收费。”

三、改变用途

1. 注明用途

《山东黄河水量精准调度管理办法》（鲁黄水调〔2016〕2 号）第十六条规定：“各级河务（管理）局应依照调度管理权限受理用水户提出的取水申请，逐级审核上报省局。取水申请须按照农业和非农业分别申报引水时间、引水流量、用水地点和取水量。”

2. 限制或停止引水

《山东黄河水量精准调度管理办法》（鲁黄水调〔2016〕2 号）第二十条规定：“有下列情形应限制或停止取水：（一）不严格执行调度指令，引水流量或引水量超过控制指标；（二）擅自改变取水用途；（三）擅自开闸取水；（四）重要控制断面可能出现预警流量；（五）发生水污染等应急突发事件。”

3. 改变用途

不如实申报用水性质、用水量，农水工用、少报多用、不报强用；故意混淆用水性质，农业用水用于河道压排、河道暂存、生态环境等，擅自改变用水性质。

4. 处罚措施

《关于切实加强山东黄河取水许可管理工作的通知》（鲁黄水调〔2016〕5 号）强调：“强化对农业灌区用水的跟踪监管，对申请农业用水擅自改变用途和农水工用的，扣减灌区用水指标并依法进行相应处罚。”

《山东黄河水资源管理与调度督查办法（试行）》（鲁黄水调〔2013〕10 号）第十六条规定：“督查人员督查时应主动出示合法有效的行政执法证件。对督查过程中发现的违反规定的行为，应立即签发水资源管理与调度违规行为改正通知书，责令其限期改正，逾期不改正的，应依据《黄河水量调度条例》《取水许可和水资源费征收管理条例》及有关规定予以处理。”

《关于进一步加强黄河水资源管理与调度督查工作的意见》（鲁黄水调〔2018〕6 号）明确市、县局督查职责，要求实现督查对象全覆盖。规范签发现场督查意见书、责令被督查单位规范填报整改资料、及时进行督查情况通报、规范督查台账管理。对督查过程中发现的违规行为或应明确告知的事项，现场签发《山东黄河水资源管理现场督查意见书》，注明违规行为事实、违规依据、整改要求及期限，并要求被督查单位有关责任人当场签收。若被督查单位拒绝签收，应在签发时由经办人、签发人在《意见书》上签字，并采用拍照、录像等方式记录送达过程，视为送达。

《山东黄河河务局引黄供水生产管理办法（试行）》（鲁黄供水〔2017〕3 号）第十九条规定：“对监督检查中发现的供水生产运行违规问题，应及时提出整改要求或下达整改通知书，责令限期整改。”

四、监督管理

1. 管理主体

《取水许可管理办法》（水利部令第 34 号）第三十二条规定：“流域管理机构审批的取水，可以委托其所属管理机构或者取水口所在地省、自治区、直辖市人民政府水行政主管部门实施日常监督管理。”第四十一条规定：“县级以上地方人民政府水行政主管部门和流域管理机构按照管理权限，负责所辖范围内的水量调度工作。”

《黄河取水许可管理实施细则》（黄水调〔2009〕12 号）第三十四条规定：“黄河水利委员会审批的取水许可，由其所属有关管理机构按照管理范围实施监督管理，或者委托有关省（自治区）人民政府水行政主管部门实施监督管理。”

2. 监督范围

《黄河取水许可管理实施细则》（黄水调〔2009〕12 号）第三十四条规定：“黄河干流山东省境内的取水、东平湖滞洪区（含大清河）的取水和金堤河干流北耿庄至张庄闸河段山东省境内的取水，由山东黄河河务局及其所属管理机构实施监督管理。”

3. 检查内容

《黄河取水许可管理实施细则》（黄水调〔2009〕12 号）第三十五条规定：“取水许可监督管理机关应定期对取水单位或者个人的取、退水情况进行现场检查，重点检查计划用水落实、水调指令执行、批准水量与实际引水、量水设施和节水设施的安装使用、取水月报表的统计上报及退水水质等情况。”

4. 监督管理

《计划用水管理办法》（水资源〔2014〕360 号）第十八条规定：“管理机关应当加强计划

用水的指导、协调和监督检查，建立用水统计台账和重点用水单位监控名录，实施用水在线监控和动态管理。用水单位应当建立健全用水原始记录和统计台账，按月向管理机关报送用水情况。”

5. 处罚

《水法》第六十四条规定：“水行政主管部门或者其他有关部门以及水工程管理单位及其工作人员，利用职务上的便利收取他人财物、其他好处或者玩忽职守，对不符合法定条件的单位或者个人核发许可证、签署审查同意意见，不按照水量分配方案分配水量，不按照国家有关规定收取水资源费，不履行监督职责，或者发现违法行为不予查处，造成严重后果，构成犯罪的，对负有责任的主管人员和其他直接责任人员依照刑法的有关规定追究刑事责任；尚不够刑事处罚的，依法给予行政处分。”

《取水许可和水资源费征收管理条例》(国务院令第460号)第五十二条规定：“有下列行为之一的，责令停止违法行为，限期改正，处5000元以上2万元以下罚款；情节严重的，吊销取水许可证：(一)不按照规定报送年度取水情况的；(二)拒绝接受监督检查或者弄虚作假的；(三)退水水质达不到规定要求的。”

五、计量设施

用水计量是推动用水户节约用水的一项重要措施，用水只有计量，才能准确反映用水户的用水量，激励用水户节约用水。《水法》第四十九条规定：“用水应当计量，并按照批准的用水计划用水。”

当前用水既存在计量设施安装不普遍问题，又存在计量设施安装不标准问题，尤其是基层用水户，影响节水型工业、节水型农业、节水型服务业、节水型社会建设，对加强取水许可管理、水资源费征收带来极大不便，影响取用水户利益；黄河是资源性缺水河流，建立、发展水权、水市场，运用经济手段调整用水需求，大力促进节约用水，尽快建立节水型农业、工业和节水型社会，实现水资源优化配置。

1. 安装

《取水许可管理办法》(水利部令第34号)第四十二条规定：“取水单位或者个人应当安装符合国家法律法规或者技术标准要求的计量设施，对取水量和退水量进行计量，并定期进行检定或者核准，保证计量设施正常使用和量值的准确、可靠。”《计划用水管理办法》(水资源〔2014〕360号)第十七条规定：“用水单位应当按照法律法规和有关技术标准要求，安装经质量技术监督部门检定合格的用水计量设施，并进行定期检查和维护，保证计量设施的正常运行。用水单位有两个以上不同水源或者两类以上不同用途用水的，应当分别安装用水计量设施。”《黄河取水许可管理实施细则》(黄水调〔2009〕12号)第四十条规定：“取水单位或者个人应当安装符合国家法律法规或者技术标准要求的计量设施，对取水和退水进行计量，并定期进行检查率定，保证计量设施正常使用和量值的准确性。”

2. 计量

《取水许可管理办法》(水利部令第34号)第四十一条规定:“利用闸坝等水工建筑物系数或者泵站开机时间、电表度数计算水量的,应当由具有相应资质的单位进行率定。”《黄河取水许可管理实施细则》(黄水调〔2009〕12号)第四十条:“利用闸坝等水工建筑物系数或者泵站开机时间、电表度数计算水量的,应当由具有相应甲级资质的单位进行率定。”

3. 建设

水利部《关于加强农业取水许可管理的通知》(办资源〔2015〕175号)明确要求:“各省级水行政主管部门要集中力量,于2017年底前完成北方地区大型和重点中型灌区、南方地区供水水源集中的大型和重点中型灌区取水口的监控计量设施建设;逐步推进南方地区供水水源分散的大中型灌区的监控计量设施建设,力争在2018年底前基本实现主要取水口在线监控。在线监控信息要纳入国家水资源监控管理系统,实时传输至所在省、流域和国家水资源监控管理平台。各省级水行政主管部门要与相关部门积极沟通,落实建设资金,抓紧建立健全农业取水计量监控系统;积极争取监控系统运行维护经费纳入各级财政预算,明确运行维护责任主体,确保监测设施安全稳定运行。”

水利部《关于加强重点监控用水单位监督管理工作的通知》(水资源〔2016〕1号)要求:“流域机构和地方各级水行政主管部门要组织指导重点监控用水单位加强取用水计量设施建设,按照《用水单位水计量器具配备和管理通则》(GB 24789—2009)《取水计量技术导则》(GB/T 28714—2012)等标准要求,配备取用水计量设施,并定期检查维修,保证其正常运行。工业企业、服务业企业、公共机构要实施用水三级计量;城市供水企业要实施取水侧和供水侧计量;农业灌区要结合灌区节水改造、节水灌溉项目建设等,在主要引水口、管理分界断面设立量水设施,开展用水计量。”

4. 监督

对取用水计量实行监督管理是保证计划用水、节约用水的有效实施,促进取水许可科学化、制度化和规范化运行管理的根本措施,可增强用水户节水意识,有效控制跑、冒、滴、漏现象;通过实施计量用水监督,为用水定额修订和水中长期规划制定提供科学依据;实行计量收费,为水资源费等行政性规费足额征收提供基本数据;用水计量是对用水户用水合理性进行考核的必要条件,利用经济杠杆促进取水户节约用水。

水利部《关于加强重点监控用水单位监督管理工作的通知》(水资源〔2016〕1号)要求:流域机构和地方各级水行政主管部门按照职责权限负责重点监控用水单位的取用水计量设施检查、监控数据统计与分析、水平衡测试和计划用水等日常监督管理工作,组织重点监控用水单位及时上报取用水监控资料。省级水行政主管部门要做好本行政区域内重点监控用水单位的监控数据复核和统计,分析其用水效率和节水量,及时报送和定期发布取用水监控信息。流域机构监控的重点监控用水单位可委托省级水行政主管部门负责日常监督管理。

5. 处罚

(1) 办证

《水利部关于加强取用水计量监控设施建设的通知》(水资源〔2013〕408号)明确,对取水许可证到期需要延续的,取水许可审批机关要核查计量设施安装及运行情况,对未安装计量设施或者计量设施无法正常运行的,不得批准延续取水许可。对违反规定发放取水许可证或延续取水许可的,依法追究审批机关责任。

(2) 水量

《取水许可管理办法》(水利部令第34号)第四十二条:“有下列情形之一的,可以按照取水设施日最大取水能力计算取(退)水量:(一)未安装取(退)水计量设施的;(二)取(退)水计量设施不合格或者不能正常运行的;(三)取水单位或者个人拒不提供或者伪造取(退)水数据资料的。”

《计划用水管理办法》(水资源〔2014〕360号)第十七条规定:“未按规定安装用水计量设施,用水计量设施不合格或者运行不正常的,按照其设计最大取水能力或者取水设备额定流量全时程运行核定用水量。”

《黄河取水许可管理实施细则》(黄水调〔2009〕12号)第四十二条规定:“有下列情形之一的,可以按照取、退水设施日取水最大能力或日退水最小计算取、退水量:(一)未安装取、退水计量设施的;(二)取、退水计量设施不合格或者不能正常运行的;(三)取水单位或者个人拒不提供或者伪造取、退水数据资料的。”

《山东省超计划(定额)用水累进加价征收水资源费暂行办法》(鲁价费发〔2011〕179号)第十条规定:“取用水单位和个人实际取用水量按取用水计量设施实际计量值确定。超计划(定额)取用水量按季核算。未按照规定装置取用水计量设施或取用水计量设施损坏未及时更换的,按照设计最大取水能力或者取水设备额定流量全时程运行计算取水量。”

(3) 资金

《取水许可管理办法》(水利部令第34号)第四十九条规定:“取水单位或者个人违反本办法规定,有下列行为之一的,由取水审批机关责令其限期改正,并可处1000元以下罚款:(一)擅自停止使用节水设施的;(二)擅自停止使用取退水计量设施的;(三)不按规定提供取水、退水计量资料的。”

《取水许可和水资源费征收管理条例》(国务院令第460号)第四十三条规定:“取水单位或者个人应当依照国家技术标准安装计量设施,保证计量设施正常运行,并按照规定填报取水统计报表。”第五十三条规定:“未安装计量设施的,责令限期安装,并按照日最大取水能力计算的取水量和水资源费征收标准计征水资源费,处5 000元以上2万元以下罚款;情节严重的,吊销取水许可证。计量设施不合格或者运行不正常的,责令限期更换或者修复;逾期不更换或者不修复的,按照日最大取水能力计算的取水量和水资源费征收标准计征水资源费,可以处1万元以下罚款;情节严重的,吊销取水许可证。”

不安装计量设施,就构成违法使用取水许可。不按照规定报送年度取水情况或拒绝接受监督检查或弄虚作假的,责令停止违法行为,限期改正,处5 000元以上2万元以下罚款;情节严重的,吊销取水许可证。

第八节　水量调度值班

一、值班规定

《山东黄河水量调度工作责任制(试行)》(鲁黄水调〔2003〕7号)第十六条规定:“水量调度实行全年值班制度。水调处、各市河务(管理)局应安排专人值班,实行工作岗位责任制。”

《黄河水量调度值班规定(试行)》(水调〔2013〕2号)第二条规定:“本规定适用于黄河水量调度值班管理。黄河水量调度值班包括:用水高峰期值班、应急调度期值班及双休日和节假日值班。”第五条规定:“值班安排:用水高峰期值班,每年从3月1日开始至6月30日结束;应急调度期值班,根据每年应急抗旱、应急调水和调水调沙等情况具体安排;双休日和节假日值班,根据国家法定节假日进行安排。”

二、值班原则

《黄河水量调度值班规定(试行)》(水调〔2013〕2号)第三条规定:“值班工作必须遵循“认真负责、及时主动、准确高效”的原则。”

三、值班时间

《黄河水量调度值班规定(试行)》(水调〔2013〕2号)第六条规定:“值班时间从当日8:00—次日8:00,每班24小时;双休日和节假日期间,每天分早、中、晚三班。如果发生其他水量调度应急情况,按照领导要求安排值班。”

《山东黄河水量精准调度管理办法》(鲁黄水调〔2016〕2号)第二十七条规定:“实施应急调度期间,实行24小时专人值班和领导带班制度。值班人员要及时了解情况,上传下达领导指示,处理突发事件。”

四、值班分级

1. 分级

《黄河水量调度值班规定(试行)》(水调〔2013〕2号)第七条规定:“黄河水量调度值班分为二级值班和三级值班。二级值班:1名领导值班,1名值班人员值班;三级值班:1名领导带班,1名领导值班,主班、副班各1名值班人员值班。”

2. 实施

《黄河水量调度值班规定(试行)》(水调〔2013〕2号)第八条规定:“用水高峰期和应急调度期,实行三级值班。应急抗旱期,黄河防总启动Ⅲ级或Ⅳ级响应时,实行二级值班;启动Ⅰ级或Ⅱ级响应时,实行三级值班。调水调沙期、不在用水高峰期及应急调度期的双休日和节假日,实行二级值班。”

五、工作内容及职责

1. 带班领导工作内容及职责

《黄河水量调度值班规定(试行)》(水调〔2013〕2号)第十一条规定:“带班领导工作内容及职责:(一)掌握流域内重大实时雨情、水情、旱情、墒情及用水信息。(二)批阅重要文件。(三)负责处置水量调度突发事件。(四)主持会商,安排部署水量调度工作。”

2. 值班领导工作内容及职责

《黄河水量调度值班规定(试行)》(水调〔2013〕2号)第十二条规定:“值班领导工作内容及职责:(一)掌握流域实时雨情、水情、旱情、墒情、农情、用水信息、水量调度指令及工作部署。(二)掌握流域内水量调度工作动态,及时阅处来往文件;批转重要信息呈带班领导阅示,并提出拟处理意见或建议。(三)遇重大突发事件要在第一时间上报带班领导,并根据带班领导的指示,负责突发事件处置的组织、协调和监督、落实。(四)审阅值班报告、明传电报、水量调度简报和水量调度动态等有关文件。”

3. 值班人员工作内容及职责

《黄河水量调度值班规定(试行)》(水调〔2013〕2号)第十三条规定:“值班人员工作内容及职责:(一)全面掌握流域实时雨情、水情、旱情、墒情、农情、用水信息及水量调度动态,及时预测、发现和处理水量调度突发事件;按照有关信息处理办法对重大信息、重要信息、一般信息和日常信息分类及时处理。(二)监督各有关省(自治区)和水库管理单位执行月、旬调度方案及实时调度指令情况。对省(自治区)界断面流量、水库泄流达不到控制指标要求的,及时电话通知有关单位或部门,责令其采取措施,确保流量达到控制指标要求。(三)负责往来文件资料的收发、整理,接听值班电话,做好值班记录,编发值班报告和引水日报表,起草明传电报、水量调度简报和水量调度动态等有关材料。(四)负责做好领导指示、批示、调度指令及有关信息的上传下达,确保不漏报、不错报、不迟报。”

《山东黄河水量调度工作责任制(试行)》(鲁黄水调〔2003〕7号)第十七条规定:“水量调度值班人员,要熟悉管辖范围内的引水情况和所属河段断面流量及控制指标;及时上传下达水量调度指令,严格按水量调度程序操作;认真做好值班记录和引水量统计工作;及时掌握并上报水、雨情信息;处理日常值班事务及突发事件,遇重大问题及时向带班领导报告。”

六、情况联系

《黄河下游订单供水调度管理办法》(黄水调〔2001〕14 号)第二十二条规定:“各市河务(管理)局于每日 9 时 30 分前将当日引水情况报省河务局,节假、公休日引水情况待上班后及时补报。调水期间,节假、公休日要安排专人值班,按时上报引水情况。”

七、注意事项

1. 坚守岗位

值班人员要 24 小时坚守岗位,认真负责,不得擅自脱岗,保持值班电话和手机 24 小时畅通。

2. 交接班

做好交接班工作。交班人员要介绍值班情况,指出关注重点,交代待办事宜;接班人员要跟踪办理,保持工作连续性,遇特殊情况无法准时到岗时,应事先向值班领导报告,并通知其他值班人员。

3. 应急处置

值班人员严格遵守设备操作规程,确保设备正常运行。一旦设备出现故障,或发现系统出现异常,及时向值班领导汇报,并采取措施处置。

4. 宣传保密

按照有关规定做好对外宣传和保密工作,未经授权不得对外提供有关水量调度资料信息。

第五章 聊城工农业用水

第一节　当地水资源管理

一、规划与分配

黄委每年10月份制定黄河水量年度分配和干流水量调度预案，报水利部审批。年度水量分配时段为当年7月至翌年6月，年度干流水量调度时段为当年11月至翌年6月。

1. 确定年度分配水量

按照国务院1987年批准的黄河水量分配方案，确定黄河正常来水年份年内水量分配指标。黄河正常来水年份天然来水量580亿m^3，可供水量(耗水量)370亿m^3。依据国务院分配方案，通过分析设计用水和引黄耗水过程，拟定正常来水年份水量分配计划。

2. 年度水量分配计划

按照同比例丰增枯减、多年调节水库蓄丰补枯原则，根据当年汛期来水、各省(区)用水、非汛期长期径流预报，确定花园口站天然径流量；依据"八七"分水方案、相关规划，考虑长期径流预报、骨干水库蓄水、沿黄省(区)用水计划建议，确定本年度黄河可供耗水总量；根据"八七"分水方案各省(区)、各月份分配比例，结合年度黄河可供耗水总量，考虑河道输沙用水要求、年度可供水量比例，确定各省(区)、各月份可供耗水量分配计划。

3. 当地引黄水量分配

1986年引水11.03亿m^3，其中春灌8.03亿m^3、夏秋灌2亿m^3、机动水量1亿m^3；1988—1991年平均年引水13亿m^3，其中春灌9.3亿m^3、秋冬灌3.7亿m^3；2003年1—7月分配引黄水量2.579 8亿m^3(不含金堤河和引黄济津、引黄入卫)，其中生活及工业用水0.7亿m^3、农业用水1.8798亿m^3；2004年1—6月份分配引黄水量6.2538亿m^3，其中工业用水0.2亿m^3、农业用水6.0538亿m^3；2005年3—6月分配引黄水量5.47亿m^3；2010年至今，正常年份全年分配指标7.92亿m^3，引黄水量不超过取水许可指标。

二、取水许可

1. 办理部门变迁

为加强水资源管理，节约用水，促进水资源合理开发利用，随着《水法》《取水许可制度实施办法》《取水许可申请审批程序规定》《取水许可监督管理办法》颁布实施，取水许可制度日趋完善。2002年以前，市局水政科具体负责聊城市辖区内黄河河道内取水许可制度的实施工作，2002年以后则由防汛办公室具体负责。

2. 取水许可办理

2004年年审取水许可证12套(北金堤东池、仲子庙、道口、明堤、赵升白、八里庙和张秋等闸，临黄堤陶城铺闸、牛屯扬水站、位山闸、南桥扬水站、郭口闸)，许可证编号依次为(国黄)字〔2000〕第62001、62002、62003、62004、62005、62006、62007、73001、73002、73003、73004、73005号，许可水量15.65亿m^3，各取水口共计引水11.74亿m^3。2005年取水许可证换发取得11套(北金堤东池、道口、仲子庙、明堤、赵升白、八里庙和张秋等闸，临黄堤陶城铺闸、牛屯扬水站、位山闸、郭口闸)，许可证编号依次为取水(国黄)字〔2005〕第63001、63002、63003、63004、63005、63006、63007、63008、63009、63010、63011号，审批许可水量15.52亿m^3，年审取水水量7.89亿m^3。按照取水许可监督管理权限，非黄河部门作为取水许可持证人的，由相应县局负责年审；县级黄河部门作为取水许可持证人的，由市级黄河部门负责年审。

3. 许可水量

1994年，山东省将70亿m^3水量分配到菏泽、济宁、泰安、聊城、济南、德州、淄博、滨州、东营、青岛、潍坊、烟台共12个地(市)，其中聊城8.5亿m^3，占山东12地(市)分配水量的12.1%；因各种规章制度不完善，黄河可供水量分配方案没有得到较好贯彻落实，直到1999年黄河水量实行统一管理调度后，水量分配方案才得以贯彻实施。详见表5-1。

表5-1　1994年山东引黄水量指标分配表

单位:亿m^3

地市	菏泽	济宁	泰安	聊城	济南	德州	淄博	滨州	东营	青岛	潍坊	烟台	合计
分配指标	10	4.3	1.3	8.5	6.1	10.5	4.3	9.2	7.8	2.5	3.3	2.2	70

2010年山东省水利厅、山东黄河河务局联合下发《关于印发山东境内黄河及所属支流水量分配暨黄河取水许可总量控制指标细化方案的通知》(鲁水资字〔2010〕3号)，对山东境内黄河及所属支流水量重新进行分配，聊城市黄河干流许可水量7.92亿m^3，2010

年、2015年换证均延续11套取水许可证(北金堤东池、道口、仲子庙、明堤、赵升白、八里庙和张秋闸,临黄堤陶城铺闸、牛屯扬水站、位山闸、郭口闸)和7.92亿 m^3(包括北金堤7座水闸和因高堤口引水分给彭楼引黄闸的指标)的许可水量。详见表5-2。

表5-2 山东境内黄河及所属支流水量分配暨黄河取水许可总量控制指标细化方案

单位:亿 m^3

	菏泽	济宁	泰安	聊城	济南	德州	淄博	滨州	东营	青岛	潍坊	烟台	莱芜	威海	合计
干流	9.31	4.00	1.21	7.92	5.68	9.77	4.00	8.57	7.28	2.33	3.07	1.37		0.52	65.03
支流			2.81		0.68								1.48		4.97
小计	9.31	4.00	4.02	7.92	6.36	9.77	4.00	8.57	7.28	2.33	3.07	1.37	1.48	0.52	70.00

三、水费收缴

1957年全国灌溉管理工作会议要求,从1958年开始征收水费,管理机构所需岁修养护及人员经费均从水费收入中自行解决,国家不再补助。1965年,国务院以(53)国水电字350号文批转水电部《水利工程水费征收使用和管理试行办法》,规定水费标准。黄委、山东河务局相继制定水费征收标准和办法,但涵闸管理单位在执行中水费却一直收不起来。1978年3月,山东省革命委员会(简称"革委会")批转省水利局《山东省水利工程水费、电费征收使用和管理试行办法》,并确定工业、城市生活水费自1979年起征收。工业用水收费为0.6元/百 m^3,城市生活用水收费为0.3元/百 m^3,由修防段、所按引水量直接向用水单位征收。农业用水水费征收,由所在县修防段、闸管所主动与灌区管理部门(无管理机构的可与水利部门)研究确定,从1980年1月1日起,由灌区管理单位征收,修防段、所从实收水费总额中提取30%。小型灌区(如虹吸灌区)由工程管理单位按省革委征收水费下线,与县社商定征收方法和分成比例。工程管理单位收入的水费纳入工程管理经费。为进一步推动水费征收工作,1981年山东省财政厅、粮食厅、水利厅、河务局联合颁布《山东省引黄灌溉工程节约用水和征收水费的暂行规定》,规定水费标准为:农业用水按地区实行按方计费,每1亿 m^3 收费标准,菏泽、聊城地区10万~15万元,德州地区7万~12万元,惠民地区5万~10万元,此外每1亿 m^3 水征收小麦10万~15万斤。汛期引水灌溉加价1倍,放淤改土收费可在两年内交清。泰安、济南市收费标准,由该地市自行规定。工业用水:循环水收费为0.3元/百 m^3,消耗水收费为0.6元/百 m^3,城市生活用水收费为0.3元/百 m^3,用水单位自建渠首工程和自备提水设施的,水费按标准减半征收。收缴水费和水利粮中的5%交引黄渠首管理单位。1980年后,水费征收率不断提高,特别是1981年5月,全国水利管理会议提出把水利工作着重点转移到管理上来的工作方针,强调必须改变长期喝"大锅水"的无偿供给制和大量浪费水资源的做法,所有水利工程都要合理征收水费,并积极创造条件,逐步实行按方征收水费。为管好用好引黄工程,科学引用黄河水,1982年水电部向国务院提交《涡河淤积和引黄淤灌问题处理意见》的报告,国务院以(82)国函字54号文批转水电部的报告,1982年6月水电部根据国务院(82)国函字54号文件精神,制定《黄河下游引黄渠首工程水费收交和管理暂行办法》(水电水管字第53号)，重新规定收费原则、标准、收缴办法和水费管理。工农业用水按引水量收费，不穿越堤防的引黄工程，以渠首引水量为准，扬水站以实际提水量为准。水费标准：灌溉用水，枯水季节的4、5、6月份为1厘/m³，其余时间为0.3厘/m³；工业及城市用水，由引黄渠首工程直接供水的，枯水季节为4厘/m³，其余时间为2.5厘/m³；通过灌区供水，根据灌区承担的输水任务，核算成本，加收水费；在水源紧张，为保工业和城市用水而停引或限制农业用水时，工业和城市用水加倍收费；用水单位自建自管的引黄渠首工程，按上述标准减半收费；其他堤防上引水，为0.2厘/m³，由地方管理的减半收费；超计划引水，超20%内加价50%，超20%以上的加价100%。水费收交：灌溉用水由灌区管理单位向河务部门交纳；工业及城市用水由渠首直接供水的由用水单位向河务部门交纳，从灌区取水的，由灌区管理单位向用水单位收费，再按上述标准规定向河务部门交纳；自建自管的渠首单位应向所在河段河务部门交纳；灌溉水费分夏、秋两季收交，年终结清；工业及城市用水按季或月收，年终结清；过期欠交部分按月收5%滞纳金，拒交或拖欠不交的，黄河河务部门有权停止供水；预交水费的可减收1%～2%。

位山闸从1981年开始征收水费，因灌区工程配套尚不够完善，经主管部门批准暂定地区黄灌处按受益面积每亩3元收费，从中提取5%交位山引黄闸管理所；1981年—1991年的11年间，通过位山闸向灌区送水125.95亿m³，仅1990年—1991年灌区欠交水费227.04万元，聊城地区河务局在各级领导支持下，依靠法律维护自己的权益。1987年黄委《黄河下游引黄渠首水费管理使用暂行办法》规定："在新水费标准正式颁发前，仍按水电部1982年颁发的《黄河下游引黄渠首工程水费收交和管理暂行办法》(水电水管字第53号)规定执行。"原《山东省水利工程水费计收和管理办法》(鲁政发〔1987〕61号)第五条规定："水费标准以供水成本为基础，根据国家经济政策和水资源状况，对各类用水分别核定。供水成本包括工程运行管理费、大修理费、折旧费以及其他按规定应计入成本的费用。农业水费所依据的供水成本内，不包括农民投劳折资部分的固定资产折旧。城镇生活和工业用水，按供水成本加一定年盈余核定水费标准，年盈余按供水工程投资的4%～6%计算。"第六条规定："农业用水，凡是已经具备按方计费条件的，都应按方计费。一、引库自流灌溉工程以支渠进水口为计量点，每立方米收费三分；二、引黄自流灌溉工程以支渠进水口为计量点，每立方米收费二分八厘；三、引黄淤改每立方米收费一分二厘；四、引河(含泉、湖，下同)自流灌溉工程以支渠进水口为计量点，每立方米收费二分五厘。目前不具备按方计费条件的，可暂按灌溉亩次计费，每亩次收费三元五角至四元五角。各市地可根据本地区水资源的丰缺情况实行浮动水价，但浮动幅度不得超过本条规定标准的15%。引黄灌溉用水，每立方米含沙量大于12 kg时，一般不得引用。如遇严重旱情必须引灌时，应在原水费标准的基础上，加相应的清淤费用。"第七条规定："工业用水：一、消耗水，以水利工程引水处作为供水计量点。引黄、引河每立方米收费六分，引库每立方米收费一角；二、贯流水(用后进入原供水系统，水质符合国家规定标准，并能结合用于灌溉或其他兴利的)，每立方米收费二分五厘。三、循环水(用后返回原水库内，水质符合国家规定标准)，每立方米收费一分五厘。乡、镇工业用水，引黄、引河每立方米收费三分五厘；引库每立方米收费四分五厘。"第八条规定："城市公用事业用水：一、城市公园河湖用水，以水利工程引水处作为计量点，每立方米收费三分五厘；二、城镇生活用水的水费标准，由各市地按第五条规定的原则自行确定。”第九条规定：“国营农、林、牧、渔场用水，以水利工程引水处作为计量点，每立方米收费三分五厘。水管单位自营、联营或其他单位经营的水库养殖，按当年产值的5%计收水费。”

四、水资源监督

实施水资源保护监督管理，需要实现从水利行业管理到国家战略资源保护的观念转变，进一步完善管理体制，完善各级水资源保护机构建设，突出抓好水功能区及入河排污口监督管理，完善立法，严把水行政审批关，加强行政执法检查及监督监测，建立监督检查指标体系，建立监督管理技术支撑系统，组建专职水资源保护机构承担水资源保护工作。

第二节　水量调度

一、调度原则

国家计委、水利部《黄河水量调度管理办法》(计地区〔1998〕2520号)第六条规定：“各省(区、市)年度用水量实行按比例丰增枯减的调度原则，即根据年度黄河来水量，依据1987年国务院批准的可供水量各省(区、市)所占比重进行分配，枯水年同比例压缩。”第九条规定：“黄河水量实行年计划月调节的调度方式。”第十条规定：“制定黄河水量调度方案，要上、中、下游统筹兼顾，优先安排城乡生活用水和重要工业用水，其次是农业、工业及其他用水，同时还需留有必要的河道输沙用水和环境用水。”

1999年国务院授权黄委对全河实施水量统一调度，黄委出台《黄河下游订单供水调度管理办法》(黄水调〔2001〕14号)，省局出台《山东黄河引黄供水调度管理办法(试行)》(鲁黄管发〔2001〕15号)《关于印发山东黄河引黄供水协议书的通知》(鲁黄水调〔2003〕9号)，对水量调度工作提出明确要求。

二、调度手段

按照维持黄河健康生命、推进河道功能性不断流目标要求，黄委实施五轮驱动，进一步丰富、加强水量统一调度手段。

1. 行政手段

实行以省(区)际断面流量控制为主要内容的黄河水量统一调度行政首长负责制，黄河水量调度计划、调度方案、调度指令执行均由行政首长负责；每年公布黄河水量调度责任人，强化社会监督，督促省(区)加强领导；年度调度结束后，公告年度水量调度情况。

作为黄河水行政主管部门，市局把水量调度作为一项重要任务来抓。①实时调度，合理引水。根据省局下达的引水指标、大河来水情况及各地旱情，及时下达水量调度指令，适时控制引水流量，确保按计划引水。灌区通过采取限制引水、集中供水、轮灌等措施，将黄河水送到需要的地方。②逐级签定责任书，层层落实责任制。1998 年起，逐级签定引黄供水责任书，把水量调度列为年度考核重要内容。水量调度实行分级管理、分级负责，单位主要负责同志对本单位全年的水量调度工作负总责，自上而下建立严格的调水责任制，明确调水纪律和违规处理措施，要求各单位从思想上、行动上与上级保持一致。③加大引水监督检查力度。为保证调度指令贯彻落实，成立调水督查组织，采取蹲点监督、巡回检查和突击抽查等方式，对引水过程实施监督检查。对检查中发现的问题及时予以纠正，对违规引水单位、个人，按规定严格处罚。④统一思想，加强协作。严肃调水纪律，及时向地方政府和水利部门通报黄河来水情况，齐心协力，协调配合，共同维护水调秩序。

2. 经济手段

实行水权转让、水权交易，按照节水、压超、转让、增效原则和可计量、可考核、可控制要求，充分利用市场机制，不断深化黄河水权转让，促进全流域水资源节约，提高水资源利用效率和效益。通过取水许可总量控制、动态管理，促进流域节水、经济发展方式转变，积极探索黄河水资源管理新途径，2011 年开始建立黄河水资源管理台账，逐年对接核算省(区)黄河水资源利用情况、分水指标使用及剩余情况，研究重大项目用水指标问题；对无余留水量指标、用水超红线地区，限制新增取水，鼓励通过节水、利用非常规水、水权转让解决水源的建设项目，推动黄河水权转让开展。

为保护和合理利用黄河水资源，国家计委、水利部多次调整黄河下游引黄渠首工程水费标准。1957 年全国灌溉管理工作会议要求，从 1958 年开始征收水费，1965 年国务院批转水电部《水利工程水费征收使用和管理试行办法》，1978 年山东省革委会批转省水利局《山东省水利工程水费、电费征收使用和管理试行办法》，1981 年山东省财政厅、水利厅、河务局、粮食厅联合颁发《山东省引黄灌溉工程节约用水和征收水费的暂行规定》，1982 年水电部《黄河下游引黄渠首工程水费收交和管理暂行办法》(水电水管字第 53 号)，1989 年水利部制定《黄河下游引黄渠首工程水费收交和管理办法(试行)》(水财〔1989〕1 号)，1992 年《关于提高粮食订购价格的通知》(鲁价农字〔1992〕52 号)、2000 年国家计委《关于调整黄河下游引黄渠首工程供水价格的通知》(计价格〔2000〕2055 号)、2005 年国家发展改革委《关于调整黄河下游引黄渠首工程供水价格的通知》(发改价格〔2005〕582 号)均明确水费标准；现行水费标准是国家发展改革委 2013 年下发的《关于调整黄河下游引黄渠首工程和岳城水库供水价格的通知》(发改价格〔2013〕540 号)。1999 年以来，省局加大用水性质界定工作力度，按照不同用途收取水费；2003 年起，对超计划取用黄河水的，严格按照国家有关规定实行加价收费，有效保证用水计划、水量调度指令贯彻落实。

3. 法制手段

为规范水量调度管理，1999—2003 年省黄河河务局相继印发《山东黄河引黄供水调度管理办法》《山东黄河引黄供水协议书制度》《山东黄河水量调度工作责任制(试行)》《山东黄河水量调度督查办法(试行)》《山东引黄涵闸水沙测报管理办法(试行)》《山东黄河水量调度规程》等制度、办法，在计划用水、科学调度和水资源管理方面，不断探索创新，先后实行签订供水协议书制度、订单供水制度、水量调度通知单制度、取水许可制度和建设项目水资源论证制度，均取得明显效果，对加强水量统一调度起到积极作用。

黄委根据各河段来水预测、水库调度运行计划及用水过程(由可供水量年内分配计划确定)，从刘家峡水库至利津逐段进行水量平衡演算，确定各河段、各省(区)引退水流量、用水量及干流控制断面下泄流量。

(1) 协议供水制度

1993 年 7 月 1 日起，山东黄河引黄供水实行供水协议书签订制度，1981 年开始执行的用水签票制度即行废止；但因相关管理制度不健全，水量统一调度前，该制度流于形式，缺乏约束力。根据新《水法》及上级有关规定，2003 年对该制度进行修订，重申供需双方的责任和权利；各用水单位(户)引水前，必须与引黄闸管理单位签订引黄供水协议书，明确城乡生活、工业和农业用水量、水价、水费额，并报省黄河河务局备案。对按生活及工业用水签订用水协议的单位，省局水量调度时给予优先安排，对城乡生活和重点工业用水给予优先保障，严格执行超计划用水加价收费制度。

(2) 订单供水制度

2001 年黄委下发《黄河下游订单供水调度管理办法》(黄水调〔2001〕14 号)，将年计划、月调整改为月计划、旬调整。根据用水单位(户)用水需求，每月 3 日、13 日、23 日向市局申报下一旬引水订单，市局汇总后 1 个工作日内上报省黄河河务局；省黄河河务局审核后，1 个工作日内上报黄委；黄委每月 6 日、16 日、26 日对省黄河河务局下一旬引水订单做出审批，确定下一旬引水量，每月 8 日、18 日、28 日下达下一旬调度指令。

(3) 通知单制度

2003 年，省黄河河务局推行水量调度通知单制度，水量调度指令改电话通知为网上公开传输，将水量调度工作与网络技术有机结合，保证水量调度工作更加公开、公正、公平，实施、查找更加便捷，有据可查。

4. 工程手段

依托黄河骨干水库群联合调度、科学调度，蓄丰补枯，让有限水资源时空调节更加从容，提高枯水年、连续枯水年供水能力。基层各引黄水闸管理单位按照上级有关规定，认真做好维修、养护，保证闸门启闭灵活、适时运用，严格执行调度指令；为提高水资源利用率，使有限水资源发挥最大效益，沿黄地区修建大量调蓄工程，根据黄河上游来水情况，提前做好准备，利用冬凌形成前的时机，积极引入黄河水，充分利用河道、水库和坑塘储备黄河水，为丰蓄枯用、冬蓄春用奠定工程基础，对确保黄河不断流发挥重要作用。

5. 技术手段

实施水量统一调度后的 20 年间，黄河流域建成覆盖流域九省(区)在线监测干支流 127 个重要水文站、98 个雨量站、8 大控制性水库、干流 137 个重要取(退)水口的世界延伸距离最长、辐射范围最广的现代化水量调度管理系统，实时获取水情、雨情、引退水在线监测信息，做到重要信息快速采集、实时传输，科学制定实时调度指令，显著提高科技水平、决策支持能力，为水资源实时监控、快速反应、优化配置、精细调度提供强大科技支撑。

（1）强化计划管理

遵循上下游、左右岸、各地区、各部门统筹兼顾，协调发展原则，加强用水计划管理。在考虑河道输沙和生态用水前提下，根据灌区种植面积、作物生长规律，科学、合理编制用水计划，严格按审批的引水计划执行；严格审批制度和审批权限，不得随意变更已审批的用水计划，更不能超计划多引多用。

（2）开展基础性调查研究

深入引黄灌区及重点用水户开展基础性调查研究，主要调查灌区基本情况、平原水库、灌区农业种植结构、重点用水户、节水灌溉及社经情况等，掌握了解黄河水情、灌区动态，为搞好水量调度、合理配置水资源奠定技术基础。

（3）提升科技水平

自1998年起，在水量调度科学化、自动化方面进行有益探索，利用计算机网络技术，结合水量调度工作实际，实现水位、引水引沙量、调度通知单等网上传输、查阅；引黄涵闸远程监控系统建成，实现了引黄涵闸异地远程监视、监测和自动化控制，数字水调初具雏形，可远程监测涵闸引水信息和运行状态，远程控制闸门启闭，远程监视涵闸运行环境和流态，为科学调度黄河水提供技术支撑。2000年，结合引黄济津应急调水实施，市局委托山东大学在位山引黄闸安装远程监控系统，率先实现引黄涵闸远程自动化监控，2000年10月13日温家宝副总理按下位山闸开启按钮，开始引黄济津应急调水；2002年10月远程监控系统与省局水调中心成功连接，水调中心利用计算机可对位山引黄闸闸门实现远程控制。2004年，按照黄委加快"数字黄河"一期工程建设，实现引黄涵闸远程实时监控统一部署，市局对陶城铺、郭口2座引黄闸进行技术改造，安装远程监控系统，2005年3月完成，实现黄委黄河水量调度中心、山东黄河河务局分调中心及市、县河务局、闸管所现地5级联网，可对涵闸引水信息和运行状态进行远程监控。2014年黄委组织进行涵闸远程监控二期建设，对陶城铺、位山、郭口3座引黄闸进行部分改造。目前，我市3座引黄闸全部实现远程监控。

6. 调度存在问题

（1）行政干预

水量调度规章制度不健全，一些法律、法规对具体问题规定不具体，执行过程中遇到具体问题理解不透彻、把握不准确；一些地方领导有惯性思维，用传统想法去指导、干预水量调度工作。实际上，水调机构既要按照上级指令调水，又要考虑地方领导安排，行政干预过多，给调水工作带来压力。

（2）供需矛盾

灌区用水时段较为集中，需水时往往大河流量较小引不出，或无法满足需求的流量；其他时段，大河流量相对较大，入海水量相对较多，但需水量较少，供需矛盾较为突出。

（3）水闸维护

部分水闸老化，破损严重，维修养护经费不足，养护不及时、不到位，带病运行，闸门启闭困难、漏水等现象时有发生。

(4) 滩区引水

滩区引水难以掌握，河道损失水量大，建立健全滩区引水制度，规范滩区引水，确保良好引水秩序。

三、调度成效

1987 年，国务院批准黄河可供水量分配方案，因没有制定针对平水年、枯水年及不同季节的具体方案，监督、管理制度、措施不到位，没有对水资源实施统一管理与调度，遇到枯水季节，经常发生各地争水、抢水、无序引水等不良现象，断流问题未从根本上解决。为缓解黄河流域水资源供需矛盾和黄河下游断流形势，1998 年 12 月，国家计委、水利部会同有关部门制定《黄河可供水量年度分配及干流水量调度方案》《黄河水量调度管理办法》，规定黄河水量统一管理调度由黄委负责。1999 年黄委根据国务院授权，开始对黄河水资源实施统一调度、合理配置，在黄河天然来水量持续偏枯情况下，实现连续多年不断流，保证城乡生活用水，合理安排农业用水，兼顾工业用水，按计划分配生态用水。

20 世纪 90 年代，黄河干、支流来水量持续走低，黄河几乎年年断流，1997 年黄河下游利津站断流 226 d，断流河段延伸至开封柳园口，断流河道长 704 km。黄河频繁断流，造成胜利油田限产、城乡居民生活用水告急、河口三角洲湿地退化、生物多样性丧失、生态状况恶化，严重影响沿黄经济发展和居民生活用水安全，造成巨大经济损失。据统计，1997 年山东直接经济损失达 135 亿元。

经国务院批准，1999 年 3 月 1 日对黄河刘家峡至头道拐、三门峡至利津干流两个河段非汛期水量实施统一调度，3 月 11 日利津站按计划恢复过流，至 12 月 31 日利津断面仅断流 8 d(含 4 d 间歇性断流)，比近几年同期平均断流时间减少 118 d。2000 年，黄河花园口站实测径流量 196 亿 m^3，是中华人民共和国成立以来第二个枯水年，全流域发生严重旱情，但黄委实施统一调度、加强用水监督管理，实现黄河下游首次全年不断流目标，利津站平均流量 156 m^3/s。黄委加强科技调水、团结调水，实行水量调度公报、快报和省界断面及枢纽泄流控制日报制度，强化实时调度、精细调度，探索出“国家统一分配水量、流量断面控制、省(区)负责用水配水、重要取水口和骨干水库统一调度”的水资源管理与调度新模式，自 2000 年开始，黄河下游未发生断流，经济效益、社会效益和生态效益十分显著。

1. 工业及生活用水效益

实行黄河水资源统一调度，能够统筹兼顾、合理调配黄河水量，避免上下游争水、左右岸抢水，优先保证沿黄 636 万城乡居民生活用水，基本满足胜利油田和沿黄工业生产用水；引黄济津、引黄济青为天津、青岛及沿途城镇 1 705 万人提供生活及工业用水。根据黄委测算，黄河水对工业项目 GDP 影响程度 211 元/m^3，据此测算，黄河水资源年均对山东沿黄工业 GDP 影响量达 1 200 亿元。

2. 农业效益

充分考虑农作物需水规律，在农作物用水关键季节，适时加大小浪底水库下泄流量，使沿黄地区3 000多万亩农作物基本得到及时灌溉。据测算，山东农业引黄灌溉年增产效益达30亿元。

3. 生态效益

黄河水资源统一调度后，入海水量比例明显增加，“九五”期间利津入海水量比例18%，“十五”期间增加至30%。1999—2005年，黄河下游利津站7年平均年入海水量114.8亿 m^3，保证了生态环境基本用水需要；重点河段水质有所改善，水生态环境有所好转。河口地区生态环境显著改善，淡水湿地面积明显增大，湿地功能得到一定程度恢复，接近消失的生物种群出现恢复迹象，每年有近百万只鸟类越冬，生态系统趋向稳定。黄河不断流，为近海鱼类洄游、繁衍生息创造条件，多年未见的黄河刀鱼重现黄河河道。

4. 防洪效益

黄河不断流，河道常年有水携沙入海，对减少河道淤积发挥重要作用。汛前，万家寨、三门峡、小浪底水库加大下泄流量，腾库防汛，让水流带走库底、河底泥沙；汛期，当洪水量级不大、泥沙含量不高时，干流万家寨、三门峡、小浪底和支流陆浑、故县、河口村，乃至干流上游龙羊峡、刘家峡等水库联合调度，为冲刷泥沙创造条件。其中：小浪底水库控制黄河几乎100%的沙和90%的水，2021年秋汛期间，小浪底水库拦截约80.84亿 m^3 洪水，冲刷下游河道0.913亿t泥沙。通过人工调控黄河干支流水库下泄大流量水流，尽可能把泥沙冲刷入海。近3年，万家寨水库库容累计恢复1.446亿 m^3，三门峡水库基本达到冲淤平衡，小浪底水库累计恢复1.462亿 m^3。目前，下游河道主河槽平均降低2.6 m，过流能力由2002年汛前1 800 m^3/s 提高到5 000 m^3/s 左右，河道排洪能力普遍提高，中小洪水漫滩概率降低，社会经济用水保障率明显提高、生态环境得到有效修复和保护。

2006年7月国务院审议通过《黄河水量调度条例(草案)》，8月1日正式颁布施行，这是国家层面第一次为黄河专门制定并出台行政法规，是国家关于大江大河流域水量调度管理的第一部行政法规，标志着黄河水量调度管理站在依法调度新起点，对实施黄河治理开发、实现维持黄河健康生命意义重大。

水量统一调度提高了供水保障程度，最大限度保证流域内经济社会发展用水，多次成功实施引黄济津、引黄入冀、引黄济青等跨流域应急调水；水量统一调度促进了节约用水，超计划用水得到一定遏制，统一调度后与统一调度前(1988—1998)相比，黄河年均地表水减少19.8亿 m^3，黄河流域2003年万元GDP平均耗水定额比1997年降低251 m^3，降幅45%；水量统一调度增加了河流生态用水，利津站平均实测净流量“十五”期间比“九五”增加57亿 m^3，遏制了下游地区生态恶化趋势。

实施水量统一调度，使有限水资源在时空分布上得到调整，实现大旱之年不断流，提高水资源利用率，保证沿黄地区用水安全；沿黄地区城乡居民生活用水、重要工业生产用水和农作物关键期用水保证率提高，灌区下游、高亢偏远地区用上黄河水，成功实施引黄济津、引黄济青、引黄入卫、引黄入冀等跨流域调水；黄河三角洲生态系统明显改善，入海水量增加，有效遏制黄河三角洲湿地生态恶化趋势；依法用水、计划用水、节约用水理念增强，促进灌区种植结构调整，减少高耗水作物种植面积，提高水资源利用效率。在黄委精心组织、协调及沿黄各省（区）和有关单位大力支持下，统一调度成效显著，基本保障沿黄省（区）用水的合理配置。

第三节　平原水库

黄河来水年际变化大，年内时空分布不均，山东又处在黄河最下游，水资源供需矛盾尤为突出。20 世纪 60 年代，山东沿黄地区开始修建平原水库引蓄黄河水，丰蓄枯用、冬蓄春用，以保障工业及生活用水。1986 年后，黄河下游河道断流频繁出现，水资源供需矛盾日益加剧，蓄水工程作用愈加重要，沿黄地区加快蓄水调节工程建设步伐，平原水库数量增多，规模相对较大。2005 年底，山东沿黄地区共建有库容 10 万 m^3 以上的平原水库 755 座，设计总库容 15.01 亿 m^3，平原水库实时调节引水、供水，一定程度上提高了供水保证率。聊城境内平原水库较少，调蓄能力较弱；近几年，聊城加快平原水库建设力度，尤其是南水北调配套平原水库建设，带动聊城平原水库建设、发展，对着力打造江北水城“城中有水、水中有城、城河湖一体”的独特城市布局起到极大推动作用。

一、规划设想

聊城境内河流众多，主要有黄河、徒骇河、马颊河、卫河及卫运河等水系，流域面积大于 10 km^2 支流 200 多条，为现代化水网建设提供良好基础条件。根据主要河网水系、水利工程布局和建设目标，以四横五纵河渠为框架，以水库、湖泊为节点，以中小河流为网络，构建聊城现代水网，其总体格局为：江黄金卫引客水，徒马干支排引蓄，二十一库连五湖，生态水网润名城。依托南水北调东线干线、引黄、引金（金堤河）和引卫（卫河、卫运河）工程，实施南水北调地方配套、河道拦蓄等工程，充分利用拦蓄雨洪水，连通“五纵、四横、二十一库、五湖”，形成跨流域调水大动脉、防洪调度大通道和水系生态大格局，实现当地水、长江水、黄河水“三水”统一调度和河道、水库、湖泊“三域”联网运行，实现生产、生活、生态“三生”用水优化配置。在此基础上，延伸打造县级现代水网，全面提升水利基础设施支撑能力，以水资源可持续利用支撑、保障经济社会可持续发展。其中：五纵为南水北调干渠、位山三干渠、位山二干渠、位山一干渠、彭楼干渠；四横为徒骇河、马颊河、黄河及金堤河、卫河及卫运河。

2018 年 3 月 8 日聊城市政府办公室《关于推进我市全域水城建设的意见》（聊政办发〔2018〕6 号）指出，立足“河湖秀美大水城、宜居宜业新聊城”城市定位，根据“五横六纵”河湖水系特点，统筹上下游、左右岸、地上地下、城市农村，按照“以河代库、以堤代路、沿岸绿化、蓄水造景”总体思路，建立起集防洪除涝、雨洪利用、生态景观多功能于一体的生态水系大格局。充分利用黄河、金堤河、徒骇河、马颊河、漳卫河“五横”与彭楼干渠，位山一、二、三干渠，南水北调干线，规划建设的京杭运河干线“六纵”骨干水系，在“互连互通”基础上，进一步打造“库河同蓄”“五水统筹”的框架体系。全力做好“水、绿、洁”三篇文章，通过徒骇河、马颊河干流清淤扩挖、建闸拦蓄和漳卫河引水工程建设，缓解聊城市水资源短缺、时空分布不均的瓶颈制约；结合徒骇河、马颊河、彭楼干渠、位山三干渠堤防建设滨河大道及沿岸景观，改善沿河地区交通条件和景观风貌。

二、水网建设

按水网总体格局规划，聊城将建设南水北调续建配套水库9座（南湖、张官屯、店子、莘州、陈集、大秦、东邢、太平、南王），引黄平原水库10座（东昌湖、鱼丘湖、张庄、鲁西、大沙河、东张、古云、大张、前官屯、小迷阵），再加上谭庄水库、放马场水库，共计21座，为聊城农业、工业和城市用水提供足够水源；聊城东昌湖和金水湖、茌平金牛湖、东阿洛神湖、高唐北湖相连，构筑美丽江北水城。

以南水北调配套水库和引黄水库为调蓄中枢，以水利工程为节点，以河道渠系为主要输配水载体，构建聊城“库河相联、蓄排结合、丰枯相济、余缺互补”的现代水网体系。

汛期降水充足，却苦于留不住。聊城积极贯彻“系统治理”方针，坚持统筹兼顾，做到客水、当地水、常规水、非常规水“四水共治”，即在抢引黄河水、适时引调长江水的同时，加快雨洪资源利用工程和海绵城市建设，通过对自然降水有效收集和利用、城市生活污水集中处理和中水回用等众多手段，开辟出“第N个水源”，让水城“水家底”更加殷实。建设平原水库是解决水资源短缺的有效途径，蓄水工程多了，才能把客水资源、雨洪资源留住，一定要抓好拦蓄工程建设，提升水资源储备能力。除已建、在建平原水库外，还要谋划储备一批新的水库项目，做好临清运泽水库、茌平赵牛河水库、金堤河水库以及干、支流河道拦蓄项目前期工作，做好项目储备，争取再建一批平原水库和河道拦蓄项目。大力实施平原水库建设，增加蓄水量，增大调蓄能力，缓解水资源不足难题。通过调蓄黄河水、长江水及留蓄雨洪水资源，减少区域地下水开采量，改善区域生态环境，进一步提高供水保障程度，缓解水资源供需矛盾。在引蓄并用双重措施下，水资源保障能力将进一步提高。

三、引黄平原水库

1. 平原水库

实际建设过程中，受各种因素影响，平原水库名称、位置、规模等均有变化，与12座引黄规划水库并不对应；统计过程中，收集整理15座平原水库，详见表5-3。

表5-3　聊城部分平原水库统计表

序号	水库名称	所在地	库容（万 m^3）	投资（亿元）	水源地	取水用途
1	中华电厂（放马场）	东昌府区	1 760	—	黄河水、马颊河水、中水	发电
2	谭庄	东昌府区	813	0.63	黄河水	东昌湖生态、热电厂

续表

序号	水库名称	所在地	库容(万 m^3)	投资(亿元)	水源地	取水用途
3	东昌湖	东昌府区	1 680	—	黄河水	生态、热电厂
4	鱼丘湖	高唐县	734.8	—	黄河水	生态
5	城南	临清市	930.5	2.7	黄河水	生活
6	信源(金牛湖)	茌平区	1 460	10	黄河水	生活、工业、生态
7	古云	莘县	550.6	2.4	黄河水	生活、工业、生态
8	赵王河	阳谷县	837.6	3.82	黄河水、雨洪水	工业、生态
9	大张	高唐县	1 120	—	黄河水	生活、工业、生态
10	前官屯	东昌府区	580	2.7	黄河水	饮水、工业
11	大沙河	冠县	983	9.7	黄河水、卫河水	工业、生态
12	辛集	冠县	980	7.41	黄河水	生活、工业
13	红旗	临清市	500	—	黄河水	生活、工业、生态
14	胡家湾	临清市	564	—	黄河水、卫河水、雨洪水	生活、工业、生态
15	闫围子	东昌府区	185.3	—	黄河水	农业

2. 水库简介

(1) 中华电厂水库

中华电厂水库(放马场水库)是国家能源聊城发电有限公司发电专用水库，位于东昌府区堂邑镇北，马颊河右岸，位山灌区三干渠左侧三角地带放马场内。2003 年建成，水面面积 2.45 km^2，水库工程永久占地 4 649.8 亩，水库占地 4 474.6 亩，工程等别Ⅱ等，主要建筑物包括围坝、隔坝、入库泵站、出库泵站、泄水洞、引水闸、连库涵洞、引水渠、排渗(涝)沟等建筑物；2000 年 4 月 28 日开工兴建，2002 年 3 月竣工蓄水，2002 年 4 月 3 日开始通过管道向厂区送水；供水水源为黄河水，从位山三干渠引水，进水口位于位山三干渠 K39 公里桩附近。水库设有入库、出库泵站，入库泵站安装 5 台 56LBSA－6 立式混流泵，每台出力 6 m^3/s，为国家能源聊城发电有限公司生产、生活唯一水源；出库泵站安装 8 台 14SAP－10B 单级双吸离心泵，每台出力 1 260 m^3/h，日平均供水量 5.85 万 m^3，全年用水量 2 104.44 万 m^3，电厂供水保证率 97%，水库运行年限不少于 30 年，管理单位山东中华聊城发电厂，2016—2020 年取水许可水量 1 000 万 m^3。为保证水库水质，延长出库水流程，在库内建一隔坝；为提高沉沙效果和二期水库扩建要求，隔坝为封闭式，在隔坝上建连库涵洞。

(2) 谭庄水库

谭庄水库位于聊城凤凰办事处驻地西临，因濒临谭庄，故名谭庄水库。谭庄水库是为保证东昌湖水位稳定、水质优良，为聊城热电有限责任公司扩大生产和打造水城品牌、发展旅游产业、改善生态环境而决策兴建的一项重点工程，也是聊城市自行设计兴建的第一座平原水库。

谭庄水库 2002 年 12 月 6 日开工，2004 年 5 月主体工程完工，2004 年 10 月建成试蓄黄河水 200 万 m^3，经过两个多月观测，水库运行质量可靠，运行状态良好。为保证东昌湖、热电厂用水需求，提高城市用水保证率，“十五”期间通过谭庄水库调蓄每年向东昌湖供水 1 000 万 m^3、电厂供水 1 522.5 万 m^3。

谭庄水库年调节水量 7 500 万 m^3，占地 2 180 亩，入库机组 4 台，单台流量 9 144 m^3/h，投资 6 300 万元，以引蓄黄河水为主，输水渠道为位山二干渠；供水范围为聊城凤凰办事处万余人生活用水，并通过 8.2 km 地下管道向东昌湖、热电厂供水，管理单位为谭庄水库管理处。

谭庄水库为“江北水城”和工业企业提供充足的发展用水，缓解聊城城区水资源供需矛盾，为聊城发电厂等企业提供可靠水源，彻底改变城区自然环境，带动旅游业快速发展，对经济发展和人民生活改善起到决定性作用，成为一个集休闲、娱乐、旅游于一体，具有生态、经济和社会效益的景点，为水城神韵增添光彩。

聊城发电厂（华能热电有限公司）用水主要以从东昌湖、谭庄水库取水为主，地下补水为辅，2016—2020 年取水许可水量 500 万 m^3。

（3）东昌湖

东昌湖又名胭脂湖、环城湖、凤城湖，位于聊城市区，与杭州西湖、南京玄武湖并称“全国三支市内名湖”，素有“南有西湖、北有东昌”之称，是江北水城一颗璀璨明珠。

东昌湖始建于宋熙宁三年（公元 1070 年），当时因修筑城墙、护城堤挖土而成，后经历代开阔，如今面积已达 6.3 km^2，与杭州西湖相当，是济南大明湖的 4～5 倍。东昌湖由 8 个相互连通的湖区、20 余块水面呈近环形围绕在古城区外，湖岸线长达 16 km，是中国江北地区罕见的大型城市湖泊，水域面积 5.0 km^2，积水 1680 万 m^3，水深 3～5 m，常年不竭，湖水清澈，景色宜人；东昌湖是人工湖泊，没有自然河流汇入，水源补给主要来源于黄河，是一个集灌溉用水、水上运动、旅游及水产养殖为一体的多功能湖泊，具有蓄水、防洪、生态、景观、平衡地下水源等多种功能，营造出城中有湖、湖中有城、城湖河一体的独特风貌，对聊城生态环境、经济社会发展起着举足轻重的作用；东昌湖可通过地下管道从谭庄水库引水，也可以从位山二干渠直接引水，进口闸设计流量 4 m^3/s。2004 年 8 月 8 日谭庄水库正式向东昌湖送水，2016—2020 年取水许可水量 200 万 m^3。

东昌湖水库管理单位为山东聊城江北水城风景名胜开发建设管理集团有限公司，水库主要用途为工业、生态景观用水，是市区环境美化和热电厂备用水源。

（4）鱼邱湖水库

鱼邱湖现名鱼丘湖，位于高唐县县城中心，环抱旧城区，又名环城湖、高唐四湖。鱼丘湖景区（东至官道街、南至时风路、西至环湖西路、北至金城路）面积 2 km^2，其中公共用地面积 1.4 km^2（包括 0.7 km^2湖面）岸线长约 10 km，库容 734.8 万 m^3。鱼丘湖由东南湖、西南湖、东北湖、西北湖 4 部分组成，俗称“四湖”，面积 1 060 亩，平均水深 3.5 m，历朝历代掘土筑城墙形成，与双海湖、大张水库、南王水库以河相连，是中国江北县级最大城市内陆湖。鱼丘湖是城区内人工湖，作为城区生态用水，供水规模 0.14 万 m^3/日。

高唐县编制四湖景区详细规划，确定“两片、三线、五景、八区”总体布局，南湖景区位于高唐县古城区中心位置，为鱼丘湖自然保护区南半部分，由鼓楼路、官道街、滨湖路、科教路四条城市道路相围合，占地 123 hm^2。其中包含南两湖水面 33.5 hm^2，占总用地的

27.2%。南湖规划由苏州市规划设计研究院编制，在规划区域东北部、西北部、西南部分别集中设置四片居住用地，东南部设置以山丘为主的综合公园绿化用地。

高唐鱼丘湖水源补给主要依靠黄河水，高唐实施大水系战略，建设环城水系，城区建设完成占地 2 100 多亩的双海湖水库，利用修建青银高速公路取土，城北建设南王水库，城东建设大张水库。双海湖水库位于城区南部，皇殿与南五里铺之间，南接 322 省道、北连鱼丘湖风景区、东临官道街、西依滨湖路，库容 1 320 万 m^3，调节库容 1 200 万 m^3，占地 2 710亩，按灌溉保证率 75%计算，可提供灌溉水量 2 153 万 m^3/年、向城区供水 365 万 m^3/年(按供水保证率 95%计算)，主要用于居民生活、工业生产、市政建设、生态用水调节和城市景观；南王水库主要用于解决城乡居民生活饮水安全问题，兼顾城区北部工业企业用水；大张水库与南王水库串联，在解决生活用水、工业用水的同时，兼顾调节农业灌溉用水。从建设生态城市入手，2005 年开始实施"一河连四湖"环城水系工程，由高唐辖区内鱼丘湖、双海湖、南王、大张水库及环城输水渠道官道新河(长 36.4 km，库容 626 万 m^3，占地 5 457 亩，明渠)串联构成，河网相联、水库湖泊相互贯通，工程总投资 1.97 亿元；环城水系主要供水对象是农业灌溉用水和城区工业用水、城市生活用水、市政建设用水及环境用水；使城区内死水变活水，极大缓解水资源短缺现状，有效改善城市生态环境。一条水渠将双海湖、鱼丘湖、南王、大张水库蜿蜒相连，取用黄河水量增多。对平原水库进行有效联网、组合和调度，对黄河水源和长江水源实行丰蓄枯用、优化配置，逐步扩大供水范围，提高水资源利用率。

(5) 城南水库

城南水库位于临清市城南，尚店镇洼里村北，省道 S259 西侧，是 2010 年临清市政府重点实施的十大惠农工程项目，是市政府兴建调蓄利用黄河水的平原水库；水库占地面积 1 823.63 亩，年入库水量 2 366 万 m^3，年供水水量 2 190 万 m^3，工程总投资 2.7 亿元。黄河水在城南水库入库泵站进水前池，经过加压，通过坝下涵洞进入城南水库，入库机组 3 台，设计提水流量 6.4 m^3/s，2012 年 3 月 25 日开工兴建，取水水源为黄河水，利用位山灌区三干渠支渠友谊渠引水充库，调蓄后经输水管道向临清市第二水厂供水，设计日供水能力 3.7 万 m^3，2013 年 12 月 29 日举行通水仪式，2014 年 3 月 2 日正式向临清城市管网供水，设计出库流量 0.43 m^3/s，供水范围为城镇生活用水，管理单位为临清清源水利有限公司。旨在缓解临清市水资源供需矛盾，保障城区及附近居民生活用水，解决城区生活用水供水不足、供水水质差的问题，改善当地生态环境，促进经济社会可持续发展。

(6) 信源(金牛湖)水库

信源(金牛湖)水库位于茌平县城区西南振兴办事处王桥村，建设路以北；年调节水量 3 199 万 m^3，占地 5 216 亩，入库机组设计流量 10 m^3/s；供水范围为城镇居民饮水、工业用水，可调节局部小气候，改善生态环境。与环城水系、茌中河、茌新河"河库相连"，使茌平城区及周边 4 个乡(镇、街道)水面达到 70 万 km^2，总蓄水量 5 000 万 m^3，防洪标准由 20 年一遇提高到百年一遇。

信源水库又名金牛湖，因南部茌山古时又名金牛山，人们结合它源远流长的历史文明以及"菜瓜打金牛"的民间故事，赋予它一个具有地域文化特色名字；金牛湖与南部环城水系、东西茌中河、西部茌新河相连，形成南北互通，东西互济，河湖相通，碧水相连的现代化水网体系，总蓄水量2 600万 m^3，形成以湖为中心、三面环水的城市水网布局；位山引黄一、二干渠与徒骇河、马颊河穿茌平而过，信源水库水源为黄河水，从位山一干渠引水，通过干渠、城管分干渠直接自流入库。

2010年5月国家批复土地点供指标，总投资10亿元，争取到省启动资金300万元，国家调控资金7 000万元，水库移民资金1.2亿元。2010年11月20日，500台大型挖掘机、翻斗车、推土机隆隆作响，信源水库正式拉开大幕；2011年12月31日，信源水库正式通水，蓄水深度5.2 m，标志着水库主体工程全部完成；2012年11月建成，2013年初次供水。水库建设单位为茌平县信源水库工程建设管理处，管理单位为茌平县金牛湖景区开发建设中心，建设项目水资源论证审批单位为山东省水利厅。

（7）古云水库

古云水库是山东省雨洪资源利用工程，为全省28座饮水安全平原水库之一，位于莘县古云镇、大张家镇境内，设计年入库水量1 208.9万 m^3，年供水量1 095万 m^3（居民生活730万 m^3、工业供水365万 m^3）。供水规模3万 t/d，年用水1 080万 m^3，主要包括水库围坝及库底防渗、入库溢流坝、出库泵站等工程，占地面积1 784.1亩，总投资2.4亿元；主要任务是通过调蓄黄河客水资源、留蓄雨洪水资源，减少区域地下水开采量，改善区域生态环境状况，解决莘县古云、大张家、观城、樱桃园镇群众安全饮水和古云经济技术开发区工业供水，提高周边乡（镇）居民生产、生活供水能力，为古云开发区企业用水提供有力保障，大大缓解地下水过度大量开采，改善环境质量，促进经济发展，建设良好生态环境。

根据省政府关于解决农村饮水安全、加强雨洪资源利用、推进平原水库建设会议精神，解决莘县南部区域饮水安全和工业用水需求，切实改善生态环境，县委、县政府计划在沉沙池下游建设古云水库工程，以清淤、绿化、蓄水、美化为重点，进一步加强水生态环境建设，为莘县南部经济发展注入新活力。为加快古云水库工程建设，县政府确定山东水利工程总公司为投资主体，负责投（融）资建设；2014年8月，山东水利工程总公司与莘县人民政府签订《莘县古云水库投资建设—回购（BT）合同》。2016年9月，古云水库主体工程完工。

2017年3月27日古云水库开始引蓄黄河水，累计蓄水300万 m^3，标志着水库正式进入试运行阶段，水库初期蓄水高程44 m，蓄水深度3 m。2017年4月7日，莘县古云水库入水口，澄清的黄河水哗啦啦流入水库，周围村子不少村民闻讯观看，见证黄河水流进水库的历史瞬间。古云水库顺利蓄水，为古云净水厂运行和周边村镇工业用水、农业灌溉提供可靠水源保障，对莘县城乡供水一体化早日实施，改善当地环境质量、补充地下水资源和促进莘县经济可持续发展意义重大。

为充分发挥沉沙池区这一自然资源，切实改善沉沙池区生态环境，2014年，莘县县委、县政府决定以彭楼引黄灌区沉沙池下游荒废地为基础，沿边开发修建古云水库，采取引黄河水入古云水库调蓄供水方案。黄河水自彭楼引黄闸引出，经过17.52 km跨省输水工程至北金堤高堤口闸，进入彭楼灌区输沙渠，经输沙渠进入沉沙池沉沙后，通过溢流坝自流进入古云水库，后经出库泵站提水设备进入净水处理厂，最后经过净水处理后送到各用水企业和千家万户。

通过调蓄黄河水、留蓄雨洪水资源，减少区域地下水开采量，改善区域生态环境状况，进一步提高供水保障程度，缓解水资源供需矛盾。

(8) 赵王河水库

赵王河水库是山东省雨洪资源利用工程，位于阳谷县北部，项目占地面积 2 600 亩，最大蓄水库容 837.6 万 m^3，调蓄库容 585.0 万 m^3，死库容 252.6 万 m^3，年设计入库水量 1 779.8 万 m^3，其中黄河水充库水量 486.1 万 m^3，充库流量 3.5 m^3/s；雨洪水充库水量 1 293.7万 m^3，充库流量 5.0 m^3/s。年供水量 1 523.0 万 m^3，供水规模每年 4—10 月 5.0 万 m^3/d，其余月份 3.0 万 m^3/d。设计最高水位 37.8 m，设计死水位 33.8 m，库底高程 32.0 m，小(1)型水库。工程包括引水工程和调蓄工程两部分，引水工程由赵王河马庄节制闸、提水泵站、引水渠及沿线建筑物(生产桥 16 座、公路涵洞 3 座、支沟涵闸 16 座)组成；调蓄工程由入库泵站、入库涵闸、围坝、供水涵闸、水库连通工程穿公路涵洞等组成，总投资 38 208.03 万元。通过调蓄黄河水、留蓄雨洪水资源，减少区域地下水开采量，改善区域生态环境状况，进一步提高供水保障程度，缓解水资源供需矛盾。

2015 年 9 月市水利局批复《阳谷县赵王河水库工程初步设计报告》(聊水发规字〔2015〕10 号)，2015 年 12 月 29 日开工，2016 年 10 月祥光新城管委会制定《阳谷县祥光新城控制性详细规划》，对祥光国家生态工业示范园区原有规划进行调整，县水务局上报《关于转呈阳谷县赵王河水库初步设计变更的请示》(阳水字〔2017〕92 号)，2017 年 12 月 29 日市水利局以聊水发规字〔2017〕13 号文批复赵王河水库工程初步设计变更，变更后工程静态总投资 37 824.81 万元(较原初步设计概算投资减少 382.22 万元)；县水务局再次上报《关于转呈阳谷县赵王河水库初步设计变更的请示》(阳水字〔2018〕87 号)，2018 年 12 月 19 日市水利局以聊水许字〔2018〕36 号文批复赵王河水库工程初步设计变更，变更后工程静态总投资 36 888.2 万元(较 2017 年初步设计变更批复投资减少 936.61 万元)。2018 年 1 月 5 日赵王河水库工程分部通过验收，2018 年 12 月建成，2019 年 1 月 24 日通过下闸蓄水验收，2019 年 2 月引蓄黄河水。

赵王河水库项目法人为阳谷蓝海水务有限责任公司，主管部门为阳谷县水务局。赵王河水库汛期利用赵王河、金堤河雨水入库，非汛期利用陶城铺灌区部分黄河水源引水入库，实现雨水、黄河水联合调度。水库为祥光生态工业园开辟新水源，提高供水保证程度，缓解水资源供需矛盾，为祥光生态工业园快速持续发展提供水源保障，兼顾水产养殖及旅游景观，做到一库多利、一水多用，充分发挥综合效益，为区域社会经济发展提供有力水源保障。

(9) 大张水库

大张水库位于高唐县尹集镇大张村，由山东水务投资有限公司、高唐县人民政府共同组建的高唐水务集团有限公司投资兴建，库容 1 120 万 m^3，占地 1 430 亩，通过位山二干渠引蓄黄河水，以满足城北工业用水需求，从根本上解决固河、尹集两乡(镇)3.2 万人、12.7 万亩农田灌溉和 6.3 万人饮水困难，提高高唐县水资源可持续开发、综合利用，有效调蓄有限水资源，利用汛期拦蓄降雨径流，或引黄河水调蓄水量，用于工业生产，减少深层地下水开发量，地表水、地下水联合调度，充分发挥水资源最大效能。

大张、南王水库与环城湖、双海湖水库并蓄使用，一定程度上缓解高唐县农田灌溉及城市工业、生活用水矛盾，增加对引蓄黄河水的调蓄能力，实现水资源战略性储备和动态调控，保证社会各行业对水的需求，保持经济可持续发展，更好地发挥水资源基础性、战略性作用，为经济发展提供充足水源保障。

(10) 前官屯水库

前官屯水库位于东昌府区郑家镇，库址位于马颊河以东、前官屯村以南、温集以西，以耕地为主，水库设计库容 580 万 m^3，死库容 122.4 万 m^3，设计日供水能力 2.5 万 m^3，水库占地 2 875 亩，其中：永久占地 996 亩，是一座以饮水安全为主的综合利用水利工程。按 2011 年一季度物价水平估算，工程总投资 2.7 亿元，包括前官屯水库建设、水厂建设及用于联网的管道工程建设，可解决东昌府区沙镇、郑家、堂邑、张炉集 4 个镇、20.1 万人饮水安全问题，可带动当地手工业发展和农副产品加工提档升级，有利于统筹城乡发展，保障居民身心健康，提高区域人口素质，促进地方经济发展，增加农民收入，加快新农村建设步伐。

(11) 大沙河水库

大沙河水库位于冠县西南，斜店乡、东古城镇交界处，年供水量 1 763 万 m^3，日供水 4.83 万 t，小(1)型水库，主要用途是提供工业、生态用水；彭楼输水干渠黄河水、卫河水经冠县一干渠、沙河沟送至水库前，由入库泵站提水入库，经水库调蓄后向清泉河供水，在冠县东部建设水处理厂向工业园区提供工业用水；扩挖一干渠上游，加快清泉河治理，蓄水能力 500 万 m^3，大沙河水库和清泉河通过 DN1600 管道相连，在城区东部、清泉河北岸新建 8 万 m^3 工业净水厂 1 座，解决县城工业用水。建设内容包括：清淤整治沙河渠 4.5 km，新建大沙河水库 1 座，新建入库泵站 1 座，新建出库泵站 1 座，新建供水管线 4.58 km，估算工程静态总投资 97 002.09 万元。项目占地面积 3 006.27 亩，其中：水库及附属建筑物占地 2 859.85 亩，引水渠占地 146.42 亩。

(12) 辛集水库

辛集水库位于冠县县城东，辛集镇、范寨镇交界处，位山三干渠西侧，主要任务是提供东部乡(镇)生活用水、工业用水、扩大冉海水库供水能力。

辛集水库年供水量 2 289 万 m^3，日供水6.27万 m^3，小(1)型水库，占地面积 2 906.95 亩。从位山三干渠引水，新建 770 m 引水渠至围坝东侧，建设入库泵站引提入库，设计充库流量 6 m^3/s。经水库调蓄后，通过水处理厂向冠县东部乡(镇)提供人畜饮用水、向工业园区提供工业用水，通过出库泵站引水至冉海水库。

辛集水库主要建设内容包括：新建引水闸 1 座、引水渠道 770 m、生产桥 4 座；新建入库泵站 1 座；新建出库泵站 1 座；新建水处理厂 1 座，供水能力 6 万 m^3，其中工业 2.5 万 m^3，解决冠县东部 7 个乡(镇)、36.2 万人生活和工业用水；建设水库围坝及附属建筑物等。估算工程静态总投资 74 106.12 万元。

(13) 红旗水库

红旗水库位于临清市新华办事处，红旗水库一期工程为北大洼水库，又名塔湖、银河湖，1998 年 9 月建成并投入使用，设计蓄水库容 500 万 m^3，主要水源为利用位山三干渠引黄、拦蓄部分地表径流、污水处理厂外排中水、规划湿地排水，日供水量 6 万 m^3；可用作城区市政、景观和部分工业用水，不能满足生活饮用水要求。

(14) 胡家湾水库

胡家湾水库位于临清市区西南部，西临卫运河，北靠小运河入卫段，东为龙山公路，利用废河床扩挖建设，有良好的蓄水条件和交通条件。胡家湾水库调蓄水源为黄河水、卫运河水和当地降雨径流。水库占地 803 亩，最大库容 564 万 m^3(满足黄河断流时，库容水维持 100 天、供水 3 万 m^3/d)，调节库容 1 625 万 m^3，设计最高蓄水位 34.85 m，死水位 23.85 m，相应死库容 126 万 m^3，年供水量 1 277.5 万 m^3；供水目标为城区周边 4 个乡(镇、办事处)18 万亩粮田灌溉用水，也可用作城区市政、景观、城区居民生活和部分工业用水。

(15) 闫围子水库

闫围子水库位于东昌府区梁水镇闫庄村西，占地 516 亩，1994 年 11 月动工兴建，1995 年 12 月竣工投入运行，设计水面面积 383 亩。入库泵站位于水库东坝段中部，2 台机组，装机容量 200 kW，入库流量 2.2 m^3/s；当水库水位低于引水渠输水水位时，采用进水闸自流入库方式进水，进水闸闸门 1 m×1.5 m，洞身长 50 m。

闫围子水库为小(1)型平原水库，工程主要由引水渠、围坝、入库泵站及进水闸(兼泄水闸)、截渗沟等组成，从位山灌区引黄三干渠引水，经王铺扬水站，利用王岗分干渠输水，过水能力 2.69 m^3/s，通过入库泵站提水入库；水库设计灌溉面积 5.3 万亩，实际灌溉面积 2 万亩，可灌溉 24 个自然村的耕地。水库建成至 2012 年底，累计引水 3 540 万 m^3，灌溉农田 45 万亩次，受益人口 2.6 万人，为库区经济发展发挥显著经济、社会效益。闫围子水库建设标准偏低，建成后长期用于养殖，没有发挥灌溉及饮水水源作用。

四、南水北调水库情况

20 世纪 50 年代以来，国家有关部门组织专家对南水北调工程进行长期勘察和可行性研究，规划从长江上、中、下游调水，以适应西北、华北各地发展需要，即南水北调西、中、东线工程。通过 3 条调水线路，实现长江、黄河、淮河、海河四大江河相互连通，逐步构成以“四横三纵”为主体的总体布局，有利于实现水资源南北调配、东西互济的合理配置格局。

南水北调工程是优化水资源时空配置的重大举措，是解决我国北方水资源严重短缺问题的特大型基础设施项目，对解决因水资源短缺而产生的生态环境问题和促进经济社会发展起着决定性作用。聊城市南水北调工程是南水北调东线一期工程的一部分，包括干线工程和续建配套工程，境内干线工程长 110 km，配套工程是南水北调工程重要组成部分，是关系南水北调工程效益能否按时发挥的关键，直接关系到能否用外调江水替代超采地下水，关系到南水北调工程设计功能和效益能否顺利实现。

聊城市多年平均当地水资源量 11.71 亿 m^3，人均占有量 202 m^3，为全国人均占有量的 10%、全省人均占有量的 60%。黄河水是聊城市重要客水资源，黄河按指标引水、不准超引、“可用而不可靠”状况日趋明显，地下水超采严重，已形成 3 500 km^2 漏斗区，占聊城市面积的 40%；随着城市化进程加快，水资源供需矛盾更加突出，据测算，到 2020 年水资源缺口将达 5 亿 m^3。2002—2015 年，经过 14 年、17 次调水调沙，河床高程降低，黄河防洪安全保障程度增加，但引黄供水难度加大，无法在供水期内完成预定引水量，特殊情况下出现黄河有水引不出的被动局面；聊城市属水资源严重缺乏地区，水资源过度开发利用已造成河道干涸、地下水位下降，漏斗区面积扩大，城市、企业挤占农业用水现象日趋突出，水资源供给能力不足严重影响大型项目审批立项，制约地方经济发展；南水北调通水后，聊城市每年引用南水北调水量 1.8 亿 m^3，起到调蓄、实施年调节、均匀输供水作用。多措并举，引江补源非常必要。

1. 平原水库统计

南水北调东线一期工程配套水库 9 座，分别是南湖、张官屯、店子、莘州、陈集、大秦、东邢、太平、南王水库，计划永久占地 2.99 万亩，设计调蓄库容 1.16 亿 m^3，年可调蓄水量 2.68 亿 m^3，工程估算投资 61.82 亿元。2016—2017 年、2017—2018 年两个调水年度，聊城市累计调入长江水 7 255 万 m^3，南水北调工程效益日益凸显。南水北调平原水库情况详见表 5-4。

表 5-4　聊城南水北调平原水库统计表

序号	水库名称	水库所在地	库容（万 m^3）	投资（亿元）	建成时间	主要水源地	取水用途
1	南湖	东昌府	2 400	10.48	2018.12	长江水、黄河水、雨洪水	工业、生活
2	张官屯	临清	2 436	8.49	2018.7	长江水、黄河水	工业、生活
3	店子	冠县	717	7.07	2016.6	长江水、黄河水	工业、农业、生活
4	莘州	莘县	787.6	6.80	2016.12	长江水	生活、生态
5	陈集	阳谷县	1 031	7.14	2017.4	长江水、黄河水	生活、工业、生态
6	大秦	东阿县	722	10.04	2017.3	长江水、黄河水、雨洪水	工业、生态
7	东邢	茌平县	945	5.90	2017.4	长江水	生活
8	太平	高唐县	1 141	8.32	2017.1	长江水	生态
9	南王	高唐县	1 374	1.36	2012	长江水、黄河水	工业、生活
合计			11 553.6	65.60			

2. 水库简介

(1) 南湖（凤凰、望岳湖）水库

南湖水库位于聊城城区南部江北水城旅游度假区水城大道以东，东昌府区湖西办事处、凤凰办事处辖区内，由聊城市和东昌府区共同建设。2017 年面向社会公开征集水库名称，最终定名为望岳湖。南湖水库年调蓄水量 5 741.4 万 m^3（长江水 1 614 万 m^3、黄河水 3 127.4 万 m^3、雨洪水 1 000 万 m^3），工程等别均为Ⅲ等，中型水库，永久占地面积 4 886.1 亩，工程初设概算投资 10.477 9 亿元；出库泵站设计流量 1.65 m^3/s，设计日供水能力 14.2 万 m^3，年供水量 5 183.0 万 m^3，供水目标以城市居民生活和工业供水为主，适当兼顾部分高效农业用水，涉及湖西街道、凤凰街道和朱老庄镇 10 个村庄。南湖水库工程主要建设内容包括引水工程、调蓄工程和供水工程 3 部分，引水工程由赵王河清淤、位山二干渠引水闸、引黄渠道等组成；调蓄工程由水库围坝、引江入库涵闸、引黄入库涵闸、葛谭沟排水闸、安全泄水洞、出库泵站等部分组成；供水工程分两条供水线路，一是向北至东昌湖，二是向东至鲁西化工工业园。南湖水库是聊城市政府直接负责实施的平原水库，对缓解城区用水紧张状况、加快城市发展具有重要意义。

根据《南水北调东线一期工程鲁北输水工程初步设计报告》，鲁北输水工程全线输水时间为10月、11月和翌年4月和5月，总输水期122 d，东昌府区分水口流量1.6 m^3/s，分配水量1 614万 m^3。凤凰湖水库黄河水源线路为：利用位山引黄闸引水，通过西输沙渠、西沉沙池、总干渠和二干渠输水，在二干渠左岸（桩号14＋100）新建引水闸，后接引水渠至引黄入库涵闸，设计流量16.0 m^3/s，自流入库。南湖水库可利用雨洪水资源主要为金堤河汛期雨洪水量，由张秋闸引水，通过41.0 km小运河输水至引江入库水闸，自流入库；徒骇河雨洪水通过赵王河改道段输水至引江入库水闸，自流入库；南湖水库主要向聊城城区工业供水，供水保证率95%，通过径流量分析，南湖可利用金堤河雨洪水量1 000万 m^3，引水期水质基本能够达到入库要求。

南湖水库工程主要建设内容有水库围坝、引江入库涵闸、引黄入库涵闸、葛谭沟排水闸、安全泄水洞、出库泵站、位山二干渠引水闸和供水管道等；建成后，将实现南水北调东线一期工程鲁北输水干线在东昌府区和市属开发区的分水任务，调蓄其所分配的引江水量，解决干线分水与用户用水之间时空分配矛盾，提高供水保证程度；黄河水、雨洪水和长江水联合调度，向城市工业供水、解决城乡生活用水，缓解水资源供需矛盾，为聊城市经济社会快速发展提供水源保证。

2016年9月开工，2018年12月28日通过蓄水验收；2019年1月20日，随着水闸开启，长江水顺导流渠向望岳湖倾泻，标志着南水北调重要续建配套枢纽工程望岳湖正式蓄水，与东昌湖互联互通，实现长江与黄河在聊城融会贯通。

(2) 张官屯水库

张官屯（城北）水库位于临清市北，先锋办事处张官屯村西北、北石佛村东一带，设计每年充库水量6 052万 m^3（其中南水北调水3 737万 m^3、占61.7%，黄河水2 315万 m^3，占38.3%），永久占地面积4 454.21亩，工程静态总投资84 930.78万元；放水洞日供水能力15万 m^3，设计流量1.74 m^3/s。水源主要为南水北调长江水，并调蓄部分黄河水，属南水北调配套工程，主要是工业用水、部分生活用水，对提高临清市城区工业供水保证程度，减少区域地下水开采量，缓解超采地下水引发的诸多生态环境和地质问题，改善城区供水矛盾、生态环境状况，为临清市社会经济又好、又快发展提供水源保障；规划地表水源（污水资源化利用、南水北调、雨水资源化利用等）能够满足城区居民生活、工业生产及其他市政用水需要，只在地表水出现紧急情况时，才利用地下水作为生活用水水源；其水源保护区为西部至京九铁路西，北部至卫运河，南部至红旗渠，东部至南水北调七一六五河输水干渠。

2014年4月，省发改委以《关于对南水北调东线一期工程临清市续建配套工程可行性研究报告的批复》（鲁发改农经〔2014〕404号）立项，10月省水利厅以《关于南水北调东线一期工程临清市续建配套工程初步设计的批复》（鲁水许字〔2014〕250号）批复初设，主要包括南水北调鲁北段输水干线临清市分水闸、引水涵洞、张官屯水库枢纽工程（入库泵站、出库泵站、围坝、入库闸、排水沟）部分。

2015年12月29日，临清市政府与北控水务（中国）投资有限公司签订特许经营协议，注册成立项目公司，由项目公司负责水库招投标、建设和管理工作。及时完成前期批复资料收集、拟征收土地公告发布、勘测定界、附着物调查、征地听证、“四方”协议签订、征地补偿费用落实工作。2016 年 3 月全面开工，2016 年末完成铺设焊接土工膜 70 万 m^2，长丝布 140 万 m^2，复合土工膜 16 万 m^2。张官屯水库 2018 年 7 月至 2019 年 1 月累计向大唐热电、德运环保两家企业供水 150 万 m^3。

2019 年 1 月 18 日，临清市南水北调工程建设管理局、临清市物价局下发《关于制定临清市南水北调配套工程张官屯水库工业供水试行价格的通知》(征求意见稿)，根据《南水北调东线一期工程临清市续建配套工程特许经营协议》《临清市城北供水管道工程 PPP 项目合同》、国家发展改革委《关于南水北调东线一期主体工程运行初期供水价格政策的通知》(发改价格〔2014〕30 号)和成本监审报告，张官屯水库工业供水试行价格暂定为 4.16 元/t(待南水北调东线一期工程临清市续建配套工程和临清市城北供水管道工程决算审定投资确定后，重新核定价格，予以多退少补)。自 2019 年 2 月 1 日起执行，试行一年。

(3) 店子(冉海)水库

南水北调冠县续建配套工程包括引水工程、冉海水库和供水管道 3 部分。引水工程包括加压泵站和 42.5 km 引水管线，涉及东昌府区梁水镇和冠县范寨、辛集、兰沃、店子 4 个乡(镇)；店子(冉海)水库为南水北调冠县续建配套工程重要组成部分，位于冠县城区北部，店子镇冉海村，东侧紧靠省道，交通便利，占地面积 2 152 亩，水面面积 1 500 亩，设计总库容 717 万 m^3，蓄水深度 7 m，入库机组 4 台，每台流量 8 276 m^3/h，设计年引江水量1 633万 m^3，设计年供水量 1 460 万 m^3，日供水能力 4 万 t，主要用于城乡生活用水、工农业用水。店子(冉海)水库也可引黄，引黄口门为骆驼山分干闸，位于位山灌区三干渠左岸 40+630 处，设计引水流量 6 m^3/s，通过骆驼山泵站向店子(冉海)水库、沿渠 12 万亩农田供水。工程总投资 70 719.47 万元，其中工程部分投资 45 888.42 万元，移民迁占投资 24 831.05 万元。

工程 2013 年 11 月举行开工仪式，2014 年 8 月开工，2016 年 2 月 25 日试运行蓄水，2016 年 6 月完工，项目建成后可向城区日供水 4 万 t(冉海水库净水厂设计规模 4 万 m^3/d)，水源由南水北调长江水和黄河水组成，供水范围包括清泉、崇文、烟庄、店子、兰沃、万善、清水、东古城、梁堂、斜店、北馆陶等 11 个乡(镇、办事处)，受益人口 45 万人，运行后水质符合《生活饮用水卫生标准》(GB 5749—2006)要求，能够解决冠县 45 万城乡居民饮水问题，实现城乡供水一体化，为冠县城乡群众安全饮水提供坚实保障，缓解冠县水资源紧张状况，促进经济社会可持续发展，为全县工农业发展夯实坚强水利基础。

(4) 莘州水库

莘州水库位于莘县南外环以南，莘州办事处境内，作为南水北调莘县续建配套调蓄工程，占地面积 2 107 亩水面面积 1 600 亩，设计水深 7.8 m，坝顶宽度 7 m，最大蓄水面积 110 万 m^2，投资 6.8 亿元；莘州水库主要由水面、围坝及围坝衬砌、防渗墙、出库泵站、绿化美化、截渗处理等项目组成，主要功能为引蓄长江水进入莘县，为城区居民及朝城以北 17 个乡镇(街道)提供优质饮水水源，日供生活用水 6 万 m^3，年计用水 2 160 万 m^3，对缓解莘县城区用水矛盾，促进经济和城市建设发展，改善莘县城区生态环境，具有良好经济、社会和环境效益；该水源通过南水北调输水干渠左岸阳谷县七级镇南分水口，经引水加压泵站提水汇入 36.98 km 输水管道至莘州水库，通过出库泵站提水后入 0.8 km 供水管道至净水厂，净化后送到各取用水企业和千家万户。

莘州水库 2014 年 11 月动工，2016 年 12 月底完工，2017 年 3 月通过验收，2017 年 4 月 5 日正式引调长江水，日引水量 12 万 m^3，5 月底完成蓄水，为聊城市首个引调长江水的水库。莘县工业企业发展规模增长加快，水资源需求加大，仅靠地下水、黄河水难以满足经济社会发展需要；莘州水库成功蓄水，结束莘县没有水库的历史，极大改善城区水生态环境，大大提高饮水质量；有效缓解西南部水资源供需矛盾，与古云水库、彭楼灌区改扩建工程联合调度，有效改善当地水生态环境，保障地方工业和生活用水需要。

(5) 陈集水库

南水北调续建配套工程是实现国家资源化配置、促进经济社会可持续发展、保障和改善民生的重大战略性基础设施工程；阳谷县续建配套工程是南水北调东线一期工程重要组成部分，是实现南水北调工程供水目标的必要措施，山东省水利勘测设计院规划、设计，省发改委以《南水北调东线一期工程阳谷县续建配套工程》(鲁发改农经〔2014〕736 号)批复立项，建设内容包括引水工程和陈集水库两部分，主要包括提水加压泵站、输供水管线、引黄入库泵站、入库涵闸、水库围坝、出库涵闸、出库泵站、管理设施等，工程总投资 8.6 亿元。

引水工程包括提水加压泵站和输水管线，加压泵站位于七级镇南水北调干线阳谷分水闸后，设计流量 2 m^3/s。输水管线从加压泵站到陈集水库，长 37.22 km，埋设管材为内径 1.6 m 地埋式预应力钢筋混凝土管(PCCP)和部分钢管。

陈集水库是南水北调东线一期工程阳谷县续建配套工程项目，位于阳谷县南外环路，水库呈正方形布置，每年长江水充库水量 2 278 万 m^3、黄河水充库水量 881 万 m^3，年供水能力 2 920 万 m^3、日供水能力 8 万 m^3，供水流量 0.93 m^3/s，入库涵闸设计流量 4.7 m^3/s，最高挡水位 45.64 m；引黄节制闸设计流量 15.24 m^3/s，最高挡水位 37.80 m，最高过水位 38.21 m，占地面积 2 499.71 亩。供水范围为阳谷县居民生活及工业用水，可实现城乡供水一体化，改善库区及周边生态环境。水库东侧利用现有明堤东干渠作为截渗沟，其余部分坝脚外新开挖截渗沟，与现有灌溉渠系相通。水库南、西、北侧以新挖截渗沟外缘 5 m 为征地界线，设防护网隔离，东侧以明渠东干渠渠底中心线为征地界线。根据《水利水电工程等级划分及洪水标准》(SL 252—2000)，陈集水库为中型水库，工程等别Ⅲ等，陈集水库、提水加压泵站、引黄水库泵站、引黄节制闸、入库涵闸、出库涵闸、出库泵站等主要建筑物级别为 3 级，临时建筑物级别为 5 级。

陈集水库由阳谷鑫源开发建设有限公司(国有独资企业)负责建设、经营和管理，2017 年 4 月建成，引黄供水渠首闸为陶城铺闸，输水渠道为陶城铺北干渠，经明堤东干渠引黄入库泵站加压，通过入库涵闸入库，由出库泵站输入配套水厂处理后，送到城区居民用水管网及开发区用水户。

(6) 大秦水库

大秦水库为南水北调东线一期工程东阿县续建配套工程，水库位于东阿县县城西南部，库区由围坝工程、马安沟泵站、入库涵洞、出库泵站、截渗沟、管理设施等部分组成；占地 2 400 余亩，由鲁西化工旗下鲁西水务股份公司出资 6.24 亿元、控股比例 62%，东阿县政府出资 3.8 亿元、控股 38%。水库每年充库水量 3 183.7 万 m^3，其中从南水北调干渠引水 1 672.7 万 m^3，从马安沟引水 1 511 万 m^3。大秦水库主要引调长江水，收集黄河和雨洪资源利用，解决南水北调向东阿县调水的调蓄问题，工程供水对象主要为县城供水区内工业及城市居民生活用水；供水方式为全年直供，日供水 7.34 万 m^3，其中向开发区水厂日供水2.34万 m^3，向鲁西化工日供水 5 万 m^3，考虑 10%管道水量损失，按此确定用水过程，年供水量 2 956.5 万 m^3，供水时间 365 d。水库建设主要是提供城乡居民及工业用水，对改善生态环境、形成新的旅游风景区，对发展制造、化工、养殖等产业，对企业生产供水、节约地下水资源具有明显促进作用。

2011 年 7 月省政府批复《南水北调东线一期工程山东省续建配套工程规划报告》(鲁政字〔2011〕175 号)，2013 年 6 月市发展改革委批复《南水北调东线一期工程东阿县续建配套工程可行性研究报告》(聊发改审〔2013〕45 号)，2015 年 3 月市水利局批复《南水北调东线一期工程东阿县续建配套工程初步设计》(聊水发规字〔2015〕1 号)。2016 年 4 月开工，2017 年 3 月完成通水验收，2017 年 4—5 月调蓄长江水 750 万 m^3；大秦水库 2017 年 5 月开始向鲁西化工供水，实现聊城南水北调续建配套工程首次供水任务，截至 2019 年 1 月，累计向鲁西化工供水 1 600 万 m^3，逐步替换其他水源，年减少开采地下水 500 万 m^3。

大秦水库主要实现南水北调东线第一期工程鲁北输水干线东阿县分水任务，调蓄所分配的引江水量，解决干线分水与用户用水之间时空分布矛盾，提高供水保证程度；根据黄河来水情况和城市工业用水量情况，调引部分黄河水，输水渠道为位山灌区一干渠，与长江水联合调度，向城市工业供水，以减少区域地下水开采量，缓解地下水超采引发的诸多生态环境和地质问题，逐渐改善区域生态环境状况，为社会经济又好、又快发展提供水源保障。

(7) 东邢水库

东邢水库工程位于茌平县城区西部，贾寨镇东南，马颊河右侧，行政区为茌平县贾寨镇东邢庄，涉及贾寨、肖庄 2 个乡(镇)、12 个行政村；库区位于聊夏公路(S254)以西、东邢庄以东、邢郭沟以南、贾寨分干以北，主要包括引江水泵站、引水输水管道、东邢水库枢纽、供水管道等。设计最大库容 945 万 m^3，年承接江水能力 2 201 万 m^3，日供水量 5.5 万 m^3，工程永久占地 2 881.5 亩(水库 2 876 亩、管理所 5.5 亩)，临时占地 1 711 亩，总投资 5.9 亿元。2015 年 12 月 9 日开工建设，2017 年 4 月 28 日通过单元工程蓄水验收，2017 年 5 月 10 日茌平县分水口闸门开启，正式接纳长江水，2017 年 7 月 2 日蓄水超过 1 000 万 m^3。东邢水库建成后，可满足西部高亢地区农业灌溉需求，极大提高抵御干旱能力，有效解决群众安全饮水问题，为县域工业、生活和经济快速发展提供坚强水源保障。

(8) 太平水库

南水北调东线一期高唐县续建配套工程是省政府批准的南水北调续建配套项目，位于高唐县辖区内，主要建设内容包括引江输水管道、太平水库调蓄和供水管道工程，工程概算总投资 83 208 万元，主输水管线长 41.5 km。太平水库位于高唐县城西郊，库区位于王浩沟东南，水库大致呈七边形分布，东西长850 m，南北长 1 580 m，库区占地面积 2 577.61亩；2017 年 1 月太平水库通过蓄水验收，标志着高唐县南水北调续建配套工程已完成蓄水安全鉴定，为实现承接、调蓄长江水奠定坚实基础。高唐县南水北调续建配套工程实施，将有效缓解高唐县水资源供需矛盾，改善区域生态环境，为经济社会可持续发展提供水源保障。

(9) 南王水库

南王水库位于高唐县城北，年入库水量 3 970.5 万 m^3，年供水量 3 726.1 万 m^3，设计日供水能力 10 万 t。项目占地 2 650 亩，入库机组 5 台，进口机组设计流量 16 m^3/s，出库泵站设计流量 1.431 m^3/s。2010 年 4 月投资 1.36 亿元，2012 年 6 月建成并蓄水，2014 年 3 月初次供水；南王水库利用位山灌区二干渠和南水北调东线输水系统引水，供水范围为城镇、乡村生活用水，一是通过输配水管网将原水送至泉林纸业等工业企业，二是通过净水厂处理后，为城区和乡(镇)供饮用水。南王水库是高唐县建设的第一座平原水库，与县内鱼丘湖、双海湖、太平水库配套使用，依靠引蓄黄河水、长江水，对解决高唐县城乡缺水、破解供水瓶颈，开发水资源，提高调蓄、供水能力，改善生态环境，推动产业发展，提升城市供水水质，满足工业发展需要，增强农业旱涝保收能力，实现水资源战略性储备和动态调控，促进经济、社会可持续发展意义重大。

五、平原水库对跨流域调水影响

1. 引黄水库

统计引黄水库 15 座(中华电厂、谭庄、东昌湖、鱼丘湖、城南、信源、古云、赵王河、大张、前官屯、大沙河、辛集、红旗、胡家湾、闫围子)。截至 2020 年，获得取水许可证的有中华电厂(1 000 万 m^3)、热电厂(500 万 m^3)、东昌湖(生态 200 万 m^3)。据统计，中华电厂、谭庄、东昌湖、鱼丘湖水库 2007—2011 年入库年平均水量 1 760 万 m^3，其余水库零星引黄。各水库水量详见表 5-5。

表 5-5　2007—2011 年中华电厂等入库水量统计表

序号	水库名称	设计库容(万 m^3)	死库容(万 m^3)	2007—2011 年入库水量(万 m^3)					
				2007 年	2008 年	2009 年	2010 年	2011 年	年平均
1	中华电厂	1 760	240	1 100	900	1 000	1 000	930	986
2	谭庄	813.2	152.6	600	550	550	500	500	540
3	东昌湖	1 680	—	200	180	200	200	200	196
4	鱼丘湖	734.8	—	40	35	40	—	—	38
合计		4 988	392.6	1 940	1 665	1 790	1 700	1 630	1 760

2. 引江水库

南水北调聊城段引江平原水库有 9 座，水源地主要为长江水，兼顾黄河水、雨洪水，已全部建成。南水北调东线工程通水后，沿线有一定数量配水指标，供 9 座平原水库蓄水。

3. 平原水库建设有利于跨流域调水

聊城平原水库偏少，调蓄能力较差；计划性不强，在大河水量丰裕时不能很好的引蓄黄河水，平常只能靠沟渠储水，储水能力（0.6亿～0.7亿 m^3）有限，考虑利用马颊河、徒骇河、官路沟、东昌湖等现有工程蓄水的同时，在灌区沿线兴建平原水库，可大大增加水资源调蓄能力。增强平原水库蓄水、调节、管理意识，管好、用好平原水库，对当地经济、社会、生态发展至关重要。

平原水库建成后，错时蓄水，丰蓄枯用；适时掌握黄河水情、当地旱情，结合当地用水情况，及时、准确上报用水计划，抓住灌溉有利时机，及早、尽快完成当地灌溉任务。当上级下达跨流域调水任务时，及时与当地水利部门、水库管理单位协商，结合黄河水情，制定跨流域调水计划，初步确定跨流域调水时段、流量、水量等调水指标；跨流域调水结束后，寻找时机，考虑各方因素，适时向水库补水，做到水库蓄水、当地灌溉、跨流域调水融洽结合；平原水库建设有利于当地灌溉、有利于跨流域调水实施。

第四节　协议供水

《山东黄河河务局引黄供水生产管理办法》（鲁黄供水〔2017〕3号）第三条规定："山东黄河引黄供水按照分级管理、分级负责的原则，合理安排农业与非农业供水，支持受水地区经济社会发展。"

一、供水协议

1. 协议签订

《山东黄河河务局引黄供水生产管理办法》（鲁黄供水〔2017〕3号）第九条规定："引黄供水坚持先签订协议后供水的原则，引黄供水协议不允许一次签订延续使用，或一次签订长年累计。"

2. 协议内容

《山东黄河河务局引黄供水生产管理办法》（鲁黄供水〔2017〕3号）第十条规定："供水协议应明确以下基本内容：（一）用水户名称（非农业供水明确具体用水户）、供水性质、用途、水量、价格；（二）供水方式（两水分计的应明确渠道损耗率）；（三）供水起止时间、水费收交期限；（四）用水单位应接受供水单位监督、保障监测系统正常运行的承诺及违约责任；（五）其他违约责任。"

3. 计划执行

《山东黄河河务局引黄供水生产管理办法》（鲁黄供水〔2017〕3号）第十四条规定："引黄供水要按照供水协议实施，并根据黄河流量、水位变化及时调整闸门开启高度，精确计量，确保供水流量符合水量调度指令。"

二、用水计量

《山东黄河河务局引黄供水生产管理办法》(鲁黄供水〔2017〕3号)第六条规定:"引黄供水原则上要采取两水分供的供水方式,以便于加强引水用途管理,充分发挥平原水库调蓄作用,解决引用黄河水季节不均衡的问题。用水户引水采取渠首计量的方式。"第七条规定:"对不具备两水分供条件的要采取两水分计的供水方式,由市局确定并报省局备案。非农业用水户引水量采取入库(户)水量加渠道损耗水量的计量方式。渠道损耗率由市局供水局和用水单位根据输水距离、渗漏、蒸发等因素协商(或比测)确定。非农业渠首水量=入库(户)水量/(1－渠道损耗率)。"第八条规定:"实行入库计量的非农业用水户,由供需双方根据实际情况确定计量方式,已安装'山东黄河供水远程实时监测系统(以下简称监测系统)'的用水户,可使用该系统计量。"

三、用水监督

1. 监督检查

《山东黄河河务局引黄供水生产管理办法》(鲁黄供水〔2017〕3号)第十七条规定:"各级要建立引黄供水监督检查制度,监督检查工作采取巡检与'飞检'相结合、人员现场检查与系统在线监督相结合的方式。'飞检'行动不发通知,不打招呼,不定时间,进行现场突击检查、随机检查。"第十八条规定:"省局供水局要对各单位供水生产进行巡检和'飞检'。市局供水局对辖区供水生产进行巡检,用水高峰期'飞检'每月不少于2次,必要时可驻守督查。"第十九条规定:"引黄供水工作监督检查内容:(一)具备两水分供条件的水闸是否严格实行两水分供;(二)是否按规定与用水单位签订供水协议、组织供水生产;有无擅自开闸放水,有无超计划、超协议供水。(三)是否建立落实供水生产值班和引黄供水工作监督检查制度,是否对辖区内用水户及时跟进管理。(四)是否对已安装的监测系统运行过程中出现的故障及时修复。(五)监测系统发现的引水异常情况是否及时进行核实确认。(六)是否在协议期限内及时足额收交水费;对未能交纳水费的用水户是否采取了相应措施。(七)用水户是否擅自改变引水用途或私自引水。"第二十条规定:"对监督检查中发现的违规问题,责令有关单位限期整改。"第二十一条规定:"监督检查人员必须严格遵守廉洁从政等各项规定,严禁滥用职权、玩忽职守、徇私舞弊等违规违纪行为。工作人员发生违规、违纪行为的,按照国家和上级有关规定,由主管部门给于相应处分。工作人员涉嫌犯罪的,移送司法机关依法追究刑事责任。"

2. 用水统计

《山东黄河河务局引黄供水生产管理办法》(鲁黄供水〔2017〕3号)第十六条规定:"市局供水局应于每日10时前向省局供水局报送《引黄渠首水利工程水量及水费统计日报表》,每月5日前(节假日顺延)报送《引黄渠首水利工程水量及水费统计月报表》。"第十五条规定:“引黄渠首计量要按照水沙测验有关规定及时进行水位、流量、含沙量等各项测验,各类原始记录要做到规范、准确、完整,并按照要求,按月装订成册,归档保管。”

3. 监督管理

《山东黄河河务局引黄供水生产管理办法》(鲁黄供水〔2017〕3 号)第十二条规定:“引黄供水协议应按照档案保管有关规定归档保存,供水协议签订后应于 3 个工作日内报省局供水局备案。”第十三条规定:“各级应建立引黄供水生产管理台帐,对协议签订、协议执行、监督检查、落实整改情况登记造册,以加强对用水户的监督管理。”

四、合同履行

严格履行协议双方的责任和义务,严格执行协议规定,明确供水性质、用途、水量,及时预交水费;对执行过程中违反协议规定的,按照协议要求承担违约责任。供水协议违约责任和处理中明确:供水期间,发现需水方改变供水用途或人为改变监测系统供水计量,双方认可从供水之日起至发现之日止,引黄渠首水量全部按非农业用水计量。需水方不整改的,供水方可停止供水。

供水协议具有法律效力,一方违约,可按协议规定执行;但实际操作过程中,往往存在各种各样的矛盾,致使协议履行困难重重。供需双方是矛盾的统一体,一方供、一方需,一方收费、一方付费,多数时间意见不一致非常正常;供需双方要严格执行供水协议,化解供水过程中产生的各种矛盾,在解决矛盾的过程中,寻找双方满意的供水方案,提高认识,达成共识,共同搞好引黄供水。

五、欠费处理

《山东黄河河务局引黄供水生产管理办法》(鲁黄供水〔2017〕3 号)第十一条规定:“用水单位水费欠费超过协议约定时间的,在足额交纳水费前,市局供水局不再与其签订新的供水协议,水行政部门可视情采取相应措施。”

第六章 跨流域调水

第一节 调水线路

一、跨流域调水

1. 概述

跨流域调水是指修建跨越两个或两个以上流域的引(调)水工程,通过大规模的人工方法,将水资源从较丰富流域调到水资源紧缺流域,以达到地区间调剂水量盈亏,促进缺水区域经济发展,缓解流域人畜用水矛盾,解决缺水地区水资源需求的一种重要措施。这里所指流域一般是空间尺度较大流域,跨流域调水常被称为"远距离调水"。跨流域调水人工方法一般有两种类型:改变河流流向和修建能输送大量水的大运河。我国是世界上从事调水工程建设最早的国家之一,跨流域调水在我国有着悠久历史,早在公元前486年就兴建沟通长江、淮河流域的邗沟工程,沟通珠江和长江流域的灵渠工程、京杭大运河都是历史上跨流域调水典型事例。跨流域调水关系到相邻地区工农业发展,涉及相关流域水资源重新分配,可能引起社会生活条件及生态环境变化,必须全面分析跨流域水量平衡关系,综合协调地区间可能产生的矛盾和环境质量问题。

2. 跨流域调水超出水资源管理体制

《水法》第十二条规定"国家对水资源实行流域管理与行政区域管理相结合的管理体制",这是以流域为单元对权属进行规定,没有涉及跨流域调水管理权属内容;水法直接涉及跨流域调水内容的只有第二十二条"跨流域调水,应当进行全面规划和科学论证,统筹兼顾调出和调入流域的用水需要,防止对生态环境造成破坏"。法律、法规在跨流域调水管理中的空缺是造成跨流域调水水资源管理问题最主要的原因,直接导致跨流域调水管理体制与管理机制不明确。

3. 实施必要性

我国水资源时空分布极不均匀，从时间上看，7—10 月份大部分地区降雨量占全年降雨量的 60%～80%，容易造成春旱夏涝；从空间上看，水资源空间分布很不均衡，与人口、土地、经济布局不相匹配，北方地区人口占比 47%、耕地占比 65%、GDP 占比 45%，但水资源仅占比 19%。正常年份，全国每年缺水量 400 亿 m^3，北方地区尤甚。尤其是近年来，河北东部、天津市严重缺水，部分水库干枯，为解决河北、天津城市用水问题，国务院决定实施跨流域调水。

跨流域调水是合理开发利用水资源、实现水资源优化配置的有效手段。通过调水，缓解用水地区水资源紧张局面，解决当地工农业、人畜饮水、生态用水，改善受水区生态环境，实施跨流域调水非常必要。

4. 效益分析

跨流域调水是改善水资源不平衡、促进水资源可持续利用的有效手段，是对某一地区资源型缺水的补充，是解决水资源空间分配不均衡问题的一种途径。天津是水资源严重匮乏的特大城市，供水安全关系经济社会可持续发展、人民生活和生态环境改善，关系滨海新区开发开放。引黄济津应急调水作为天津市各种水源的组成部分，是解决天津市特殊干旱年份缺水的应急措施，直接用于受益地区，间接用于全市各个行业、区县，给全市城镇、农村生活和第二、第三产业带来经济效益；据统计，2000—2004 年天津 GDP 由 1 639.41 亿元增长到 2 931.88 亿元，工业总产值由 2 582.10 亿元增长到 5 763.93 亿元，城市化水平由 51.5%升至 59.3%，第一、二、三产业所占比例由 4.5%、49.5%、46%调整到3.48%、53.2%、43.2%。引黄济津应急调水体制机制更加完善，调度运行更趋科学，供水安全更有保障，引水效益更为明显，创新调水理念，优化工作机制，注重河流生态和环境承载，不断推进跨流域调水健康发展。引黄济津有效缓解城市供水危机，促进社会经济持续增长，特殊干旱年份成功为天津供水开辟第二水源，在保障、改善城市供水中发挥重要作用，经济、生态、社会效益显著。

引黄入冀实施缓解了邢台、衡水、沧州水资源供需矛盾，产生较大经济、社会效益。农业效益包括灌溉、水产养殖，据 2001 年黑龙港地区调查资料显示，10 亿 m^3农业用水，累计浇地 500 万亩次，灌一水比旱地亩次增产至少 35 kg，可增产小麦 1.75 亿千克，直接经济效益 2 亿元；南大港水库、衡水湖（扣除 1996 年、2000 年未引黄因素）引黄后，对水质、水生植物、鱼类、候鸟迁徙、防洪调蓄、局地气候等产生积极作用，为湖区群众生产提供必要支撑，带动水产养殖发展，促进芦苇生长，经济效益 0.5 亿元，实现水资源动态平衡发展。引黄为衡水电厂发电提供稳定水源，用水保证率明显提高，据统计，1997—2001 年 5 年间，3 年利用黄河水发电，引黄净水量 0.39 亿 m^3，单价 0.85 元/m^3，水费 0.33 亿元，3 年发电量 100 亿千瓦时，产值 20 亿元；据测算，水分摊系数 0.05，引黄直接经济效益6 685 万元，间接经济效益、社会效益非常巨大。引黄保证沧州城市工业、居民生活用水，1997 年大浪淀水库建成后，引蓄黄河水 0.8 亿 m^3，从 1997 年起，沧州市区居民告别饮用高氟水的历史，引黄水基本满足城市居民生活用水，也为企业满负荷运转提供水源保障；引黄补给地下水，局部地下水位回升，浅层地下水降落漏斗面积减少，有效缓解市区地面下沉趋势，地表水水质得到改善，营造良好局部小气候，投资环境大为改善。

5. 取水许可水量

根据黄河可供水量分配方案，在南水北调工程生效前，河北、天津分水 20 亿 m^3，其中河北省 15 亿 m^3；南水北调东线通水后，天津市无引黄指标，河北省引黄指标 6.2 亿 m^3。该 6.2 亿 m^3 引黄指标挂靠在引黄入冀位山线路渠首位山闸取水许可证上，其中农业 3.65 亿 m^3，非农业 2.55 亿 m^3。

二、跨流域调水线路

（一）调水线路

1972 年以来，通过人民胜利渠张菜园闸、潘庄闸、位山闸 3 条线路实施向河北、天津调水；1993 年后，主要通过位山线路向河北、天津调水；2010、2011 年潘庄线路连续 2 年实施引黄济津后，不再向天津供水，只实施引黄入冀；2017 年 10 月渠村线路试通水后，2018 年 11 月首次开始引黄入冀补淀供水。目前，向河北应急调水线路主要有渠村、位山、潘庄 3 条，将来还会开辟多条供水线路。通过位山线路实施的应急调水，根据受水区域不同，分为引黄济津、引黄入卫（入冀）、引黄济淀、引黄济津济淀等。

1. 渠村线路

引黄入冀补淀工程是国务院 2015 年确定的 172 个节水供水重大水利工程项目之一，是大型跨流域（黄河、海河）调水工程，是河北省委、省政府决策实施的重大战略性调水工程，向河南、河北两省沿线受水区及白洋淀输水；输水线路自河南省濮阳渠村闸引水，经新开挖的南湖干渠后穿金堤河，沿第三濮清南干渠至清丰县苏堤村，穿卫河倒虹吸入河北省邯郸市东风干渠，向下连接或扩建南干渠、支漳河等，经任文干渠最终入白洋淀，途经河南、河北两省 6 市（濮阳、邯郸、邢台、衡水、沧州、保定）、26 个县（市、区），全部为自流引水，总受益面积 465 万亩，其中：濮阳市受益面积 193 万亩（含第一濮清南调剂水改善面积），河北省受益面积 272 万亩；输水线路总长 482 km，其中河南省境内 84 km，河北省境内 398 km。河北省境内基本利用已有河渠输水，经东风渠、老漳河、滏东排河至献县枢纽，穿滹沱河北大堤后，利用紫塔干渠、古洋河、小白河和任文干渠输水至白洋淀。引黄入冀补淀北金堤节制闸工程是引黄入冀补淀工程总干渠穿越北金堤的建筑物，是引黄入冀补淀总干渠上重要节点性工程，主要包括北金堤节制闸工程相关建筑物、渠道等。河北省内主要建设任务包括扩建穿卫、穿漳涵洞，新建穿滹沱河北大堤涵洞，河（渠）道清淤、扩挖，新、改建各类建筑物近 300 座。这一引黄常态通道将与位山应急线路共同担负引黄入冀任务，缓解河北省中南部地区农业灌溉和生态环境用水严重短缺问题，缓解沿线地区农业灌溉缺水及地下水超采状况，改善白洋淀生态环境和当地生活生产条件，还可作为沿线地区抗旱应急备用水源。

引黄入冀补淀工程是由河南濮阳向河北东南部农业供水、地下水补源及白洋淀生态补水的战略工程，是解决冀东南水资源短缺的民生工程，是全面提升濮阳水利设施保障能力、改善城市生态环境的基础工程，对缓解华北漏斗区地下水位持续下降、改善冀东南水生态环境发挥重要作用，是河南、河北两省互利互赢的民生工程，也是支持雄安新区生态建设的重要基础工程。2011 年 4 月启动工程前期工作，2015 年 7 月 31 日国家发展改革委以发改农经〔2015〕1785 号文批复可研报告，9 月 23 日水利部以水规计〔2015〕370 号文批复初步设计报告。总投资 42.41 亿元，其中：濮阳段 22.69 亿元，工期 24 个月。该工程年设计引水量 7.4 亿 m^3，多年平均引黄水量 9 亿 m^3，其中：河南省濮阳市引水量 1.63 亿 m^3，引黄入冀总干渠引水量 7.37 亿 m^3（包括供河南省农业灌溉 1.17 亿 m^3，河北省农业灌溉供水 3.65 亿 m^3，向白洋淀生态补水 2.55 亿 m^3）。由国家和河北省政府共同投资兴建，国家发展改革委批复建设单位和项目法人为河北水务集团。黄委河南黄河河务局供水局受河北水务集团委托，承担引黄入冀补淀工程渠首段及北金堤闸工程建设管理任务，2015 年 12 月引黄入冀补淀工程河南段开工，2017 年 10 月 31 日通过通水阶段验收，2017 年 11 月 16 日 10 时引黄入冀补淀工程成功试通水。工程建成后，第三濮清南干渠引水流量由 10～25 m^3/s 提高到 62～100 m^3/s，南乐县、清丰县由引水下游变为上游，彻底解决清丰县、南乐县西部用水困难问题；渠首工程、河南段工程、河北段工程分别交由水利部黄河水利委员会、河南省濮阳市引黄管理处、河北省水务集团负责运行管理。引黄入冀补淀工程标准高、设施好，将改变现有工程输水能力差、建筑物老化失修、功能衰减的不良状况，工程运行后输水能力增强，供水保证率提升，水质得到改善，在濮阳西部打造一条水生态走廊。

2018 年 11 月 29 日 10 时，渠村引黄入冀补淀渠首闸开闸引水，标志着 2018—2019 年度引黄入冀补淀工程供水正式启动，也是第一次正式放水；计划引水 3.25 亿 m^3，历时 4 个月（2018 年 11 月至 2019 年 2 月），其间最大引水流量 50 m^3/s。受黄河主河槽摆动影响，引水第一周平均引水流量 4 m^3/s，未达计划流量，通过查勘河势变化、引渠淤积情况，编制清淤疏浚方案，投入 3 艘吸泥船、8 套水力冲挖清淤设备、2 台大型水陆两用挖掘机和 3 台长臂挖掘机，采取人工和机械相结合、人工裁弯和切滩导流相结合的方式，白黑连续奋战，加大清淤速度，渠村闸引水流量由最初的 3.67 m^3/s 提升至 2018 年 12 月 18 日的 50.9 m^3/s，为雄安新区建设、白洋淀生态补水奠定坚实基础。从 2018 年 11 月 29 日供水起，历时三个多月，到 2019 年 3 月 10 日 10 时，经多方通力合作，2018—2019 年度引黄入冀补淀调水工作圆满结束；此次调水为引黄入冀补淀工程建成以来首次大规模供水，累计引水 3.47 亿 m^3。

2019 年 8 月 26 日 16 时，引黄入冀补淀线路渠首渠村闸开启，标志着 2019—2020 年度引黄入冀补淀调水开始实施，这也是黄委建立河北引黄调水联络协调机制后，首次实施向河北引黄调水；渠村闸引水流量 16.7 m^3/s，后期将逐步增加。黄委充分利用骨干水库多蓄水，为引黄入冀补淀调水储备宝贵水源；综合考虑黄河水情及河北引黄用水需求，科学编制 2019—2020 年度水量调度计划，尽可能为白洋淀及华北地下水压采多供水；根据大河流量变化，适时调整渠首闸门开启高度，保障供水安全；按照节水优先、生态优先原则，加强取水用途管制，及时掌握沿程用水情况，优先保障向白洋淀补水和华北地下水压采用水。

2. 位山线路

位山线路是缓解河北省东南部平原地区水资源短缺状况，由国家农业开发办和水利部决定实施的华北地区跨流域、跨省大型调水工程，主要是利用现有渠道和河道，从位山闸引水，通过位（位山）临（临清）干渠，在临清刘口入卫立交枢纽穿漳卫南运河进入河北境内，经新开渠、二支渠、东干渠、新清临渠，于张二庄闸入清凉江，江河干渠（吴沙闸至南云齐闸）连通清凉江和滏东排河，经献县枢纽和紫塔、陌南干渠，古洋河至小白河连渠（简称古小连渠）后走小白河到任文干渠，在大树刘闸进入白洋淀，全长 396.6 km，其中：山东聊城段 105 km，河北段 291.6 km。引黄济津应急调水从位山闸引水，经位山三干渠到临清市引黄穿卫枢纽，进入河北省境内清临干渠、清凉江、清南连渠，在泊镇附近入南运河，通过九宣闸进入天津市境内，入境后分两条线路，北线沿南运河、子牙河经西河闸进入海河干流，全长 60.5 km，设计输水流量 20 m^3/s；南线由马厂减河、马圈引河进入北大港水库，再经十里横堤、独流减河北深槽、洪泥河进入海河干流，全长 85.4 km，设计输水流量 30 m^3/s，引黄济津工程长 586 km，其中天津境内长 146 km。位山线路主要是向河北衡水湖、大浪淀、白洋淀及天津市送水，用于缓解河北、天津城市水资源供需矛盾。

3. 潘庄线路

潘庄引黄线路作为引黄入冀 3 条规划线路之一，是经国务院批准、水利部确定实施的一项跨省级行政区域（山东、河北、天津）调水工程，是 2010 年新开辟线路，是在全国范围内优化配置水资源的重大举措，对解决天津市缺水问题、扩大天津滨海新区开发开放、促进海河流域经济社会发展和生态文明建设具有重要意义。潘庄线路主要利用原有渠道，由山东省德州市齐河县潘庄闸（设计流量 100 m^3/s，加大 120 m^3/s）引水，经过 92 km 潘庄总干渠输水至尚庙闸入马颊河（长 19.9 km），在马颊河至六五河间采用两条输水线路，一路是以 30 m^3/s 进入沙杨河经小王庄泵站提升进入旧城河后入六五河，一路是以 50 m^3/s通过李家桥闸流入沙杨河至头屯干渠再入六五河，两路于六五河汇合后，至四女寺枢纽闸下穿过漳卫新河倒虹吸输水箱涵（流量 80 m^3/s）后入南运河，经山东省德州市区、河北省衡水市景县和沧州市吴桥、东光、南皮、泊头、沧州市区、沧县、青县，至天津市九宣闸（流量 52 m^3/s），线路全长 392 km，其中：山东省境内长 128 km，河北省境内线长 224 km，两省边界段 40 km，年供水目标 8 亿 m^3，封冻期渠道输水能力按减少 20%考虑。经过水利部、海委、天津市等各方面反复调研论证，最终确定在潘庄闸引水，在多次调研和实地查勘的基础上，黄委确定重新启用引黄济津应急调水潘庄线路；该线路总投资 2.7 亿元，主要建设内容包括：河道扩挖清淤、涵闸建筑物、头屯干渠公路桥及交通桥、小王庄泵站机电改造、潘庄总干渠大堤灌浆工程。2010 年 10 月 24 日，引黄济津潘庄线路应急输水工程通水仪式在山东省武城县四女寺隆重举行，标志着引黄济津潘庄线路应急输水工程可以向天津正式输送黄河水。

潘庄线路应急输水工程是解决天津市用水矛盾.兼顾河北省农业灌溉用水而开辟的输水线路。海河流域是我国缺水较为严重的流域，天津市作为海河流域经济社会发展较快的沿海开放特大城市，使原本稀缺的淡水资源更是捉襟见肘，据统计，2014 年南水北调中线通水前，天津市每年缺水 6 亿 m^3，供水缺口 3.3 亿 m^3；河北省是水资源最缺乏的省份之一，为缓解供需矛盾、改善水质、补充地下水.河北省自 1993 年实施引黄入冀工程以来，产生良好经济效益和生态效益。

一般年份，引水计划由天津市供水需求确定，时间自 10 月至翌年 1 月底；特殊干旱年份，由天津市与黄委、山东省、河北省沟通，并向水利部提出申请，增加调水量或延长调水时间，确保天津市用水。

4. 小开河线路

2006 年，滨州市与沧州市初步达成协议，利用小开河灌区调水至黄骅杨埕水库，解决黄骅港生活、工业用水和部分县(区)农业用水；该线路已列入河北省近期引黄规划，前期工作正在进行，工程融资方案已落实。

5. 李家岸线路

李家岸引黄线路设计流量 100 m^3/s，设计灌溉面积 321.5 万亩，向河北供水有 4 大优势：①李家岸线路当地引水时间短，多年平均引水天数 105 d，有充足时间给河北省送水；②送水线路多，从李家岸到河北省交界的漳卫新河有宁津赖向安、乐陵跃丰河、庆云障马河 3 条线路，即可单独送水，也可同时送水，保证率高；③工程完备，上述 3 条线路几乎没有大的工程，只要稍加改造完善即可，投资省；④送水距离短，从宁津、乐陵线路到河北省大浪淀水库不足 50 km，从李家岸到大浪淀水库不足 180 km，比潘庄线路短 50 km，水的利用率更高。

小开河、李家岸引黄线路是保证沧州东部，特别是渤海新区供水而规划的引黄专线，其中：小开河线路已列入省引黄规划，前期比较完善；李家岸线路是沧州新谋划的，正在深化前期工作。另外，利用山东省邢家渡、簸箕李等灌区渠道均可调水至河北省毗邻地区。

（二）线路运行情况

1. 位山线路调水现状

位山线路 1981 年起实施应急调水，先后完成引黄济津(济淀)、引黄入卫(入冀)等 35 次应急调水任务，截至 2021 年 7 月，累计调水 138.11 亿 m^3，为保障河北、天津城市及生态用水安全，促进区域经济和社会发展发挥着极其重要作用。

聊城水资源明显不足，西部和北部区域缺水十分严重，特别是位山引黄灌区西渠系统承担向天津、河北等地跨流域调水任务后，加大了全市水资源调度难度，一定程度上加剧水资源供需矛盾和泥沙处理困难。1996 年兴建的陶城铺东闸，主要将“位山引黄灌区由三干渠控制的大部分面积改由陶城铺引黄控制，使三干渠主要向冠县、聊城西部、临清西部供水，解决严重缺水区的引黄灌溉供水问题；在开展冬灌的条件下，陶城铺引黄北调工程可与位山引黄三干渠联合承担引黄入卫供水任务，确保入卫供水和灌区冬灌；在位山引黄灌区西渠系统不得不在停水条件下进行清淤维修时，可由陶城铺引水北调工程供水入卫，提高引黄入卫供水的可靠程度”。工程建成后，每年可向聊城西部及北部供水 2.85 亿 m^3，解决150万亩农田灌溉问题;承担2亿 m³跨流域调水任务,大大缓解位山灌区西渠系统冬季供水和清淤压力。自陶城铺东闸建成以来,因灌区渠道未配套,至今闲置。2006年实施引黄济淀应急调水,因位山灌区渠道清淤工程量大,陶城铺东闸备用输水线路不通,国家防办原定于11月19日启用位山闸放水时间推迟到24日。陶城铺东闸引水顺畅,小流量、低水位时引水条件较好,灌区配套设施建成使用后,可减轻聊城水量调度难度;跨流域调水时,一旦位山灌区出现问题,作为备用线路可随时投入使用,确保跨流域调水顺利实施;还可以作为位山闸引水不足时的水源补充,解决聊城西部和北部农田灌溉问题。

2. 重启潘庄线路

20世纪80年代,潘庄线路作为引黄济津工程重要线路,曾2次承担引黄济津应急调水任务;但自1982年11月第5次引黄济津工程与位山闸联合向天津调水后,潘庄线路已沉寂28年,2010年再次启用引黄济津潘庄线路应急调水工程。2000年以来,国家相继实施5次引黄济津应急调水,均利用位山线路,但位山线路还承担着河北衡水、沧州供水、白洋淀生态补水及沿途农业灌溉等多项引水任务,输水线路承载任务较重。随着引滦来水减少和城市供水需求不断增加,天津、河北供水形势越来越严峻,水利部海河水利委员会(简称"海委")按照水利部要求,积极开辟引黄济津新线路。经过国家防办积极协调,2010年2月,山东、河北、天津三省(市)政府协商决定启用引黄济津潘庄线路。

与位山线路相比,潘庄线路取水口闸底板高程低于黄河河底1.8 m,黄河低水位时也能引水,有效减少水资源浪费,显著提高引水保障率;干渠沿线地势低洼,可利用引黄泥沙造地压碱,深受当地群众欢迎;沿途可实现三级沉沙,使流入南运河的黄河水含沙量明显降低;线路长度缩短近50 km,可节省输水时间,减少输水损失。从长远考虑,潘庄线路、位山线路互为备用,相互配合,南水北调中线通水后,仍可作为山东、河北、天津3省(市)引黄应急输水渠道和沿线日常农业灌溉、生态补水渠道,还可借助大运河悠久历史文化背景,使京杭大运河山东至天津段焕发新生机。

三、历次跨流域调水情况

1972—2021年共实施跨流域调水35次,其中引黄济津9次、引黄入卫10次、引黄济淀2次、引黄济津济淀1次、引黄入冀13次,引水总量138.78亿 m³。通过位山线路实施的32次,占总数91.2%,引水121.76亿 m³,张菜园闸和潘庄闸合计引水17.02亿 m³,详见表6-1。

表6-1　历次引黄济津(济淀)、入冀(入卫)统计表

序号	调水名称/次数	起止日期	渠首闸	输水线路	历时(天)	渠首引水(亿 m³)	刘口收水(亿 m³)	备注
1	济津1	1972.11.25—1973.02.15	张菜园	人民胜利渠	83	2.00	1.03	
2	济津2	1973.05.03—1973.06.22	张菜园	人民胜利渠	51	2.20	1.08	

续表

序号	调水名称/次数	起止日期	渠首闸	输水线路	历时(天)	渠首引水(亿 m³)	刘口收水(亿 m³)	备注
3	济津 3	1975.10.18—1976.01.31	张菜园	人民胜利渠	106	3.00	2.26	
4	济津 4	1981.10.15—1982.01.09	张菜园	人民胜利渠	87	4.23	4.47	
		1981.11.15—1982.01.09	位山闸	位临渠线	56	2.56		
		1981.11.27—1982.01.15	潘庄闸	潘庄渠	50	3.233		
5	济津 5	1982.11.01—1982.12.23	位山闸	位临渠线	53	2.71		
		1982.11.14—1983.01.03	潘庄闸	潘庄渠	51	2.35		
6	入卫 1	1993.01.30—1993.02.28	位山闸	位临渠线	30	1.36	0.32	
7	入卫 2	1994.01.05—1994.01.24	位山闸	位临渠线	20	1.02	0.76	
8	入卫 3	1994.11.10—1995.01.21	位山闸	位临渠线	73	4.10	4.06	
9	入卫 4	1995.11.06—1995.12.07	位山闸	位临渠线	32	2.29		
		1996.01.13—1996.02.02	位山闸	位临渠线	21	1.21		
10	入卫 5	1997.01.10—1997.02.02	位山闸	位临渠线	24	1.34		
11	入卫 6	1997.12.10—1998.02.09	位山闸	位临渠线	62	3.09		
12	入卫 7	1998.12.02—1999.01.26	位山闸	位临渠线	56	3.29		
13	入卫 8	1999.12.02—2000.01.17	位山闸	位临渠线	47	2.55		
14	济津 6	2000.10.13—2001.02.02	位山闸	位临渠线	113	8.68	7.42	天津 4.01
15	入卫 9	2001.12.12—2002.01.03	位山闸	位临渠线	23	1.44		
16	济津 7	2002.10.31—2003.01.23	位山闸	位临渠线	85	6.03	5.02	天津 2.47

续表

序号	调水名称/次数	起止日期	渠首闸	输水线路	历时(天)	渠首引水(亿 m^3)	刘口收水(亿 m^3)	备注
17	济津 8	2003.09.12—2004.01.06	位山闸	位临渠线	117	9.25	8.83	天津 5.1
18	济津 9	2004.10.09—2005.01.25	位山闸	位临渠线	109	9.01	7.10	天津 4.3
19	济淀 1	2006.11.24—2007.02.28	位山闸	位临渠线	97	4.79	3.40	大浪淀 0.69 衡水湖 0.65 白洋淀 1.001
20	济淀 2	2008.01.25—2008.06.17	位山闸	位临渠线	145	7.21	4.84	大浪淀 0.64 衡水湖 0.587 白洋淀 1.57
21	入卫 10	2008.12.30—2009.02.04	位山闸	位临渠线	37	1.86	1.42	
22	济津济淀 1	2009.10.01—2010.02.28	位山闸	位临渠线	151	9.86	8.07	天津 2.72 白洋淀 1.01
23	入冀 1	2010.12.13—2011.05.10	位山闸	位临渠线	149	3.41	2.78	
24	入冀 2	2011.11.15—2012.02.06	位山闸	位临渠线	84	4.69	4.19	
25	入冀 3	2012.11.16—2012.12.31	位山闸	位临渠线	46	2.57	2.15	
26	入冀 4	2013.11.06—2014.01.11	位山闸	位临渠线	67	2.31	2.15	
27	入冀 5	2014.10.20—2015.02.10	位山闸	位临渠线	114	2.95	2.53	
		2015.04.08—2015.04.25	位山闸	位临渠线	18	1.19	0.58	
28	入冀 6	2016.04.11—2016.04.28	位山闸	位临渠线	18	0.72	0.44	
		2016.06.21—2016.07.17	位山闸	位临渠线	27	1.50	1.23	
29	入冀 7	2017.04.14—2017.04.28	位山闸	位临渠线	15	0.60	0.53	
30	入冀 8	2018.04.11—2018.05.04	位山闸	位临渠线	24	1.09	0.96	
31	入冀 9	2018.10.15—2018.12.11	位山闸	位临渠线	58	2.22	2.05	
32	入冀 10	2018.12.11—2019.02.05	位山闸	位临渠线	57	1.40	1.18	

续表

序号	调水名称/次数	起止日期	渠首闸	输水线路	历时(天)	渠首引水(亿 m^3)	刘口收水(亿 m^3)	备注
33	入冀 11	2019.05.20—2019.06.30	位山闸	位临渠线	42	2.90	2.41	
		2019.11.17—2020.02.04	位山闸	位临渠线	80	2.04	1.68	
34	入冀 12	2020.04.14—2020.07.10	位山闸	位临渠线	88	4.88	3.48	
		2020.12.16—2021.02.04	位山闸	位临渠线	51	1.31	1.24	
35	入冀 13	2021.03.08—2021.04.06	位山闸	位临渠线	29	1.51	1.12	
		2021.06.18—2021.07.08	位山闸	位临渠线	21	0.84	1.00	
	合计					138.97	91.78	

第二节　引黄济津

一、概述

引黄济津应急调水主要是利用现有渠道和河道，从位山闸引水，经山东、河北，进入天津市境内，把黄河水引入天津市，帮助解决天津市缺水困难，保证天津城市供水安全。引黄济津应急调水是贯彻落实以人为本、保障天津市饮水安全、经济发展和社会稳定的一项重要举措，对天津而言，能创造巨大的社会、经济和生态效益。

已实施调水线路主要是位山、潘庄、渠村线路，2014 年 12 月 12 日南水北调中线工程通水，12 月 27 日引江水进入天津市，天津市调水主要依靠南水北调中线长江水；据国务院南水北调办统计，截至 2017 年 5 月 17 日，南水北调中线一期工程累计调水 76.6 亿 m^3，相当于 547 个杭州西湖水量，其中：天津市分水 16.6 亿 m^3，河北省分水 7.2 亿 m^3。天津干线是南水北调中线工程总干渠的重要组成部分，主要任务是向天津供水，并给河北带水，输水线路长 153 km；天津干线输水线路长、引水流量大、流量变化幅度大，具有一定天然水头。南水北调中线一期工程惠及北京、天津、河北、河南 4 省(市)5 300 万人，沿线受水区北京、天津、保定、石家庄、新乡、郑州等 18 座大中城市供水保障能力得到有效改善。

二、输水必要性

20 世纪 70 年代以来，地处九河下梢的天津市由丰水变为缺水，全市人均水资源

160 m^3,不足全国人均水平的十五分之一,远远低于世界公认的人均占有量1 000 m^{3}缺水警戒线,成为全国人均水资源最少的几个城市之一,曾多次发生严重缺水危机。自1997年以来,海河、滦河流域遭遇持续8年的严重干旱,为解决天津市严重缺水问题,保证人民生活用水、经济发展和社会稳定,国家曾于1972年、1973年、1975年、1981年、1982年、2000年、2002年、2003年、2004年九次引黄河水救济天津。

三、输水详情

前三次引黄济津从人民胜利渠张菜园闸引水,1981年、1982年联合引水。自1981年第四次引黄济津至2004年第九次引黄济津,位山线路实施引黄济津6次,累计引水38.24亿m^3,其中:2000—2004年4次引水32.97亿m^3;2009年位山线路实施1次引黄济津济淀联合调度后,引黄济津转入潘庄线路,潘庄线路2010、2011连续两年实施引黄济津,至此结束引黄济津。

1. 第一次引黄济津

1972年11月11日,为解决天津市水源危机,国务院决定从河南省人民胜利渠引黄济津,途经卫河、卫运河、南运河至天津九宣闸,全长860 km。1972年11月25日至1973年2月15日,河南省人民胜利渠引黄河水2亿m^3,天津市九宣闸实收黄河水1.03亿m^3。

2. 第二次引黄济津

1973年5月3日,天津用水又处于严重紧张状态,中央决定再次引黄济津。河南人民胜利渠以40 m^3/s向天津送水,途经卫河、卫运河、南运河至天津九宣闸,到6月22日共放水2.2亿m^3,天津市九宣闸收水1.08亿m^3,暂时缓解人民生活和工业用水紧张局面。

3. 第三次引黄济津

1975年9月,根据国务院副总理李先念、谷牧指示,水电部在京召开冀、鲁、豫、京、津5省、市水利及水电部第十三工程局河道分局负责人会议,确定密云水库只供给北京,通过河南省人民胜利渠引黄河水4亿m^{3}接济天津,途经卫河、卫运河、南运河至天津九宣闸,1975年10月18日至1976年1月31日,累计放水3亿m^3,天津市九宣闸实收2.26亿m^3。

4. 第四次引黄济津

20世纪80年代,华北地区出现连年干旱,1981年入春以后,华北地区持续少雨,京津用水出现严重危机,1981年8月11日—15日,国务院在北京召开京津用水紧急会议,北京、天津、河北、河南、山东五省(市)和国家计委、经委、建委、农委、水利部等单位负责同志出席会议。国务院批转《京津用水紧急会议纪要》(国发〔1981〕13号),决定请河南、山东两省支援，采取紧急临时措施，从黄河引水 6.5 亿 m^3（河南 3.5 亿 m^3、山东 3 亿 m^3）。1981 年 8 月 27 日—29 日，山东省政府在济南召开引黄济津紧急会议，聊城、德州地区及有关县（市）负责人参加，落实任务和措施。第四次引黄济津分三条引水路线进行：①人民胜利渠线，由河南省人民胜利渠首闸经卫河、卫运河、南运河至西河闸，全长 860 km；②位临渠线，由山东省东阿县位山引黄闸经三干渠至临清胡家湾入卫运河，经南运河至西河闸，全长 547 km，其中山东 110 km；③潘庄渠线，由山东省齐河县潘庄引黄闸至四女寺入南运河至天津，全长 471 km，其中山东 130 km。位山、潘庄两条输水线路在卫运河汇流后，顺南运河送水至天津团泊洼和北大港水库。人民胜利渠线 1981 年 10 月 15 日提闸，1982 年 1 月 9 日闭闸，历时 87 d，引黄水量 4.23 亿 m^3；位临渠线 1981 年 11 月 15 日提闸，1982 年 1 月 9 日关闸，历时 56 d，引黄水量 2.56 亿 m^3；潘庄渠线 1981 年 11 月 27 日提闸，1982 年 1 月 15 日关闸，历时 50 d，引黄水量 3.233 亿 m^3。从人民胜利渠、位临渠、潘庄渠三线引黄河水 10.023 亿 m^3，天津九宣闸自 1981 年 10 月 27 日—1982 年 2 月 4 日累计收水 4.472 亿 m^3，收水率 44.6%。

5. 第五次引黄济津

1982 年入夏后，天津市实际蓄存可利用水量仅 0.4 亿 m^3，天津市用水再度出现危机。国务院决定，再从黄河及岳城水库引水送天津市。1982 年 9 月 22 日—24 日，水电部在天津市召开引黄、引岳（岳城水库）济津会议，从 1982 年 10 月起，组织第五次引黄引岳济津，从位临干渠、潘庄干渠、漳河三线引黄河、漳河和卫河上游来水 9.28 亿 m^3 向天津送水，途经卫河、卫运河、南运河至天津九宣闸，位临干渠至九宣闸 469 km，潘庄干渠至九宣闸393 km；引岳济津漳河线从岳城水库放水，经漳河、卫运河、南运河，至天津市九宣闸入天津市，全长 533 km。1982 年 9 月 26 日—27 日，山东省引黄济津领导小组在禹城县召开会议，传达水电部《引黄、引岳济津会议纪要》和省委、省府安排意见，讨论落实引黄济津任务和实施方案。1982 年 11 月 1 日—1982 年 12 月 23 日，位临干渠送水 2.71 亿 m^3；1982 年 11 月 14 日—1983 年 1 月 3 日，潘庄干渠送水 2.35 亿 m^3；1982 年 9 月 30 日至 1982 年 11 月 12 日，漳河线送水 1.25 亿 m^3；1982 年 10 月 1 日—1983 年 1 月 5 日，卫河上游送水 2.92 亿 m^3。各线累计送水 9.23 亿 m^3，区间分出 1.7 亿 m^3，天津市九宣闸实收水 6.02 亿 m^3，收水率 83.6%。

6. 第六次引黄济津

2000 年天津市遇到历史上特大干旱年，是华北地区连续干旱第 4 年，城市供水水库死库容被迫启用，形势危急，面对天津城市供水紧缺的严峻形势，市水利局提前制定外调水方案和实施意见；2000 年 6 月，引滦源头潘家口水库已达死库容（6 月 6 日 3.33 亿 m^3），水利部 6 月 22 日向国务院报送《关于天津城市供水应急措施的请示》（水资源〔2000〕236 号），7 月 14 日—15 日，国务院副总理温家宝率队察看于桥、潘家口等水库蓄水情况，听取天津市政府领导汇报，9 月 10 日国务院正式批准实施引黄济津，水利部以水汛〔2000〕406 号文明确分工，落实责任。黄委、省局、市局分别制定引黄济津应急供水预案，黄委从上中游紧急调水 15 亿 m^3，市局检修闸门、进行设施改造、修建临时壅水导流设施，引黄济津顺利实施。

引黄济津应急调水利用引黄入卫输水路线作为主调水路线，陶城铺作为备用路线，从位山闸引黄河水，经位山三干渠至临清穿过卫运河进入河北省境内清凉江，在沧州市泊镇附近进入南运河，经九宣闸进入天津市；从山东省位山闸至天津市九宣闸长440 km，从九宣闸到天津市区输水线路长140 km。2000年10月13日15时5分，温家宝副总理在位山闸亲自开启闸门，10月21日14时黄河水到达天津静海县九宣闸，2001年2月2日10时关闭，历时113 d，位山闸放水8.68亿 m^3，天津市九宣闸实收水量4.01亿 m^3（通过南运河向海河送水1.17亿 m^3，通过马厂减河向北大港水库输水2.84亿 m^3），同时向河北省大浪淀水库补水0.576亿 m^3。

2001年1月13—14日，引黄济津沿线出现20多年来最低气温，气温降至－16℃，山东、河北、天津发生不同程度冰阻，水位抬高，流量降低，引黄输水艰难；1月15日凌晨，位山三干渠王堤口段出现冰阻，两处渠堤漫溢决口，田庄桥以下渠段基本停水，海委紧急协商黄委调整位山引水流量，为封堵决口、战胜冰阻创造条件，1月20日引黄全线恢复输水，保证引黄济津应急调水任务顺利完成。

7. 第七次引黄济津

2002年天津市仍面临缺水危机，需采取应急调水措施解决，国务院决定实施引黄济津应急调水，调水路线与2000年相同。2002年10月31日10时20分位山闸提闸放水，至2003年1月23日24时停止，历时85 d，位山闸放水6.03亿 m^3，天津市九宣闸、入卫收水2.47亿 m^3。本次引黄济津原计划位山闸引水8亿 m^3，天津九宣闸收水4.5亿 m^3，因水质原因于2003年1月23日终止。

8. 第八次引黄济津

鉴于天津市2003年面临水资源短缺的严峻局面，国务院决定再次实施引黄济津应急调水，调水路线与2000年、2002年相同。位山闸2003年9月12日15时58分提闸放水，引黄水头2003年9月22日8时48分到达天津市九宣闸，至2004年1月6日12时引黄调水结束，历时117 d，比原计划提前54 d，位山闸放水9.25亿 m^3，天津市九宣闸收水5.1亿 m^3。第八次引黄济津应急调水是历次引黄济津调水任务中引水量最多、输水秩序最好、输水率最高的一次；按照计划，山东聊城调引黄河水12亿 m^3，天津收水5亿 m^3，实际从山东引水9.25亿 m^3，天津收水5.1亿 m^3。

9. 第九次引黄济津

2004年海河流域再次遭遇干旱，造成天津城市供水水源严重不足，国务院高度重视天津城市供水问题，批准再次实施引黄济津应急调水，调水路线与2000年、2002年、2003年相同。位山闸2004年10月9日9时放水，至2005年1月25日9时停止（1月25日，国家防总办发出《关于结束引黄济津应急调水的通知》），第9次引黄济津应急调水工作圆满结束，调水历时109天，比计划120天提前11天完成；位山闸放水9.01亿 m^3，天津市九宣闸按日均流量50 m^3/s 收水，累计收水4.3亿 m^3。引黄济津应急调水，实现以水资源可持续利用支撑经济社会可持续发展目标，保证天津城市供水安全，改善水生态环境，为促进国民经济快速发展、保证社会稳定做出积极贡献。

10. 潘庄线路引黄济津

潘庄线路顺利完成2010、2011年两个年度应急调水任务，2010年10月22日—2011年4月11日，历时172 d，潘庄闸累计放水11.91亿 m^3，天津市九宣闸收水4.2亿 m^3；2011年度引黄济津应急调水自2011年10月18日开始，2012年1月15日结束，历时89 d，渠首潘庄闸累计放水4.96亿 m^3，天津市九宣闸收水1.81亿 m^3，为河北省大浪淀调水4 000万 m^3，有效缓解天津南部地区干旱缺水问题，满足生态用水、农业用水，美化绿化环境，改善水生态环境，为经济社会发展提供可靠水源保障。连续两个年度高效输水，极大缓解天津市用水紧张局面，使沿线河北多个缺水地区受益；也润泽了德州市，解决区域用水难题，提升城市品位，繁荣运河经济文化，每年带来2亿 m^3 地下水补充，有效改善地下水环境。

《引黄济津潘庄线路应急输水协议》规定：输水期间，如沿线各相关省段输水损失超过规定损失率未完成输水任务，或因未执行引黄济津调度方案造成天津供水水量损失的，经海委确认后对相应减少（或损失）的水量按相关省水价的2倍扣减水费。但未对超出协议部分水量如何计收水费作出规定。

四、位山应急工程情况

1. 1981年引黄济津

1981年8月11日—15日，国务院在北京召开京津用水紧急会议，并转发《京津用水紧急会议纪要》，决定从黄河引水接济天津市。8月27～29日，山东省政府在济南召开第一次引黄济津紧急会议，部署引黄济津工作。为解决位山闸引水管理防护问题，省局下发《关于引黄济津渠首闸管理维护予拨款的通知》(〔81〕黄计字95号)，予拨7.5万元，其中防凌木排6.5万元、临时照明费0.2万元、补助观测设备费0.8万元。

2. 1982年引黄济津

1982年9月22～24日，水电部在天津召开引黄引岳济津会议，决定从1982年11月15日—1983年1月15日通过位山、潘庄两条输水线路向天津送水。位山闸改建施工期间，边施工、边引黄；1982年11月1日位山闸放水，至12月23日结束，历时53 d，总输水量2.71亿 m^3，解除天津市缺水燃眉之急。

3. 2000年引黄济津

2000年，为缓解天津城市供水危机，国务院决定实施第6次引黄济津应急调水，利用引黄入冀输水路线作为主调水路线，陶城铺为备用路线。为保证此次应急调水顺利进行，1999年8月20日开始实施引黄济津渠首闸应急工程，2000年10月11日主体工程完成。

引黄济津渠首闸应急工程包括：位山闸闸前、闸后清淤，闸门维修，闸门启闭设备维修改造，闸前导冰工程，采暖防冻设施，测流测沙及报汛设施，供电设施更新改造，共7个项目、42个单元工程；陶城铺东闸闸前、闸后清淤，石方拆除，闸前导冰工程，采暖防冻设施，测流测沙设施和供电设施更新改造，共5个项目、20个单元工程。

省局分别以鲁黄工发〔2000〕152号、鲁黄工发〔2001〕13号、鲁黄工发〔2001〕31号下达引黄济津应急调水工程中央财政预算内专项资金1 485万元、400万元、210万元，总计投资2 095万元，其中鲁黄工发〔2001〕31号文批复位山闸远程监控系统投资56.7万元（启闭控制系统1套25.4万元，远程监视系统1套31.3万元）。

4. 2002年引黄济津

引黄济津实施前，对位山闸闸前、闸后进行清淤，完成清淤土方16.13万 m^3；安设浮筒34对，对闸前拦冰、导冰系统进行维修；对采暖设施进行维修养护；对闸后分水墙进行灌浆处理。2002年11月底至12月初和2003年年初，对引渠口门左岸进行清淤扩口；为确保位山闸平均引水流量达到100 m^3/s，2002年10月在位山闸引渠口门上游200 m处（牛屯浮桥下游50 m）右岸增建壅水挑溜工程，工程长110 m，浮枕结构，省局以鲁黄规计〔2003〕48号文拨付资金224万元。

5. 2003年引黄济津

2003年引黄济津应急调水位山闸应急工程主要包括：闸前、闸后清淤土方11.21万 m^3，导冰设施维修、安装运行，供暖设施维修、运行，壅水挑溜坝修筑，分水墙防渗帷幕灌浆，启闭系统维修等。省局以鲁黄规计〔2004〕9号文拨付资金336万元。

6. 2004年引黄济津

据统计，本次引黄济津位山闸前清淤长度450 m，闸后清淤190 m，清淤土方16.36万 m^3，为历次引黄济津之最。牛屯浮桥以下修建长123 m挑溜坝，对保证位山闸引水流量起到重要作用，这也是近几年引黄济津中，首次在引水前建成挑溜工程。对测流测沙缆道、控制台等设施进行维修改造；对用于拦冰的34对浮筒进行全面除锈、喷漆、安装和加固；对导冰船进行全面维修和外壳防锈防腐处理；对闸门启闭设备和供、采暖系统进行维修养护、调试；对引黄涵闸远程监控系统进行升级改造。本次引黄济津应急工程建设总投资387万元，其中：涵闸远程监控系统升级改造投资56.11万元。

五、位山应急工程施工管理

华北地区连年干旱，天津市缺水问题严重，为解决天津市缺水问题，2000年以来连续4次引黄济津。为做好引黄济津应急调水工作，水利部曾编制《2000年引黄济津应急调水管理办法》（水汛〔2000〕406号）；每次引黄济津，市局均成立领导小组，下设项目办、项目部，具体负责引黄济津有关事宜。严格按照水利工程建设项目管理规定实施，实行项目法人制、建设监理制。投资计划下达前，按照项目设计方案，组织项目施工。

六、冰期输水安全

跨冰期输水是引黄济津工作的重中之重，是关系引黄济津成功与否的关键。凌汛期间引水，冰凌随表层水流流向弯道凹岸，闸孔易被冰块堵塞，冰凌重量大、数量多，对闸门和闸墩撞击严重，对闸门、闸室结构安全造成直接威胁；闸门容易结冰，启动困难，大量冰凌堆积在涵闸上游，破坏涵闸稳定，可能引发各种险情，且难以抢护。一旦位山闸闸前河段卡冰结坝，引水口水量必然减少，冰块还会进入引水渠道，引发输水渠道卡冰结坝；如果输水渠道出现严重凌情需要停止输水时，位山闸以下黄河干流流量增加，若该河段已封河，极有可能水鼓冰开，威胁黄河下游防凌安全。引黄济津时间紧、线路长、任务重、涉及面广，带冰放水期间，险情随时可能发生，将严重影响引黄济津目标如期实现，时刻威胁干渠两岸群众生命财产安全，应加强冰期输水安全管理。2009 年引黄济津济淀期间，位山闸流量 120 m^3/s，河北临西县东枣园乡简店村附近发生漫溢险情，漫溢段距简店渡槽上游3 km，距穿卫枢纽 15 km；险情发生后，当地水利部门立即采取应急措施，调来挖掘机、铲车等抢险设备，连夜抢加子埝，未造成重大损失。2010 年 12 月 30 日、2011 年 1 月 1 日和 1 月 3 日，潘庄干渠分别在尚庙闸、崔庄闸、武庄闸出现 3 次较大险情，造成大面积农田受淹，给当地经济发展和社会稳定带来较大隐患。因此，非常有必要建立一套切实可行、行之有效的御冰措施，尽量减少冰期输水时间，减轻冰期输水压力。

第三节　引黄入卫(入冀)

一、概述

引黄入卫是经国家农业综合开发领导小组和水利部批准建设的一项跨省、跨流域大型调水工程，是解决河北东南部地区严重缺水而实施的引黄调水工程。河北沧州地区是华北最为缺乏水资源的地区，人均水资源占有量仅 100 m^3，为海河流域人均水资源占有量的 1/3。长期以来，该地区农业灌溉受到严重制约，影响该地区社会经济发展；因缺水被迫引用高含氟水，严重损害当地人民群众身体健康。20 世纪 80 年代，随着经济社会不断发展，水资源短缺问题更加突出，为解决该地区缺水问题，水利部与河北省曾先后调查研究多种跨流域调水方案，以实现从外流域向该地区调水。1989 年春，水利部委托山东省研究利用位山引黄灌区冬季引黄济冀可能性，取名为“引黄入卫工程”，1991 年 12 月批复山东省上报的《山东省引黄入卫工程可行性研究报告》，确定利用山东省聊城地区位山引黄灌区(三干渠输水系统)冬季停灌间隙(11 月—翌年 2 月)引黄河水，重点用于农业灌溉、部分解决沧州市高氟区生活饮水。

该工程立项目的是多渠道、多方案解决华北资源严重短缺问题，提出利用位山灌区三干渠向华北、白洋淀送水，充分利用现有工程，输水线路短，并与今后南水北调东线线路要求结合，方案具有明显优越性。

1992年8月，国家农业综合开发领导小组以〔1992〕国农综字第78号文对水利部上报的《引黄入卫工程初步设计审查意见的报告》作了批复，表示原则同意水利部审查意见，明确指出：引黄入卫工程是一项利用当地灌溉设施，跨流域、跨省大型调水工程，各方面矛盾比较复杂，有关各方一定要从全局利益出发，在引黄入卫领导小组统一领导下，紧密配合，保证按时、高质量地完成各项工程，及早缓解河北东南部地区农业严重缺水状况，为农业综合开发创造良好外部条件。要求水利部在批准山东省引黄入卫初步设计基础上，及早研究、明确卫运河输水及河北省接水、输水方案，以保证整个工程按期实施。引黄入卫主要利用位山灌区原有工程设施扩建、改建而成，为河北省严重缺水的沧州、衡水、邢台3市带来巨大社会、经济和生态效益，同时改善聊城市引黄工程条件。国家农委同意该项目立项，要求建设工期三年，并安排中央级农发基金1.54亿元，水利部基建非经营性基金0.3亿元。

二、引黄入卫工程

进入20世纪90年代，为缓解华北地区水资源严重短缺状况，国家实施引黄入卫工程；依托位山引黄灌溉工程，经扩建完善，赋予部分灌溉输水、沉沙系统新的功能，在位山灌区相对闲置的冬季、非主要灌溉季节引黄河径流。

1. 工程概况

引黄入卫工程是华北地区跨流域、跨省大型调水工程，1992年11月5日开工，1994年11月10日建成并举行通水仪式，1995年10月通过国家验收，历时3年。引黄入卫线路起于山东省聊城市东阿县位山引黄闸，依托位山引黄灌区原有工程，输水至临清卫运河立交枢纽入河北省临西县，以缓解卫运河左岸河北省东南部地区严重缺水状况。

经水电部批准，位山至临清山东段由山东省水利勘测设计院设计，黄河来水75%保证率，冬季四个月中引水90 d，年引水量6.22亿 m^3，渠首引黄设计流量80 m^3/s，加大流量92 m^3/s，穿卫运河采用立交型式，穿越徒骇、马颊河采用渡槽立交，山东省内渠线总长105 km，在临西县刘口村附近入河北省境内；河北省境内渠首设计流量65 m^3/s，加大流量75 m^3/s，刘口村至南排河东关闸，渠线全长257.186 km，沿线除利用已建渠线、闸涵、倒虹吸外，尚有新建闸涵、倒虹吸及新开渠道等，工程建成后要求黄河来水75%保证率条件下，扣除沉沙和输水损失后，相应送入河北省水量5.0亿 m^3。

引黄入卫工程主要包括山东省引黄入卫干渠、临清立交穿卫枢纽及河北省输水、接水工程3部分组成。

2. 山东省引黄入卫工程

该段工程从位山引黄闸引取黄河水，经位山灌区西输沙渠、西沉沙池，再经总干渠、三干渠和小引河入卫段，送至临清市南引黄穿卫枢纽，输水长度105 km，渠首位山闸引黄设计保证率75%时，冬季至来年4个月设计引黄流量92 m^3/s，相应设计入卫流量75 m^3/s，年入冀水量 5 亿 m³。

1990 年 9 月—11 月，以山东省水利勘测设计院为主，聊城地区水利局设计院参加，编制《山东省引黄入卫工程可行性研究报告（代设计任务书）》及《补充说明》。1991 年 12 月，水利部以水规〔1991〕81 号文对可行性研究报告进行批复，山东省水利勘测设计院据此编制《山东省引黄入卫工程初步设计》。1992 年 8 月 12 日，水利部以水规〔1992〕20 号文对此作了批复。1992 年 10 月 25 日开始动工，1995 年 8 月底竣工，工程总投资 1.97 亿元，其中：水利基建投资 0.33 亿元、中央农发基金 1.64 亿元。

3. 临清穿卫枢纽工程

1992 年 8 月，海委向水利部提交引黄入卫工程可行性研究报告，对引黄入卫黄河水如何穿越卫运河进入河北省问题提出平交和立交两个方案：①平交方案，即利用原引黄济津入卫闸，将山东引黄水送入卫运河，经 47 km 卫运河河段输水，在祝官屯枢纽节制后，通过祝官屯闸上游左岸和平闸、南李庄扬水站，将黄河水引入河北省境内。②立交方案，即在引黄入卫闸上游胡家湾处建一虹吸涵洞（即引黄穿卫枢纽），将黄河水穿过卫运河河底，送入河北省境内。经两方案比较分析，认为立交方案送水水质好，输水损失小，便于管理，海委推荐立交方案。1992 年 9 月，经水规总院审查，同意采用立交穿卫输水方案。1993 年 3 月，天津院完成立交穿卫枢纽工程初步设计，4 月通过初审，5 月水利部以水规〔1993〕272 号文批准初步设计。

引黄穿卫枢纽工程是衔接山东、河北两省输水、接水工程，是引黄入卫工程跨越卫运河交叉性输水建筑物，位于山东省临清市南郊卫运河干流上，卫运河主槽中心线桩号 58+300，1993 年 10 月 4 日开工，1994 年 11 月 3 日主体工程完工，同年 11 月 11 日 10 时正式通水，1995 年 6 月 21 日—22 日通过竣工验收。穿卫枢纽工程主要由右堤外明渠、穿右堤涵闸、右滩明渠、穿主槽倒虹吸、左滩明渠和穿左堤涵闸 6 部分组成，枢纽轴线全长 1 565.47 m，大Ⅱ型工程，主要建筑物按 2 级建筑物设计，设计输水流量 75 m³/s，年输水总量 5 亿 m³，工程投资 4 628.84 万元，其中：水利部基建投资 3 678.84 万元、中央农发基金 50 万元、河北省投资 900 万元。穿卫枢纽工程作用是位山闸引黄水经位山引黄干渠，通过该枢纽与卫运河立交，由底部穿过卫运河送入河北省，解决河北省东南部地区缺水问题。

引黄穿卫枢纽所处卫运河是山东与河北两省边界河道，右岸为山东省临清市，左岸系河北省临西县，枢纽下游 70 m 处为 1983 年建成的引黄济津入卫涵闸，系位山引黄入卫运河控制性工程，Ⅱ级建筑物，枢纽和入卫闸堤外引渠在右堤外 139 m 处分叉，并在 291.5 m 处与位山引水干渠衔接。

与穿卫枢纽毗邻的入卫闸为三孔 3.0×2.7 m 钢筋混凝土箱涵结构，设计泄水流量 50 m³/s，由山东省根治海河指挥部设计，临清县水利局组织施工，1983 年 3 月 2 日开工，8 月 15 日完工，1984 年 1 月 13 日工程竣工验收后移交漳卫南局聊城处管理。入卫闸为原引黄济津输水干线平交卫运河的控制性建筑物，也是位山三干渠的退水闸，工程建成后历经多次引黄输水。随着穿卫枢纽工程投入应用，该闸输水功能基本丧失，现已成为引黄穿卫冬季输水时用于导冰下泄、缓解穿卫枢纽冰情压力的重要辅助性配套设施。

4. 河北省引黄入卫工程

河北省引黄入卫工程总干渠输水线路主要利用原有排涝河道，该渠起自立交穿卫枢纽左堤涵闸出口，下接新开渠、二支渠、东干渠、新清临渠，在张二庄闸入清凉江，到清凉江下游泊头市境内八里庄闸止，全长 182 km；设计干渠流量 62 m^3/s，校核流量 75 m^3/s，工程概算投资 3 400 万元。

1992 年 4 月—11 月，河北院完成该项目可行性研究报告，1992 年 12 月—1993 年 4 月在衡水、沧州、邢台地区配合下，仅用不足半年时间完成《河北省位山引黄入冀工程初步设计说明书》，涉及工程按设计要求已按期实施。该工程分两期实施，一期工程 1993 年完成，二期工程 1994 年完成。工程实施过程中，为解决河北省沧、衡地区严重干旱，1993 年 2 月、1994 年 1 月两次引黄应急供水，1994 年 11 月起，每年按期进行引黄输水。

三、引黄入卫输水

1. 第一次引黄入卫

1991 年 12 月 12 日，水利部《关于引黄入卫工程可行性研究报告的批复》指出："工程开工两年后应具备初步送水条件，并开始部分送水"。1992 年 9 月 28 日，水利部副部长周文智在天津主持召开引黄入卫工程领导小组第一次会议，确定 1993 年 2 月向河北省送少量黄河水（河北省在卫运河祝官屯闸上游和平闸收水 3 000 万～5 000 万 m^3），使跨流域大型调水工程边建设边发挥效益，及早缓解河北省东南部地区严重缺水状况。

1993 年 1 月 13 日—15 日，水利部副部长周文智在山东省茌平县主持召开引黄入卫工程领导小组办公会议，经过认真研究讨论，山东省水利厅副厅长邱沛、河北省水利厅副厅长韩锦文、海委副主任康文龙在《引黄入卫工程临时供水协议》上签字，正式明确 1993 年 2 月向河北省供水 3 000 万 m^3。为做好首次供水准备，山东、河北两省水利厅及有关地、县水利局、山东黄河河务局、海委及漳卫南局等立即行动，急事急办，春节期间进行紧张供水准备工作。山东黄河河务局完成闸前清淤、机电设备检修，按要求设置临时导冰设施；聊城地区临清市动员 3 万人从腊月二十五日至年三十中午（1993 年 1 月 17 日—22 日）完成小运河段 9 万 m^3 清淤，保证按时、按量供水。1993 年 1 月 30 日 10 时位山闸西五孔全部提开放水，至 2 月 28 日 10 时引黄入卫放水结束，历时 30 d，位山闸引水 13 638 万 m^3，河北省收水 3 162 万 m^3，灌溉农田 26 万亩，圆满完成首次临时供水任务。"引黄入卫"供水协议书商签渠首协议供水量 6 200 万 m^3。

2. 第二次引黄入卫

1993 年 9 月 9 日—10 日，引黄入卫工程领导小组第二次会议在河北省沧州市召开，会议由水利部副部长周文智主持，河北省副省长顾二熊、山东省副省长王建功等参加会议。会议研究确定 1993 年 12 月 5 日—1994 年 2 月 10 日再次采取平交方式，经卫运河向河北省供水 1.5 亿 m^3（确保 1.2 亿 m^3）。后因气候寒冷，施工困难，山东省引黄入卫工程任务不能按期完成。在充分征求山东、河北两省意见后，经引黄入卫工程领导小组同意，将第二次临时供水水量改为“山东省保证供黄河水 7 000 万 m^3，不足部分由岳城水库放水补充”。

1994 年 1 月 5 日 9 时 30 分，由海委、山东黄河河务局、山东省和河北省水利厅以及聊城地委、行署领导共 30 余人参加的引黄入卫第二期临时输水工程放水典礼仪式在位山引黄闸隆重举行；9 时 50 分，引黄入卫第二期临时输水工程启闸放水，1 月 24 日结束，历时 20 d，位山闸引水 1.02 亿 m^3，河北省收水 7 600 万 m^3，平均流量 75.2 m^3/s。

3. 第三次引黄入卫

1992 年 9 月 27 日，水利部、山东省、河北省 3 方共同签署《引黄入卫工程供水协议》，供水时间为工程建成后持续 15 年，年供水量 5 亿 m^3，1994 年 11 月正式引黄。

1994 年 11 月 10 日 10 时，引黄入卫工程建成通水典礼仪式在位山闸举行，引水至 1995 年 1 月 21 日结束，历时 73 d，位山引黄闸引黄水量 4.10 亿 m^3，平均引水流量 86.1 m^3/s；向河北送水 4.06 亿 m^3，平均入卫流量 63.5 m^3/s。

4. 第四至十次引黄入卫

1995 年 10 月引黄入卫工程通过国家验收后，引黄入卫应急调水陆续进行。从 1995 年 11 月 6 日—2009 年 2 月 4 日，进行第四至十次引黄入卫应急调水，位山闸引黄水量 17.07 亿 m^3。

四、引黄入冀

1. 概况

2010 年秋季开始，引黄入卫改名为引黄入冀，线路为：从位山闸引黄河水，经西输沙渠、西沉沙池、总干渠、三干渠、小运河到穿卫枢纽刘口站，进入河北境内，山东省境内长 105 km。

引黄入冀工程是河北开源首举，也是河北引黄工程投入成本小、取得效益大的工程。随着下游地区引水目标增多、支线增辟和不断延伸，该线路受益范围呈逐步扩大趋势。通过永久工程建设逐步完善现有工程体系，打造河北省永久性引黄工程，避免大量临时拆堵工程投资浪费是位山线路今后建设重点。

2. 调水原则

引黄入冀调水实行统一调度、分段承包责任制；尽量避开黄河下游凌汛期和春灌高峰期；凌汛期实施引黄入冀调水时，供水调度要服从黄河防凌调度；引水期按渠首黄河含沙量不大于 10 kg/m^3 条件下，相应刘口站含沙量不大于 2 kg/m^3；引黄入冀调水应优先保证山东省计划内用水。

3. 受益范围

引黄入冀位山线路主要向衡水、沧州供水，缓解水资源供需矛盾，彻底结束沧州市区居民饮用高氟水历史，引黄回补地下水，改善受益区水环境，扼制局部区域地面进一步沉降。雄安新区建成后，可通过引黄入冀位山线路向白洋淀输水，拯救白洋淀水生态环境，为白洋淀水生动植物提供良好生长条件。

五、引黄入卫（入冀）水量

1. 位山线路

2010—2021 年 7 月，实施引黄入冀 13 次，累计向河北供水 38.12 亿 m^3。1993 年开始，截至 2021 年 7 月共计实施引黄入卫、引黄入冀 23 次，位山闸累计调水 61.66 亿 m^3。

历次引黄济津（济淀）、入冀（入卫）情况详见表 6-1。

2. 潘庄线路

潘庄线路 2010—2016 年向天津、沧州实施引黄 8 次，累计从潘庄闸引水 24.53 亿 m^3，主要供给天津、沧州，详见表 6-2。

表 6-2　潘庄线路引水统计表

序号	目的地/次数	起止日期	潘庄闸引水（亿 m^3）	穿漳卫新河倒虹吸收水（亿 m^3）	备注
1	天津 1	2010.10.22—2011.04.11	11.91	7.13	
2	天津 2	2011.10.18—2012.01.15	4.96	3.28	
3	沧州 1	2013.03.10—2013.03.29	0.93	0.5	
4	沧州 2	2014.09.15—2014.09.28	0.51	0.38	
5	沧州 3	2014.10.30—2014.12.21	2.9	2.4	
6	沧州 4	2015.09.17—2015.09.29	0.52	0.3	
7	沧州 5	2015.11.19—2016.01.15	2.13	1.34	
8	沧州 6	2016.03.04—2016.03.23	0.67	0.45	
合计			24.53	15.78	

六、穿卫枢纽输水管理费

1. 建成前两次临时输水

1993 年 1 月 15 日海委与山东省、河北省水利厅签订《引黄入卫工程临时供水协议》，协议规定：漳卫南局按和平闸与南李庄扬水站合计收水量，收取卫运河输水管理费，输送引黄水管理费标准为 4 厘每 m^3，由河北、山东两省各承担 50%。1993 年 1 月 30 日—2 月

28日，经卫运河第一次平交临时输水，河北省收到引黄水0.32亿m^3，漳卫南局向河北、山东两省共收取引黄输水管理费14.98万元。

1993年9月10日，海委与山东省、河北省水利厅签订《引黄入卫工程第二次临时供水协议》；1993年12月28日，漳卫南局与衡水、沧州两地区水利局签订《引岳入卫临时供水协议》。1994年1月4日至2月1日，引黄引岳通过卫运河、南运河第二次平交输水，河北省共计收到黄河水7 600万m^3、岳城水库水6 000万m^3、卫河基流水2 956万m^3。其中引黄河水按4厘/m^3、岳城水库水按3分/m^3、卫河基流水按1.5厘/m^3标准计收，漳卫南局共收到引黄输水管理费28.06万元(由河北、山东两省各承担50%)，引岳水费174万元、卫河基流水费4.73万元，由河北省承担。

2. 建成后正式输水

1995年2月12日—13日，水利部在天津市召开引黄入卫工程工作会议，会议确定：1994年11月10日—1995年1月21日，第一次正式输水的输水管理费暂按河北、山东两省各20万元计收。实际收到输水管理费合计38.68万元，其中山东省20万元，河北省18.68万元。

1996年1月9日—11日，在天津召开引黄入卫工程领导小组第三次会议，会议由引黄入卫工程领导小组办公室主持，河北、山东两省水利厅和漳卫南局参加，对漳卫南局输水管理费标准再次进行协商，暂定输5亿m^3黄河水时，漳卫南局收取输水管理费65万元，其中基本管理费35万元、计量管理费30万元(5亿m^3水量计算，单价为0.6厘/m^3)，每次输水结束后按实际输水方量计收实际计量管理费。该标准从1995年冬第二次经穿卫枢纽输水起实施，输水管理费由河北、山东两省各承担50%。

七、工程验收

1. 通水验收

1994年11月10日10时，引黄入卫工程建成通水仪式在位山引黄闸举行；国家农业开发办、水利部、海委、山东黄河河务局、山东省水利厅、河北省水利厅及聊城地区党委(简称"地委")、行政公署(简称"行署")六大班子领导40余人参加仪式，国家农业开发办、水利部、聊城地区行署领导分别讲话。引黄入卫工程建设历时3年，总投资1.84亿元，是国家农业开发领导小组和水利部批准兴建的一项跨省际、跨流域大型调水工程。在引黄入卫工程改建、扩建期间，先后完成2次临时输水任务，标志着引黄入卫工程由建设阶段转入管理阶段。

2. 竣工验收

1995年11月1日，引黄入卫工程竣工验收暨通水典礼在位山引黄闸隆重举行，国务院副总理姜春云、国务委员陈俊生、山东省省长李春亭等分别向引黄入卫工程指挥部发来贺信。工程利用位山引黄灌区冬季停灌、清淤间隙(11月至翌年2月)，每年冬季可向河北省送水5亿m^3。为解严重干旱的燃眉之急，工程建设期间，1993年初、1994年初两次向河北临时送水，为河北省沧州、衡水等带来巨大的社会效益、经济效益和生态效益。

八、水费

1993 年 1 月 30 日、1993 年 12 月，水利部委派海委与山东省、河北省签订《引黄入卫工程临时供水协议》，明确：聊城地区水利局按位山闸水量向聊城地区黄河河务局交纳 0.123 4 分/m^3渠首水费，该项费用计入引黄水费标准 5 分/m^3内，并应预交 20%渠首水费。

2010 年 10 月 14 日，黄委、海委、山东省水利厅、河北省水利厅签订《引黄入冀位山线路供水协议》，有效期至 2016 年 2 月，确定：黄河位山闸至穿卫枢纽刘口站输水率按 83%计算；黄河渠首水费由河北省按照位山闸引水量、农业用水与非农业用水和生活用水3∶1的比例，以及国家确定的当年引黄渠首工程供水价格标准，直接向黄委山东黄河河务局支付；位山闸引水量按照刘口站实际收水量及规定收水率计算。河北省按海委核实后刘口站实收水量向山东省缴纳水费，山东省水费以刘口站收水量按 0.20 元/m^3计收；河北省按已确定承担的山东省水费和黄河渠首工程费分 2 次支付山东省和黄委山东黄河河务局：①输水开始 10 日前，河北省将总水量和黄河渠首工程水费的 40%分别交付相关单位；②引水任务完成后两周内，河北省将剩余总水费和黄河渠首工程水费（包括滞纳金）全部交付相关单位。若遇国家有关政策调整影响水价较大或物价指数年涨跌超过 10%时，黄委负责协调调整水价。

2017 年 10 月 14 日黄委、海委和山东、河南、河北省水利厅共同签署的引黄入冀（补淀）供水协议（有效期三年）明确：引黄渠首水费，根据渠首监测引水量分类计价，其中白洋淀供水水量暂按照农业用水与非农业用水 4:6 比例确定；渠首水费由河北省按协议规定方式向黄河水利委员会河南黄河河务局或山东黄河河务局支付。输水工程水费，由河北省向河南省（或山东省）、黄河水利委员会和海河水利委员会支付，位山线路输水工程水费标准为：渠首输水工程水费 0.013 9 元/m^3，位山线路山东段 0.23 元/m^3；海河水利委员会穿卫枢纽工程采用两部制水价，基本水费 105.4 万元，输水工程水费 0.007 4 元/m^3。支付方式为：补水调度计划启动 10 个工作日前，河北省将引黄渠首水费和输水工程水费的 40%分别支付相关单位账户；补水调度计划完成后，河北省于当年 6 月底前将剩余费用全部支付相关单位。2018 年 4 月 11 日—5 月 4 日引黄入冀调水即按该协议执行。

2019 年 7 月 18 日黄委召开引黄入冀（补淀）调水管理工作座谈会，河北省水利厅和山东、河南黄河河务局有关领导参加会议，会议就引黄入冀（补淀）调水程序、调水线路、调水时间、调水规模、水价、职责分工等进行充分讨论协商，达成一致意见。调水线路采用渠村、位山、李家岸、潘庄等；调水规模为多年平均调水量 6.2 亿 m^3，其中白洋淀供水 2.55 亿 m^3（净入白洋淀 1.1 亿 m^3），鉴于引黄入冀（补淀）、华北地区地下水超采综合治理生态补水是落实党中央、国务院重要决策部署的重要举措，每年调水水量按国家、水利部、华北地区地下水压采和引黄补淀需求，视黄河水资源条件力争多补水；调水时间原则上在每年冬四月期间（11 月到翌年 2 月）实施，其他时间视当地用水情况，在条件许可时最大限度满足河北用水需求；引黄入冀（补淀）渠首水价实行统一综合水价政策，主要包括渠首水费、渠首输水工程水费及有关临时工程费，2019—2021 两个调度年，渠首综合水价按

0.1元/m^3，遇国家政策变化，水价相应调整；山东、河南黄河河务局要积极做好辖区引黄渠首工程调度管理和运行维护，河北省水利厅应提早做好有关引黄用水工作安排，及时申报用水计划，按时支付调水费用。

2020年8月19日，水利部调水管理司组织召开引黄入冀(补淀)供水协议续签工作沟通会，总结协议执行情况，研究协议续签工作安排；会议委托海委负责协议起草，9月22日、9月27日两次征求引黄入冀(补淀)供水协议续签稿意见。在水利部牵头组织下，2021年2月5日黄委、海委，河北、山东和河南水利厅共同签署《引黄入冀供水协议》，它是《引黄入冀(补淀)供水协议》的延续，对支持雄安新区建设、着力解决华北地区地下水超采问题意义重大；本次签订的协议，以2017年签订的《引黄入冀(补淀)供水协议》为基础，综合考虑供水工作中存在的经验和问题，视情况可通过渠村、位山、潘庄和李家岸四条供水线路向河北省供水，同时细化各方责任，提高管理要求，指导水费计收。方案较2017年增加潘庄、李家岸线路，引水时间原则上每年冬四月(11月到翌年2月)向河北省供水，供水规模为多年引黄水量6.2亿m^3，位山线路山东省境内控制输水率不低于83%，供水期按引黄渠首含沙量不大于10 kg/m^3、相应省界含沙量不大于2 kg/m^3供水不变。

第四节　引黄济淀

白洋淀是华北平原最大的淡水浅湖型湿地，属于海河流域大清河水系，具有缓洪、滞洪作用，入淀水量来自上游九条河流，分别是北拒马河、南拒马河、萍河、瀑河、漕河、府河、唐河、孝义河、潴龙河等，出泄河水经赵王新河，入独流减河和海河，汇入渤海；白洋淀上游有6座大型水库，123座中小型水库。20世纪六七十年代，因气候变化，白洋淀流域降水量减少，随着工农业发展，需水量增加，污染物在淀内不断累积，导致白洋淀入淀水量减少，淀内水质日益恶化，需要进行人工补水。引黄济淀应急生态调水线路全长399 km，山东段从位山闸到冀鲁两省交界处刘口闸，长105 km；河北段从刘口闸到白洋淀，长294 km。1981年以来，通过位山线路实施引黄济淀应急调水2次，位山闸累计送水12亿m^3，河北省白洋淀、衡水湖、大浪淀累计收水5.08亿m^3。

一、第一次引黄济淀

近几年，受降雨减少等因素影响，白洋淀水位下降，水面面积减少。根据国家要求，黄委成功实施首次引黄济淀应急生态调水。2006年11月24日16时，引黄济淀应急调水位山闸开闸送水，经过黄河、地方水利部门共同努力，在沿线县乡党委、政府和群众支持下，送水工作进展顺利，日均送水近700万m^3。实践证明，位山到临清段调水工程安全可靠，为今后跨流域调水打下坚实基础。2007年2月28日结束引水，历时97 d，渠首位山闸引水4.79亿m^3，白洋淀收水1.001亿m^3、衡水湖收水0.65亿m^3、大浪淀收水0.69亿m^3，河北累计收水3.4亿m^3。白洋淀从2006年12月15日黄河水入淀开始，至2007年3月5日结束，入淀净水量1.001亿m^3，补淀结束后，淀水位升高93 cm，达到7.29 m，水面面积从 61 km²增加到 130 km²，水质变好。

二、第二次引黄济淀

素有“华北明珠”、华北地区“空调器”之称的白洋淀是华北地区最大淡水湖泊和重要天然湿地生态系统，白洋淀在调节地区气候、保持生态多样性、为鸟类提供迁徙和栖息地、补充周边地下水等方面发挥着不可替代的作用，同时承担向保定、沧州两市 23 万人提供生活、生产用水任务。2007 年 12 月 10 日，水利部与河北省决定 2008 年 2 月初启动第二次“引黄济淀”工程，以缓解“华北明珠”白洋淀出现的干淀危机。

受持续干旱影响，白洋淀自 2007 年 6 月中旬以来，已在干淀水位 5.1 m 以下运行，汛期河北省平均降雨仅 326 mm，较常年偏少 21%，白洋淀水位再次低于干淀水位，淀区天然湿地生态系统受到不同程度破坏，淀区 23 万群众生产生活受到严重威胁。2007 年 12 月 10 日河北省安新县提供数据，白洋淀水位 6.31 m，距离干淀警戒水位不到 0.2 m，位于白洋淀上游的王快、西大洋、安各庄 3 座水库蓄水量较常年同期蓄水少 37.8%，这 3 座水库除供保定市城市用水和部分农业用水外，还计划为 2008 年北京奥运会补水 3 亿 m³，不能再为白洋淀补水，也不具备补水条件，实施引黄济淀工程是解决白洋淀干淀的唯一途径。

根据国务院领导批示精神和国家防办通知要求，2008 年 1 月 25 日 10 时，黄委再次开启位山闸放水，实施“引黄济淀”应急生态调水，以保证 2008 年北京奥运会用水，维护奥运会周边生态环境安全和华北地区生态平衡、促进区域经济可持续发展、保持白洋淀地区社会稳定；本次计划引水时间 120 d，位山闸引黄河水 6 亿 m³，刘口闸过水量 4.65 亿 m³（其中：引黄济淀水量 3.12 亿 m³，衡水湖、大浪淀水量 1.53 亿 m³），入白洋淀净水量 1.56 亿 m³，实际引水一直持续到 2008 年 6 月 17 日，历时 145 d，渠首位山闸引水 7.21 亿 m³，河北收水 4.84 亿 m³，其中：白洋淀收水 1.57 亿 m³、衡水湖收水 0.587 亿 m³、大浪淀收水 0.64 亿 m³。

2006 年，河北省首次对白洋淀实行跨流域引用黄河水，实际入淀水量 1.001 亿 m³，经过不到半年时间蒸发渗漏，2007 年 12 月白洋淀内蓄水量仅剩 3 000 万 m³。河北省水利部门认为，引黄济淀常态化将足以在当前及今后一段时间确保白洋淀不干淀。

三、引黄济淀工作方案

2017 年 3 月 8 日，针对引黄补水有关事宜，河北省政府以《关于白洋淀衡水湖引黄补水执行农业渠首工程水价的函》（冀政函〔2017〕7 号）向水利部提出建议。白洋淀、衡水湖是华北地区最大的两个天然湿地，具有较强的功能输水效应，对改善华北生态环境和气候条件发挥着巨大作用，在京津冀协同发展和国家生态安全体系建设中具有重要战略地位。强调白洋淀、衡水湖湿地补水不同于城市景观用水，一次补水量达 3.5 亿 m³，补充地下水、改善流域环境效果显著。白洋淀、衡水湖湿地补水除发挥华北之肾的生态作用外，还兼有莲藕、芦苇生产和保护动植物物种多样性功能，白洋淀、衡水湖湿地用水定性为农业用水合情合理。

2017年4月25日，水利部水资源司主持召开关于白洋淀应急补水座谈会，黄委、海委、河北水利厅参加会议。河北省水利厅汇报《白洋淀生态补水工作方案》，白洋淀生态补水是把雄安新区建设成绿色生态宜居新城区的重要保障，是一项重大政治任务，强调要增加引黄入冀补淀生态水量、延长调水时间、完善引水工程、确定引水水价，尽快签订引水协议、加大资金支持。黄委、海委建议严格执行《关于调整黄河下游引黄渠首工程和岳城水库供水价格的通知》(发改价格〔2013〕540号)；水资源司的意见是由海委尽快完善出台白洋淀生态补水工作方案，征求各方意见。2017年5月17日，海委出台《白洋淀生态补水工作方案(征求意见稿)》征求各方意见；2017年6月14日、2017年9月14日两次征求白洋淀引黄生态补水意见；2017年10月10日，水利部水资源司以《关于召开引黄入冀(补淀)供水协议签署会议的通知》(资源规便〔2017〕96号)形成引黄入冀(补淀)供水协议最终稿，2017年10月14日黄委、海委和山东、河南、河北省水利厅签订《引黄入冀(补淀)供水协议》，协议规定引黄渠首水费根据渠首监测引水量分类计价，其中白洋淀供水水量暂按农业用水与非农业用水4∶6比例确定；位山线路渠首输水工程水费0.013 9元/m^3，位山线路山东段0.23元/m^3；其他费用采用“一事一议”方式协商解决；协议有效期3年。

第五节　引黄济津济淀

引黄济津济淀调水是自1972年首次实施引黄济津应急调水后，第十次向天津市应急调水，是2006年首次实施引黄济淀后，第3次向白洋淀应急调水。此前九次引黄济津引黄河水55.43亿m^3，天津市九宣闸收水32.85亿m^3；两次引黄济淀共引黄河水12.002亿m^3，向白洋淀补水2.571亿m^3。引黄济津济淀应急调水实施，有效缓解天津市供水紧张局面，保证天津市经济社会持续发展，改善白洋淀及其周边地区生态环境。

2009年海河流域再次遭受严重干旱，白洋淀接近干淀，作为天津市主要供水水源地的潘家口水库，7月1日至9月1日入库水量0.94亿m^3，比近十年同期平均值少68%，天津市面临断水危机；为保证天津城市居民饮水安全和白洋淀生态环境安全，经国务院批准，国家防总、水利部组织实施引黄济津济淀，从黄河流域调水到海河流域的天津市和白洋淀。9月18日，温家宝总理针对天津市当前面临的供水紧缺形势做出重要批示，10月22日国务院批复水利部、发展改革委、财政部报送的《关于组织实施引黄济津济淀应急调水的紧急请示》，标志着2009年引黄济津济淀应急调水正式开始。

2009年10月，位山闸第一次同时实施引黄济津、引黄济淀调水，引黄济津采用2004年输水线路，从黄河下游山东位山闸引水，经引黄穿卫枢纽，过清南连渠入南运河至天津市九宣闸，输水线路总长500 km；引黄济淀采用2008年引黄济淀线路，上段采用引黄济津线路，下段利用引岳济淀线路，从山东位山闸至清凉江吴沙闸，再过江河干渠、滏东排河至白洋淀入口，输水线路总长399 km。计划从黄河位山闸引水9.5亿m^3，其中分配天津5亿m^3、白洋淀2.4亿m^3、衡水湖大浪淀2.1亿m^3；引黄穿卫枢纽(刘口闸)过水总量7.9亿m^3，扣除沿途输水损失后，天津市九宣闸收水2.2亿m^3、白洋淀收水1亿m^3，兼顾沧州、衡水两市用水及沿途部分农业用水，调水时间到2010年2月中旬，约120 d。

此次应急调水，河北省、天津市引黄首次遭遇在一起，比以往引黄济津、引黄入卫（济淀）更为困难。①调水量大，调水时间长，跨越整个凌汛期，气温较往常年份偏低，大河凌情随着天气变化不断加重，受多次寒流和气温偏低影响，调水渠道中个别桥面前后形成冰盖，造成渠道过流能力降低、水流不稳；调水渠道淤积，抬高水位，一定程度上影响调水工作进展，增加黄河下游防凌调度难度，调水后期与下游春灌用水重叠。②黄河下游位山河段进一步冲刷下切，引水条件继续恶化，要保证位山闸引水 9.5 亿 m^3，需要小浪底水库多下泄 20 亿 m^3 水量，加剧下游水资源供需矛盾，为提高分流比，必须修建挑溜工程。③小浪底水库闸门检修，蓄水量偏少，需从黄河上游远距离调水筹集水源，受上游河段防凌调度制约，增调水量有限。④输水线路长，跨两省一市，输水线路调度管理协调任务重，需要两个流域机构和三个省（市）通力协作。

为做好本次应急调水工作，黄委开展大量组织、协调工作，成立领导小组、专业工作组，明确责任，落实任务，召开专题办公会，研究部署下阶段工作。编制完成《2009 年引黄济津济淀应急调水实施方案》，及时开展位山闸前、闸后清淤和挑溜坝工程建设，更新位山闸测流设施，完成位山闸导冰设施布设，采暖融冰设施准备就绪。根据 9 月底水规总院审查的引黄济津、济淀应急调水实施方案，黄委编制、下达 2009 年引黄济津济淀水文水质监测任务书。渠首位山闸积极应对，按照前期制定的各项保障预案，采取有效措施，加强组织领导，密切关注凌情、水情，加大拦冰排至闸门等重点部位巡查力度，发现问题及时处理；加强情况联系，与调水渠道管理部门沟通，及时处理输水渠道中影响阻水的各类凌情，确保引水安全。

为充分利用前期河道流量大的有利时机、减少水资源浪费，经国家防办同意，本次引黄济津济淀应急调水从 2009 年 10 月 1 日开始供水，2010 年 2 月 26 日国家防办宣布 2009 年度引黄济津济淀应急调水工作 2 月 28 日 18 时结束，2010 年 2 月 28 日 18 时随着冀鲁界刘口闸关闭，2009—2010 年度引黄济津济淀应急调水及延期向天津市供水任务圆满完成。位山闸累计引水 9.857 亿 m^3，引沙 187 万 m^3，天津、河北收水 8.07 亿 m^3，其中天津市九宣闸收水 2.72 亿 m^3、白洋淀收水 1.01 亿 m^3。

第六节　位山应急调水线路优化分析

位山线路 1981 年起实施应急调水，对缓解河北、天津水资源供需矛盾意义重大。通过应急调水实践，对位山线路应急调水影响因素进行分析总结，认为采取增加调水流量、调水时段规划、备用线路利用等措施对实施应急调水能够起到极大的促进作用。

一、调水影响因素

1. 河床下切，引水难度加大

黄河自 2002 年实施首次调水调沙以来，到 2015 年已连续进行 14 年、17 次，黄河下游主河槽艾山断面下切 1.98 m;2016 年虽未进行调水调沙,但黄河聊城河段仍呈下降趋势,艾山断面主河槽平均高程由 2001 年汛后 39.37 m 降为 2016 年汛后 36.94 m,平均下切 2.43 m;2017 年也未调水调沙,10 月 20 日实测艾山断面主河槽平均高程 37.62 m,较 2016 年汛后淤高 0.68 m,较 2001 年汛后下切 1.75 m。主河槽刷深,同流量水位表现偏低,闸底板高程不变,闸前、闸后水位差减小,引水难度增加;随着有计划地调水调沙,主河槽不断淤积,河床平均高程将会有所恢复。

2. 凌汛期流量小

应急调水一般每年 11 月至翌年 2 月实施,跨越整个凌汛期,有时与当地灌溉用水冲突。受黄河冰凌、渠道冰凌影响,水流沿程阻力加大、流速降低,渠道水位壅高,导致凌汛期引水困难;凌汛期黄河流量一般较小,水位偏低,引水流量小,拉长了应急调水时间。

3. 淤积影响引水

位山灌区配套设施完善,连续多年承担引黄灌溉及应急调水任务,沿途存放泥沙较多。近年来,黄河水含沙量由 10 kg/m^3 以上减少到 2 kg/m^3 左右,随着含沙量降低,闸前、闸后及渠道清淤次数相对减少,淤积相对较重,渠底高程抬高,导致引水困难;小流量引水又会加重渠道淤积,形成引水、淤积恶性循环。

4. 灌溉影响调水

正常年份,当地旱情较轻,引黄供水可基本满足当地灌溉需要,灌溉与应急调水矛盾并不突出,对应急调水影响不大;遇干旱年份,用水矛盾愈加突出,对应急调水影响较大。如 2010 年 9 月—2011 年 2 月,当地无有效降雨,旱情达到百年一遇。黄河防总 2011 年 2 月 10 日发布黄河流域干旱黄色预警,启动应急抗旱Ⅲ级响应,2 月 16 日预警等级又提升为橙色,启动应急抗旱Ⅱ级响应。2010 年引黄入冀前期,受凌汛期影响,黄河下泄流量较小,12 月 13 日 8:00 孙口站流量仅 343 m^3/s;入冀后期,灌溉用水相对集中、用水量较大,应急调水与灌溉用水冲突,导致入冀流量锐减。2011 年 2 月 11 日位山闸引水流量 21.3 m^3/s,刘口收水 0.24 m^3/s,为入冀后期最低值;3 月 4 日,位山闸引水流量 79.3 m^3/s,刘口收水 15.5 m^3/s,为入冀后期最高值。灌溉用水与应急调水重叠,严重影响应急调水实施。

5. 调水成本增加

应急调水时间紧、任务重,为保证应急调水顺利实施,渠首管理单位高度重视,成立领导小组和业务工作组;制定详细调水方案,层层落实岗位职责;因输水线路远、时间长,在水质监测、方案编制、监督管理、实时调度方面需投入大量人力、物力,以解决应急调水实施前、后出现的问题;凌汛期引水还需考虑冰棱影响,安设拦冰设施,减少冰棱对闸门、渠道冲击;春节期间还要加大人员值守力度,各种因素综合影响,增加应急调水成本。

二、防御措施

1. 多措并举，增加引水流量

（1）增设扬程提水

聊城多年平均降雨量566.7 mm，降雨年际丰枯悬殊，季节差异较大；多年平均水资源量15.14亿m^3，人均332 m^3，低于全省平均水平。黄河是聊城主要客水资源，对城市工、农业生产及生态改善至关重要，但从近年来黄河冬季来水情况看，小流量成为黄河常态。黄河孙口站流量300 m^3/s以下时，位山闸无法引水；300～500 m^3/s时，引水分流比10%左右。针对主河槽高程下降、黄河流量相对较小现状，当地政府要及时考虑修建扬水站。扬程提水与自流引水相结合，确保需要时及时引到黄河水，尽可能满足用水需求。合理分析、确定提水流量，适时增设扬程提水是解决灌溉与应急调水引水困难的根本措施。

（2）清淤促进引水

每年调水调沙期间，艾山站3 000 m^3/s以上洪水一般持续10 d左右，流量大、水位高，闸前泥沙淤积最为严重。当地秋灌一般在8月份，引水时段较短；秋灌引水前，虽进行清淤，但闸前、闸后及渠道淤积仍较严重，一定程度上影响水闸引水。进行闸前、闸后、渠道及沉沙池清淤，改善进水口水流条件，抬高闸前、闸后水位差，增加水流流速，对水闸引水十分有利。如2015年春节期间，位山灌区进行闸前扩口，闸前、闸后及渠道清淤，启用新沉沙池，春季引水非常顺畅，在黄河流量相同情况下，位山西渠能够多引20 m^3/s左右，对保障灌溉与应急调水需要具有极大促进作用。

（3）增加调蓄能力，减小调水压力

灌区灌溉主要依靠黄河水，沟渠储水能力0.6亿m^3左右，储水总量少，调蓄能力有限，无法根据水量调度情况及时引蓄黄河水。针对用水矛盾日益突出的现状，当地政府加大水库建设力度，已建、在建和拟建水库中，水源类型为黄河水、长江水和雨洪水。水库建成后，利用灌溉、调水间隙，多引多蓄黄河水、长江水，合理调蓄雨洪水，增加水资源调蓄能力，减小灌溉与应急调水矛盾，提高应急调水保证率。增强蓄水意识，尽快完成平原水库建设，错时引水，减缓应急调水与灌溉用水矛盾，增加应急调水流量，缩短应急调水时间。

2. 合理规划调水时段

应急调水一般11、12月份开始，翌年2、3月份结束；个别年份10月份开始调水，5、6月份结束。应急调水跨越凌汛期和春季灌溉期，往往存在与灌区灌溉争相引水矛盾，尤其是遇到干旱、低气温等极端天气年份；受各种因素影响，凌汛期实施应急调水难度较大、成本较高。一般每年9月至10月，当地灌溉用水减少，黄河流量相对较大，是应急调水有利时机，调水时段可选择9月、10月至12月、翌年1月；近几年，黄委精细调度，春季黄河流量较大，3月份当地春灌结束后，也是应急调水的大好时机，调水时段可选择3月、4月份灌溉间隙。如2014—2015年度引黄入冀应急调水，计划从位山闸引水4.02亿m^3，因与当地灌溉用水冲突，在引水2.95亿m^3情况下，位山西渠停止应急调水；为弥补引黄总量不足，2015 年 4 月 7 日，黄委决定利用位山线路向河北调水 0.7 亿 m^3，流量不超过 80 m^3/s；调水期间，艾山站流量 1 000 m^3/s 左右，位山闸供水 1.19 亿 m^3，应急调水进展顺利。因此，结合黄河水量调度情况，尽量避开当地引水，适时确定调水总量，合理规划调水时段，集中大流量、短时间实施应急调水，缩短调水时间，降低调水成本，对顺利实施应急调水极为有利。

3. 发挥备用线路作用

位山线路作为应急调水线路，可较好地完成应急调水任务；为提高应急调水保证率，1996 年建成陶城铺东闸，设计引水流量 100 m^3/s，作为位山线路的备用线路。陶城铺东闸引水条件好，2000 年引黄济津应急工程施工时，对陶城铺东闸进行维护，但闸后渠道一直没有配套。一旦配套，平时可利用陶城铺东闸解决聊城西部、北部农田灌溉问题，作为位山闸引水不足时水源补充，减缓位山线路灌溉供水压力，增加引黄供水机动性；应急调水时，一旦位山线路出现问题，作为备用线路可随时投入使用，能够大流量、长时间实施应急调水，实现灌区灌溉与应急调水、引水区与受水区各自利益双赢。打通闸后渠道，充分发挥备用线路应有作用，也是提高应急调水保证率的重要措施。

三、结论

通过对位山线路多年来引水时段、引水引沙、跨越凌汛期调水等问题分析研究，认为各种因素对实施应急调水影响客观存在。春季灌溉次数多、时间长，其间往往出现应急调水与灌溉用水冲突，遇到干旱年份，引黄灌溉与应急调水矛盾更加突出；汛期各地降雨量大，降雨次数增多，不会出现大的旱情；秋灌引水次数少、引水时间短，即使个别年份出现干旱，一般不如春季旱情严重。为减缓灌溉、凌汛与应急调水矛盾，提前做好应急调水计划，在满足当地灌溉前提下，确定最优应急调水时段、调水流量，为灌区引黄与应急调水联合调度提供技术支撑。

合理选择应急调水时段，合理确定引黄水量，避开应急调水与灌区灌溉、平原水库争相引水时段，避开凌汛期天气较冷时期，分时段、集中大流量、短时间实施应急调水，提高应急调水保证率，缩短调水时间，降低调水成本，即保证应急调水顺利实施，又兼顾灌溉、平原水库蓄水，使有限水资源发挥最大经济效益。

第七节　南水北调东线对引黄的影响

南水北调东线 2013 年 11 月通水，供水规模逐步扩大，对沿线各省水资源配置和山东引黄产生一定影响；东线供水范围涉及山东 13 个市、61 个县(市、区)，与引黄供水受水范围基本重合。2013 年—2016 年已完成四个年度调水任务，调入山东水量分别为 1.7 亿 m^3、3.28 亿 m^3、6.02 亿 m^3、8.89 亿 m^3。其中：2014 年、2015 年向南四湖生态补水 9 536 万 m^3，2016 年向南四湖、东平湖生态补水 2 亿 m^3，小清河补源 2.6 亿 m^3，济南市保泉补源 1.31 亿 m^3。2017 年 10 月至 2018 年 5 月向山东省供水 10.88 亿 m^3。

一、山东水资源供需分析

1. 需求预测

根据《山东省水资源综合利用中长期规划》《水资源供需预测分析技术规范(SL 429—2008)》,从农业、非农业、总需水 3 个方面,以水平年(50%)、枯水年(75%)为主,对规划年需水情况进行预测分析。

(1) 农业用水需求

农业用水主要是农田灌溉、林牧渔畜两部分。预测山东农田灌溉水有效利用系数将由 2014 年(基准年)0.626 提高至 2020 年、2030 年的 0.646、0.68,经综合测算,2014 年、2020 年、2030 年水平年(50%)农田灌溉需水量分别为 165.96 亿 m^3、157.31 亿 m^3、156.75 亿 m^3,枯水年(75%)农田灌溉需水量分别为 173.11 亿 m^3、164.51 亿 m^3、164.46 亿 m^3;2014 年、2020 年、2030 年林牧渔畜需水量分别为 20.67 亿 m^3、23.61 亿 m^3、26 亿 m^3。

(2) 非农业用水需求

非农业需水主要是工业及建筑业、第三产业、河道外生态环境、居民生活四部分,考虑约束性指标、技术革新和经济增长等因素,经综合测算,到 2020 年、2030 年,全省工业总需水量分别为 30.63 亿 m^3、41.08 亿 m^3。其中:建筑业需水量 2.09 亿 m^3、2.43 亿 m^3,第三产业需水量 7.9 亿 m^3、11.07 亿 m^3,河道外生态环境需水量 10.91 亿 m^3、15.99 亿 m^3。居民生活需水预测情况见表 6-3。

表 6-3 山东省居民生活需水预测

水平年	城镇生活			农村生活			需水量小计(亿 m^3)
	用水人口(万人)	定额(L/P·D)	需水量(亿 m^3)	用水人口(万人)	定额(L/P·D)	需水量(亿 m^3)	
2014	5 385.2	85.2	16.75	4 404.2	58	9.32	26.07
2020	6 660	95	23.09	3 590	65	8.51	31.6
2030	8 200	105	31.43	2 740	75	7.48	38.91

(3) 需水总量

综合考虑人口增长、城市化进程、节水社会建设、基础设施完善、经济和生态文明发展等因素,居民生活需水总量为上升趋势。其中农业需水稳中趋降,第二产业、第三产业、河道外生态环境用水、需水总量为增长趋势。2014 年、2020 年、2030 年山东总需水量分别为 255.2 亿 m^3、264.1 亿 m^3、292.2 亿 m^3;枯水年总需水量分别为 262.4 亿 m^3、271.3 亿 m^3、300 亿 m^3。

2. 供水预测

根据《黄河流域水资源综合规划(2012—2030 年)》《山东省水资源综合利用中长期规

划》《水资源供需预测分析技术规范(SL 429—2008)》,从山东黄河、南水北调东线、其他供水3个方面,对全省规划年(水平年)供水量进行预测。

(1) 黄河可供水量

按照"八七"分水方案,山东境内黄河及所属支流水量指标按70亿m^3控制,其中干流65.03亿m^3、支流4.97亿m^3。根据丰增枯减原则,排除极端气候条件影响,预测规划年山东黄河可供水量67~70亿m^3,并将稳中趋降。

(2) 东线可供水量

根据《山东省水资源综合利用中长期规划》,预测到2020年按照东线一期工程设计调水指标14.67亿m^3考虑,测算到2030年指标为29.51亿m^3。

(3) 其他供水量

预测到2020年、2030年山东地表水(不包括黄河等外调水)可供水量达到74.42亿m^3、83.42亿m^3,地下水可供水量84.67亿m^3、86.02亿m^3,污水处理、海水淡化等非常规可供水量14.03亿m^3、24.24亿m^3。

(4) 供水总量

根据不同水源可供水量预测,到2020年、2030年全省水平年可供水量达到250亿m^3、288.2亿m^3,实现总体供需平衡;山东正在推进实施雨洪资源利用工程、南水北调东线工程、落实最严格水资源管理制度等措施,提升规划年供水保障能力,但受自然因素和指标约束影响,引黄总量占供水总量比重将有所减少。

二、对引黄济津影响

1. 与天津市相关工程

与天津直接相关的是中线一期和东线二期、三期工程,其中中线一期工程于2003年12月30日开工建设,于2014年12月27日正式通水,滨海新区居民率先喝上引江水,随后为天津中心城区供水的芥园、凌庄、新开河三大水厂也相继开始引江水和引滦入津工程来水切换,2015年2月14日为天津市中心城区供水的三家水厂全部使用南水北调中线引江原水。中线通水后,天津市年均新增可供水量8.6亿m^3,预测2020年城市生产生活可供水量将达到15.51亿m^3,大大缓解水资源短缺问题,中心城区、滨海新区等经济发展核心区将实现引滦、引江双水源保障,城市供水安全保障程度大大提高。

中线一期工程与天津市直接相关的主要有水源工程、输水总干渠及部分配套工程。为科学调配引江水源,天津市规划建设包括城市输配水工程、自来水供水配套工程、自来水厂及以下管网新扩建工程在内的市内配套工程,与中线一期干线工程同步通水、同步发挥效益。

2002年,国务院批复《南水北调东线工程总体规划》,明确东线工程分三期实施。东线一期工程2013年建成通水后,水利部组织编制《南水北调东线后续工程规划总体方案》,明确东线二、三期工程合并为东线二期工程。2017年水利部批准由淮河水利委员会同海委开展东线二期工程规划编制工作,主要任务是在《南水北调东线后续工程规划总体方案》基础上，现状水平年调整到 2015 年，进一步复核东线二期工程供水范围和供水目标，分析确定需调水量和调水工程规模，按规划阶段规范要求开展调水工程规划、工程总体布置、水质保护规划、水土保持规划、移民规划、工程管理规划、投资匡算、环境影响评价等工作，开展东线工程向北京供水专项论证工作。2017 年 6 月，淮委会同海委组织召开会议，研究部署南水北调东线二期工程规划编制有关工作并正式启动规划编制。

2. 缓解用水危机

天津市地处海河流域最下游，河网密布、水系众多，素有九河下梢、北方水城之称。进入 20 世纪 70 年代，随着海河流域上游经济社会快速发展、拦蓄水工程建设和气候变化，天津逐步演变为水资源严重短缺地区。1983 年建成引滦入津工程，彻底结束了天津人民喝苦咸水的历史，有效缓解了水资源供需的矛盾。2000 年以来，引滦上游来水日趋衰减，先后实施多次引黄济津应急调水，保证供水安全。

中线工程主要是向湖北、河南、河北、北京、天津五省(市)供水，重点解决北京、天津、石家庄等沿线 20 多座大中城市缺水问题，兼顾沿线生态环境和农业用水。中线工程年调水 145 亿 m^3，干旱年份也可调水 60 亿～70 亿 m^3，可保证京津及华北地区城市用水。天津将成为中线工程受益者，南水北调工程通水后，很大程度上缓解天津水资源短缺问题，大大提高城市供水保证率，促进水生态环境改善。

3. 对引黄济津影响

目前，天津市主要是利用南水北调中线水源，东线二期工程仍处于补充规划阶段，引黄济津也随着南水北调中线通水而停止。

三、对引黄入冀影响

1. 加大引黄水量

引黄是引水近便的外调水源，水价只有引江水价的十分之一。“八七”分水方案中有河北、天津 20 亿 m^3 引黄指标，至 2020 年取水许可换证时引黄入冀指标 6.2 亿 m^3；随着河北地下水压采计划实施，近两年引黄水量大幅增加，2020 年山东实施引黄入冀调水 10.23亿 m^3。增加引黄线路，加大引黄水量，是增加河北来水量、治理地下水超采、改善生态环境的战略措施。除现有渠村线路、位山线路、潘庄线路外，力争尽快建成小开河等引黄线路。多条线路联合运用，保证黄河水能够基本覆盖河北东南部平原。

2. 增加生态供水指标

东线一期工程有河北用水指标，二期工程过黄河供河北用水。河北省环京、津两大城市，1981 年以后，京津用水日趋紧张，河北将密云、官厅两水库 9 亿 m^3 用水指标无偿让给北京，又将于桥水库 0.6 亿 m^3 用水指标让给天津，同时还引滦入津 10 亿 m^3，合计为京津两市贡献 19.6 亿 m^3 用水指标。河北呼吁，在南水北调东线用水指标中，拨出 10%～

20%生态用水指标，用于改善沿河两岸生态环境。

3. 对引黄入冀影响

南水北调东线尚未对河北、天津实施供水，但中线工程（主要保障邯郸、邢台、石家庄、保定、北京、天津等城市用水）2014 年 12 月至 2017 年 5 月已累计调水 76.6 亿 m^3，其中北京 22.3 亿 m^3、河南 26.7 亿 m^3、天津 16.6 亿 m^3、河北 7.2 亿 m^3。引黄入冀补淀渠村线路主要保障濮阳、邯郸、邢台、衡水、沧州、保定农业用水及地下水补充，对白洋淀（雄安新区）进行生态补水，其中河北分水 6.2 亿 m^3（白洋淀 2.55 亿 m^3）、濮阳分水 1.2 亿 m^3；2017 年 11 月 16 日已向白洋淀、雄安新区试通水。河北省引黄线路主要有渠村、位山、潘庄线路，将来可能开辟其他引黄线路，供河北省不同地区使用黄河水；河北省还有引岳济淀工程；南水北调东线有河北省指标 10 亿 m^3。几种水源可以相互调剂，单就引黄讲，引黄水量将会有所下降；河北省调水空间加大，调水线路增多，供水保证程度也相应提高。多措并举，促进水资源优化配置、合理利用，实现效益最大化。引黄入冀位山线路作为补淀备用线路，补淀处于次要位置，将对山东引黄入冀产生较大影响；但从近两年引黄入冀引水量来看，位山线路供水优势明显，在三条线路中供水比例较大。

四、对当地引黄影响

预计 2020 年山东每年缺水 15 亿～20 亿 m^3，水资源供不应求，山东省《2016 年全省水利工作要点及责任分工》指出，省内水资源配置原则是主要依靠当地水、科学利用雨洪水、控制开采地下水、高效利用黄河水、积极引用长江水，把推进东线工程及配套工程建设作为工作重点，对淄博、德州、聊城、滨州等引黄地区提出“完善南水北调配套工程建设，用足用好长江水”的要求。

南水北调东线是一项以缓解黄淮海平原区缺水为主、多目标开发的跨流域调水工程，对聊城当地水资源开发利用和管理提出挑战。利用一套工程把长江水、黄河水、徒骇河、马颊河、地下水、中水等串联起来，多种水源相互补给，联合保障；优化地表水和地下水、客水与当地水、灌溉与蓄水配置，协调引水与治污的关系，提高水商品意识，最大限度满足经济、社会和环境要求，保障当地水资源可持续利用，促进社会、经济与资源协调发展。

1. 增加当地水源

聊城当地水资源匮乏，黄河水是最主要外来水源，受黄河取水许可、供水条件限制，黄河水供给不能满足日益增长的用水需求，水资源已成为制约经济社会发展的瓶颈，急需增加新的供水水源和调蓄工程。南水北调东线是解决聊城水资源供需矛盾的一个重要开源措施，聊城市作为受水区之一，2013 年一期工程通水后，根据南水北调一期工程配水指标，每年向聊城市供水 1.8 亿 m^3，在引黄基础上增加长江水，水源更加稳定。

2. 提高调蓄保证程度

水库修建旨在合理调配南水北调长江和部分黄河水资源，有效地缓解当地水资源日益紧张局面，为当地工业及生活用水提供有力保障，能有效预防旱灾；对库区周边温度、湿度有明显调节作用，有利于库区周边植被、农作物生长，形成新的库区景观，水生生物种类和生物量得到丰富，为水产养殖、旅游业等提供良好条件。

南水北调配套水库多，加上当地兴建的平原水库，蓄水能力大大增加；黄河水、长江水和当地水源联合调度，合理调配，非灌溉期增加水库蓄水量，确保水库达到设计蓄水能力，提高供水保障程度。

3. 提高供水保证率

水库蓄水能力提高后，根据水库不同用途，定期向不同用水户提供农业、工业、生态用水，蓄水、供水相结合，提高供水保证率，保障当地、河北用水，改善沿途生态环境。

五、水价对引黄影响

1. 水质分析

根据《黄河流域省界水体及重点河段水资源质量状况通报》，近年来黄河干流水质基本为Ⅱ或Ⅲ类水，水状况整体优于东线工程，调研走访受水地区，倾向质优价廉的黄河水。

2. 东线水价影响

根据《关于南水北调东线一期主体工程运行初期供水价格政策的通知》（发改价格〔2014〕30号），东线工程供水价格见表6-4。

表6-4　南水北调东线一期主体工程运行初期区段供水价格表

序号	区段划分	区段内各口门供水价格（元/m^3）		
		综合水价	基本水价	计量水价
1	南四湖以南	0.36	0.16	0.20
2	南四湖下级湖	0.63	0.28	0.35
3	南四湖上级湖至长沟泵站前	0.73	0.33	0.40
4	长沟泵站后至东平湖	0.89	0.40	0.49
5	东平湖至临清邱屯闸	1.34	0.69	0.65
6	临清邱屯闸至大屯水库	2.24	1.09	1.15
7	东平湖以东	1.65	0.82	0.83

山东省发改委《关于明确东平湖调水价格的通知》（鲁发改价格〔2021〕188号）明确：东平湖水资源出湖口门价格4月—6月按0.24元/m^3，其他月份0.22元/m^3，其中4月—6月的0.14元/m^3，其他月份的0.12元/m^3，为黄河渠首水费，0.08元/m^3为东平湖水源生态维护费，0.02元/m^3为东平湖水资源补助费。南水北调东线山东干线工程济南市各口门价格0.34元/m^3，济青上节制闸价格0.56元/m^3；南水北调东线山东干线北线工程聊城市各口门价格0.34元/m^3，德州市各口门价格0.56元/m^3。上述价格为含税试运行

价格，试行时间自 2021 年 4 月 1 日起，有效期至 2023 年 3 月 31 日。

引黄供水执行渠首水价，东线一期工程执行口门水价，用水终端推行区域综合供水价格。引黄渠首水价：农业用水 4 月—6 月 1.2 分/m^3，其他月份 1 分/m^3；非农业水 4 月—6 月0.14元/m^3，其他月份 0.12 元/m^3。东线一期山东省口门平均价格 1.54 元/m^3，德州、寿光等地区综合水价 2.5～3 元/m^3。引黄、引江水价相差较大，造成黄河渠首水价与南水北调东线、地方水价不协调、不匹配，不能充分发挥价格对水资源优化配置的杠杆作用，不能充分体现优水优价。

3. 调水工程综合水价

山东省拟推行调水工程综合水价，近期组织有关单位对调水工程综合水价进行调研、测算，南水北调局与山东河务局商议山东省实行综合水价，对长江水、非农业黄河水统一配置、统一调度、统一定价和统一收费。按照这个方案运行，将限制、压低引黄非农业供水量，提升南水北调供水量、促进水费征收，对引黄供水结构和效益产生较大影响。

六、总体影响

南水北调东线工程作为国家重大调水工程，为沿线各省提供重要水资源保障，促进受水地区经济社会发展，同时也给山东引黄带来一定影响和挑战；引黄、引江两者既相互补充、相互合作、相互促进，又相互交织、相互制约、相互竞争。科学分析、审慎处理引黄与其他外调水关系，对促进引黄供水持续、稳定发展意义重大。

1. 有利因素

东线工程供水作为地表水重要补充，有效缓解山东省水资源紧张和过度开发、利用黄河水资源现状，为节约保护有限黄河水资源、实现以供定需提供帮助；南水北调配套工程不断完善，拓展了引黄供水新口门、新渠道、新地区；东线工程较高的口门水价，体现了价格对水资源配置的杠杆作用，为下一步引黄渠首农业水价调整形成比较优势。

2. 不利因素

山东省内引江、引黄及地方各级渠系互联互通，将使供水生产形势和引黄供水管理变得更加复杂，引黄取水用途管控、监督管理难度进一步加大；在目前推进引江形势下，将对引黄用水造成一定冲击和影响；引黄入冀补淀渠村线路、南水北调中线工程替代效应逐步显现，对山东引黄入冀、引黄济沧等跨流域调水产生一定影响。

3. 应对措施

进一步优化供水结构，推进跨区供水、扩大供水范围，发展商业供水、延伸产业链条，推动水价调整、发挥水价杠杆作用，努力实现破解黄河水资源瓶颈、推进水生态文明建设、促进流域人水和谐，为新时代的流域经济、社会可持续发展提供更加有力支撑和保障。

第七章 水资源管理考核

第一节 水资源管理制度

一、最严格水资源管理制度考核

1. 概述

按照国务院《实行最严格水资源管理制度考核办法》(国办发〔2013〕2 号),2013 年起国家考核省(区)落实最严格水资源管理制度情况;2014 年 2 月 13 日,水利部等 9 部门联合印发《实行最严格水资源管理制度考核工作实施方案》(水资源〔2014〕61 号),对考核组织、程序、内容、评分和结果使用作出明确规定;自 2015 年开始,最严格水资源管理制度考核,将流域机构纳入考核对象;2016 年考核专项检查对黄委提出的问题,主要涉及黄委发证的取用水户超许可取水;2017 年年底开展专项检查,需汇报 2016 年专项检查发现问题整改情况。

2016 年,最严格水资源管理制度将水量调度纳入考核内容,对超计划用水省份实行扣分,不执行调度指令造成严重后果的取消评优资格。2016 年,水利部通报 2016—2017 年度黄河水量调度超计划用水省份,并在最严格水资源管理制度考核中扣分。黄河下游干流水量调度由黄委组织,河南、山东河务局具体负责,黄委供水部门计收引黄渠首水费,因超计划用水扣减两省分数,甚至可能取消评优资格,对处理两省关系有一定影响。

2. 考核组组成

《实行最严格水资源管理制度考核办法》(国办发〔2013〕2 号)第三条规定:“国务院对各省、自治区、直辖市落实最严格水资源管理制度情况进行考核,水利部会同发展改革委、工业和信息化部、监察部、财政部、国土资源部、环境保护部、住房城乡建设部、农业部、审计署、统计局等部门组成考核工作组,负责具体组织实施。各省、自治区、直辖市人民政府是实行最严格水资源管理制度的责任主体，政府主要负责人对本行政区域水资源管理和保护工作负总责。”

3. 考核内容

建立以取用水户用水总量指标、行业用水定额和产品用水定额为主体指标的用水管理考核体系，把握行业及主要取用水户的用水行为。

《实行最严格水资源管理制度考核办法》(国办发〔2013〕2 号)第四条规定“考核内容为最严格水资源管理制度目标完成、制度建设和措施落实情况”。“制度建设和措施落实情况包括用水总量控制、用水效率控制、水功能区限制纳污、水资源管理责任和考核等制度建设及相应措施落实情况。”

实行最严格水资源管理制度主要目标是：用水总量控制目标、用水效率控制目标、重要江河湖泊水功能区水质达标率控制目标。用水总量、用水效率、重要江河湖泊水功能区水质达标率控制目标值详见表 7-1。

表 7-1　用水总量、用水效率、重要江河湖泊水功能区水质达标率控制目标值

地区＼年份	用水总量控制目标（亿 m^3）			用水效率控制目标		重要江河湖泊水功能区水质达标率控制目标		
	2015 年	2020 年	2030 年	2015 年万元工业增加值用水量比 2010 年下降	农田灌溉水有效利用系数	2015 年	2020 年	2030 年
山东	250.60	276.59	301.84	25%	0.63	59%	78%	95%
河南	260.00	282.15	302.78	35%	0.60	56%	75%	95%
全国	6 350.00	6 700.00	7 000.00	30%	0.53	60%	80%	95%

4. 考核评定

《实行最严格水资源管理制度考核办法》(国办发〔2013〕2 号)第五条规定：“考核评定采用评分法，满分为 100 分。考核结果划分为优秀、良好、合格、不合格四个等级。考核得分 90 分以上为优秀，80 分以上 90 分以下为良好，60 分以上 80 分以下为合格，60 分以下为不合格。(以上包括本数，以下不包括本数)”

5. 考核结果

《实行最严格水资源管理制度考核办法》(国办发〔2013〕2 号)第九条规定：“考核工作组对自查报告进行核查，对各省、自治区、直辖市进行重点抽查和现场检查，划定考核等级，形成年度或期末考核报告。”第十条规定：“水利部在每年 6 月底前将年度或期末考核报告上报国务院，经国务院审定后，向社会公告。”第十一条规定：“经国务院审定的年度和期末考核结果，交由干部主管部门，作为对各省、自治区、直辖市人民政府主要负责人和领导班子综合考核评价的重要依据。”

6. 考核期限

《实行最严格水资源管理制度考核办法》(国办发〔2013〕2号)第六条规定:"考核工作与国民经济和社会发展五年规划相对应,每五年为一个考核期,采用年度考核和期末考核相结合的方式进行。在考核期的第2至5年上半年开展上年度考核,在考核期结束后的翌年上半年开展期末考核。"

7. 考核指标体系

最严格水资源管理制度考核指标体系分目标层、类型层、具体指标层,目标层为绩效考核水平,类型层包括取用水总量控制、用水效率控制、水功能区纳污控制,具体指标层是考核类型具体细化,即取用水总量控制主要考核地表水、地下水、外调水取用水量,用水效率控制主要考核万元GDP用水量、规模以上万元增加值用水量、农业节水灌溉率,水功能区纳污控制主要考核COD入河量、氨氮入河量。

二、水资源管理"三条红线"考核指标

1. 指标体系构建原则、方法

(1) 指标体系构建基本原则

① 科学性。自然界水循环过程复杂,难以用确定性规律衡量,致使水资源时空分布不均匀。伴随近年来强烈的人类活动,水资源变化特征呈现自然、社会二元结构,使水资源变化规律更加复杂,在不同空间区域上水资源利用过程中表现出不同矛盾,经典水资源规划评价方法面临不同挑战。水资源管理工作应针对不同区域科学制定管理指标。②系统性。在人类活动影响下,水循环过程是一个庞大、复杂的系统过程,水资源管理"三条红线"制度实施旨在保证系统健康、稳定、可持续运行和发展。水资源系统各环节紧密相连,水资源管理"三条红线"考核指标系统性是水资源系统健康、稳定、可持续运行和发展的重要保障。③可行性。水资源管理"三条红线"考核指标是否可行有赖于该指标计算数据来源、方法是否可信、简单有效。水资源管理考核应充分考虑考核指标是否可行,以保证水资源"三条红线"考核的可操作性。

(2) 指标体系构建基本方法

水资源管理"三条红线"考核指标体系构建应充分考虑国家对各省水资源管理"三条红线"考核指标体系,同时侧重水资源管理地域特征,构建针对"三条红线"及其能力建设考核指标和指标结构图,采用层次分析法,基于专家经验确定各指标权重。

2. 指标体系构建研究

(1) 指标体系构建

① 一级指标体系构建。水资源管理"三条红线"作为一项水资源管理制度,制度落实有赖于管理成果考核,有赖于执行过程考核;一级指标设定为对水资源管理工作考核、对

制度建设和措施落实情况考核、对能力建设工作考核。②二级指标体系构建。一级指标下构建二级指标，三条红线考核分为对用水总量控制、用水效率控制、水功能区纳污控制考核；对制度建设和措施落实情况考核细化为用水总量控制制度建设考核、用水效率控制制度建设考核、水功能区纳污控制制度建设考核和其他制度建设考核；对能力建设考核划分为对组织机构建设考核、业务管理体系建设考核、经费保障体系建设考核。③三级指标体系构建。在二级指标下构建三级指标。根据主要用水户性质和用水结构，用水总量控制考核指标分为用水总量考核指标、农业用水量考核指标、工业用水量考核指标、生活用水量考核指标；针对农业、工业用水户，用水效率控制指标分为万元工业增加值用水量和农田灌溉有效水利用系数考核指标；考虑重要性、经济性、可行性原则，水功能区纳污控制考核指标分为重要水体水质达标率考核指标和水源地水质达标率考核指标。对用水总量控制制度落实情况考核分为对严格规划管理和水资源论证工作考核、严格控制区域取用水量工作考核、严格实行取水许可工作考核、严格水资源有偿使用工作考核、严格地下水管理和保护管理工作考核、强化水资源统一调度工作考核；对用水效率控制制度考核分为全面加强节约用水管理工作考核、强化用水定额管理考核、加快节水技术改造工作考核；水功能区纳污控制制度考核分为严格水功能区监管工作考核、加强饮用水水源保护工作考核、推进水生态系统保护和修复工作考核。④四级指标体系构建。对水资源管理"三条红线"制度建设、措施落实、能力建设考核应落实到具体工作上，需制定水资源管理"三条红线"制度建设、措施落实、能力建设考核下的四级指标。

（2）指标体系权重确定

① 权重确定方法。水资源管理涉及对自然资源环境、社会经济系统综合管理，对水资源不同特性管理需要不同的专门经验和科学手段。权重衡量无法通过定量方法获取，依据构建水资源管理"三条红线"指标体系，构造指标赋分表，邀请水文水资源、农业水利、水利水电工程等相关水利行政、科研部门专家，针对水资源管理不同方面进行打分。②权重计算。根据相关专家赋分表，采用层析分析和条件概率法，在验证判断矩阵一致性和重构判断矩阵基础上，计算各指标权重。目标层 3 个指标：水资源管理、制度建设、措施和能力建设权重分别为 0.20、0.36、0.44，表明水资源管理工作能力、制度建设、措施落实要比对水资源管理"三条红线"控制指标考核重要，体现过程重要性。

三、建立水资源管理责任和考核制度

县级以上地方政府主要负责人对本行政区域水资源管理和保护工作负总责。严格实施水资源管理考核制度，水行政主管部门会同有关部门，对各地区水资源开发利用、节约保护主要指标落实情况进行考核，考核结果交由干部主管部门，作为地方政府相关领导干部综合考核评价的重要依据。加强水量水质监测能力建设，为强化监督考核提供技术支撑。

四、2016 年度最严格水资源管理制度考核

水是生存之本、文明之源、生态之要，我国人多水少、水资源时空分布不均，节水、治

水、管水、兴水任务艰巨。2012 年 1 月国务院出台《关于实行最严格水资源管理制度的意见》(国发〔2012〕3 号)，对水资源管理工作做出重大战略部署；2013 年 1 月国务院办公厅印发《实行最严格水资源管理制度考核办法》(国办发〔2013〕2 号)；2014 年起，水利部会同有关部门成立考核工作组，连续 4 年开展最严格水资源管理制度考核工作。“十二五”期间，山东、江苏、浙江、重庆、上海 5 省市考核为优秀，国务院办公厅予以通报表扬。

根据《实行最严格水资源管理制度考核办法》(国办发〔2013〕2 号)要求，2017 年 5 月 5 日，水利部会同发展改革委、工业和信息化部、财政部、国土资源部、环境保护部、住房城乡建设部、农业部、统计局等部门组成考核工作组，组织对各省(自治区、直辖市)2016 年度落实最严格水资源管理制度情况进行考核。

考核工作组办公室设在水利部，承担考核工作组日常工作。与“十二五”时期相比，2016 年度考核工作积极贯彻落实中央关于全面推行河长制、实施“双控行动”等新要求，增加“万元国内生产总值用水量降幅”“重要水功能区污染物总量减排量”2 个指标及“河长制度”建设情况等考核内容。

评分内容、方法和现场检查程序进一步简化。①以年度通知形式明确 2016 年度考核工作要求，不再印发年度考核工作方案，保证考核内容与要求的稳定性和连续性，考核工作强度比往年减少；②评分内容和指标进一步精简，突出水资源管理、日常监督检查、部门分工协作和落实政府责任等要求，更加注重措施落实和工作成效；③评分方法更具可操作性，“红线”指标达到考核目标要求，该项指标分值得满分，否则不得分；④现场检查程序进一步简化，检查时间进一步缩短，检查内容更具针对性。

2016 年度考核体现创新性、差异化特点。①增设“创新奖励及其他加分项”，鼓励和促进工作创新；②针对南北方确定不同评分指标或标准，体现南北方地区差异化管理。

考核工作严格性、权威性进一步增强。①增设“一票否决”项，规定存在报送考核数据资料弄虚作假；重要饮用水水源地发生水污染事件应对不力，严重影响供水安全；违反相关法律法规，不执行水量调度计划，情节严重等，年度结果为不合格。②不断完善部门协作，强化部门合力，提高现场检查层级。③考核结果经国务院审定后向社会公告，报送中共中央组织部作为干部考评重要依据，水利部将其作为安排各省水利建设投资的重要因素。

考核工作要从严、要立威，充分发挥考核“指挥棒”作用，推动中央关于水资源工作重大决策部署有效落实，保障国家水安全、支撑经济社会可持续发展；不断强化部门协作，提高现场检查层级，落实检查组组长负责制，提高现场检查工作质量，水利部水资源司和相关单位列清需现场核实和督导内容，认真做好技术准备，做到“一省一单”；严格执行中央“八项规定”要求，严守工作纪律，提高工作效率，全力做好年度考核各项工作。

第二节　费改税试点

费改税，也称税费改革，是对现有政府收费进行清理整顿基础上，用税收取代一些具有税收特征的收费，通过进一步深化财税体制改革，初步建立以税收为主，少量的、必要的政府收费为辅的政府收入体系，实质是规范政府收入机制必须采取的一项重大改革举措。

一、税费征收

原《水利工程供水价格管理办法》（国家发展改革委、水利部第 4 号令）第十条规定："农业用水价格按补偿供水生产成本、费用的原则核定，不计利润和税金。非农业用水价格在补偿供水生产成本、费用和依法计税的基础上，按供水净资产计提利润，利润率按国内商业银行长期贷款利率加 2 至 3 个百分点确定。"

水利工程供水纳入商品管理，具有自然垄断属性，水价标准由价格主管部门商水行政主管部门制定，供水水费是"计收"不是"征收"，计收的水费作为供水经营者供水经营收入，农业水费免税，非农业供水水费要交纳税金，水费用于弥补工程供水耗费。

水资源费是国家对水资源所有权的体现，属于政府非税收入，全额纳入财政预算管理，征收标准由价格主管部门会同水行政主管部门批准，水资源费是"征收"不是"计收"，应当按照国务院财政部门规定分别解缴中央和地方国库，专项用于水资源节约、保护、管理及合理开发。根据财政部《关于加强政府非税收入管理的通知》（财综〔2004〕53 号），政府非税收入是指除税收以外，由各级政府、国家机关、事业单位、代行政府职能的社会团体及其他组织依法利用政府权力、政府信誉、国家资源、国有资产或提供特定公共服务、准公共服务取得并用于满足社会公共需要或准公共需要的财政资金，是政府财政收入的重要组成部分，是政府参与国民收入分配和再分配的一种形式。政府非税收入分成比例涉及中央与地方分成的政府非税收入，其分成比例应当由国务院或财政部规定；涉及省级及市、县级分成的政府非税收入，其分成比例应当由省（自治区、直辖市）人民政府或其同级财政部门规定。

二、费改税试点

1. 水资源费改税概述

2016 年 5 月，财政部、国家税务总局印发《关于全面推进资源税改革的通知》（财税〔2016〕53 号），在河北省启动水资源税改革试点，要求在总结试点经验基础上，逐步扩大试点范围，条件成熟后在全国推开；2017 年 12 月 1 日起，国家将试点范围扩大到北京、天津、山西、内蒙古、河南、山东、四川、宁夏、陕西等 9 省（区、市），并制定《扩大水资源税改革试点实施方案》（以下简称《试点方案》）。根据《试点方案》，在统一税政基础上适度分权，赋予地方政府确定具体税额标准、农业生产取用水限额标准等税政管理权；为调动试点省份参与改革试点积极性，扩大试点省份水资源税收入，试点期间全部留归地方。费改税后，由地方水利部门负责征收水资源费改由地方税务部门征收水资源税。

2. 费改税有关内容

《试点方案》可能涉及取水许可管理有关内容：①纳税人：直接从江河、湖泊（含水库）和地下取用水资源的单位和个人。②计税依据:一般取用水按照实际取用水量征税;对采矿和工程建设疏干排水按照排水量征税;对水力发电和火力发电贯流式冷却取用水按照实际发电量征税。③税额标准:9个扩大试点省份地表水最低平均征收标准0.1~1.6元/m^3,地下水0.2~4元/m^3;按不同取用水性质实行差别税额,对地下水超采地区取用地下水加征1~4倍,对超计划或超定额用水加征1~3倍,对特种行业从高征税,对超过规定限额的农业生产取用水、农村生活集中式饮水工程取用水等从低征税。④税收征管:为加强税收征管,提高征管效率,确定"水利核准、纳税申报、税务征收、联合监管、信息共享"的水资源税征管模式,即水行政主管部门负责核定取用水量,纳税人依法办理纳税申报,税务机关依法征收管理,水行政主管部门与税务机关建立涉税信息共享平台和工作配合机制,定期交换征税和取用水信息资料。⑤城镇公共供水水资源费缴纳:考虑到公共供水企业是直接取用水单位,此次改革拟统一明确公共供水企业为纳税人,不直接对用水户征收水资源税;为保障费改税制度平稳转换,试点期间,原对用水户征收水资源费的试点省份,公共供水企业缴纳的水资源税作为费用可不计入自来水价格,实行价税分离,不履行价格听证程序,不作为增值税计税依据,避免增加公共供水企业实际负担;原对公共供水企业征收水资源费的试点省份,水资源税计入供水成本方式及相关征税政策可维持不变。

三、加强农业取水许可管理

1. 取水许可规定

《水法》第四十八条规定:"直接从江河、湖泊或者地下取用水资源的单位和个人,应当按照国家取水许可制度和水资源有偿使用制度的规定,向水行政主管部门或者流域管理机构申请领取取水许可证,并缴纳水资源费,取得取水权。但是,家庭生活和零星散养、圈养畜禽饮用等少量取水的除外。"《取水许可和水资源费征收管理条例》(国务院令第460号)第二条规定:"本条例所称取水,是指利用取水工程或者设施直接从江河、湖泊或者地下取用水资源。""本条例所称取水工程或者设施,是指闸、坝、渠道、人工河道、虹吸管、水泵、水井以及水电站等。"《取水许可管理办法》(水利部令34号)第二条规定:"取用水资源的单位和个人以及从事取水许可管理活动的水行政主管部门和流域管理机构及其工作人员,应当遵守本办法。"第七条规定:"直接取用其他取水单位或者个人的退水或者排水的,应当依法办理取水许可申请。"

从国家层面看,总趋势是扩展取水许可适用范围,从常规水源到非常规水源,从直接从江河、湖泊和地下取用水资源到间接取用水资源。水利部开展水权制度改革思路是在现有取水许可管理基础上,明确用水户取用水资源的权利和义务;将取水许可证发证范围向引黄工程后面延伸,使其有法规和政策依据。

2. 重新核定取水许可

2015年8月,水利部办公厅《关于加强农业取水许可管理的通知》(办资源〔2015〕175号)要求进一步加强和规范农业取水许可证申请和办理,农业取水许可主要由地方水行政主管部门负责审批；按照《取水许可和水资源费征收管理条例》（国务院令第460号）和水利部授权属于流域机构审批的，流域机构应在征求取水口所在地省级水行政主管部门意见后再进行审批。

原则上，灌区管理单位是申请办理取水许可的主要申请人，如灌区未设置管理单位，由该灌区供水工程管理单位申请办理取水许可。灌区管理单位和灌区供水工程管理单位不一致的，主要涉及黄河下游引黄涵闸，考虑下游引黄灌区用水已在渠首许可水量中明确并纳入配水计划，维持现有取水许可发证方式较好。水资源税试点工作实施，需要重新考虑灌区管理单位取水许可证发放问题。

3. 取水许可管理现状

根据法律、法规和水利部授权，黄河下游干流（含河道管理范围内取用地下水）为黄委全额管理范围。黄委依据1993年《取水许可制度实施办法》（国务院令第119号）和水利部授权，于1994年全面推行取水许可制度。黄河下游干流引黄取水工程在登记基础上，颁发取水许可证。为避免重复许可和统计，减少管理矛盾，取水许可证只发到直接引黄取水工程上，许可水量中明确不同用途取水量（纳入黄委监管的农业和非农业取用户，登记表中明确其名称和许可水量），这种管理模式延续至今。

黄河下游共发放取水许可证293份（含干流滩区取水，支流沁河、金堤河、东平湖库区，不包括电站），其中山东、河南河务局管理的取水口119处（干流104处），黄委、地方水利部门均未对引黄灌区管理单位发证；引黄工程后面的非农取用水户，山东地方水行政主管部门和其他流域管理机构发放部分证件，河南境内没有发现地方水行政主管部门发证情况。

4. 计划用水管理

山东、河南河务局结合水量调度下达用水计划，用水计划建议由引黄取水工程管理单位了解取用水户用水需求后申报。由河务部门管理的引黄涵闸（或泵站），涉及非农业用水的，大部分由灌区管理单位一并向河务部门申报用水需求计划，少部分由非农取用水户直接向河务部门申报。

2014年11月，水利部印发《计划用水管理办法》（水资源〔2014〕360号），该办法与《黄河水量调度条例》及其实施细则规定不符，主要问题：①规定流域管理机构依照法律、法规和水利部授权，负责所管辖范围内计划用水制度监督管理工作，其直接发放取水许可证的用水单位（指纳入取水许可管理的单位和其他用水大户）计划用水相关管理工作，委托用水单位所在地省级人民政府水行政主管部门承担，按照《黄河水量调度条例》，由河南、山东两河务局下达黄河下游干流引黄用水计划并实施监督管理不合规定；②规定管理机关应于每年1月31日前书面下达所管辖范围内用水单位本年度用水计划，与目前水量调度按照水文年下达计划不一致。③水资源司计划发补充通知，依然坚持流域管理机构发放的取水许可证，大部分委托省级水行政主管部门下达用水计划，并要求流域管理机构提供发放的取水许可证和委托省区下达用水计划的取水许可证清单。

根据黄委实际，下游河南、山东省黄河干流（金堤河、东平湖视为干流）按照《黄河水量调度条例》及其实施细则要求，由两省河务局下达用水计划；跨省区调水、干流水电站和支流重要水电站由黄委下达计划；黄委发证的上、中游干流及支流其他取用水户可委托两省水利厅下达用水计划。

四、重新发放取水许可证

水利部水资源司针对水资源费改税试点，提出两点意见：①符合现行法律法规规定；②黄委要认真研究黄河下游取水许可管理模式，提出相应管理措施。黄委认为，水资源费改税扩大试点，需要重新考虑黄河下游取水许可发证和管理方式问题，需要遵循：①国家没有修订法律、法规情况下，遵循现行法律、法规；②有利于流域总量控制和管理；③维护合法权益。

综合考虑国家对资源环境管理要求，特别是最严格水资源管理制度实施以及水资源费改税试点，对下游取水许可的建议有：①按照法律、法规规定和授权，从源头控制引黄用水，黄河下游直接引黄的取水工程包括黄委管理的引黄涵闸仍由黄委发证。②纳税人必须是取水许可证持证人，且对农业超定额用水需要征收水资源税，考虑与山东、河南两省协商，从用水端征收水资源税，需对引黄取水工程后面的引黄灌区管理单位和非农取用水户（不含由平原水库调蓄后供水的用水户和由调水工程供水的取用水户，以下简称二级取用水户）发放取水许可证。③引黄灌区管理单位和非农取用水户倾向由地方水行政主管部门审批发证和监管；除跨流域远距离调水工程（如引黄入冀补淀、黄水东调）或二级用水户中由国务院（国务院投资主管部门）审批、核准的大型建设项目由黄委审批发证和实施监管，其他由地方水行政主管部门审批发证和实施监管；地方水行政主管部门发放的取水许可证须报黄委备案，取用水户许可水量不得超过引黄取水工程许可水量。

五、费改税特征

水资源税纳税人为取用地表水、地下水的单位和个人，水资源税从量计征，税额标准区分行业和地区实行差别化税率。除特种行业用水和农业用水外，直接取用地表水的单位和个人基本由水资源费平移为水资源税。从河北省试点经验看，水资源税开征后，水资源费标准降为零，对纳税人来说，只是将原来缴纳水资源费改为缴纳水资源税，总体上不增加生产、生活合理用水负担。开征水资源税，可以保护和促进水资源合理开发与利用，促进全社会重视节约用水。

居民用水负担不会增加，并不意味高耗水行业负担不会增加，对高耗水企业来说，只有向节能化方向转型，才能减少企业成本。根据地下水超采严重、南水北调水资源利用不充分等实际情况，河北省规定，地表水税额标准平均不低于 0.4 元/m^3，地下水税额标准平均不低于 1.5 元/m^3，充分发挥税收杠杆调节作用，严格控制地下水过量开采，抑制不合理需求；对特殊行业、超计划用水、公共供水管网覆盖范围内取用地下水以及在地下水超采地区取用地下水，按一定倍数征收水资源税，以促使企业合理用水，迫使企业拓宽工业用水途径。如对严重超采区公共供水覆盖范围内的特种行业，税额征收标准达到 8 倍，意味着这些地区的洗车、洗浴、高尔夫球场、滑雪场等特种行业水价达到 80 元/m^3。

以前水资源费由水利部门收缴、财政部门管理、价格部门监督。水资源费强制性与规范性较弱，容易使水资源开采者与使用者忽视节约用水作用，制约水资源合理开发利用，导致地下水资源过度开采。河北省人均水资源量仅为全国平均水平的七分之一，地下水超采总量及超采面积均占全国的三分之一，造成地下水位下降、地面沉降和地裂等问题，严重威胁生态环境和可持续发展，因此河北省成为全国第一个也是唯一一个水资源税改革试点地区并非偶然。实施水资源税改革，可利用税收刚性手段，有效调节用水需求，推进水资源节约利用；严格取用水许可，及时发现征管漏洞和薄弱环节，遏制非法取水和偷逃水资源税行为。

六、费改税试点规定

《关于全面推进资源税改革的通知》(财税〔2016〕53 号)主要规定了几个方面：矿产资源税从价计征改革，扩大资源税征收范围，开展河北省水资源税改革试点，逐步将水、森林、草场、滩涂等自然资源纳入征收范围，最引人关注的是水资源税改革。

1. 水资源费征收

我国最早开征水资源费的是辽宁省沈阳市，1980 年征收城市地下水资源费；1988 年《水法》明确将征收水资源费纳入法律范畴，各省(区、市)纷纷出台水资源费征收管理办法和征收标准。

征收对象：水资源费征收对象是直接从江河、湖泊或者地下取用水资源的单位和个人，包括自备水源工程企业、自来水公司、事业单位、机关、团体、部队、集体和个人。

征收范围及标准：水资源费征收范围是经水行政主管部门或流域机构许可直接取用地表水、地下水的生产、生活用水。受水资源条件、经济发展水平等影响，各省(区、市)水资源费征收标准存在差异。

征收主体：财政部、国家发展改革委、水利部《水资源费征收使用管理办法》(财综〔2008〕79 号)第五条规定："水资源费由县级以上地方水行政主管部门按照取水审批权限负责征收。其中，由流域管理机构审批取水的，水资源费由取水口所在地省、自治区、直辖市水行政主管部门代为征收。"

征收使用管理：水资源费实行就地缴库。水资源费(除南水北调受水地区)一般按照 1∶9 分别缴纳中央和地方国库，中央和地方水资源费收入纳入同级政府预算管理。

2. 水资源税征收

财政部、国家税务总局、水利部《关于印发〈水资源税改革试点暂行办法〉的通知》(财税〔2016〕55 号)明确，自 2016 年 7 月 1 日起，在河北省实施水资源税改革试点，采取水资源费改税方式，本办法适用于河北省。费改税后，按照鼓励使用再生水、合理使用地表水、抑制使用地下水原则设定税额标准。

纳税人：《水资源税改革试点暂行办法》第三条规定："利用取水工程或者设施直接从

江河、湖泊（含水库）和地下取用地表水、地下水的单位和个人，为水资源税纳税人。”间接取用水单位和个人不是水资源税纳税人，如使用供水管网自来水的单位和个人，不需要交纳水资源税。

征收对象：《水资源税改革试点暂行办法》第四条规定：“水资源税的征税对象为地表水和地下水。地表水是陆地表面上动态水和静态水的总称，包括江、河、湖泊（含水库）、雪山融水等水资源。地下水是埋藏在地表以下各种形式的水资源。”

计税方法：《水资源税改革试点暂行办法》第五条规定：“水资源税实行从量计征。应纳税额计算公式：应纳税额＝取水口所在地税额标准×实际取用水量。水力发电和火力发电贯流式取用水量按照实际发电量确定。”

征收标准：《水资源税改革试点暂行办法》第六条规定：“按地表水和地下水分类确定水资源税适用税额标准。地表水分为农业、工商业、城镇公共供水、水力发电、火力发电贯流式、特种行业及其他取用地表水。地下水分为农业、工商业、城镇公共供水、特种行业及其他取用地下水。特种行业取用水包括洗车、洗浴、高尔夫球场、滑雪场等取用水。”第七条规定：“对水力发电和火力发电贯流式以外的取用水设置最低税额标准，地表水平均不低于0.4元/m^3，地下水平均不低于1.5元/m^3。水力发电和火力发电贯流式取用水的税额标准为0.005元/千瓦小时。”第八条规定：“对取用地下水从高制定税额标准。”第九条规定：“对特种行业取用水，从高制定税额标准。”第十条规定：“对超计划或者超定额取用水，从高制定税额标准。”第十一条规定：“对超过规定限额的农业生产取用水，以及主要供农村人口生活用水的集中式饮水工程取用水，从低制定税额标准。农业生产取用水包括种植业、畜牧业、水产养殖业、林业取用水。”第十二条规定：“对企业回收利用的采矿排水（疏干排水）和地温空调回用水，从低制定税额标准。”

免税：《水资源税改革试点暂行办法》第十三条规定：“对下列取用水减免征收水资源税：（一）对规定限额内的农业生产取用水，免征水资源税。（二）对取用污水处理回用水、再生水等非常规水源，免征水资源税。（三）财政部、国家税务总局规定的其他减税和免税情形。”

纳税时间：《水资源税改革试点暂行办法》第十五条规定：“水资源税的纳税义务发生时间为纳税人取用水资源的当日。”

征税属地：《水资源税改革试点暂行办法》第十六条规定：“水资源税按季或者按月征收，由主管税务机关根据实际情况确定。不能按固定期限计算纳税的，可以按次申报纳税。”第十七条规定：“在河北省区域内取用水的，水资源税由取水审批部门所在地的地方税务机关征收。其中，由流域管理机构审批取用水的，水资源税由取水口所在地的地方税务机关征收。”

征税管辖：《水资源税改革试点暂行办法》第十八条规定：“按照国务院或其授权部门批准的跨省、自治区、直辖市水量分配方案调度的水资源，水资源税由调入区域取水审批部门所在地的地方税务机关征收。”

征税职责：《水资源税改革试点暂行办法》第十九条规定：“建立地方税务机关与水行政主管部门协作征税机制。水行政主管部门应当定期向地方税务机关提供取水许可情况和超计划（定额）取用水量，并协助地方税务机关审核纳税人实际取用水的申报信息。纳税人根据水行政主管部门核准的实际取用水量向地方税务机关申报纳税，地方税务机关将纳税人相关申报信息与水行政主管部门核准的信息进行比对，并根据核实后的信息征税。水资源税征管过程中发现问题的，地方税务机关和水行政主管部门联合进行核查。”

3. 水资源费征管存在的问题

多部门征收：尽管《水资源费征收使用管理办法》（财综〔2008〕79 号）规定由县级以上地方水行政主管部门按照取水审批权限负责征收，但各省（区、市）制定各自的征收管理条例，部分地方出现城乡建设部门、供水企业、水行政主管部门多头征收的情况，增加了缴费单位成本。

实际征收率低：征收工作不理想，征收力度被削弱，征收率偏低。实际征收过程中，地方政府为招商引资或其他利益，存在随意减免三资企业水资源费现象，对拖欠、拒缴行为缺乏强制性措施。

使用不规范：行政事业性收费使用管理不规范的现象，一直是我国推动费改税的原因之一，各级水行政主管部门应按规定使用范围编制年度用款计划，同级财政审核批准、拨款安排使用；因缺乏监督机制，实际使用管理中，存在挪用现象，用于水污染治理、补偿等法定用途比例过低。

4. 费改税意义

水资源费属于行政事业性收费，实质具有税收性质，将水资源费改为水资源税，由税务机关征收，很大程度上改善政府非规范性收费问题。①完善税收体系。水资源费并入资源税，扩充资源税征税范围，丰富资源税涵盖面，体现国家对水资源重视。②清费立税，规范政府财政收入。费改税后能够减少税费名目，减轻企业负担，水资源税征收、使用更加合理、透明，有利于掌握税收源头和使用去向，减少乱收费现象和腐败行为。③增加财政收入。营改增后，地方缺乏主体税，税收缺口大；资源税收入基本上属于地方财政收入，水资源纳入征税范围后，有利于地方政府通过税收工具提高财政收入。④发挥税收调节作用。促进耗水产业精细化管理，有效抑制地下水超采、不合理用水需求，水资源紧缺地区实行高税额标准，促进水资源高效利用，推动节约保护水资源社会环境建设。⑤相对水资源费。水资源税的严肃性、权威性更强，纳税遵从度更高；水资源费改税后，有效遏制水资源费漏征、少征、拖欠等现象，一定程度上堵塞征管漏洞。

七、河北试点经验

为贯彻落实党中央、国务院关于在河北省实施水资源税改革试点部署精神，按照财政部、国家税务总局联合发布《关于全面推进资源税改革的通知》（财税〔2016〕53 号）和财政部、国家税务总局、水利部《关于印发〈水资源税改革试点暂行办法〉的通知》（财税〔2016〕55 号），河北省政府办公厅印发《河北省水资源税改革试点工作指导意见》（冀政办字〔2016〕89 号），河北省地方税务局联合水利厅等部门根据指导意见印发具体实施细则，2016 年 7 月 1 日水资源费改税试点正式在河北省实施，河北是全国唯一试点省份。

1. 河北省费改税背景

水是生命之源，水资源是维持人民生活、促进经济发展的基础条件。作为京津冀协同发展战略组成部分，河北省多年平均可用水资源总量205亿 m^3，用水需求量较大；全国人均水资源长期保持2 000 m^3/人左右，河北人均水资源占有量仅为全国水平的十分之一，人均水资源占有量十分缺乏，经济发展所需水量大，全省一般年份总缺水量124.3亿 m^3，其中：经济社会发展缺水72.3亿 m^3，生态环境缺水52亿 m^3。人均水资源量严重不足与水资源刚性需求并存，成为阻碍河北经济发展的一对矛盾，必须通过发展新型节水经济和增加水资源重复利用率等方式加以实现。

河北省地下水超采现象全国最为突出。从近十年统计数据看，河北省供水总量中，地下水供应部分占到80%左右，从全国供水总量看，地下水供应比例18.3%；2011年起，尽管地下水供应量占供水总量的比重以每年2%比例下降，但是水资源供应仍主要依靠地下水解决。河北省水资源供应结构不合理，地下水超采十分严重，导致地下水位下降、地面沉降、河流干涸、湿地萎缩、泉水断流、海水入侵等问题，严重威胁生态环境和经济可持续发展。

2. 河北省费改税目标

根据《河北省水资源税改革试点工作指导意见》(冀政办字〔2016〕89号)，水资源税改革除完成基本税制优化目标外，还包括“用税收杠杆调节用水需求，引导和鼓励节约利用地表水资源，抑制地下水超采，有效加强水资源保护，促进水资源可持续利用和经济发展方式转变”等目标。河北水资源税改革，旨在通过税收杠杆作用调节地下水与地表水不合理比价关系，鼓励使用地表水，抑制使用地下水，确保达到保护水资源目的，促进经济可持续发展；通过税收效应改变经济参与主体市场行为，利用税制设计，对企业形成倒逼机制，引导企业转变生产方式和淘汰部分落后产能，促进经济发展方式转变；将水资源费改为水资源税有利于理顺水费关系，完善资源税制，规范财税秩序；通过试点累积经验，为全国推广水资源费改税改革提供可复制、可推广经验和制度体系。

3. 河北省试点经验

河北水资源税试点，税制设计基本承接水资源费征收对象、计征方法和征收标准，用“三不变”确保改革平稳推进，不影响正常生产生活用水；用“限三高”确保改革成效，严重超采地下水的，要明显提高征收标准。“三不变”指稳定水资源税负担，使普通居民正常生活用水负担水平不变，农业生产用水负担水平不变，企业正常用水(未超过计划取水量、取水结构合理)负担水平不变；“限三高”指对3类纳税人从高设定税率，提高负担水平，包括：高耗水行业、超计划取用水、高超采地区取用地下水纳税人。河北节水空间很大，农业用水占76%～78%，节水灌溉是最有效解决水危机的办法。建设节水工程过程中，必须保证节水资金到位，适当调高水价，提高农民节水意识，提高使用、维护节水灌溉设施水平。

作为全国唯一水资源费改税试点地，河北省水资源税改革工作推进顺利，截至2017

年7月，第12个征期结束，水资源税纳税人户数由2016年首个征期的7 600余户增加到1.6万户，共申报水资源税18.36亿元。河北自2016年7月开征水资源税后，呈现出“三倒逼两提升”政策效应，即差别税率倒逼地下水取用量稳中有降、税额提高倒逼特种行业等耗水大户转变用水方式、用水成本增加倒逼高耗水工业企业强化节水措施，水资源税征管水平和水资源管理水平“双提升”。与征收水资源费时期相比，税收刚性作用发挥明显，抑制地下水超采，促进企业转型发展，同时居民生活、农业生产用水负担保持不变。

纳入河北地税管理的水资源税纳税人1.6万户，其中取用地下水的企业占总户数的96.5%，缴纳税额占总收入的86%。全省补办取水许可证4 300余套，2016年全省非农用水量同比减少1.8亿m^3，2016年总用水量比2015年减少4.6亿m^3，水资源税改革为河北有效控制地下水开采、倒逼水资源节约集约利用提供难得契机。

通过一年多摸索，河北形成水利核准、纳税申报、地税征收、联合监管、信息共享的水资源税改革模式，破解长期存在的体制机制障碍；根据分工，水利部门负责信息获取和核准，在规定时间内获取纳税人取用水信息，及时向税务部门提供，地税部门比对水利部门提供的相关信息后征收税款。

地税和水利部门联合办公，实现一站式办理，推行网上办税、移动办税、自助办税，建立水资源税申报绿色通道；联合实施专项稽查和检查，加强税源监控、纳税评估等环节信息比对、传递和利用，迅速发现征管风险点。河北研发取用水信息管理系统，搭建基础数据统一平台，水利部门录入更新纳税人用水计划、取水许可信息，地税部门录入更新纳税人识别号、税源编号、税源登记信息、征税金额等涉税信息，两部门均可随时查阅，强化技术支撑，推进信息共享。

参考文献

[1] 李国英.黄河答问录[M].郑州:黄河水利出版社,2009.
[2] 张穹,周英.取水许可和水资源费征收管理条例释义[M].北京:中国水利水电出版社,2006.
[3] 水利部水资源管理司.取水许可和水资源费征收管理实务[M].北京:中国水利水电出版社,2006.
[4] 胡一三,赵天义,杨树林.河防问答[M].郑州:黄河水利出版社,2000.
[5] 黄河防洪志编纂委员会,黄河志总编辑室.黄河防洪志[M].郑州:河南人民出版社,1991.
[6] 水利部黄河水利委员会.人民治理黄河六十年[M].郑州:黄河水利出版社,2006.
[7] 水利部黄河水利委员会.大河春潮——改革开放四十年治黄事业发展巡礼[M].郑州:黄河水利出版社,2018.
[8] 水利部黄河水利委员会.黄河河防词典[M].郑州:黄河水利出版社,1995.
[9] 席家治.黄河水资源[M].郑州:黄河水利出版社,1996.
[10] 孙广生,乔西现,孙寿松.黄河水资源管理[M].郑州:黄河水利出版社,2001.
[11] 朱兰琴.黄河300问[M].郑州:黄河水利出版社,1998.
[12] 郭国顺.黄河:1946—2006[M].郑州:黄河水利出版社,2006.
[13] 张永昌,杨文海,兰华林,等.黄河下游引黄灌溉供水与泥沙处理[M].郑州:黄河水利出版社,1998.
[14] 张淑英,郭同章,牛玉国,等.河流取水工程[M].郑州:河南科学技术出版社,1994.
[15] 科学发展与水利水电水务管理编委会.科学发展与水利水电水务管理[M].北京:中国大地出版社,2008.
[16] 李希宁,杨晓方,解新勇.黄河基本知识读本[M].济南:山东省地图出版社,2010.
[17] 山东省地方史志编纂委员会.山东省志·黄河志[M].济南:山东人民出版社,1992.
[18] 黄河水利委员会山东河务局.山东黄河志(1855—1985)[M].济南:山东省新闻出版局,1988.
[19] 山东省地方史志编纂委员会.山东省志·黄河志(1986—2005)[M].济南:山东人民出版社,2012.
[20] 聊城地区黄河河务局.聊城地区黄河志[M].济南:齐鲁书社,1993.
[21] 崔庆瑞,张继荣,许东波.黄河下游防汛实用技术[M].成都:西南交通大学出版社,2015.
[22] 陈丕虎.黄河下游治理的思考与实践[M].北京:中国言实出版社,2012.
[23] 丁振宇.水利工程建设与防汛抗旱实务全书[M].长春:吉林科学技术出版社,2002.

[24] 漳卫南运河志编委会. 漳卫南运河志[M]. 天津:天津科学技术出版社,2003.
[25] 李国英. 黄河水权转换的探索与实践[J]. 中国水利,2007(19):30-31+40.
[26] 汪恕诚. 水权和水市场——谈实现水资源优化配置的经济手段[J]. 水利规划设计,2001(1):1-5.
[27] 鄂竟平. 坚持节水优先强化水资源管理[N]. 人民日报,2019-3-22(12).
[28] 苏茂林. 开展更高水平的黄河水量调度[J]. 人民黄河,2021,43(1):1-4.
[29] 乔西现. 黄河水量统一调度回顾与展望[J]. 人民黄河,2019,41(9):1-5+25.
[30] 安新代,苏青,陈永奇. 黄河水权制度建设展望[J]. 中国水利,2007(19):66-69.
[31] 可素娟,周康军. 黄河流域水资源一体化管理机制研究[J]. 人民黄河,2007(1):5-7.
[32] 王煜,彭少明,武见,等. 黄河"八七"分水方案实施 30a 回顾与展望[J]. 人民黄河,2019,41(9):6-13+19.
[33] 王忠静,郑航. 黄河"八七"分水方案过程点滴及现实意义[J]. 人民黄河,2019,41(10):109-112+127.
[34] 吕兰军. 建设项目水资源论证制度实施过程中存在的主要问题与思考[J]. 水利发展研究,2013,13(9):45-48.
[35] 陈方,盛东,高怡,等. 太湖流域用水总量控制体系研究[J]. 水资源保护,2009,25(3):37-40.
[36] 李永根. 议水权与取水许可制度[J]. 河北水利,2004(4):13-17.
[37] 林德才,邹朝望. 用水总量控制指标与评价体系探讨[C]//实行最严格水资源管理制度高层论坛优秀论文集,2010:99-103.
[38] 王浩,王建华,秦大庸. 流域水资源合理配置的研究进展与发展方向[J]. 水科学进展,2004(1):123-128.
[39] 陈湘满. 论流域开发管理中的区域利益协调[J]. 经济地理,2002(5):525-529.
[40] 赵勇,唐力. 我国水资源总量控制与定额管理实施及研究现状[C]//. 中国水利学会第三届青年科技论坛论文集,2007:113-117.
[41] 石栋. 引黄入卫工程[J]. 水利水电工程设计,1996(2):1.
[42] 许晓华,秦月成,朱月立. 节水改造促位山灌区增产增效[J]. 中国水利,2007(16):61-62.
[43] 孙建峰. 对南水北调东线工程几个重要问题的认识[J]. 水利水电工程设计,2002(1):1-3+53.
[44] 邢芳,陈永奇,吴艳秋. 黄河取水许可亟待总量控制管理[J]. 人民黄河,2002(11):27-29.
[45] 林道和. 建设项目水资源论证制度建设重要意义思考[J]. 治淮,2014(3):15-16.
[46] 张立. 对建设项目水资源论证的几点认识[J]. 人民珠江,2009,30(3):15-16+23.
[47] 裴源生,刘建刚,赵勇. 总量控制与定额管理概念辨析[J]. 中国水利,2008(15):32-34+26.
[48] 刘长垠. 水价水费和水资源费浅谈[J]. 治淮,1999(4):45-46.
[49] 陈菁,王婷婷,朱雪冰. 流域水资源统一管理的博弈分析[J]. 水利发展研究,2005(6):17-20.

[50] 苏秀峰.对引黄济津新线路三年运用情况的研究[J].水利发展研究,2013,13(10):52-54+71.
[51] 许景海,李红卫.引黄供水中的两水分供与计费探讨[J].中国水利,2006(22):50-52.
[52] 王秋俊,李希昆.水权与水权交易的法制思考[C]//.水资源、水环境与水法制建设问题研究——2003年中国环境资源法学研讨会(年会)论文集(上册),2003:178-180.
[53] 胡继连,葛颜祥.黄河水资源的分配模式与协调机制兼论黄河水权市场的建设与管理[J].管理世界,2004(8):43-52+60.
[54] 吕胜宾,姜凤和.引黄济津潘庄线路运行管理现状及对策[J].河北水利,2011(11):43.
[55] 于璐,王偲,窦明.最严格水资源管理考核指标体系研究[J].人民黄河,2016,38(8):38-42.
[56] 轩华山,高广东,聂秋月,等.聊城市引用金堤河雨洪资源研究[J].人民黄河,2010,32(6):69-70+72.
[57] 杨宏妤.浅谈水资源论证的主要内容及其措施[J].水能经济,2016(12):1.
[58] 李华,张晓兰.水利工程水费与水资源费异同辨析[J].海河水利,2010(1):63-64.
[59] 李乃文,齐兴云.金堤河洪涝水资源利用初步探讨[J].地下水,2009,31(5):69-70+126.
[60] 蒋其发.中小流域合作开发的新思路[J].中国农村水利水电,2009(4):22-24.
[61] 宋蕾.流域综合管理中生态补偿制度的法律分析[J].环境科学与技术,2009,32(9):182-186.
[62] 陈永奇.黄河水权制度建设与黄河水权转让实践[J].水利经济,2014,32(1):23-26+74.
[63] 戴群英.引黄入冀效益浅析[J].河北水利,2002(6):41.
[64] 王有卿.对建设项目水资源论证工作的思考[J].北京水务,2014(2):5-8.
[65] 郭宁,高杏根.水闸安全鉴定的基本程序[J].江苏水利,2000(12):22-23.